打造太平洋

追求貿易自由、捕鯨與科學探索，
改變人類未來的七段航程

THE GREAT OCEAN

Pacific Worlds from Captain Cook to the Gold Rush

大衛・伊格勒 著 丁超 譯
DAVID IGLER

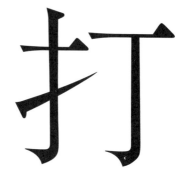

獻給辛蒂（Cindy）——
一切重要與平凡的小事都歸功於你。

目次

專家學者推薦

大洋（Great Ocean），就是本書所指的太平洋，讓人想起台灣考古前輩劉益昌教授的一句話：「海洋，是道路，不是阻隔」。本書作者藉由驚濤駭浪的航海家冒險事蹟，凸顯出「誰的太平洋？」的論述之爭，書中描述海洋的生態政治與人文歷史，還有那些常被有意模糊看待的原住民族與非人生物，例如鯨魚等。台灣同是被大洋環繞，如何找出具有台灣角度的大洋論述，書中的諸多敘事似乎在台灣都可找到類似身影。也因此，這本書應是認識海洋台灣的敲門之磚。

——林益仁，台北醫學大學醫學人文研究所副教授

《打造太平洋》挑戰了美國歷史敘事中，包含昭昭天命（manifest destiny）、邊疆理論（frontier thesis）、例外主義（exceptionalism）等，無一例外地以由東向西的領土擴張，作為美國歷史進程主軸，以大陸觀點書寫美國的核心概念。本書扣問：「太平洋」作為一個地理空間概念如

何現身？大洋觀點對於十九世紀美國的意義為何？而活躍於此歷史舞臺上的各色人或非人參與者，如中國及歐美俄商人、島嶼原住民、病毒細菌、俘虜人質、海洋哺乳動物、博物學家，甚至是火山作用，以及夏威夷神話中的神祇，又如何共同「打造」太平洋？推薦給對於大航海時代、大洋洲原住民文化、美國史、科學史有興趣的讀者。

——褚縈瑩，國立台北大學歷史系助理教授

十九世紀上旬，新生茁壯的美利堅合眾國之民，掙脫英國殖民總督的壓迫後，在太平洋各個角落伸展拳腳。作者伊格勒以七艘遨遊於航線上各個節點，各懷不同目的船隻航程為經、所周旋的當地課題為緯，串起太平洋周邊地區因時代演進而捲入多層次複雜變遷的時代相。因全球化力量與投入其中人群欲望牽扯造成的社會、環境、想像諸種變遷，均與海上交流活動日益綿密息息相關。本書對於想瞭解美國在太平洋地區勢力發展之深厚根源者，是不可錯過的佳作。

——鄭維中，中央研究院台灣史研究所副研究員

導讀

婆娑之洋，驚心動魄的歷史

陳國棟／中央研究院歷史語言研究所研究員

很多人都讀過法國年鑑學派史家費爾南・布勞岱爾（Fernand Braudel）的名著《菲利浦二世時代的地中海和地中海世界》。大衛・伊格勒的這本《打造太平洋》，描述的時空不一樣，內容當然不一樣，不過都同樣值得閱讀。

本書的時間上限是一七六八至一七七九年，也就是詹姆士・庫克船長三度航行太平洋探險之時；下限是一八五〇年前後，也就是北美加利福尼亞爆發淘金熱之際。前者開啟了利用太平洋航運的新契機，後者則誘發大批廣東勞工踏上越洋之旅，太平洋東西兩岸人口與商品的移動就此頻繁。兩個時間點前後涵蓋了將近一個世紀，是太平洋歷史的一段重要時光。

環境史名家J・R・麥可尼爾（J. R. McNeil）曾說，從環境方面去考慮，遠比從語言、文化等因素去考慮，太平洋自為一區的特色更加明顯。因為存在著兩大要素：一是地殼板塊運動造成太平洋地質上的不穩定性，二是聖嬰（El Niño）暨南方震盪（Southern Oscillation）現象強烈影響太平洋的氣候條件。兩者都讓太平洋地區形色分明。

不過，本書的重點並不是太平洋自然環境的變遷，而是其驚心動魄的歷史。講歷史一定要講人。人類的活動創造歷史，歷史場景所在的環境改變，無可避免地影響到後續人類的未來。

太平洋地區包含三種地理型態：廣大的水域、水域中的島嶼，以及周邊的陸地。太平洋盆地總共有兩萬五千多座島嶼，當中的七千五百座位在汪洋之中的水域。水域中的島嶼長久以來都與外界隔絕，要等到航運進步到一定程度之後才幡然改變。庫克船長的探險之旅，建立起航行太平洋的必要認知；十九世紀中葉後飛剪船（clipper）與輪船的發達，則更大一步改善了載具的問題。

島嶼環境的特色是規模小、變化大，容易被改變。它們經常面臨火山爆發，以及海嘯、颶風、洪水與乾旱的威脅。然而，最嚴重的莫過於島外人群的造訪。外來造訪者帶來不同的生活內容，往往還帶進外來物種，島嶼居民與生態情況因而受到嚴重衝擊，難以招架。

不過，絕對多數的人類並不住在汪洋中的島嶼，他們住在太平洋沿岸的離島，或者周邊的陸地，甚至於距離太平洋相當遙遠的地方。這些人對太平洋的認知與利用，才是改變太平洋地區的力量來源。麥可尼爾也說過：「一四九〇年代是大西洋的關鍵年代，一七六〇年代則是太平洋的關鍵年代。」因為英國的庫克船長遠從北海來航帶來的改變，使得一切再也無法回到過去。

其實，在庫克船長之前，早有歐洲船舶經過太平洋，而且也不是完全沒有影響到太平洋島嶼的環境。就說個例子吧！一六六八年西班牙耶穌會士在關島設站布道，很快就將感冒和天花傳染給當地的居民。疾病加上西班牙軍人的暴行，消滅了關島百分之九十的人口。此外，西班牙大帆船也曾將數種中南美洲植物輸入太平洋島嶼。然而，在庫克船長到臨之前，造成的改變大致還屬有限。關鍵就在於庫克船長有能力確知他身在何處——他能掌握經度，而前人只能確知緯度。由於能充分掌握經緯度，能為自己身在何處定位，在茫茫大海中航行，更加安全、更有把握，因此也就能來去自如。

航道的探索與建立，使太平洋盆地的海洋交通能夠規劃安排，結果促成了貿易的活絡，從而產生商品的需求。為了取得適合貿易的商品，先是透過掠奪打殺海獺、海豹、鯨魚等海洋動物，使得牠們的族群急速變小、生態環境遭殃；稍晚時更在特定地方採用種植園形式，從事單一作物的生產，消滅生物多樣性的存在機會。經濟活動與交通更帶來了人與人的接觸，帶來了性病以及其他傳染病，致使高比率的原住民人口死亡。外來者的現身，帶來生態的浩劫。

太平洋兩側的歷史進程各異，本書側重東部。作者所認定的東太平洋，意指通過夏威夷連結南北極的那條線以東的水域與海岸，包括島嶼在內。事實上，本書聚焦討論北太平洋的東部海岸地區。特別是一八一五年以後——之前有歐洲的拿破崙戰爭與英美之間的一八一二年戰爭——東太平洋成為貿易家萬商雲集的場域，只是主要的參與者皆為美國人，因為當時的西班牙早已式微，而英國人把心力都放在印度和澳洲，無暇東顧。

要注意的是，太平洋東岸（也就是當今美國的西岸），在一八一五年以後一段時間，都還不是美國的領土。一八四〇年後期，美國才取得現在華盛頓與奧勒岡的領地，多年之後才成州。一八四七年美墨戰爭之後，兩國分割了從西班牙手上奪來的加利福尼亞。美國用獲得的那一部分，在一八五〇年成立加州。至於美國西北、遠在境外的阿拉斯加，則在一八六七年才由俄羅斯賣給美國，到一九五九年才正式成為美國的一個州。夏威夷正式被併入美國則要等到一八九八年，後與阿拉斯加一起在一九五九年取得州的地位。一言以蔽之，在本書敘事的時間範圍內，太平洋東岸的陸地與汪洋中的島嶼尚不是美國的領土，但是都有美國人在當地獵取資源，從事各種交易。

一七八四年美國獨立，英國不許美國船舶前往該國及其殖民地貿易。剛剛開始當家作主的美國人只好把眼光移向太平洋，尋找商品與中國貿易。他們在北美挖取粉光蔘，到夏威夷砍伐檀香木。還有，為了取得毛皮以便賣給中國人，當時偏處大西洋西岸的美國人，南下繞過南美的麥哲倫海峽，在太平洋周邊獵取海豹、海獺、海狸；更且北上到太平洋西北，然後南下加利福尼亞整理船隻、補充生活物資，曝曬毛皮，最後才前往廣州脫手。雖然本書敘述到的許多活動都從東部太平洋發起，但是透過貿易與探險，西太平洋其實也不時被帶進來討論。易言之，環繞地球的多角貿易從根本上已讓太平洋島嶼的生態系統變化與歐洲、北美及中國聯繫到一起。

本書詳述十八世紀後半到十九世紀中葉近百年的太平洋歷史，內容涉及海洋與海岸資源的掠奪與跨洋的貿易，因此先談貿易。庫克船長確立太平洋航道以後，不只沿岸可到，就連汪洋中的島嶼也被外來船隻經常性地造訪。不管是貿易航行、獵取毛皮動物、捕殺鯨魚，或者取得其他的資源，都使得外來者與本地人（以前都稱作土著、原住民）頻繁接觸。外來者不但帶來了新物種與不同的經濟模式，而且帶來梅毒、淋病、天花……等性病、傳染性病，造成當地死亡率上升而生育率下降，人口驟然減少。作者指出，在地人口的減少還有他故——有不少人直接被外來者搶走，作為奴隸，或者販售出去。前四章的重點因此安排談貿易、談疾病與人群，也談海洋動物的大規模捕殺。除了貿易以外，其他主題都讓人驚心動魄，糾結不已。讀歷史，不是為了責難古人，因為那是那個時代的生活方式，或者說由那個時代的強者主導的生活方式，看起來頗為野蠻與不人道，幸好已成過往。

雖然說庫克船長的航行改變了太平洋及其周邊的交通，不過，那個時代的人對太平洋的其他事情的瞭解，畢竟方才起步。作者把第五、第六兩章都用來評述在庫克之後，早期科學家對太平洋的熱情、探索與調查，還有研究。在那個年代，科學自然沒有今天那麼嚴謹，但是因為認真與熱心，知識不斷累積，方法與科技也日新月異，後代之人才蒙受其利。透過十八世紀末至十九世紀中葉自然科學家的探索，相關的人種、物種、人類學與文化等認知，日趨明朗、正確與豐富。其他方面，太平洋的海圖測繪、經緯度標示、洋流、方向、地質與海洋地形……等等的資訊與知識，也透過人們勇往直前的試航、探險與調查、記錄，揭露起層層的面紗。

雖然太平洋太大，我們還有非常多的工作要繼續，但是透過閱讀《打造太平洋》一書，我們立刻獲得很棒的認識。我們的島嶼雖然是在太平洋的西側，但是太平洋既是阻隔，也是聯繫廣大世界的所在。認識太平洋，一定會更清楚認識偏處在太平洋西側的自己。

緒論

海洋世界

Introduction: Ocean Worlds

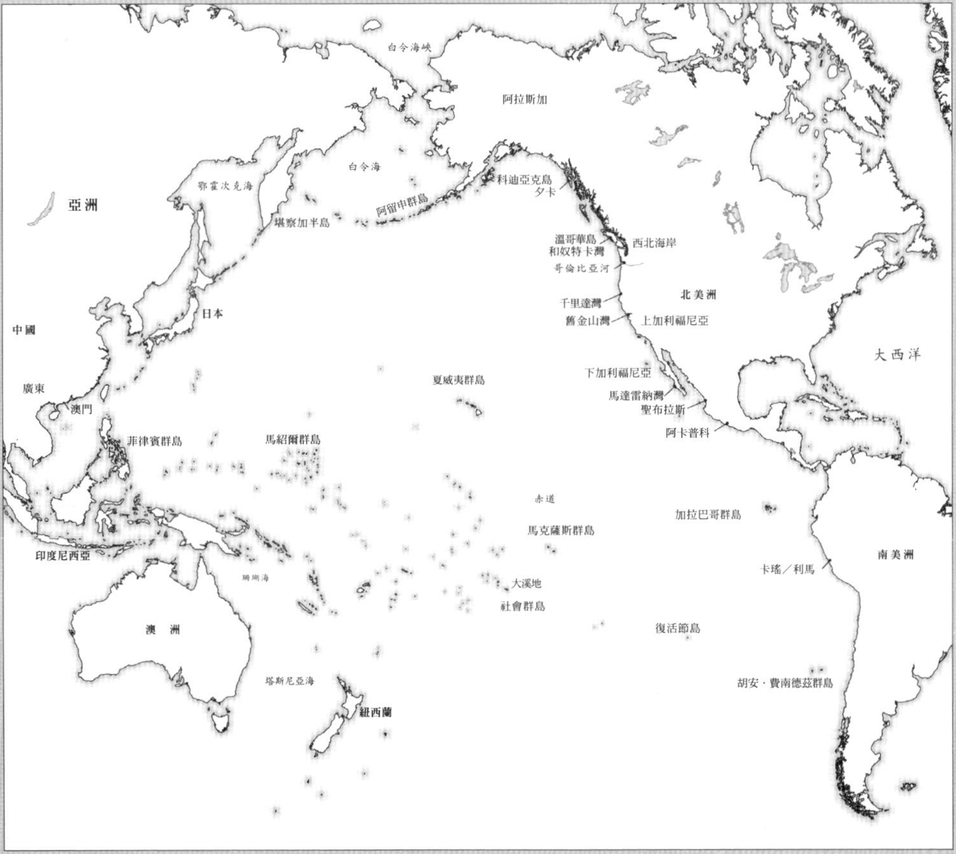

我們回歸大洋，人們稱那兒為太平洋和南海，但兩個名字都不恰當。

——阿德爾貝特・馮・夏米索（Adelbert von Chamisso，法裔德國作家、探險家），〈博物學家紀聞〉（Remarks of the Naturalist，一八二一年）

約翰・肯德里克（John Kendrick，一七四〇至九四年）的一生多采多姿，直到五十四歲那年，一枚榴霰彈噴出的彈丸送他上了西天。肯德里克出生於麻塞諸塞州，早在革命火花席捲北美殖民地以前，年輕的他便出海跑船，到了一七七〇年代初，他已當上了船長，擁有自己的沿岸貿易船隊。跟許多愛國水手一樣，他在美國獨立革命期間，為北美大陸的海軍效力，指揮一艘名為「范妮」號（Fanny）的十八門火砲單桅帆船。肯德里克率領「范妮號」的水手們在大西洋上騷擾英國跨大西洋航運，也洗劫了幾條船，這讓他攢下不少錢財、贏得嘉許，同時也變得更加精於此道，足以在往後許多年靠著海上私掠營生。

不過，肯德里克後來的名聲並非出自他在大西洋上的行當，而是來自太平洋。一七八七年，他率領兩艘船，「華盛頓女士」號（Lady Washington）和「哥倫比亞復活」號（Columbia Rediviva），展開美國首次由私人贊助的環球航行。在這次航行中，他替美國在北美洲西北海岸建立了商業據點，進一步提高了這個新興國家對中國貿易日益高漲的興致。肯德里克沒有在這次航行結束後返回波士頓。反倒是，在接下來的六年裡，他和華盛頓女士號的船員繼續前往太平洋做生意，而他的大副羅伯特・格雷（Robert Gray，一七五五至一八〇六年）則帶領哥倫比亞復活號完成了環球航行。

從肯德里克在美國獨立革命期間效力，到他在太平洋上的冒險經歷來看，他的整個生涯貫穿了美國殖民歷史和美國未來的商業及擴張主義。就連他在一七九四年命喪夏威夷，也與這個國家的歷史和命運相呼應：在檀香山海灣的和煦陽光下，華盛頓女士號正要與一艘英國縱帆船「傑卡爾」號（Jackall）進行例行鳴砲致敬。看來應該是華盛頓女士號率先射擊，緊接著傳來傑卡爾號的火砲轟鳴聲。[1]沒想到，其中有門大砲詭異地裝填了一枚榴霰彈；砲彈先是貫穿肯德里克的船舷，而迸發的彈丸接著命中了肯德里克。水手們把他血肉模糊的遺體葬在一叢棕櫚樹下。

按照這故事的講法，約翰．肯德里克的生命歷程，連同他遇難時所在的船隻華盛頓女士號，兩者共同譜奏出一曲獨樹一幟的美國傳奇。他出身貧寒，繼而在革命中為國效力；與此同時，他的社會地位與財富不斷躍升，在戰後激發他更大的雄心壯志。這些抱負讓肯德里克來到了太平洋——在那裡，這位美國中年男人想辦法替美國及海上私掠貿易開拓市場，乃至違背命令也在所不惜：他劫持屬於波士頓投資人的華盛頓女士號，滯留廣東、拒不返國。他從來沒有為此舉動作出合理交代，只聲稱自己正拼命追求最大的商業利益，很快便會向船東提交一份「關於我的行事與交易的適當說明」。[2]在接下來幾十年，成百上千條美國船艦將追隨肯德里克的航跡前來發展貿易、探險、捕鯨，最終征服領土。從好的方面來看，肯德里克來到了一片大致上無人染指的海域，不受大西洋上的競爭、戰爭和文化複雜性所干擾。然而，這位老練的水手心裡清楚事實遠非如此。

約翰．肯德里克遇到的太平洋並非單一的海洋世界。反之，那是相當廣袤的大洋景象：帝國與個人勢力在那些自成一格的海灣及海岸線展開競奪；原住民部落試圖主導該地區的交易條件；航海商人穿梭於該水域，買賣有利可圖的商品。那裡有漫長的大陸海岸線和多達兩萬五千座島嶼，那裡的海洋地理結構複雜多變、令人驚愕。[3]到了一七九四年，肯德里克故去時，他的船已經與來自世界各地的許多船隻共同存在於這片水域，譬如英國、法國、葡萄牙、荷蘭、俄羅斯、中國和西班牙，處處充滿著瓜分地盤的敵對狀態、帝國間的對抗，以及個別勢力之間的爾虞我詐。西班牙官方對上加利福尼亞地區（Alta California）①發出通告，要求「小心、機敏、靈活並謹慎地提防（肯德里克的）船隻及船上所有水手」，而中國商人和廣東的英國東印度公司官員也嚴密監視他的活動。[4]

有不少肯德里克的故交曾經就這位古怪的美國商人的性格做出評論。加拿大溫哥華島的努查努阿特族人（Nuu-chah-nulth）曾多次以皮草跟肯德里克換取槍枝；他們或許覺得肯德里克要不就是個十足的白癡，不然就是個容易受騙上當的商人，因為他們從沒見過先付錢來預訂皮草的交易行為。英國、西班牙和美國沿岸的商人也必定或多或少同意這種觀點。有些人認為肯德里克腦袋不正常；畢竟，他確實占用了華盛頓女士號七年多都沒將其歸還給在波士頓的合法船東，而且還在他那繞來繞去的太平洋貿易航線持續行駛。不過，著名的美國商人阿瑪薩·德拉諾（Amasa Delano，一七六三至一八二三年）倒是把肯德里克視為與原住民打交道的典範。[5]到最後，人們對於約翰·肯德里克的種種相互矛盾的看法，從抱持戒心、懷疑、好奇、嘲弄到尊重，反映出整個太平洋地區更廣泛的緊張態勢——在這種局面之下，當不同群體在十八世紀末和十九世紀初相互遭遇時，競爭的動機只會加倍增長。諸如德拉諾和肯德里克這樣的美國人，他們為自身塑造的生命歷程，隨即成為美國發展敘事的一部分；但在太平洋波濤洶湧的海景中，美國人只不過是眾多群體的其中之一而已。

數千年來，太平洋建構了許多原住民群體的世界觀，並且維繫了他們的生活方式。[6]海洋為他們提供物質上維持生計之所需、得以乘坐海筏行旅或遷徙的憑藉，此外還提供了一種與地球生命力及地外事物的精神連結。根據斐濟籍東加人類學家暨作家艾裴立・浩歐法（Epeli Hau’ofa，一九三九至二〇〇九年）的說法，太平洋島民自認是「來自大海的民族」（*kakai mei tahi*）。[7]對這些海島民族而言，海洋既不是屏障，也不缺乏人性，他們仰賴大海遊走並定居於無數島嶼。美洲西部海岸線（或太平洋東部邊緣）的原住民社群也和太平洋島民在世界觀方面有共通之處，特別是關於海洋維繫生命的本質。這些大陸群體在沿岸海域進行交易並捕獵海中生物。他們當中有些人居住在北美洲的近海島嶼上，而且已在那兒度過了一萬多年。[8]他們透過海上航道與鄰邦結盟，有時也會彼此征伐。對這些太平洋民族來說，海洋代表著一處意義深遠的地方，代表著與祖先的聯繫——簡言之，那是滿滿浸潤著歷史的一方水土。

在這本書中，我們將審視不同群體之間的互動，包括原生的「海洋民族」、大陸原住民族群，以及形形色色的外來航海者——他們在一段變化快速的時期經由海洋之路遇見彼此。這段時期始於詹姆士・庫克船長（Captain James Cook，一七二八至七九年）的三次歷史性航行（第

① 譯注：上加利福尼亞與下加利福尼亞（Baja California）均為西班牙帝國時期在北美洲的行省，大致構成今日的美國加州。

一次航行於一七六八年展開），並一直延續到一八四八年人們在加州發現蘊藏量驚人的金礦為止。庫克的航海探險隨著他的日記很快地廣為人知，進而引起全球對太平洋的關注，從此外國人便不斷與太平洋各地的原住民群體有所接觸。與此同時，這許多航行經驗也促使歐洲各國競相推動科學探索、貿易和帝國擴張。七十年後，加州淘金熱引發全球工人和企業家紛紛前往東太平洋地區聚集。世人不但爭先恐後地湧入加州，而且在此過程中，拜過去七十年間發展的新技術、完善的港口與知識交流所賜，更加龐大的人口逐漸散布在今日的環太平洋地區。隨後，大洋上的許多海岸都已完全被囊括且納入了全球市場與知識體系。這又是如何發生的？

本書所審視的諸多變化是由一系列歷史主題所構成。這些主題章節簡要概述如下：在一七七〇年代以前，東太平洋上散落著一連串星羅棋布的原住民家園和彼此競奪的歐洲帝國探險者。然而，接下來幾十年，商業活動迅速擴大了航海商人與原住民族之間的互動範圍。西方探險家和商貿航行給原住民部落帶來前所未見的疾病，使得從玻里尼西亞到阿拉斯加的原生居民陷入流行病的災殃。原住民和外國人在海灘上、村落中，以及船上展開接觸。這類接觸往往牽扯到人質交換或是公然劫持。貿易網絡的擴展逐漸將東太平洋與全球市場連結起來，其中某些產自大海的特殊商品尤其扮演要角。在這段時期，對海洋哺乳動物的「大獵殺」滅絕了海洋中絕大部分的水獺、海豹和鯨魚種群。到了一八二〇年代，一批來自世界各地的科學家、本地及非本地勞工、商人、「海灘流浪者」（beachcomber）[2]在太平洋各地流竄。在多半由政府資助的航行裡，博物學家展開科學調查，他們結合人種學、生態學和地質學研究，試圖理解太平洋人種與自然環境的多樣性。這些方方面面的行動，最終讓東太平洋成為全世界市場、帝國主義民族國家和知識體系範圍中眾所周知的一環。到了一八四〇年代末期，全球貿易擴張的效應，原住民人口在連續數十年間的減少，以及美國進行領土征服帶來的連帶影響，這一切都從根本上改變了太平洋東部地區。

本書提供的海洋觀點或許和某些讀者對傳統歷史和地理空間的直覺背道而馳。歷史分析中的「地點」（places）——國家（nations）、地區（regions）和地方（localities）——通常都是有固定邊界包圍的土地，從而構成了陸地歷史。歷史學家大多難以想像海洋空間究竟如何能將民族與政治聯繫起來，而不是將兩者隔離。海洋，似乎很難在歷史學家的「心靈地圖」上成為真正重要的地方，因為我們經常把海洋想像成遠離歷史與人類的虛無界域。[9]

相較之下，對初始的原住民旅者及從近代早期大量湧來的歐洲和美國水手而言，海洋在他們的心靈地圖上占有顯著地位。遠古的玻里尼西亞人最先開啟了海上征途；他們在不斷變化的洋面上以夜空為海圖一路航行，向東遠至復活節島（Rapa Nui），最北抵達夏威夷群島，遷徙且定居在許多島嶼，帶著祖先的血脈在「大洋」（*Moana*）上締造「歷史與傳統」（*mo‘olelo*）。[10] 對於千年過後才出場的跨國商人及水手來說，海洋乃是為探險、帝國野心和闖出名垂青史事蹟的場所。對於詹姆士·庫克、尚—弗朗索瓦·德·蓋拉普·德·拉佩魯茲（Jean François de Galaup de La Pérouse）③、維塔斯·白令（Vitus Bering）④和菲迪南德·麥

② 譯注：海灘流浪者一詞泛指南太平洋諸島沿岸的窮苦白人移民。

③ 譯注：尚—弗朗索瓦·德·蓋拉普·德·拉佩魯茲（一七四一至八八年），法國海軍軍官、探險家。

④ 譯注：維塔斯·白令（一六八一至一七四一年），俄羅斯海軍中的丹麥探險家，白令海峽便是以他的名字來命名。

哲倫（Ferdinand Magellan）⑤這些傑出的太平洋探險家來說，的確是時勢造英雄，這些人在他們各自最後的航程中都一去不返。他們的死，為航海與帝國傲慢所承擔的風險提供了恰當的墓誌銘。至於其他人——特別是本書中出現的那些較不知名的人物，則是出於私人因素及個人野心，驅策他們在大洋中奮勇向前。威廉．謝勒（William Shaler，一七七三至一八三三年）一心想從中國貿易中獲取財富。瑪麗．布魯斯特（Mary Brewster，一八二二至七八年）期盼取得一船鯨魚油並能平安返航。蒂莫菲．塔拉卡諾夫（Timofei Tarakanov，一七七四至一八三四年）渴望逃離監禁重返自由。詹姆士．德維特．達納（James Dwight Dana，一八一三至九五年）致力追求地球起源的科學理解。馬紹爾群島一位名叫卡杜（Kadu）的原住民想進一步探索大海，希望見到他海島老家以外的遙遠世界。阿德爾貝特．馮．夏米索（Adelbert von Chamisso，一七八一至一八三八年）精心編纂了一部自然與人種學筆記。至於路易斯．柯立芝（Lewis Coolidge，一七八三至一八七一年），他只不過希望從可怕的壞血病中存活下來，拿到水手應得的薪酬。他們的故事，以及其他許多類似的故事，恰如其分地將東太平洋的海洋世界展現在一支繽紛多采的萬花筒中。

我們知道海洋空間極其複雜，因此所謂的東太平洋（包括美洲海岸、近岸離島，以及太平洋島群中最靠近美洲的島嶼）顯然是種不穩定的概念。或許此一概念具備某種功能，像是用以描述一片海域空間，介於兩塊除了經由海上交通相互連接、彼此間毫無瓜葛的沿海地區。按這種說法，在十七世紀末以前，東太平洋幾乎不具任何意義。在十六世紀，西班牙帝國所屬的美洲港口與菲律賓之間的白銀貿易開創了跨太平洋的商品交易，也將「西班牙內湖」（Spanish

Lake）⑥的概念帶入全球市場。而在西太平洋，中國和東南亞國家早在一八〇〇年以前，便已跟歐洲商人建立了緊密的經濟關係。[11]所以說，全球商品流動在一八〇〇年之前已經橫貫南太平洋和東南亞。然而，整個太平洋的經濟整合和所謂的「太平洋世界」（Pacific World）的架構，則是隨著太平洋東部與北部的發展才逐漸形成。[12]實際上，正是庫克在一七七〇年代的航行，以及隨後英國、西班牙、俄羅斯、法國和美國的商業冒險在美洲海岸線交匯，才將太平洋的東部與北部跟其他海域以及更遙遠的地區連接起來。

像東太平洋這樣的地理概念，是隨著海洋和陸地的發展而開始具有意義。在美洲海岸線，原住民和西班牙人群體越來越常將貿易轉向西面的海洋商業體系，而不是東面大陸上的帝國或以往的原住民交易夥伴。沿岸貿易（由來自大西洋的船隻主導）的優勢在一八〇〇年前後的幾十年間開始嶄露，經營範圍從俄屬阿拉斯加一路往南延伸到智利和秘魯海岸。夏威夷群島逐漸成為這條海路通道的中途站，除了發展貿易活動，也供水手們發洩性欲、供博物學家們進行調查研究；此外，到了一八二〇年代，基督教新教傳教士也前來此地宣福。[13]人們在太平洋東邊建立的種種關係連結，也在太平洋西部和南部的其他海洋體系當中得以見到。

東太平洋的海域空間連結了許多邊境地區。[14]但是在一八四〇年代末，有很多因素讓海洋連結變了個樣。首先，智利和墨西哥先後脫離西班牙帝國統治，成為獨立政體，並維護自身對

⑤ 譯注：菲迪南德・麥哲倫（一四八〇至一五二一年），為西班牙效力的葡萄牙航海家。

⑥ 譯注：西班牙帝國時期史學家以「西班牙內湖」一詞，描述墨西哥到菲律賓之間相對脆弱、但不容侵犯的帝國海洋紐帶。

於邊界與海洋空間的主權。俄屬阿拉斯加（以及俄美公司〔Russian-American Company〕⑦）由於在屠殺海洋哺乳動物上做得太過火，反而失去繼續存在於市場上的理由。與此同時，原住民人口數的下降削弱了一度強大的原住民族群生機。另外，美墨戰爭、加利福尼亞淘金熱，以及美國正式併吞了早先的太平洋沿岸領土等等，一如其他因素，永遠改變了海洋連結的原貌，並在此過程中大幅地重新配置了沿海地理的架構。對當時奉行擴張主義的美國來說，東太平洋的大部分地區正迅速歸化為美國西部領地，而將大洋周圍的其他地區納入一個更廣泛的世界經濟體系更是勢在必行。我們可以說，一八四〇年代末的這些關鍵年分開啟了鞏固與連結太平洋的新階段。

就跟用來界定這片海洋空間的形容詞「東方」一樣，太平洋世界這一概念也不夠清楚，而且問題重重，儘管這個詞用起來簡單且方便，讓人難以抗拒。一方面，使用太平洋世界一詞不僅承認其社會、經濟和環境連結的真實性，而且對太平洋政治和民族（包含原住民與非原住民）更是重要。[15]此外，在作為概念的功能上，太平洋世界提供了與「大西洋世界」（Atlantic World）一詞類似的分析便利，這個關鍵字為哥倫布航行之後的非洲、歐洲和美洲相互關聯的歷史帶來寶貴的見解。[16]區別這兩大海洋世界的要素有很多，其中最重要的包括時間（大西洋的「哥倫布大交換」〔Columbian exchange〕⑧在十六世紀中期如火如荼地展開）、規模（太平洋比大西洋大得多，更難設想成一個單一的海洋世界）、龐大的人口結構變化（如跨大西洋移民，其中大部分是被奴役的非洲人）、與原住民的接觸（直到一七〇〇年代末，太平洋地區的大多數族群都沒有與外界持續接觸），以及全球商業的本質（在短短幾十年的接觸中，市場資本主義便衝擊了太平洋部分地區）。撇開分歧不談，在太平洋，海洋世界的概念似乎趨於成熟，這要特別歸功於太平洋與大西洋及印度洋之間的聯繫日益緊密。[17]

然而，許多問題促使人們謹慎看待諸如太平洋世界這樣的概念。首先面臨的問題是，我們究竟在講哪個太平洋，以及誰的太平洋歷史？太平洋包含許多截然不同的歷史，分別來自不同的地理範疇：亞洲、副北極地帶（subarctic，約落在北緯五十至七十度之間）、北美洲和南美洲、澳洲，以及構成太平洋歷史重心的兩萬五千座島嶼。再者，這些區域中的每一處都揭示了海洋和文化體系的多樣性，就宛如費爾南·布勞岱爾（Fernand Braudel）⑨提出的「地中海世界」（Mediterranean World）的概念所囊括的「海洋複合體」和各自不同的「文明」。[18] 如此看來，太平洋實在太龐大、太多樣化，而且過於紛雜，以至於無法涵蓋一個單一的海洋「世界」或籠統歸納其難以計數的各個地方。歷史學家馬特·松田（Matt Matsuda）寫道，太平洋是一個「多區域空間」（multilocal space），並主張「應該多從島民和在地文化的角度，向外思考海洋歷

⑦ 譯注：俄美公司是半官方的殖民貿易公司，由俄羅斯商人格里戈利·謝利霍夫（Grigory Shelikhov）和政治家尼古拉·雷查諾夫（Nikolai Rezanov）共同創辦，並在一七九九年得到沙皇保羅一世（Paul I of Russia）的特許，享有在今阿拉斯加州北緯五十五度線以北地區的貿易壟斷權。

⑧ 譯注：哥倫布大交換的概念由美國歷史學家艾弗瑞·克羅斯比（Alfred Crosby，一九三一至二〇一八年）於一九七二年提出，泛指哥倫布的船隊在一四九二年於美洲建立第一個歐洲殖民據點之後，進而發生的一場東半球與西半球之間的物種、人種、文化、傳染病、乃至思想觀念的交流。

⑨ 譯注：費爾南·布勞岱爾（一九〇二至一九八五年），法國年鑑學派第二代著名的史學家，他提出短、中、長期的歷史時序性，倡導長時段（longue durée）的歷史，並透過物質文明來觀察世界，援引諸如地理學、經濟學、民族學、社會學或考古學等人文科學的觀點與方法。

史的定位」。[19] 松田的觀點將定位議題與視角問題相結合，他要問的是：太平洋是「誰」的太平洋？這個問題突顯出歐洲和美國外來者在很大程度上將大洋合理化，讓其成為單一的太平洋——他們徒勞地試圖簡化太平洋龐然的社會和自然複雜度。更不濟的是，太平洋世界這個名詞省略了原住民歷史，並將帝國的目標具象化。[20] 在某種程度上，太平洋世界是一種總體性的概念，其價值在於構建「歷史」本身的框架：它讓人能從海洋而非從陸地取徑；看見人丁興旺而非只有空曠的海景；重視海洋為流動和遷徙的場所；並且得以尋索全球、海洋及地方歷史之間發生的重要交互影響。[21]

本書的目標之一，是將全球、海洋及地方歷史中發生的事件與過程加以連結。[22] 全球力量——包括國際貿易、疾病傳播、資源需求和科學探尋在內，於一七六〇年代以後在整個東太平洋匯聚。這是個世界各地蘊釀著帝國擴張與衝突的時代，也正如美國歷史學家安·斯托勒（Ann Stoler）所寫道，「對土地、勞工和『現有體制』握有狹隘而模糊的主權」或許最能體現東太平洋大多數外來帝國的角色。[23] 對此，本書較不關心全球帝國的公然行為，而是對帝國管轄外、非國家角色之間的談判，以及那些難以歸類的地方重要事件更感興趣。這種對帝國政治的淡化處理，也說明了我個人對特定歷史時刻和角色的態度。譬如，約翰·肯德里克在太平洋的冒險，可能便象徵和預示著美國對於掌握海洋力量並贏得全球其他帝國重視的終極渴望。但如此這般對肯德里克的太平洋漫遊的解讀，卻是倒因為果地解讀歷史，同時也忽略了他所遭遇的那起伏不定且充滿爭議的海洋世界。總體來看，或許好奇心和個人貪婪要比任何地緣政治野心更能驅策他的行為。

全球力量與大洋上的事件與趨勢有所關聯，進而影響了整個太平洋。比方說，兩次全球戰爭的結束，即一七六三年的七年戰爭⑩和一八一五年的拿破崙戰爭，都對太平洋間接產生了特殊影響：第一場大衝突之後，引領出了對整個大洋的初步探索，第二場大衝突之後，則興起了航行與科學調查。在每一個時期，新的貨物、細菌和人口飄洋過海，順著美洲太平洋沿岸這一條南北軸線流動。此外，海洋規模也是人類藉由認知而來的產物，以將太平洋構建成一個地理實體。博物學家阿德爾貝特．馮．夏米索在一八一五年至一八年的航行中掌握了這種認知；同時，很少有人能比地質學家詹姆士．德維特．達納更敏銳地做到這一點——他在一八四〇年代早期發現整個太平洋上的島嶼、大陸邊坡與整個海盆都具備地質上的一致性。

最後，原住民村落、部族和船隻的所在位置，展現了引發並呼應全球及海洋趨勢的個人及生態動力。像是在檀香山海灣、哥倫比亞河（Columbia River）流域，或是下加利福尼亞的馬達雷納灣（Magdalena Bay）等地發生的事件，不僅反映外國人的蠻橫要求或壓迫；實際上，地方部落政治也是事件中的關鍵要素，導致了最終結果，譬如卡邁哈美哈國王（King Kamehameha，夏威夷王朝創立者）與各部族協商以鞏固他在整個夏威夷群島的權力。[24]此外，在地生態也影響到事件發展，譬如在一七九〇年代，努查努阿特族酋長馬奎納（Nuu-chah-nulth Chief Maquinna）所面臨的生存危機；或是以馬達雷納灣的狀況來說，人們一旦掌握了太平洋

⑩ 譯注：七年戰爭（一七五四至六三年）是法國大革命前，歐洲各大國幾乎皆捲入其中的大戰，主要以英國與普魯士結成同盟，法國、奧地利與俄國結成另一陣營，為爭奪殖民地與霸權而戰，戰場遍及歐洲、北美洲、古巴、印度和菲律賓等地。

灰鯨獨特的遷徙路線，便急促地對該物種展開屠殺。[25]總之，特定的地理位置影響並塑造了海洋與世界的歷史。

某些地緣政治事件和經濟趨勢在全球、海洋和地方範疇內產生了明顯的連帶影響，我們會在後面章節中闡述。一八一〇年代，西班牙帝國在美洲的崩潰極大地牽動了歐洲在全球的勢力，也深刻影響了太平洋的貿易模式，造就出諸如墨西哥這類新興民族國家。其實，太平洋歷史中一些鮮為人知的事件，已預示了分裂新西班牙（New Spain）⑪的革命運動。一七八九年的奴特卡灣爭端（Nootka Sound Crisis）就是一個很好的例子，顯示出儘管西班牙帝國想要控制北美洲的西北海岸，卻已然力有未逮。此外，西班牙這個曾經在太平洋強盛一時的歐洲海上強權，也未能聽從麾下最了解大洋政治潮流的航海家的意見，其中包括曾於一七九〇年代初周遊太平洋及全球的海軍指揮官亞雷杭德羅・馬拉斯皮納（Alejandro Malaspina）。[26]馬拉斯皮納向皇室善意建言關於自由貿易和帝國改革的提議，沒想到換來的卻是他在接下來六年，必須蹲在聖安東要塞（San Antón fortress）的冰冷牢房。

西班牙在美洲的崩潰，恰好與美國展開擴張並成為大陸強權發生在同一時序。一七六八年，詹姆士・庫克第一次出航時，美國還不存在，而庫克在一七七九年第三次航行的船隻返回英國時，美國獨立革命的結果尚不明朗。然而，等到一八四八年，人們在加利福尼亞發現金礦時，美利堅合眾國已經再次戰勝英國、屯墾者再度定居到整個俄亥俄河谷（Ohio Valley），而且從法國手裡買下了路易斯安納領地（Louisiana Territory），並藉由驅趕原住民和發動美墨戰爭，創建了一個大陸帝國。不過，在這種關於美國擴張的刻板敘述中，還遺漏了一項事實——

那就是打從一七八〇年代晚期以來，美國水手們一直在太平洋上航行，並逐步在太平洋的特定區域取得主導權。話說太平洋（和其通往亞洲的航道）成為美國大陸擴張的一部分，那是早在數十年前由美國私人航海利益集團達成的目標，他們對海上自由貿易原則抱持著堅定的信念。

在太平洋融入世界的過程中，中國無疑發揮了重大作用。[27]廣東的華商敏銳地察覺到太平洋彼岸發生的變化。如果說，當加利福尼亞鴻運當頭發現了黃金，世人「一窩蜂湧入」的話，那麼在此前三代人的歲月裡，那時的航海商人可說是一窩蜂地從太平洋湧進開放通商的廣東口岸。這種盛況，最早打從西班牙販賣白銀給中國商人時便已成形，並持續到了十八世紀晚期，太平洋的航海商人接著開始尋找中國商人及消費者渴求的商品（皮草、鴉片、奇珍異獸、檀香木等）。大英帝國在一七〇〇年代末打算利用東印度公司來掌控並壟斷中國貿易，但中國商人有自己的盤算，堅持自行與來到廣東且眾多不同的外國商人群體往來。至少在一八三九年第一次中英鴉片戰爭爆發前，中國市場一直深深影響了太平洋的商貿及其與世界的貿易互動。

大洋航行是接下來章節中的結構與敘述主軸。本書考證了數百趟航行紀錄——其中有些出自航海者一絲不苟的航海日誌，也有些只有透過考古遺跡或根據原住民回憶方才知曉，而我從中觀察這些航行所衍生的商業、文化與生態轉變。這些特定的航程及大事紀要也為不同的歷史主題提供了切入點。在本書的第一章，我們首先介紹貿易擴張及美國雙桅帆船「萊利亞伯德」號（Lelia Byrd）船長威廉·謝勒的旅程。

---

⑪ 譯注：西班牙帝國時期對美洲領地的統稱。

一八〇二年到〇六年間，威廉・謝勒曾經四度橫越太平洋，往來於中、美兩國海岸線之間。他個人的航行事蹟（兩年後發表在《美國時事》〔*American Register*〕期刊）說明了早期海洋的商業動態，以及孤立的太平洋群體與全球貿易體系之間的新連動。特別是東太平洋地區的商業網絡和港口，這些地方將上加利福尼亞、夏威夷群島、北美洲西北海岸、阿拉斯加海岸線及秘魯，和蓬勃發展的廣東市場連接起來，從而見證了商業活動的急速增加。在對於商業增長的分析中，有兩個主題將會一起談到。首先是新興的太平洋貿易結構的組成要素，包括港口、貨物、社會習俗和航行路線。其次則是屬於個人性質的互動，像是謝勒這類型的商人與當地原住民對手之間的交易：來自兩種群體的敘述，都揭示了在此大洋市場上，所謂的「自由」貿易行為始終相當緊張。

在此期間，商業活動還默默地給太平洋群體帶來了另類的全球旅人：新病菌大量湧入。這使得駭人的死亡事件頻傳、原住民婦女生育率下降，並對許多原住民族群人口造成健康威脅。本書第二章主要透過回顧原住民與外國人之間的性關係，以及由此導致的性病梅毒傳播，來探討這段嚴峻的歷程。在詹姆士・庫克船長橫遭不測的第三次太平洋航行中，查爾斯・克萊克（Charles Clerke，一七四一至七九年）擔任大副，他的故事敘述了這場悲慘際遇的後續發展。庫克和克萊克都沒能在這趟航行中倖存下來，但重點是，歐洲和美國的航行者把疾病傳染給了所有的原住民群體，而這比他們兩人廣受哀悼的死亡更為重要。這一章講述了疾病在夏威夷、上加利福尼亞及下加利福尼亞、大溪地（Tahiti）與西北海岸的哥倫比亞河流域的傳播情況，描繪了太平洋海上交通與人際接觸背後所付出的聳人聽聞的生命代價。

除了疾病，外來者與原住民在接觸中還交換了各式各樣的東西，包括商品、語言和知識體系。因此，本書第三章探討俘虜與臨時人質這種特別的人員交換，這類行為構成了整個太平洋海盆各族群之間互動的共同特色。而且，在北美洲西北海岸一帶，隨著一八一〇年以前毛皮貿易蓬勃發展，並讓那裡聚集了無數原住民族群與俄羅斯、英國、西班牙和美國商人，這種情況更是蔚為潮流。俄美公司一名年輕員工蒂莫菲·塔拉卡諾夫了解這條海岸線的風險和機遇，也曉得萬一情勢逆轉時該如何謀取生路。他講述的有關船難與被俘的故事（與俘虜他的印第安人流傳下來的口述歷史大相逕庭），讓人目瞪口呆地見識到在世上的這處窮山惡水，人們在自由與被俘之間的種種境遇。

十九世紀初，貨物、疾病和人員的交換，都在東太平洋的新社會關係中扮演了某種角色。驅策這一切人類活動的主要動力，來自一種非人類商品：海洋哺乳動物。本書第四章敘述「大獵殺」，這是外國商人和原住民獵人從北方的阿拉斯加到南方的火地島（Tierra del Fuego），沿著美洲海岸線對海洋中最珍貴的哺乳動物進行的一場空前絕後的攻擊。由於這種殘酷的獵殺，海獺和海豹在一八〇〇年代初幾乎瀕臨滅絕。數十年後，太平洋上原本數量龐大的鯨魚群遇上了迅速擴張的美國捕鯨船隊。為了鯨魚油，大海上展開了一場恐怖的大屠殺，而位於美國的工廠是主要受益者。瑪麗·布魯斯特的丈夫是捕鯨船「老虎」號（Tiger）的船長，她記錄了自己親眼見證的一切與後果。在下加利福尼亞環礁的海灣，瑪麗·布魯斯特目睹了一支小型捕鯨船隊攻擊灰鯨隱蔽的繁殖區，接著見識到鯨魚群反擊。整體而言，「大獵殺」滋生了超過七十年的屠殺、血腥與貪婪。

本書的最後兩章則探討專業及業餘博物學家們的研究。當時，幾乎每一趟政府資助的太平洋航行，船上都會有著自然科學家隨行，他們的職責是探索並傳達有關這片鮮為人知的海洋、其原生文化與生態的知識。本書第五章要介紹的是拿破崙戰爭過後的二十年間，一群俄羅斯、法國和英國冒險團隊雇用的一批博物學家們的故事。其中，有些科學家嘗試藉由與原住民接觸，以便獲取知識，譬如阿德爾貝特・馮・夏米索就與馬紹爾群島島民卡杜建立關係，而卡杜則因此隨同夏米索展開了一段航行。也有其他博物學家把所有的太平洋原住民都視為垂死的種族，譬如英國醫生梅雷迪思・蓋德納（Meredith Gairdner），他最後幹出了如印第安盜墓者的勾當，來滿足他個人的科學野心。

有別於大部分博物學家抱持狹隘的世界觀，地質學家詹姆士・德維特・達納對太平洋及其陸塊的基本結構，發展出一套全方位的理論方法。達納在太平洋待了三年，是「美國遠征探險隊」（United States Exploring Expedition，一八三八至四二年）的七名「科學人員」之一，而他是第一位研究東太平洋且為整個太平洋海盆的潛在關聯建立理論基礎的地質學家。達納跟他的前輩查爾斯・達爾文（Charles Darwin）一樣，他的科學論點大膽獨創且奠基於實地勘察，從經驗中推測出太平洋劇烈的地球作用過程，包括火山、地震和珊瑚島礁的形成。在一八四〇年代初，他將太平洋及所有與之相連的陸塊，視為一個在結構上相互關聯的「太平洋世界」。然而，到了一八五〇年代早期，美國最有名望的地質學家提出了足以為國家新大陸邊界的成因與利益自圓其說的大陸地質學論點——達納接下來的研究也開始跟風，吹捧這條鞏固帝國之路。

一七九二年，約翰・肯德里克寫信給華盛頓女士號的船東約瑟夫・巴雷爾（Joseph Barrel）時，美國的帝國夢想還遠遠超出他的想像。肯德里克連人帶船停泊在中國澳門，而巴雷爾則遠在半個地球之外的波士頓，心中只能揣測著肯德里克過去四年遲遲不歸、行為可疑。肯德里克歹戲拖棚的遠航根本還沒盈利。相反地，他告訴巴雷爾關於自己此時面臨的一大堆麻煩事，包括不斷舉債、水手因壞血病及溺水而喪命、在北美洲西北海岸弄丟了皮草貨物、現下正從事走私而不是在廣東做正經買賣，以及華盛頓女士號的破舊不堪——這條船急需大修，如此一來他才能「將遠航進行到底」。[28]想也知道，巴雷爾讀了這封信之後大概只能沮喪地搖頭，而這是肯德里克兩年後在檀香山海灣死於非命前發來的最後一封信。不過，有了這次航行，巴雷爾應該能對太平洋商貿和可靠船長的資格方面，學到一些教訓。此外，在接下來的幾十年，更多的外國人將前來太平洋展開包括貿易、科學探索、捕鯨，以及實現帝國算計等目標的航行。他們將遭遇擁有各種不同文化傳統的民族，也會駛進各色各樣的海域。他們當中有些人把疾病傳播給了原住民族群，另外也有如同約翰・肯德里克這樣的人，死在了當時還沒出現在世界地圖上的地方。這些外來之人循著早期探險家的路線前行，一心打造一片貿易之洋。

第一章

貿易之洋

Sea of Commerce

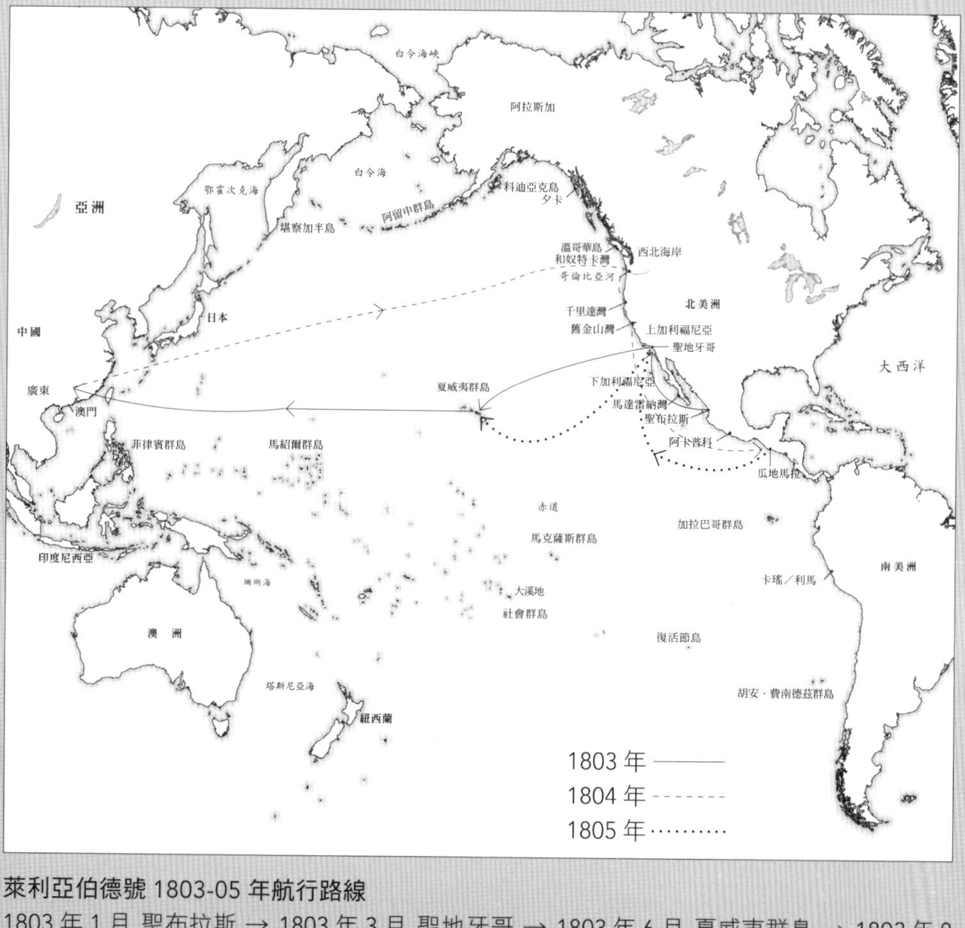

萊利亞伯德號 1803-05 年航行路線

1803 年 1 月 聖布拉斯 → 1803 年 3 月 聖地牙哥 → 1803 年 6 月 夏威夷群島 → 1803 年 8 月～ 1804 年 2 月 廣東→ 1804 年 5 月 千里達灣→ 1805 年 1 月 瓜地馬拉→ 1805 年 8 月 夏威夷群島

世界貿易，特別是按照目前情況來看，宛如一片無邊無際的商業海洋：無跡可尋，無人知曉，就像被大海所操弄；商人在冒險中不再留下行蹤，就像毫無線索而走不出迷魂陣或迷宮。

——丹尼爾．笛福（Daniel Defoe，《魯賓遜漂流記》〔*Robinson Crusoe*〕作者），《英國商業計畫》（*A Plan of the English Commerce*，一七二八年）

萊利亞伯德號，一八〇三至〇五年

萊利亞伯德號在兩年之內三次穿越太平洋。不管對任何帆船來說，這種跨洋航行都是風險十足，而對這條滲水的小船來說更是險象環生。一百七十五噸的萊利亞伯德號從廣東駛向北美洲西北海岸，返航時越過太平洋回到廣東，接著劃定了前往北美洲的最後航線，展開緩慢、滲水的旅程前往夏威夷。這艘船在一望無際的大洋上航行了三萬多公里，這還沒計入它在哥倫比亞河與瓜地馬拉（Guatemala）之間的美洲海岸線上來來回回的多次往返。威廉．謝勒和他的二十五名水手每次接近陸地時都會看見商船。當他們行經澳門，進入廣東珠江三角洲時，看到了歐洲、美國和亞洲的船隻；在美洲海岸線，他們遇到原住民駕著獨木舟及其他來自大西洋航線的船隻；在三明治群島（Sandwich Islands）時，則見到了夏威夷那種兩側帶有舷外浮材的小船。最特別的是，凡是在大海觸岸的每個區域，總有原住民的海筏沿著近岸水域航行。交易的商機讓威廉．謝勒感到興奮，但有些原住民顯然對萊利亞伯德號的到來一點也不開心。

一八〇四年五月十一日，在萊利亞伯德號第三次橫渡太平洋後，謝勒將這艘破破爛爛的雙桅帆船泊靠在加州的千里達灣（Trinidad Bay），那裡是西班牙管轄的上加利福尼亞海岸最北邊的海灣。當地的尤洛克印第安人（Yurok）以位於海灣邊上的村落來命名，稱這座海灣為「楚羅」（Tsurau）。謝勒需要一根新的前桅、水和毛皮，他計畫積極地與當地村民交易來取得這些必要物資。[1]尤洛克人根本就不想要這群外來者的任何東西，但根據以往經驗，他們曉得必須小心應付這些淺膚色的外國人。但最起碼，尤洛克人期待這群外來者能送自己一些禮物，以回報族人對他們的寬容和供應補給。

在頭兩天，尤洛克族人來到船邊進行交易，但嚴格禁止這群外來者踏上海岸。萊利亞伯德號的人員三次試圖登岸，都被尤洛克人攔截，而其中一次，他們還沒收了船員們想用來裝水的木桶——他們打破木桶，取出最有價值的部分：鐵環。這些鐵環將被用來製成匕首和其他有用的工具。五月十四日，尤洛克人拒不合作的態度讓謝勒發了脾氣，他下令從萊利亞伯德號的甲板高處用步槍向岸上射擊，這換來原住民以「滿天箭雨」作為回應。[2]最後，這群外來者抓了四名尤洛克人當作人質，強迫村民讓謝勒的人馬上岸尋取木料與水。然而，他們進入楚羅村後，幾乎冒犯了所有村民。他們企圖嗅聞村民的身體，對一個膚色較淺的男人頻頻說三道四，但最匪夷所思的，是他們對當地女人提出非分要求，甚至連小女孩也沒放過。幾天之後，這艘船和這群不速之客帶著必要的補給和交易得來的一些海獺生皮離開。謝勒在日誌裡記下了所有事件，不過他從中領教的心得並非來自尤洛克人居住的海灘，而是海灘的另外一邊。他認為他們是「野蠻人」——那些部落民族「幾乎完全沒有脫離原始狀態」。[3]有鑑於此，謝勒將船調頭轉向南方，駛往上加利福尼亞較「文明」的地區。

萊利亞伯德號繼續沿著上加利福尼亞海岸徘徊了好幾個月，在這段期間，謝勒對這個省分及其西班牙殖民者作出幾個結論。他寫道，西班牙人「付出巨大代價並大費周折，已剷除了他們入侵途中的所有障礙」。[4]原野上到處都是西班牙人畜養的牲口，他們「減少」了沿海印第安人的數量，卻未能防止自己的屯墾者與外國船隻私下交易，儘管官方政策明令禁止這種貿易往來。「總而言之，為了使加利福尼亞成為一個值得該海洋強權重視的標的，他們已盡到一切努力：他們讓加利福尼亞達到一種能自給自足的狀態，只要有一個優秀的政府來經營，它將迅速崛起成為財富與顯要之地。」謝勒總結道：「征服這個地方根本不費吹灰之力，一支最不起眼的軍隊也能輕易辦到。」[5]他的這番感言，要比美國著名航海家及傳記作家理察．亨利．達納（Richard Henry Dana）的想法還早上了四十年。

照謝勒這番論調的語氣來看，他的日誌（以及萊利亞伯德號的航行）似乎應該讓他被奉為美國向太平洋擴張領土的開山鼻祖。然而，他在這次航行中，壓根兒沒想過什麼地緣政治目的。基本上，他在海上航行時，心中根本沒有任何關於太平洋的領土歸屬、帝國或國家主張，譬如西班牙在中美洲和北美洲海岸的壟斷性貿易政策、英國對於西北海岸的領土訴求、中國在珠江三角洲的通商條例、俄羅斯毫不客氣地對北太平洋毛皮貿易的權利聲明，或者原住民群體希望自己制定商品與自然資源交易條件的願望。謝勒一直不把這些領土主張當回事，有時也因而導致暴力磨擦，譬如他在一八〇四年與尤洛克人之間發生的衝突，另外還有萊利亞伯德號在一八〇三年倉皇逃離由西班牙管轄的聖地牙哥港——當時他在船上與岸上展開激烈交火。謝勒是一名美國自由貿易者，專門經營銷往廣東市場的皮草，只要水手們繼續讓萊利亞伯德號浮在海上，他的船就會繼續攬貨。

到了一八〇五年八月，眾人已不看好這條帆船還能長久浮著不沉。於是謝勒把萊利亞伯德號的貨艙塞滿了皮草、生皮、幾匹馬，以及「豬啊、羊啊、什麼的」，然後把船駛離加利福尼亞海岸，改道前往夏威夷群島。「在（前往夏威夷）航程中，我們經歷了一場強烈的颶風，暴風從八月八日夜間開始肆虐，一直持續到十日午夜，除此之外一切如常。」謝勒寫道。然而，在強風巨浪中，這條滲水破船的船體嚴重變形，水手們不得不晝夜操作兩台水泵排水。「謝天謝地，」謝勒繼續寫道，「大風歇緩後，船就不太滲水了，我們的前途再度光明。十九日夜裡兩點，我們欣喜地看見了 Owhyhee①高地上的火光，而到了第二天早上……一如往常，我們受到大批當地原住民前來迎接，帶給我們提神之物和其他好東西。」[6] 等到上岸休息過後，謝勒就把他那批珍貴的毛皮和生皮貨物轉移到新英格蘭的快桅帆船「阿塔瓦爾帕」號（Atahualpa）和「休倫」號（Huron）上，準備運往廣東。他用萊利亞伯德號跟卡邁哈美哈國王換來了一艘在夏威夷建造的小型縱帆船，並取名為「塔馬納」號（Tamana）。接著，謝勒要隨同他的貨物向西航行前往廣東，代理人約翰・哈德遜（John Hudson）則指揮塔馬納號，往東駛向加利福尼亞。[7] 在此之後不到一年，哈德遜將塔馬納號賣給了俄羅斯船長帕維爾・斯洛博奇科夫（Pavel Slobodchikov），後者將船名改成「聖尼古拉」號（Sv. Nikolai），以尊崇這位俄羅斯水手的守護聖人。在太平洋，船員、船長、貨物和船隻被重新分派，並再次於大洋上四處航行，

① 譯注：即 Hawaii，Owhyhee 是夏威夷原住民的發音方式。

而這一切都是為了追求利潤——如此這般的流動變換，定義了這片貿易之海的原型。

謝勒記錄的事蹟雖不多見，但也無足為奇。此外，它們揭示了太平洋貿易與社會交流的新模式，這種模式在十九世紀初更形深化，從根本上重塑了太平洋人民的生活。其他有關萊利亞伯德號動態的報導排除了謝勒的許多成見，但總體而言，謝勒的《中國與美洲西北海岸間的航行日記》（*Journal of a Voyage between China and the North-Western Coast of America*）在太平洋貿易方面，提供了令人信服的觀點。尤其，謝勒在敘述中闡明了太平洋貿易的核心組成要素，以及它在整個東太平洋海盆的運作方式。這些組成要素包括：強加在既有的原住民及外國模式之上的新貿易模式、不同的太平洋港口與海岸線之間的聯繫、外國和當地人民之間的長久貿易關係、對原住民交易夥伴及勞工的依賴，以及一種截然不同的創業精神——或可定義為一種屬於非法、走私或自由的貿易。

謝勒的航行恰逢整個太平洋發生巨大變化的時期，也因而反映出當時的狀況。在一八〇〇年前後的幾年裡，歐洲人、亞洲人、美洲人和原住民因貿易而聚首，他們將孤立的太平洋群體與全球貿易體系連結起來。尤其在東太平洋地區，在特定的港口和沿海邊境地區，社會和經濟體系相互碰撞，形成了一片巨大無垠、前所未見的海洋翦影——其中最引人注目的當屬上加利福尼亞、北美洲西北海岸、阿拉斯加的夕卡（Sitka）、夏威夷群島、秘魯的卡瑤（Callao）、墨西哥的聖布拉斯（San Blas）和阿卡普科（Acapulco），此外還包括在太平洋西環地帶的中國廣東。[8]這些地方都建立了以商品和貿易路線為基礎的區域連結，而這些地區網絡也越來越快地與全球貿易體系連成一氣。

本章探討的太平洋貿易，呈現了關於民族與市場、經濟和社會政治制度之間的一系列動態關係，以及對貿易本身的多元觀點。其中，我特別側重以上加利福尼亞作為中樞，經由該處來審視一七七〇年代到一八四〇年代之間的幾十年中，許多跨洋和國際貿易地點。儘管上加利福尼亞並非這幾十年裡最繁盛的商業中心，但它讓我們看見了當時貿易的重要組成部分，以及與夏威夷和廣東等太平洋主要市場的聯繫。然而，正如威廉・謝勒在一八〇八年所預言的那樣，加利福尼亞的貿易地位將在一八四〇年代迅速改變，其影響將波及整個太平洋地區乃至全世界。

一八〇〇年以前的大洋貿易

一八〇四年登上萊利亞伯德號的尤洛克人，對於以物易物的交易瞭若指掌，因為他們與四周鄰邦有著悠久的貿易關係：南邊是維尤特族（Wiyot），北邊是沿海而居的托洛瓦族（Tolowa），以及位於克拉馬特河（Klamath）上游的卡洛克族（Karok）和內陸的胡巴族（Hupa）。交易網絡還將他們與更遙遠的部落串聯起來，譬如加利福尼亞中部的沙斯塔族（Shasta）和文圖族（Wintu），或是在尤洛克領地最南端沿海的波莫族（Pomo）。但這種交易要麼得靠陸路運輸，要麼是靠河流運輸；尤洛克人很少長途跋涉進入沿海水域從事長途貿易，原因很簡單，因為他們並不需要。[9]太平洋周圍的其他原住民群體確實曾冒險到大海上進行交易，他們為此經常遠距離航行。相較之下，一七〇〇年代晚期來到太平洋的國際航海商人並非海上貿易的開創者，他們只是在原有的交易模式上，增添了新的交易形態和更遠的航線。

我們從在北美洲和夏威夷的考證中，得知了原住民海洋貿易的悠久歷史。居住於現今南加州的楚馬仕族（Chumash）因為與內陸及沿海近鄰展開交易，促使經濟蓬勃發展，特別是在過去一千年裡，鋪板獨木舟（*tiats*）讓居住在島嶼上的楚馬仕族與南方的卡塔里納島（Catalina Islands）上的通瓦族（Tongva，或加布列萊諾族〔Gabrielino〕）得以建立連結大陸與海島的貿易關係。[10]除了傳統手工藝品，楚馬仕族締造的細石器與貝殼加工業在北美洲堪稱數一數二，因為他們在沿海島嶼上擁有燧石採石場。[11]與此同時，阿拉斯加的阿留申族（Aleut）和科迪亞克族人（Kodiak 或 *Alutiiq*）的生存模式在很大程度上也仰賴其沿海水域的狩獵文化，而無論男人或男孩都划著皮筏艇（俄羅斯商人稱之為「拜達卡」〔baidarkas〕的阿留申皮艇）②進行長距離狩獵、旅行與交易。他們捕獵的目標主要是海豹與海獺皮——有時他們甚至會走得更遠，前往參加在白令海峽錫蘇利克（Sisualik）舉行的因紐特人（Inuit）年度市集，並最終穿越冰冷的水域來到位於亞洲的楚科奇半島（Chukchi Peninsula）。[12]夏威夷人在尚未接觸西方外來者之前，也會定期舉行市集（規模最大的市集可能在大島〔Big Island〕的威陸庫河〔Wailuku River〕岸上舉辦），會有來自許多島嶼的商販與買家前來。人們乘著板舟及獨木舟帶來不同島嶼的特產，像是尼豪島（Ni’ihau）的山芋和莎草編織席墊（makaloa mats）、歐胡島（O’ahu）的塔帕纖維布（tapa cloth）、科娜海岸（Kona Coast）的魚乾，以及可艾島（Kaua’i）的木製品（如獨木舟、槳、長矛）。[13]

進入東太平洋以外地區，前現代時期的貿易圈主要圍繞在美拉尼西亞、西玻里尼西亞和東南亞沿海一帶。譬如，薩摩亞的席墊和斐濟的獨木舟被人們帶來東加群島，而且有時是為了用來交換東加的女人。當時，商業活動在整個美拉尼西亞群島十分蓬勃，發展出一個高度繁榮的區域貿易網絡，稱為「庫拉圈」（Kula ring）。美拉尼西亞產出的日常用品和儀式物品便在此島嶼間的體系中買賣轉手，從而強化延續了好幾個世紀的社會和親族關係。[14] 考古學證據也證實了太平洋地區的商業交流的悠久歷史：在薩摩亞和南庫克群島發現的玄武岩斧頭（石器），證實了兩地之間的交易長達數千年之久。[15]

在整個太平洋地區，鄰近部落之間的在地貿易是最主要的貿易形式，這點自然不在話下，然而一旦出現需求，也會促使人們動身展開中距離貿易（島對島、島對大陸）。航海技能（包括船隻建造及操作）不僅促進了貿易，而且對太平洋人口具有重要的文化、政治和軍事意義。正因如此，部分太平洋群體與十八世紀末匯聚於太平洋地區的海洋國家及外國商人存在驚人的相似性。此外，在地原住民非常喜歡交換商品，但也對此相當執著，而他們與既有交易夥伴及外來者打交道的方式也各不相同。他們亟欲獲得平時不太容易自行生產的物品，並以此標準為物品估價。或許這最後一點的道理顯而易見，但外國交易者並不總能理解。他們有時很感興趣，有時則相當不以為然地看著當地原住民如何珍視簡單的鐵器或小鏡子。

從一五〇〇年代開始，亞洲和歐洲國家在西南太平洋的商業往來以全球商品交易、長途航行，以及西班牙加雷翁大帆船貿易（galleon trade）、跨洋通商路線而聞名。如同後來的許多

② 譯注：阿留申皮艇通常為雙人或三人艇，主要用於狩獵和阿留申群島各島嶼間的運輸。

商業事務，中國推動了太平洋早期的海洋貿易。中國的南洋（即「南海」）貿易足可追溯到十一世紀，從廣州（今廣東省）及其他港口出發的中國戎克船（junk，通常為三桅平底帆船）形成了一條從暹羅灣到緬甸、蘇門答臘、西爪哇和婆羅洲的政治弧圈。[16]在不同的統治者實施數世紀的海禁之後，南洋貿易終於在一六八四年重啟：當時，清朝的康熙皇帝宣布中國南部海岸開放通商。中國戎克船很快便從日本行經西太平洋，抵達南中國海——這片海域被歷史學家羅伯特・馬克斯（Robert Marks）稱為「中國主導的內湖」。[17]在整個一七〇〇年代，中國在南中國海的貿易活動遠遠超過英國或荷蘭；不過，和船舶的噸位或數量同等重要的是，跨太平洋航行的商船也與來自大西洋、印度和西太平洋的商船有所交集。於是，在世界各地發展的海上貿易就在太平洋的這一區塊交會、相互競爭。

西班牙加雷翁大帆船貿易起自東太平洋，橫跨整片大洋，將南太平洋和中國生機勃勃的商貿活動與美洲連成一氣。回顧起來，曾有三個地方對西班牙至關重要：首先是馬尼拉，由西班牙於一五七一年建城，是連接新大陸白銀與中國絲綢及其他商品的「樞紐」；第二則是中國，是當時世界白銀的最大進口國；最後則是墨西哥中部，該地區在加雷翁大帆船貿易全盛時期的五十年間（一七〇〇至五〇年），是世界上主要的白銀生產者。[18]這三地之間的貿易活動形塑了整個北太平洋地區的商機：為了向東航行穿越大洋，西班牙的大帆船首先必須向北駛向日本，以趕上北太平洋洋流，這股洋流把船隻拉向美洲。所以說，正如同一八〇四年威廉・謝勒橫渡太平洋那般，西班牙的大帆船順著向東的洋流，從日本航向北美海岸，然後向南經過加利福尼亞，抵達阿卡普科。太平洋的風向和洋流大體上決定了這趟以順時針行走的航運。謝勒的萊利亞伯德號並不是第一艘順著這股洋流駛往上加利福尼亞的美國船隻，不過倒是最早在抵達後迎來砲火攻擊的船隻之一。

走向安樂與富足的加利福尼亞

到了一八〇四年，上加利福尼亞的西班牙官員認為謝勒除了是個不受歡迎的討厭鬼，還十分囂張。在此前一年，位於蒙特瑞（Monterey）的西班牙當局才勒令四艘美國毛皮貿易船（「亞歷山大」號〔Alexander〕、「風險」號〔Hazard〕、萊利亞伯德號和「奧肯」號〔O'Cain〕）離開加利福尼亞港口，因為它們違反了貿易限制。

其中，萊利亞伯德號之所以被認為惡行最為重大，是由於一八〇三年三月二十二日晚間發生的事件。在聖地牙哥要塞附近一片荒蕪的海灘上，指揮官曼努埃爾．羅德里格斯（Manuel Rodriguez）逮捕了三名試圖向他手下的士兵購買一疊海獺皮的萊利亞伯德號水手。羅德里格斯對這起不法勾當極為憤怒（看來或許是因為他沒能從中分一杯羹），於是命令武裝士兵看管海灘上的三名美國人，自己則返回要塞。次日拂曉時分，萊利亞伯德號的一組武裝人員悄悄划了上岸，逼著西班牙人交出自己的船員同夥；回到船上後，他們又將羅德里格斯派駐海灘的六名西班牙士兵繳械，留作人質。謝勒下令起錨，萊利亞伯德號緩緩駛過聖地牙哥要塞，這時船上與要塞展開交火。萊利亞伯德號的船身至少被一發砲彈直接命中。但要塞中的砲手很快就停止射擊，因為船已距離很近，他們可以清楚看到萊利亞伯德號上被謝勒綑在船上靠近要塞一邊的六名西班牙士兵。於是，這條美國帆船從聖地牙哥灣揚長而去，沒再發生交火，之後謝勒讓這群士兵人質安全回到岸上，然後把船轉向南方，前往下加利福尼亞的聖昆廷灣（San Quentin Bay）。[19]這段插曲體現了不同權力表述之間的衝突：西班牙殖民地的帝國法規對上早期美國人對自由貿易的信念，後者這種意識形態合理解釋了美國何以在十九世紀中葉成為一個大陸帝國。

上加利福尼亞官方和外國商人之間的衝突很少發展成如此激烈的對抗。據傳記作家理察．亨利．達納描述，這起事件實屬絕無僅有，而且直到三十多年後，這個故事仍然在聖地牙哥及其鄰近港口和傳教團間流傳。[20]但由於西班牙的貿易政策明令禁止外國商船進入西班牙港口，緊張的局面一再出現。[21]一旦貿易被政策高度限制，商業手法也就大大不同，這也連帶影響到加利福尼亞所有希望參與貿易的人——而那幾乎是全體百姓。因此，當謝勒在聖地牙哥與官方發生衝突過後一年返回加利福尼亞海岸時，他帶著萊利亞伯德號避開主要港口，找尋那些不太受到西班牙官方管轄的人群進行交易。[22]

這樣做起買賣就方便多了。謝勒沿著上加利福尼亞和下加利福尼亞海岸線進行交易，在聖路易歐比斯波（San Luis Obispo）、雷夫吉歐（Refugio）、卡塔里納島、海峽群島（Channel Islands）、塞德羅斯島（Cedros Island）、圭馬斯（Guaymas），以及位於上加利福尼亞第二大城洛杉磯附近、不久將成為著名走私港的聖佩德羅（San Pedro）等地買賣皮草與生皮。圭馬斯的西班牙官員曾登上萊利亞伯德號用餐，謝勒對此則嘲諷地記載道：「儘管他們公事公辦，但是態度彬彬有禮。」[23]聖路易歐比斯波傳教團（San Luis Obispo）的神父也曾向西班牙官方報告，說自己「十分冷淡地接待謝勒」，然而兩人的會面意味著他們確實進行了交易。[24] 此外，謝勒曾在雷夫吉歐莊園（Rancho Refugio，位於今聖塔芭芭拉附近）與唐・胡安・奧蒂加（Don Juan Ortega，西班牙帝國派駐洛杉磯地區的貴族）家族進行過交易，也和卡塔里納島上的通瓦族人（他稱之為「我們的印第安朋友」）以物易物。[25] 實際上，謝勒與原住民或西班牙人之間還從事過其他許多商業往來——按照西班牙帝國法律，所有這一切都屬大不諱之舉措。

不過，相較於當地交易環境的艱困，謝勒在日誌中強調的是在上、下加利福尼亞做生意的便利。「當下，」他如此說道，「凡是熟悉海岸線的人，總能獲得豐厚的物資與補給。這些現象足以證明，只要有一個優秀的政府領導，加利福尼亞地區很快就會走向安樂與富足。」[26] 謝勒的看法值得關注，因為他預測到了不久後將涵蓋加利福尼亞與太平洋海盆的貿易革命。他指出，掌握關於「海岸」的知識對於商人的成功至關重要，因為除了主要港口外，加利福尼亞原住民和西班牙人同樣也能在沿著海岸的任何地方安全地進行交易。從船上到海灘，再從海灘到海岸線一帶的屯墾地，加利福尼亞的沿海地帶成了活躍的市場，而所有身在其中的人們都不在乎西班牙的貿易限制。謝勒所獲得的「豐厚的物資與補給」，也證實了他與方濟會傳教士之間熱絡的貿易往來——他在一八〇四年寫給夥伴理察・克里夫蘭（Richard Cleveland）的信中也提起過這一點。[27] 最後，謝勒預言「加利福尼亞地區很快就會走向安樂與富足」；在這段文字裡，他所指稱的加利福尼亞是一個地方，而非當地居民——雖然措辭怪異，卻準確衡量了該地在太平洋商業地理環境中的狀態。

我們讓時光飛速向前，從今日回顧，就會發現謝勒的預言確實有其獨道之處。一八二七年這一年在加利福尼亞海洋貿易的發展中具有相當的代表性，當時三十艘商船抵達上加利福尼亞，而此地是今天的墨西哥最北邊的省分。在這些船隻當中，幾乎有半數來自美國，而其他船則懸掛著包括英國、俄羅斯、法國、墨西哥、漢堡和夏威夷的國旗。（夏威夷王室的旗幟上同時呈現出英國與美國國旗的元素，以迎合美國和英國的利益。）這些船隻大多展現了國際影響下特有的融合，例如一家秘魯註冊的合資企業擁有的「英國極光」號（British Aurora）；總部位於阿拉斯加的俄美公司擁有的「貝加爾」號（Baikal）、「戈洛夫寧」號（Golovnin）和「鄂霍次克」號（Okhotsk）；兩艘在大西洋造船廠建造的夏威夷商船；另外，哈德遜灣公司（Hudson's Bay Company）的「卡德博羅」號（Cadboro）也來自大西洋，但其大部分航程都在太平洋上度過。總體來說，這三十艘船停靠過美洲臨太平洋的所有主要港口，其中幾乎有半數曾在夏威夷停泊過，還有幾艘甚至曾橫越太平洋、航行到廣東或菲律賓。這些船隻運送物資、奢侈品和一些特有物品，譬如英國雙桅帆船「富勒姆」號（Fulham）運往卡瑤進行重鑄的「聖克魯茲使命鐘」（Santa Cruz mission bells），或是傳奇毛皮商人傑迪戴亞．史密斯（Jedediah Smith）採辦的一千六百磅海狸皮，由「富蘭克林」號（Franklin）運往波士頓。[28]二十年前謝勒渴望的自由貿易，拜人們在太平洋各地之間建立的連結所賜，如今已在上加利福尼亞繁榮昌盛起來。

與二十年前謝勒在海岸邊上做生意的時代相比，加利福尼亞裡裡外外都發生了很大的變化。隨著一八一五年拿破崙戰爭結束，歐洲和美國船隻以前所未有的數量湧入太平洋。此外，在一八二〇年代，西班牙帝國已經退場，這時改由墨西哥治理上加利福尼亞沿海的「屯墾」地區，而且沒過多久，墨西哥政府就廢除了此前西班牙官方認為「存在巨大風險……的自由貿易」的限制。[29]但是，由於墨西哥徵收進出口稅，所以在沿海地區私下交易仍然是商人、傳教士、加利福尼亞居民、印第安人和官員等群體進行商品交易最常見的管道。曾擔任加利福尼亞省長的荷西．達里歐．阿爾奎羅（José Darío Argüello）十分到位地總結了一八二〇年代的經濟環境：「現實所需驅使法律上不正當的事物正當化。」[30]當時，牛皮和牛油是最大宗的出口商品，而由於獵人的全面捕殺，加利福尼亞沿海備受珍視的海獺基本上已經滅絕（見第四章）。儘管謝勒沒能完全預料到事情的一切發展及該省分的其他許多變化，但他對加利福尼亞在太平洋喧鬧的市場中所扮演角色的預測可說是正確無誤。至此，熱絡的貿易活動已然將加利福尼亞沿海水域與外圍的大洋及全世界聯繫起來。

國際化的上加利福尼亞

十九世紀上半葉，太平洋周邊大部分地區的貿易穩步增長，其中包括夏威夷、廣東、雪梨、美洲西北海岸和智利，這種上升趨勢被人們詳細記錄在表格與檔案之中。[31]然而，上加利福尼亞不斷增長的貿易始終是這部海洋史學的異數，儘管在淘金熱之前，至少有九百五十三艘船隻來到沿海地區並進行商業買賣，顯然有著比之前所認知的規模更大、更具國際性的海上活動。[32]那麼，該地區海上貿易具有哪些要素與特徵呢？

在進入加利福尼亞水域的九百五十三艘船隻中，有百分之六於一七八六至九九年間抵達，一八〇〇年後十年間底抵達的占百分之五點七，一八一〇年代抵達的占百分之七點六，一八二〇年代的占百分之二十四，一八三〇年代的占百分之二十二，一八四〇年代頭八年抵達的則占百分之三十四。[33]簡單地說，加利福尼亞地區的貿易以每十年為階段穩步增長，但是自一八二〇年代開始，則因加利福尼亞和整個太平洋地區各項重大事件而迅速膨脹，這些事件包括墨西哥的獨立、許多港口（尤其是廣東和前西班牙帝國控制的港口）取消了貿易限制，以及全世界對太平洋貿易商機的認識。[34]此外，國際大事也對太平洋貿易發揮了關鍵作用，特別是拿破崙戰爭的結束，以及影響美國航運的一八一二年戰爭的終結。③在這些全球性的波瀾過後，私人與政府資助的冒險隊紛紛出海。

隨著加利福尼亞沿海船隻的數量每十年持續增長（尤其是在一八二〇年代和一八四〇年代），來自全球的參與者也同步增加。[35]在進入加利福尼亞水域的船隻當中，大部分船隻來自五個國家：美國（占船隻總數的百分之四十五）、英國（百分之十三）、西班牙（百分之十二）、墨西哥（百分之十二）和俄羅斯（百分之七）。除此之外，至少還有十七個來自太平洋和歐洲國家的商船也在十九世紀上半葉造訪了加利福尼亞。[36]簡言之，若引用歷史學家凱倫・庫柏曼（Karen Kupperman）對美洲東部殖民地的描述，加利福尼亞和北美沿海地區「在成為美國領土之前是屬於國際的」。[37]

這些關於船舶國籍的統計數字指出了兩項重點。首先，在一八〇〇年之前，雖說來自墨西哥的西班牙補給船在加利福尼亞的運輸量中所占分額最大，美國的船隻數卻很快就超過了所有的貿易國。也就是說，美國在太平洋的商業利益預示、最終也影響了其十九世紀中期的地緣政治和軍事利益，而威廉・謝勒曾在一八〇八年就預測到了這項發展。第二，儘管美國商船在加利福尼亞和東太平洋取得了不容小覷的地位，但至少有五百二十七艘懸掛著二十多種不同旗幟的船隻也進入了加利福尼亞水域。因此，當美國西部的「開路先鋒」約翰・查理斯・弗雷蒙特（"Pathfinder" John Charles Frémont）於一八四四至四五年乘坐「史特林」號（Sterling）考察加利福尼亞海岸線時，亦曾與來自英國、法國、俄羅斯、墨西哥、美國、德國、瑞典、漢堡、加拿大和加利福尼亞的船隻交會，更別提那些船上的水手們的真實國籍更是五花八門。[38]上加利福尼亞所突顯的這種特有的國際化樣貌，反映了整個太平洋海盆的實際狀況。

那麼，上加利福尼亞的航運在多大程度上與太平洋周邊其他地區產生交集呢？這九百五十三艘船的航行路線讓我們看見了地區之間的相互連結，同時也有力地表明了一些港口的崛起或衰落。從進入加利福尼亞的船隻來看，它們最常造訪的港口是夏威夷（占船隻總數的百分之四十二）、卡瑤（百分之二十二）、聖布拉斯（百分之十九）、阿卡普科（百分之十八）、俄羅斯的夕卡港（百分之十二）和廣東（百分之七）。此外，其中百分之十三的船隻曾靠泊在北美洲西北海岸某處，與當地的堡壘和沿海原住民部落進行交易。夏威夷以外的太平洋島嶼也見證了貿易的增長；在這方面，加拉巴哥群島（Galapagos）、馬克薩斯群島（Marquesas）、大溪地島和菲律賓群島領先於其他所有島嶼。[39]最後，在造訪過加利福尼亞的船隻中，有半數曾經同時停靠過太平洋上的島嶼，這個數字說明了跨洋貿易的總量，以及正如

③ 譯注：一八一二年，美國因領土糾紛向英國宣戰，又稱為第二次獨立戰爭。

我們將在下一章看到的，被大量帶至太平洋島嶼上的諸多疾病。到了一八二〇年代，這些主要港口已開始在東太平洋建立商品流通和市場活動的體系架構。

夏威夷：交易中繼站

夏威夷群島在浩瀚的太平洋中看來極為與世隔絕——它是被一片覆蓋地球表面三分之一的水景所包圍的一系列小點。但是，這是一種大陸性思維，出自以大西洋為中心的世界地圖；在這種視野下，太平洋上的島嶼被推擠到了地圖最左側的邊緣，況且它只優先考慮屬於大陸和陸地環境的歷史，而非連接這些陸塊的海洋。[40]換句話說，夏威夷之所以被認定為孤立在外，就是因為海洋被視為屏障。一旦人們將海洋視為一條寬廣的快速道路，夏威夷就會搖身一變、成為太平洋商業世界的交流中心。實際上，遠古的玻里尼西亞航海者在過去千年間有辦法航行至夏威夷——大溪地戰士在大約八百年前達成了征服與屯墾的使命；十九世紀早期的航海者也是出於種種重要的理由，才把船駛向夏威夷群島。威廉·謝勒的企圖就十分明顯：他在加利福尼亞的海獺皮交易中發了一筆小財，但他必須把那些海獺皮運到廣東市場。具體來說，萊利亞伯德號上的水手們必須儘快把滲進船內的海水排出，因為唯有繼續讓船浮在水面，他們才有辦法抵達夏威夷群島。

一八二〇年以前，前來夏威夷的勘察與商業航行逐年增加。打從庫克船長在一七七八年「發現」三明治群島，到一八一九年底第一批捕鯨船（美國的「巴雷納」號〔Balena〕）抵達夏威夷，共計有一百三十一艘船曾經停靠夏威夷。這些船隻主要是英國和美國的船隻，也有一些俄羅斯和法國的船隻。[41]截至當時，這個合計數比來到加利福尼亞沿海的船隻總數少了將近三分之一。但在一八二〇年以後，夏威夷的航運量可說突然爆增。在接下來三十年裡，進出夏威夷的船隻數量簡直多得讓人跌破眼鏡：從一八二四到四九年，就有將近一千艘商船和三千多艘捕鯨船在夏威夷靠泊。[42]就算只是粗略估計，這些數字也讓夏威夷（主要是檀香山和拉海納〔Lahaina〕④的港口）在此期間就算不是全世界最繁忙的港口，也名列太平洋上最為繁忙的海島港口。

一七〇〇年代末，夏威夷原住民攻擊了一些船隻、拒絕某些交易，但他們也促成了將夏威夷建立成太平洋上的一座中繼站，很快便吸引了商業船隊前來。夏威夷大量人口賴以生存的本地和進口生物群（包括猪、甘薯、芋頭及水果），足以供應船隻多年航行所需的食物。[43]患有壞血病的船員們渴求島上的新鮮食物，而水手們不論健康與否，也都渴望在夏威夷滿足性的需索。夏威夷的豐富資源讓貿易得以繁榮發展，然而一般的夏威夷人卻並非貿易的受益方。夏威夷社會的階級特性在很大程度上讓貿易僅僅造福夏威夷的世襲菁英（*ali'i*），而非平民百姓。卡邁哈美哈一世國王（被視作「天神國王」〔*an ali'I akua*〕）在整個群島逐步鞏固自身權力後設立了這種制度；同時，他組建自己的商業船隊，派往太平洋東邊的加利福尼亞和西邊的廣東。[44]一八一九年，卡邁哈美哈一世亡故，卡邁哈美哈二世（又稱利霍利霍〔Liholiho〕）與美

④譯注：位於茂宜島西岸，有捕鯨鎮之稱。

圖 1.1　一八一七年從檀香山灣海濱向外遠眺。藝術家路易士・喬里斯（Louis Choris）從原住民視角捕捉海岸景觀，側重刻劃夏威夷人的居住環境、日常生活與動物馴養。相較之下，多數歐洲和美國藝術家通常習慣以自身帆船為前景從海上描繪海岸線與港灣。（此圖由杭廷頓圖書館〔Huntington Library〕提供。）

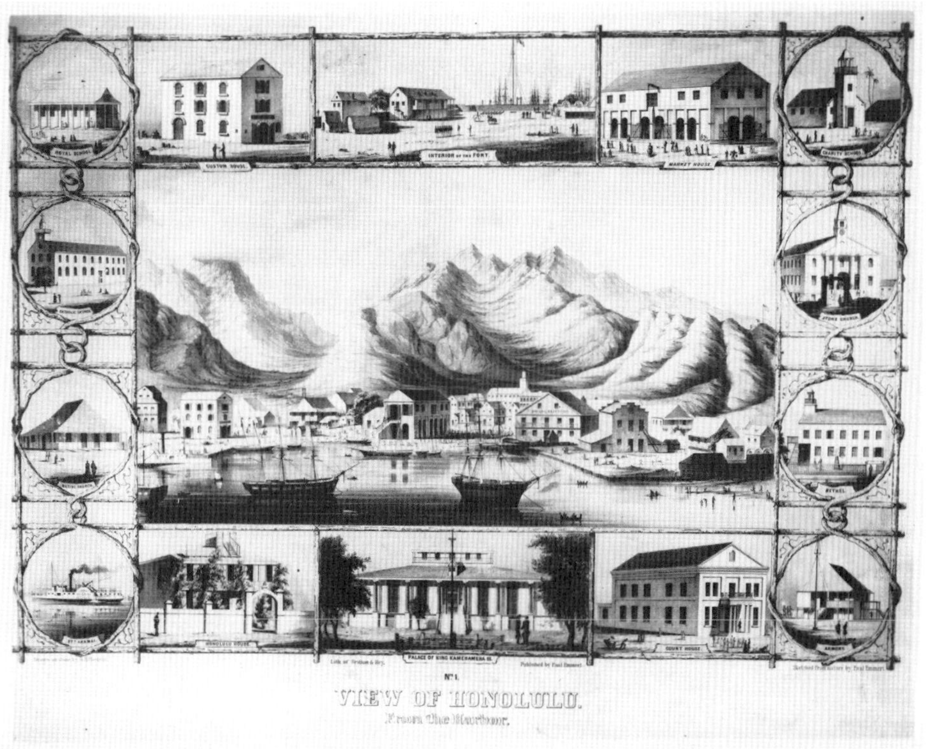

圖 1.2 《檀香山風情》（*View of Honolulu*），一八五三年。藝術家保羅．埃默特（Paul Emmert）描繪檀香山在十九世紀中葉的商業擴張景象，呈現此前三十年來外國投資與貿易的影響。（此圖由杭廷頓圖書館提供。）

國和英國的商行締結了堅實的聯盟，讓檀香山港搖身一變、加入「太平洋大交換」的行列。一名法國博物學家甚至給夏威夷冠上了「商旅大客棧」（*un grand Caravanserai*）的封號，認為夏威夷是這座水之沙漠裡的商品交易及娛樂中心。[45]

優越的地理條件可能更勝所有誘因。夏威夷群島構成了太平洋的中心點——不僅地理位置絕佳，而且橫亙於太平洋主要航運路線的交叉點。比方說，一八一四年六月至一八一七年耶誕節期間，英國縱帆船「哥倫比亞」號（Columbia）曾多次往來行駛於連結北美海岸、夏威夷和廣東的航道上。[46]哥倫比亞號曾經四次橫渡太平洋，到廣東販售北美毛皮和夏威夷檀香木；過程中曾兩次到新阿干吉爾（New Archangel，即夕卡）用基本物資交換毛皮，五次到哥倫比亞河附近收購毛皮和其他貨物，三次造訪上加利福尼亞海岸收購生皮和補給品。哥倫比亞號在三年的跨太平洋航行中曾四度靠泊在夏威夷，在此進行船隻的維修、攬貨，以及招募船員。到最後，船長彼得．科尼（Peter Corney）把飽受海水浸蝕、但仍浮得起來的哥倫比亞號轉手賣給了卡邁哈美哈一世，換來了兩船檀香木，讓科尼接著另外找了一條船把檀香木轉運到廣東市場。

在哥倫比亞於太平洋來回穿梭的軌跡上，至少交疊了三條常規的貿易航線，而所有航線都牽扯到夏威夷：新英格蘭、北美洲西北海岸和廣東之間的毛皮「三角貿易」；連接夕卡、加利福尼亞到夏威夷的「俄羅斯貿易」；以及加利福尼亞與夏威夷的雙邊貿易。這些貿易航線中的參與者，都把夏威夷當作原物料和進口奢侈品的市場。除了夏威夷的商品，群島上的勞工也在這些貿易路線上帶來重要貢獻，他們主要是被當成後備水手。譬如在澳門，哥倫比亞號接走了十六名被英國船「艾薩克陶德」號（Isaac Todd）留置在當地的夏威夷人，讓他們充當船員，儘管科尼船長後來提到「其中幾人上船不久後就死了」。隔年，在歐胡島，哥倫比亞號也帶走了六十名原住民並前往哥倫比亞河，於是那地方很快就出現了數量可觀的海外夏威夷勞工。[47]

夏威夷轉型融入太平洋大交換的最劇烈過程發生在一八二〇和三〇年代，當時美國和英國商人在檀香山成立了商行。這些商行包括布萊恩特與斯圖吉斯（Bryant and Sturgis）、帕爾默（Palmer）、威爾遜公司（Wilson & Company）、哈德遜灣公司，以及馬歇爾與王爾德（Marshall & Wildes）等，他們簡化了貨物交易、船隻維修，以及與原住民勞工簽訂合約等例行性作業。到了一八三〇年代末，檀香山至少已有二十幾家商行經營著各式各樣的特色商品。一八四四年，蘇格蘭人羅伯特・威利（Robert C. Wyllie）在一份報導中列出了兩百多種從世界各地進口的一般及罕見商品，包括熊皮、雪茄、德國褲子的材料、義大利白蘭地、鮭魚（八百四十七桶）和五十一架法國手風琴。[48]雖然這些商人在某種程度上從事的是海島交易，但他們也擁有強大的國際人脈。從一八二〇到三〇年代，他們積極聯繫廣東、加利福尼亞、卡瑤、波士頓和倫敦的同業——譬如向加利福尼亞訂購更乾淨的獸皮，投訴倉庫太過擁擠，並向太平洋各地及其他地區詢問市場時價。[49]隨著國際貿易在夏威夷蓬勃發展，物質上的「文明禮賜」主要普惠於統治菁英階級，但流行性疾病的「餽贈」則感染了夏威夷社會的各個階層。[50]

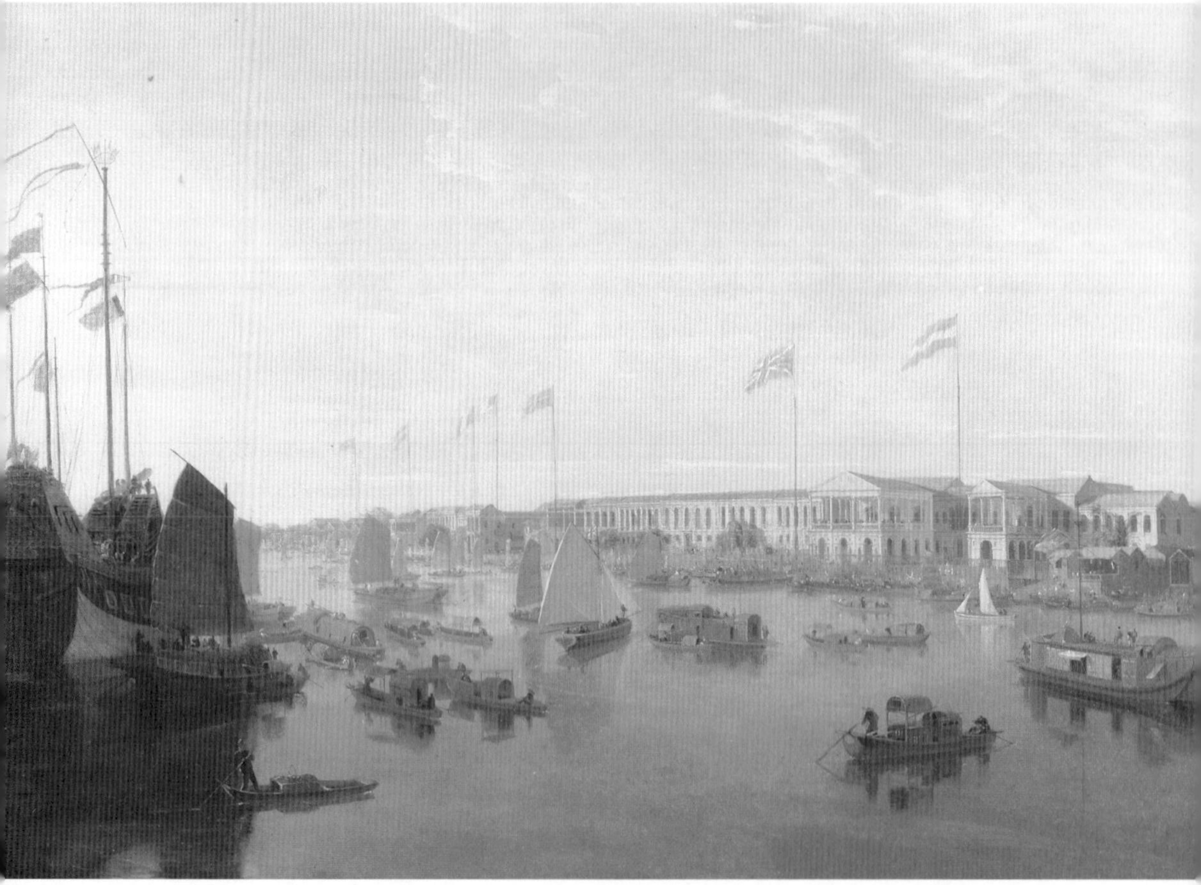

圖 1.3 《廣東的歐洲工廠》（*The European Factories, Canton*），一八〇六年。英國畫家威廉·丹尼爾（William Daniell）以碼頭上忙碌的中國工人為背景，突顯廣東外貿商行的繁榮景象。（此圖由耶魯大學大英藝術中心的保羅·梅隆館藏〔Yale Center for British Art, Paul Mellon Collection〕提供。）

廣東：兵家必爭之地

假如夏威夷在太平洋腹地發揮了「商旅大客棧」的功能，那麼廣東可說是開啟了太平洋西環邊緣的商業市場。廣東吸引了太平洋及其以外地區的船隻和商品前來：眾多商品中，包括墨西哥和南美洲的白銀，印度和英國（一七八〇年代以前）的紡織品，北美海岸（一七八〇至一八三〇年代）的海獺皮，夏威夷的檀香木，斐濟（一八一〇至四〇年代）的海參。值得注意的是，從太平洋、大西洋和印度洋到廣東的船隻只不過是「循著」中國沿海貿易的既有路線航行，而且一直到十八世紀末，中國沿海的國內貿易量都還遠遠超過對外貿易。[51]廣東是太平洋上的奢侈品市場，貿易商在這裡用奇珍異獸與天然資源，交換中國的茶葉、絲綢、瓷器和其他貨物。

北美沿岸與廣東之間有著綿延一萬一千多公里的遼闊大洋，這使得在太平洋東岸和西岸之間從事貿易成為一項艱鉅的任務。加利福尼亞的航運紀錄說明了實際結果：在進入加利福尼亞水域的船隻當中，只有不到百分之十的船隻曾穿越整個太平洋抵達中國。不過這個數字有點誤導。實際上，許多目的地為廣東的貨物先是聚集在加利福尼亞（譬如威廉・謝勒在萊利亞伯德號上的貨物），然後在夏威夷或其他地方集裝後才運往中國。在北美洲西北部從事毛皮貿易的船隻比較常飄洋過海來到廣東：這些船隻中約有半數把貨物運到廣東販售。[52]因此，廣東雖然遠在大洋彼岸，卻在東太平洋的貿易世界裡表現活躍。

一八〇〇年代初期，廣東市場的轉型體現了整個太平洋地區的國際化、貿易自由，以及美國在海上掌握主導地位的趨勢。原本家大業大的英國東印度公司（East India Company）日漸式微，也使得這些轉變帶來更加劇烈的影響。一七五一年，東印度公司在廣東設立永久的「代理行」（或稱商行），正式入列它從大西洋一路設立至印度洋、最後來到中國的數十家代理行之一。東印度公司得到英國議會授權，獨占廣東貿易並限制隸屬該公司以外的英國商人進入廣東市場，並與勢力龐大的廣東「行商」⑤結盟，冀望進一步限制其他外國船隻進入。行商對外國貿易商訂有自己的法規，其中包括徵收高額的進出口行稅，而且粵海關監督（隸屬「戶部」）要對進入廣東的船隻實施強行監管。[53]東印度公司在廣東的代表密切監視所有商業競爭對手；根據第一任派駐中國的使節代表喬治・馬戛爾尼爵士（Lord George Macartney，一七三七至一八〇六年）的說法，這有部分是為了「確保在亞洲各地推廣人們使用英國產品」。[54]從英國進口到廣東的紡織品及其他產品在一八〇〇年代早期為東印度公司賺進了「絕對利潤」，可供用來沖銷公司在印度的虧損。[55]這套全球商貿體系是由倫敦方面精心策劃，並受到英國議會提供特許權保障，只要能把外國競爭者阻擋在廣州灣外，便能繼續大發利市。

然而，東印度公司的這套體系終究難以永遠發達，而這在很大程度上是因為廣東行商、國際商人和中國海盜偏愛使用自己的盈利策略。[56]早在一七八〇年代，東印度公司的強勢國際競爭對手就出現了。一七八四年夏天，一艘重達三百六十噸的美國船隻「中國女王」號（China Empress）展開處女航，抵達中國，船上有三十四名船員和一批毛皮、布料與人參，從此開啟了美國海上貿易的穩定發展，並在一七九〇年代達到相當可觀的貿易量。到了一八一四年，至少已有六百一十八艘美國船隻曾抵達過澳門或廣東，其中大部分是繞過好望角航向中國，而非嘗試穿越太平洋。東印度公司在廣東的「特別委員會」密切關注此一外國交易情況，並向該公司在倫敦的「秘密委員會」報告了相關資訊。雖說所有國家的對華貿易額持續增長都讓這些官員有所警惕，但是東印度公司的廣東代表似乎對美國商人最感頭痛。這些僅靠少量船員操作、噸位只有東印度公司的船隻的一半或四分之一的美國船出現在廣東，徹底震驚了英國官員，有時甚至讓他們惱羞成怒。

從事東太平洋和中國貿易的兩艘美國船隻的經歷就說明了前述的實際情況。「老鷹」號（Eagle）和「號角」號（Clarion）各自在一八一七年駛離波士頓，於隔年抵達加利福尼亞。一百四十九噸的號角號繞行好望角，抵達塔斯馬尼亞（Tasmania，澳洲東南方一島州），並在夏威夷停留後，又穿過太平洋抵達加利福尼亞。至於老鷹號則從相反方向來到太平洋：繞行南美洲合恩角（Cape Horn）前往夏威夷，接著在夕卡短暫停留交易海獺毛皮，然後返回夏威夷，最後到達加利福尼亞海岸。這兩艘船的船長都在加利福尼亞遇到熱切的交易夥伴，他們把從波士頓帶來的貨物換成準備銷往廣東的商品。號角號的船長亨利．吉澤拉（Henry Gyzelaar）向岸上的人買了若干在廣東非常值錢的毛皮，把所有的錢都用完了，船上只剩下保障船隻安全航行的必要物資。[57]老鷹號船長威廉．希思．戴維斯（William Heath Davis）與聖塔芭芭拉的胡安．奧蒂加和伊格納修．馬丁內茲（Ignacio Martinez）做了筆買賣，使得他除了在俄羅斯屯墾區獲

⑤ 譯注：西元一七五七年（乾隆二十二年），清政府宣布保留廣州作為對外貿易口岸，指定「廣州十三行」作為唯一對外貿易的壟斷性商業組織，俗稱「行商」。

得的利潤之外，在加利福尼亞的銷售還讓他賺到了大約與兩萬五千美元等值的西班牙達布魯金幣（doubloon）和海獺皮。[58]兩艘船接著行經夕卡和夏威夷前往廣東，於一八二〇年來到珠江三角洲——船抵達時，東印度公司秘書普勞登（W. H. C. Plowden）在〈一八二〇至二一年廣東季報〉中記下了每條船的關鍵資訊。[59]

當老鷹號與號角號抵達廣東時，普勞登便已感到回天乏術。自一八一二年英美戰爭結束以來（戰爭期間美國在太平洋的航運嚴重受限），普勞登便開始注意到前來廣東的美國船隻數目不斷增加。他極為仔細地記下每艘船的母港、目的地、貨物、噸位，以及抵港和離港日期的細節。他在提交給東印度公司位於倫敦的秘密委員會的一八二一年報告中特別發出警告：「光榮的公司……由於美國船隻的大量進口，本季度的（紡織品）投資正蒙受極為嚴重的損失。」[60]四十二艘美國船隻停泊在廣東附近，運載價值七百四十一萬三千九十六美元的進口貨物，超過前一年進口價值的兩倍，而「光榮的公司」該季度的進口貨物則為六百一十九萬九千二百四十二美元。[61]這在東印度公司的歷史上還是頭一遭，曾經是前殖民地的另一個國家，竟然向公司自認屬於自身地盤的港口輸入了更多貨物。這種驚恐很快便從廣東一路蔓延至東印度公司的倫敦總部：「除非採取某種措施，阻止這些貨物進入中國……除了『光榮的公司』的船隻以外，禁止任何船隻進港，否則將難以估計這種不利的競爭會造成何等嚴重後果。」[62]

但是，英國人沒能盤算出任何一種「措施」來阻止歐洲或美國貨物經由東印度公司以外的管道進入廣東。到一八二〇年代初，廣東行商積極鼓勵外國商人廣設代理行，好為中國產品創造新的買家。[63]在一八二〇年代，越來越多法國、葡萄牙、西班牙，以及非隸屬東印度公司的英國商人來到廣東尋求商機，而來自紐約和波士頓的商人設立了其中最為活躍的幾家代理行，包括柏金斯洋行（Perkins & Co.）、羅素洋行（Russel & Co.）、奧古斯丁赫德洋行（Augustine Heard & Co.），以及韋特莫爾洋行（W. S. Wetmore & Co.）。[64] 於是，曾經不可一世的這間英國的「光榮的公司」在一八二〇年代的新市場生態中為了競爭優勢而苦苦掙扎。然而，它已在抗衡廣東對外貿易的浪潮中敗下陣來，也沒再能讓英國議會繼續支持它排除非東印度公司的英商的對華貿易，維持其壟斷地位。[65] 為了在龐大的中國市場上找尋新的盈利方式，東印度公司的官員密謀擴大毒品走私，向中國銷售成癮性極高的帕特納鴉片（Patna opium）⑥——為了維持公司營收，這種行徑很不光榮，而且也是最終引發鴉片戰爭的原因之一。[66]

北美洲西北海岸：毛皮貿易聖地

在一八〇〇年代初，對歐美商人來說，最珍貴也最受歡迎的商品取自動物：海獺、水獺、海豹、海狸和熊的毛皮與生皮，而到了一八三〇年代，還有加利福尼亞的牛皮。這些商品的主要殺戮場和交易場所分布在下加利福尼亞沿海到阿留申群島之間，最密集的海洋哺乳動物狩獵活動則發生在哥倫比亞河北方。歐洲帝國為爭奪這方天地的宰治權而展開鬥爭：俄羅斯、西班牙和英國紛紛在此建立屯墾據點和殖民前哨站以取得控制權（西班牙則是這場賽局中的輸

⑥ 譯注：帕特納是十九世紀英國東印度公司在印度的鴉片生產基地。

家），而俄美公司、哈德遜灣公司和約翰．雅各布．阿斯特美國毛皮公司（John Jacob Astor's American Fur Company）等企業則試圖介入興旺的沿海貿易中並從中獲利。他們的如意算盤，是在沿海地區用珠子和小飾品換來毛皮，然後在廣東賣得好價錢，接著再將貴重的出口貨物運往紐約、波士頓、倫敦或其他大西洋港口。

這便是北美洲西北海岸毛皮交易的傳統歷史定位。它說明了北太平洋的商業吸引力，以及在最終局勢（美國掌控阿拉斯加、華盛頓、奧勒岡和加利福尼亞）完成之前的地緣政治競爭態勢。然而，就太平洋的商業地理情況而言，這個概述掩蓋了西北海岸貿易的三個重要特點。首先，這裡的海上貿易也呈現出類似於加利福尼亞和其他太平洋商業區域所有的國際化特質——可說是超越了已知的地緣政治競爭。第二，所謂的「西北海岸」，也就是環太平洋的東北部，而若從這種地理角度來看，毛皮交易與太平洋貿易的關係更為密切，而非大陸貿易。最後，原住民群體藉著操縱競爭、討價還價，有時還對外來者暴力相向，因此也具有左右貿易的力量。

從西北海岸外既有的貿易中心和前沿聚落，最能看出毛皮貿易的國際化特質，其中包括哈德遜灣公司在辛普森堡（Fort Simpson）和溫哥華堡之間的一系列「堡壘」、阿斯特公司的阿斯托利亞堡（Fort Astoria），以及沿海的原住民村落。一七八五年至一八二五年間，西北海岸外有近六百艘船隻從事貿易。[67]一位歷史學家在調查了繁忙的毛皮貿易後作出結論：「一開始，貿易大致由英國主導，但從一七八九年起，就逐漸被主要來自波士頓的美國商人所包辦，到了一八〇〇年左右，基本上已被波士頓商人所壟斷。」[68]從這個角度看，西北海岸似乎成了波士頓資源豐饒的郊區。

但是，我們也不能忽視此中的其他因素與角色。除了英、美船隻以外，懸掛俄羅斯、葡萄牙、法國、西班牙、瑞典和夏威夷國旗的船隻，也在西北海岸進行貿易。儘管這些船隻只占總運量的百分之十，但它們表明國際社會也注意到了東太平洋的新商機。「波德萊斯」號（Le Bordelais）的法國指揮官卡米爾・德・羅克費爾（Camille de Roquefeuil）在一八一七年到一八一八年的十四個月裡，於西北海岸看到的大多是美國、英國和俄羅斯的船隻，儘管奴特卡灣一帶的印第安人跟他說，他們在前個季節曾與一艘沒有標誌的船隻交易過，而那艘船唯一的特點是船長：他有一條木腿。[69]羅克費爾在西北海岸和沿海島嶼上與各族的印第安人交易，他還招攬了一群阿留申獵人前往阿拉斯加南部尋找海獺。在為期三年的航程中，羅克費爾駕著他的波德萊斯號航行到智利、秘魯、加利福尼亞、夏威夷、馬克薩斯群島和中國，他與許多海島民族和大陸群體展開貿易往來，更不用說沿途還遇到了歐洲、美國和亞洲商人。這種廣泛的接觸是所有沿海航行的典型特色。因此，儘管美國和英國的船隻一到西北海岸就掌控了貿易量，在此處航行的任何一艘船也都蘊含著國際與文化間的接觸。

如前所述，若將北美洲西北海岸放在太平洋的東北部來看，我們會再注意到此地貿易的第二項重要特點：與太平洋地區其他商機的高度融合。即使是那些主導皮草交易的「波士頓人」（這是欽諾克印第安人〔Chinook〕慣用語，用以區分美國商人和英國「喬治國王的人馬」[70]），也不只是單純地划向岸邊把皮草帶走。反而，他們可說是不遺餘力地在整個太平洋上奔波，只為了尋求有利可圖的交易。在前往西北海岸的所有船隻中，大約只有百分之十五曾停靠過加利福尼亞和南美洲（智利或秘魯），但卻有三分之一以上的船隻停靠過夏威夷，更有半數以上的船隻曾停靠過廣東或澳門。[71]一般的貿易或補給運輸不太會（但也常看到）停靠在澳大利亞、馬克薩斯群島、加拉巴哥群島、社會群島（Society islands），以及堪察加半島（Kamchatka Peninsula）。從環太平洋東北方到西邊的廣東口岸，太平洋為商人們提供了許多選擇，讓他們能持續尋找大洋上的商機。

太平洋毛皮貿易的最後一項重要特點，是原住民群體在交易條件談判中的權力。畢竟，實際進行狩獵並製備毛皮與生皮的人，並非哈德遜灣公司或阿斯特公司的員工，而是當地原住民——他們理所當然擁有身為供應商的權力。此外，他們的實力也源自族群中緊密的血緣關係與成熟的地區交易網絡。因此，歐洲和美國的船長面對的，是極有組織的原住民貿易夥伴以各種方式施加壓力：相互抬價、挑剔商品的品質，並拖延談判時程——這一切都是為了確保能用毛皮換到最好的商品。[72]沿海一些強勢部族的首領在與外人的貿易中擁有巨大權力：譬如奴特卡灣的馬奎納酋長、格里夸灣（Clayoquot Sound）的維卡尼什酋長（Chief Wickaninish）、夏洛特女王群島（Queen Charlotte Islands）的庫尼亞（Cunneah）和寇（Kow），以及欽西安族（Tsimshian）首領家族中一位名叫勒蓋克（Legaic）的後人，都試圖控制商業關係，而在此過程裡，他們在追隨者中的威望也隨之提高或下降。原住民毛皮商人極其擅長以操控利潤，導致英國船長約翰．米爾斯（John Meares）在一七九〇年坦言：「我們付出了代價才發現，印第安人具備經商所需的一切狡猾手段。」[73]庫克船長在西北海岸試圖為船上補充基本物資時，也感受到原住民那種頑強的交易精神：「我從沒（在哪裡）遇過像印第安人這樣把大地上的每樣東西，都視為自己所屬財產的見解。我們只不過取了些木頭和水到船上，他們馬上就想叫我們付錢。」[74]

在這樣的交易過程中（加上原住民群體間有時還相互助陣），似乎隨時都有可能發生暴力衝突。子彈和羽箭不時在商船和獨木舟之間飛來飛去，船上的大砲也偶爾朝著村落開火；但吸引船長和傳記作家注意的是，印第安人攻擊商船多少也有得手的時候（其中包括一七九一年的華聖頓女士號、一七九九年的「開朗」號〔Cheerful〕、一八〇三年的「波士頓」號〔Boston〕、一八一一年的「水獺」號〔Otter〕和「通昆」號〔Tonquin〕）。[75]從一七八五年至一八五〇年，至少發生了十五起對西北貿易船隻有組織的襲擊事件。儘管這些襲擊通常沒能得逞，但是消息卻在海上商人間廣泛流傳，讓他們不得不小心翼翼地與西北海岸的原住民群體談判。

卡瑤、聖布拉斯和夕卡：勢力的流轉

在東太平洋的商業地理中，還有三個港口發揮著重要作用，特別是在上加利福尼亞貿易活動。卡瑤港位於今秘魯首都利馬（Lima）的北方，是繞過合恩角航行前往北太平洋的船隻的天然中繼站。在造訪加利福尼亞的船隻中，至少有百分之二十也停靠過卡瑤。然而，秘魯的跨太平洋航行活動的歷史要比加利福尼亞久遠許多。打從一六〇〇年代初，卡瑤便開始在西班牙白銀貿易中占據重要地位，素來都是西班牙官方的重要據點，直到一八一八年的總督正式開放港口向英國通商為止。[76]不過，就跟加利福尼亞一樣，自一八〇〇年以來，走私貿易在卡瑤不斷竄升。每年都有許多船隻停靠在這個秘魯港口進行秘密交易，然後沿著海岸線向北駛往加利福尼亞。一八二〇年，卡瑤向所有國際航運開放，那一年有兩百多艘美國船隻和幾乎同等數量的英國商船經此往來於太平洋。[77]英國和美國商人很快便在卡瑤設立商行，以便開發新的商機，當時卡瑤或利馬商人擁有許多懸掛英國國旗的船隻（在一八二〇年後停靠加利福尼亞的英國船隻中，幾乎三分之二都有這種特徵）。秘魯自由貿易者和保護主義者在整個一八二〇年代持續展開政治鬥爭；到了一八二八年，保護主義者坐穩了統治地位，儘管這讓進口關稅變得很高，但太平洋上的船隻仍繼續頻繁出入卡瑤。雖然達爾文在一八三五年造訪卡瑤時，對這座海港城市的前景深表懷疑——他特別留意到這裡疾病猖獗、「無政府亂象」和各族裔間的「墮落雜處」——但卡瑤和利馬的國際貿易榮景依舊。到了一八五〇年，這裡已成為南美洲小麥、銅礦和鳥糞的出口中心。[78]

有別於太平洋上新興的貿易中心（加利福尼亞、廣東、夏威夷、西北海岸和卡瑤），聖布拉斯和夕卡是唯二在十九世紀上半葉走向衰落的重要港口。聖布拉斯原是西班牙在加利福尼亞灣的一座海軍基地，是為了用來向北美海岸擴張而設計，地理位置處於一片滿是蚊蚋與瘧疾的紅樹林沼澤地。到一八〇〇年，聖布拉斯的人口已達兩萬之多，超出了不定期沿著太平洋海岸、從加利福尼亞航行至奴特卡灣的西班牙運補船的供給能量。在一八二一年墨西哥獨立之前，造訪加利福尼亞的船隻當中有一半也會停靠聖布拉斯（主要是西班牙船隻）。但獨立以後，墨西哥的船隻迅速轉往氣候良好的昔日白銀貿易港阿卡普科，使得聖布拉斯逐漸失去過往作為貿易中心的地位。[79]

最後，夕卡之於俄羅斯的功用，類似於聖布拉斯之於西班牙，兩者殊途同歸。沙皇保羅一世於一七九〇年代特許成立的俄美公司的總部位於夕卡，控制著北太平洋的毛皮貿易；該公司從夕卡發出運補船前往堪察加半島，也派遣其他船隻沿著海岸線前往上加利福尼亞。然而，到了一八一〇年代，公司每年的海獺皮和其他毛皮產量急遽下降，同時阿留申和科迪亞克契約獵人因感染天花、流感及其他疾病而亡故，人數也大幅減少。[80]俄美公司之所以一度蓬勃發展，是靠著在十八世紀晚期迫害原住民，並屠殺阿拉斯加的海洋哺乳動物種群直至瀕危；到了十九世紀初，該公司為了繼續存活，需要往更南邊找尋新的殺戮場。雖然俄羅斯貿易商一直留在夕卡直到一八〇〇年代中期，但夕卡在國際貿易上的地位已經日薄西山。

推動自由貿易意識形態

在一七八〇年代到一八四〇年代之間，太平洋貿易還發生了哪些變化？有哪些特徵和意識形態影響了太平洋貿易的性質？我們可以說，最明顯的變化就是貿易量的穩定增長。回到上加利福尼亞的例子：一八〇〇年之前的十四年中，只有六十四艘船曾造訪過加利福尼亞海岸，而在一八四八年之前的十四年中，造訪過該海岸的船隻則至少有四百四十三艘。在東太平洋地區乃至整個太平洋，商船數量增加的現象大致相仿。此外必須要提的特點，就是關於這類貿易的國際性。僅在加利福尼亞，就有來自二十多個國家或公國的船隻在這六十年當中出現，雖然大部分的航行與貿易量僅由少數幾個國家包辦，但所有國家都展現出對於太平洋貿易商機的國際意識。然而，對許多原住民社會來說，這種貿易的連帶結果根本就是災難。到了一八四〇年代，國際貿易以多種形式與組織，滲透並改變了幾乎整個太平洋地區的原住民社會，這在一七〇〇年代晚期根本就無法想像。

到了一八二〇年代，美國人已在某些關鍵領域（比如夏威夷的商行）和各種活動（捕鯨、獵捕海獺、對中國的跨太平洋貿易）占據了主導地位。此外，他們的做法和野心，集中體現了太平洋周邊某些團體所共有的「自由貿易」思想。自西班牙加雷翁大帆船貿易時代以降，帝國勢力和政府資助的公司長期試圖壟斷並規範特定地區、市場、貨物，以及太平洋貿易航線。這種管控充分體現於俄美公司、英國東印度公司、荷屬東印度公司、菲律賓皇家公司（Royal Philippine Company），以及西班牙帝國的限制性政策的歷史中。在一八〇〇年之前，管制貿易許可的做法取得了不同程度的成功，這在很大程度上是拜缺乏外國競爭所賜。但在拿破崙戰爭過後，貿易競爭更形激烈且迅速擴展，這時貿易限制與壟斷已難再成氣候。當然，美國的船長們並非唯一推動新貿易思想的人，但對自己一手建立的自由貿易，美國人是最熱心的鼓吹者，也是最成功的實踐者。

艾比．珍．莫雷爾（Abby Jane Morrell）便是如此敢言的鼓吹者之一。身為班傑明．莫雷爾船長（Benjamin Morrell）的妻子，艾比隨船出海時年方二十，後來她向「女性同胞」述說了她在一八二九至三〇年經歷的一場太平洋商業冒險的故事。[81] 他們的船「南極」號（Antarctic）在太平洋上費盡周折，要到斐濟尋取一批海參並運往馬尼拉。[82] 然而，前往斐濟供應商那裡攬這批貨的結果，竟是災難一場：當地村民趁著船員不注意，偷走了船上的一些工具，這促使莫雷爾船長劫持一名當地酋長作為人質。沒想到，村民們反而對南極號發動攻擊，造成十四名船員死亡（「他們死於殘忍的野蠻人之手！」艾比如此寫道）。[83]南極號離開斐濟後便去了馬尼拉，莫雷爾船長在那裡招募了八十五名船員（包含他的妻子在內），並為該船配備了更多大砲和黃銅迴旋砲（brass swivel guns）[⑦]。接著，南極號回到該島展開屠殺，艾比在甲板上看著船員們從船上的加強工事裡開火，用迴旋砲撂倒了大量的斐濟人。「敵人沒有料到我們會這樣招呼他們。」艾比寫道。沒多久，「地面上堆滿了戰爭的傑作」與死掉的「野蠻人」。莫雷爾船長如此描述：「地上全是這些頑固、憤怒的野蠻人留下的深紅色血塊。」[84]艾比還留有感言如下：

> 我全程目睹，但心中毫無恐懼。身為女人很容易就能感受身旁之人的精神……然而，我還是不得不替那些可憐的、誤入歧途的無知生物的喪命感到婉惜。他們雖有人的外表，但靈魂有待救贖。難道愚昧者非得透過血的教訓來領略文明嗎？——我們身不由己，但也別無他法。[85]

奇怪的是，艾比從這場暴力事件中得到的心得與文明或野蠻無關——她反而把這則故事講成了一個關於「自由貿易的必要之惡」的寓言。

接下來幾天，船員們回頭去忙原來的任務。「我們現在開始採集和加工海參。要不是我們一開始就不斷被原住民騷擾，這個計畫應該早就完成了。」她寫道。兩個禮拜後，南極號啟航，

⑦ 譯注：黃銅迴旋砲是一種可以任意角度射擊的小型前膛砲。

因為船員們發現根本不可能讓（斐濟人）理解他們的動機和想法——在艾比看來，這不過就只是攬一批海參這麼簡單的事情罷了。她無法理解為什麼島民打從一開始就反對莫雷爾船長的計畫。島民們嘗試掌握自己的財產與交易條件，這讓篤信自由貿易價值的她不知所措。艾比回顧自己的經歷，並且總結道：「不准你在這兒買東西，又不准在那兒賣東西，這樣不但讓人利益受損，而且有辱人格。這世界應該在公平條件下開放給所有人……不該有任何特定團體享有特殊權利，也不該有任何國家受到特別待遇。」[86]艾比相信，美國人應該可以不顧其他人意願，大膽宣揚並捍衛這種意識形態。[87]

除了艾比之外，也有人已經觀察美國商人的這種意識形態立場好幾十年了，而且有些人認為這是美國人的一大特徵。英國商人約翰·特恩布爾（John Turnbull）在一八〇〇至〇四年環繞全球航行後評論道：「世上幾乎沒有任何地方、在（太平洋）最不為人知的海域也幾乎沒有一處灣口，至今未曾被這群（美國的）商業蜂群滲透過。東印度群島對他們開放，他們的旗幟在中國海域飄揚。為了表達敬意，我不得不說，他們的成功與他們的勤奮完全相稱。」[88]根據蘇格蘭船長亞歷山大·科諾齊（Alexander M'Konochie）的說法，美國商人的「勤奮」源自一種持續的「投機」心態，以及他們在海上「迂迴而隨意」的航行方式。[89]科諾齊在一八一八年寫道：

每一艘美國船隻離開母港後便展開一貫的投機，或許帶著一船補給前往馬德拉群島（Madeira Islands），換來一船葡萄酒後駛離；又或者前去法蘭西島（Isle of France）、印度或新南威爾斯（New South Wales）的英屬屯墾區……貨倉裡總備有適合許多地方的各種貨物。無論在哪卸貨，他們希望、也隨時準備好參與任何投機活動，並接受任何有利可圖的報價，不管那涉及一個國家的命運還是一場對外貿易投機。在他們心中，廣東只是一個遙遠的港口罷了，當他們從這些小小的開端積累到足夠資金來裝滿整船茶葉返航時，哪怕已過了好幾年，他們仍打算啟航回家。

一八〇〇年代初的戰爭曾暫時減緩了美國人前往廣東的貿易潮，但根據科諾齊觀察：「他們現在又捲土重來……人數空前之多，這是一群活躍、忙碌的團夥，他們尋找商機時精明無比，渴望擴大每一筆交易的利潤。」[90]

科諾齊對太平洋貿易的「總結觀點」敏銳地洞察到貿易本質正面臨關鍵的變化時刻，於是藉此警告英國商業界他們已喪失的機會。他試圖「讓大眾重新關注太平洋……這片大洋的海岸延伸至地球上每一個適宜居住的緯度，那裡盛產各種珍貴的物資，然而迄今，在每個季節卻難以見到任何英國商船前來造訪」。[91]他認為，美國人占據了前往廣東的跨太平洋貿易，與此同時英國卻忽視了中國貿易日益增長的重要性。跨太平洋貿易活動（「幾乎完全掌握在（美利堅）合眾國手上。」他寫道）有三條路線可以到達中國：從「新阿爾比恩」（New Albion，加利福尼亞和西北海岸）⑧、夏威夷，以及中南美洲大陸。科諾齊認為，這些航線至關重要，然而英

⑧ 譯注：阿爾比恩是不列顛的古名。

國保護東印度公司在廣東活動的貿易政策，卻嚴重損害了在更大海域中活動的英國獨立貿易商的利益。[92]

科諾齊船長不僅呼籲他的同胞，他還提出了一項計畫：英國需要在太平洋範疇內建立一座中心殖民地，也要該處建設一座或多座向所有及任何在此區域中自由航行者開放的港口，進而使這座殖民地不僅成為方便自身出口貨物到不同目的地的商業中心，也成為將這片海域所有的投機交易導向歐洲和其他大西洋市場的管道。[93]那麼，英國應該把這個自由貿易「殖民地」設在哪裡？而大英國協又該如何將之納入旗下？科諾齊迴避了這些細節問題，但是不難發現，夏威夷群島符合科諾齊船長對於一座英屬自由港的所有標準。

儘管沒談到細節，但科諾齊的計畫還是非常具有意義，因為它反映了太平洋貿易世界的與時俱進。他的書出版時，國際船隻已經在太平洋大部分地區暢通無阻地航行。以威廉・謝勒等早一代商人為先驅的非法或走私貿易（儘管差強人意，但這類貿易對他們利多於弊）正在式微，而自由貿易則如旭日東昇。科諾齊所謂的海域上的「投機交易」仍然持續增長，即便交易的商品隨著時間而變化；此外，私人貿易商在太平洋上四處流動，一心想從每個潛在機會中獲致最大利潤：他們交易生皮及毛皮、木材、海參、稀有礦物及金屬、鯨油、中國絲綢、茶葉和瓷器。[94]

艾比・莫雷爾、威廉・謝勒，以及亞歷山大・科諾齊等人的著作讓我們看見人們在一八二〇年前後的太平洋上自由貿易的景象，但商業與政治因素對於此景的促成則更加功不可沒。由於秘魯和墨西哥等地的獨立運動，中南美洲地區的非法海上貿易變得更合法不過。一八二〇年，在太平洋彼岸的廣東，英國東印度公司在貿易上輸給了美國人，其主因是中國行商抓緊了讓外國洋行彼此競爭以擴大盈利的構念。自一八〇〇年卡邁哈美哈國王統治以來，夏威夷人幾乎欣然接受一切貿易；而當他死於一八一九年時，繼任者利霍利霍與美國和英國商行結盟，更進一步促使貿易量大增。檀香山作為海洋市場中心的新地位，便是由這些結盟以及現今橫跨太平洋的其他港口網絡發展而來，從而吸引了全球的航海家。一八二〇年後，太平洋地區的自由貿易環境以多種樣貌呈現：有著開放和新興的港口、旨在開發特定商品的航運企業、較少關注地緣政治疆界的私人貿易商，以及太平洋貿易資訊在全世界加速流通。

結語：疾病的「幽冥交易」

一八〇〇年代初，威廉．謝勒的萊利亞伯德號航行預示了太平洋貿易的許多特點，這些特點將在往後四十年裡越發重要。其中一個顯著特點，就是與原住民族的不斷接觸和交易。這種交流衍生出一種毀滅性的生物影響，儘管人們最初看不見這點。謝勒於一八〇五年抵達夏威夷後，花了一點時間仔細觀察當地人的外表。「三明治群島住著一群身材高大、體格健壯的民族，他們當中許多婦女都十分漂亮，」他寫道，「很幸運，這些島民擁有良好體質並嚴守分際，因此不太需要考驗他們的醫生的技術。」[95] 謝勒在看到夏威夷人的「良好體質」後或許鬆了一口氣，因為他在此前一年的貿易活動中得知太平洋沿岸的原住民飽受各種疾病蹂躪。然而，謝勒卻錯估了夏威夷人的健康狀況。當時，肺結核已散播至該群島，此外還有傷寒與梅毒。截至一八〇五年，這些外來疾病已造成無數夏威夷人死亡，所以他不該以「良好體質」來描述夏威夷人的健康狀況，而應當陳述流行病在當地肆虐的情形。

謝勒應該觀察得更仔細一點，或是更真實地報導他的觀察結果，因為在他第二次造訪夏威夷群島時，他遇到的夏威夷人才剛剛經歷了一場奪走數千名男女及孩童性命的大劫難。關於「歐庫」（*okuu*，夏威夷語中的「災難」）的說法，包括出現的時間和死亡人數等基本事證，全都莫衷一是。但根據目前最詳細的研究，「歐庫」是一種傷寒變種毒株，於一八〇三年底傳到夏威夷，並在接下來的十二個月裡給島上人口帶來致命打擊。[96] 據估計，當地的死亡人數介於五千到十七萬五千人不等，而這個數字之所以被低估，很可能是因為僅存的當代紀錄寥寥無幾。[97] 這種疾病被稱為「歐庫」，顯然是出於夏威夷語「*okuu wale aku no i ka uhane*」，意思是「靈魂輕易地脫離身體並死去」。[98]「歐庫」是隨著一艘裝載著被汙染的水或食物的外國船隻抵達。一八〇二年，只有三艘船抵達夏威夷（「阿塔瓦爾帕」號〔Atahualpa〕、「瑪格麗特」號〔Margaret〕和「安恩」號〔Amm〕），而一八〇三年則僅有一艘：那便是萊利亞伯德號的首次造訪。萊利亞伯德號在夏威夷停留了十六天，這時間長得足以引入各種細菌。之後還不到兩年，萊利亞伯德號又返回夏威夷，然後威廉·謝勒報告說當地人身體健康。到了今天，關於這場島嶼流行病的說法依然相當模糊，難以判斷疾病爆發的真實原因，但我們看到謝勒在北美沿海時對於當地的流行疾病大書特書，卻對夏威夷的情況語焉不詳，這極不尋常。

後來，謝勒把萊利亞伯德號賣給了卡邁哈美哈國王，於是這條船成了夏威夷國王艦隊的一員。之後經過了適當整修，萊利亞伯德號又多次運載檀香木前往廣東；然而，船體經受歲月與海水侵蝕，最後一次航行到中國後就再也沒能返回夏威夷。除役之後，萊利亞伯德號停泊在廣東沿岸的黃埔港，從此成了存放印度進口鴉片的貨運站——英國及美國商人的海上毒品倉庫。[99]

第二章

疾病、性與原住民

Disease, Sex, and Indigenous Depopulation

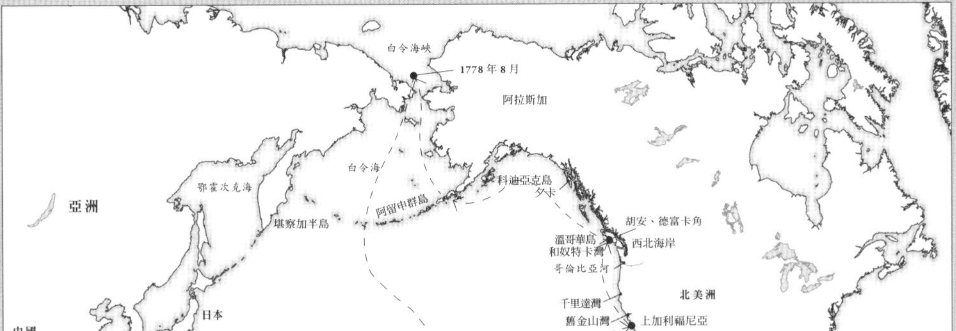

庫克船長 1776-79 年航行路線

1776 年 7 月 英國普利茅斯 → 1776 年 10 月 南非開普敦 → 1777 年 2 月 紐西蘭 → 1777 年 4 月 東加 → 1777 年 8 月 大溪地 → 1778 年 1 月 夏威夷群島 → 1778 年 3 月 上加利福尼亞 → 1778 年 3～4 月 奴特卡灣 → 1778 年 8 月 白令海峽 → 1778 年 11 月～ 1779 年 2 月 夏威夷群島

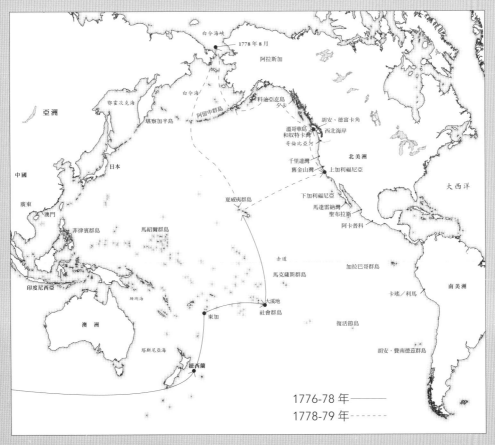

從前夏威夷人多能壽終正寢，但外國人一來，夏威夷人屍橫遍野。（*Lawe li'ili'i ka make a ka Hawai'i, lawe nui ka make a ka haole.*）

——夏威夷古彥

發現號與決心號，一七七六至七九年

一七七九年二月二十八日，英國皇家海軍「發現」號（HMS Discovery）與「決心」號（HMS Resolution）駛離夏威夷群島，時值詹姆士・庫克船長遇害的兩星期後。遠征的指揮權落在了查爾斯・克萊克肩上，當時眾人多半認為克萊克恐怕亦將不久於人世。克萊克為庫克之死感到痛心，也對即將在冰冷的北太平洋上航行長達數月而憂心。他哀歎自己的「健康狀況不佳」，而其他軍官只能黯然地看著他日漸消瘦的身影。艦務官詹姆士・伯尼（James Burney）看到克萊克簡直瘦成了「一具骷髏」，身形單薄到儼然只是那位曾經精神抖擻之人的幻影——那人曾經隨同庫克完成三次太平洋航行、十幾歲時便登上英國皇家海軍「海豚」號（HMS Dolphin）環繞地球航行。

嚴冬之際，克萊克頑強地撐著半條命，繼續指揮船隊。兩艘船駛向堪察加半島，一路往北穿過冰冷的白令海峽，然後在八月又返回堪察加半島——這時，克萊克的肺結核讓他只剩下最後一口氣了。八月二十二日，詹姆斯・金恩（James King）中尉握著克萊克的手坐在床邊，看著他死去。「我從未見過如此憂傷且細微緩進的衰亡，」金恩在他的私人日記中寫道。克萊克死時，年僅三十六歲。[1]

在臨終口述遺囑中，克萊克告訴植物學家約瑟夫．班克斯爵士（Sir Joseph Banks，一七四三至一八二〇年），自從他在「國王板凳監獄」（King's bench prison）①遭到「身心不適」的「打擊」至今，結核分枝桿菌（Mycobacterium tuberculosis）已在他的肺部擴散了三年之久。[2]事實顯示，他在倫敦這所惡名昭彰的負債者監獄中為弟弟的債務坐牢，其代價極其高昂。一七七六年八月，克萊克獲釋後，隨即接掌指揮發現號，並立刻從普利茅斯（Plymouth）啟航。當他在好望角與決心號上的庫克船長會面時，健康狀況看來倒還不錯，儘管當時發現號上出現了零星的天花病患，而且許多船員都已感染梅毒。[3]在隨後的幾個月，克萊克的「消瘦病徵」開始讓他吃盡苦頭。營養不良，或許也包括壞血病，可能還外加性病，摧毀了克萊克的免疫系統，致使肺結核更嚴重地侵害他的肺部。到了一七七七年秋天，克萊克的病痛幾乎讓他在發現號上動彈不得，而他的水手們則登上大溪地和胡阿希內（Huahine）等島嶼，尋找島民以發洩生理需求。

克萊克也將肺病傳染給了庫克的外科醫生威廉．安德森（William Anderson），而且很可能連庫克本人也感染。當他們抵達夏威夷時，克萊克坦言：「我的健康狀況已讓我完全無法自理。」[4]安德森的病情甚至惡化得更快，他只撐到了一七七八年八月三日，當時船行至白令海峽以南。庫克以安德森之名為一座島嶼命名，以永久追念他「非常敬重的這位離世之人」。克

①譯注：國王板凳監獄指的是十九世紀英國用來羈押欠貴族債務者的監獄。

萊克對於似乎是自己將病傳染給了安德森，感到十分內疚，他懊喪地表示：「航行中的空虛將令人無限悔恨。」[5]克萊克將在隔年死去，成為發現號和決心號僅有的七名於航行途中病死的船員之一——以十八世紀的船上死亡率標準來看，這算得上罕見的事蹟。[6]

然而，儘管死亡率低，發現號和決心號帶來的疾病種類（庫克前兩次的太平洋航行也納入計算），其確實數目多得離譜。軍官和船員紛紛因肺結核，以及各種包括瘧疾、登革熱、痢疾、全身浮腫、肺炎、流感、病毒性肝炎、天花和性病引起的「發燒」而病倒。[7]話說回來，疾病的真正禍端不該僅透過它對船員的影響來衡量，更重要的，是必須認清這些外來疾病如何讓原住民族遭殃。庫克的船造成了嚴重的、甚至可說是毀滅性的後果。大溪地、紐西蘭、澳洲、夏威夷和北美洲西北海岸的原住民群體都因為接觸了查爾斯．克萊克這樣的人而付出慘痛代價——他的每一次咳嗽，都會噴出大量致命的結核桿菌。雖說相較其他在太平洋航行的外國水手，庫克的人馬中並沒有太多人患病，但無論如何，他們都僅代表著流行病的冰山一角——在往後數十年中，這些流行病將蹂躪太平洋的原住民社會並導致其人口凋零。

整個太平洋地區貿易量的上升，代表更多的船隻、更多的外國人和更多的接觸機會，而在此期間，各種疾病都可能傳播。換言之，一八〇〇年以後，疾病傳播的途徑每隔十年就變得更有效率且更加廣泛。與此同時，原住民族也更頻繁地與外國人密切接觸，特別是上船充當勞工者。這種近距離接觸加劇了疾病擴散，並導致原住民船員的死亡率居高不下。

原住民族與外來者之間的性關係是本章的主要話題，它對於致使人口減少的危害程度，並不亞於其他任何因素，而且往往被證明更具毀滅性。這類性關係是在各種不同程度的脅迫下發生的，最終導致人們無法培育健康的後代，或是繁殖出具有生存力的人口。況且，與外國水手發生性關係會讓性病得以傳播，從而在族群中導致不孕症、嬰兒夭折，以及免疫系統遭到破壞等潛在後果。因此，儘管在十九世紀初，接二連三的商業冒險活動將東太平洋與世界連結，這些大洋上的連結卻明確反映出當地原住民群體的崩解與衰頹。

疾病的爆發

美洲和太平洋地區原生居民因外來疾病而死亡的人數至為驚人，他們以前從未接觸過這些疾病，因此他們的免疫系統根本不堪一擊。歷史學家、人類學家和流行病學家在近代研究中，梳理了當時那種無所不在的死亡「恐懼」，乃至重新界定了先前大部分關於接觸關係、原住民的抵抗，以及歐洲帝國之所以「得逞」的說法。[8] 一四九二年以後，歐洲人帶來的病原體如洪水猛獸般襲擊了西印度群島和美洲，並透過各種管道傳播到散布當地的原住民部落。這些病原體在一五〇〇年代隨著西班牙帝國主義殖民者一起來到太平洋地區，儘管它們最初是循著西班牙的加雷翁大帆船的金、銀交易路線，被分別傳播至秘魯、墨西哥、菲律賓和中國等地。按照全球疫病流動情形來看，被某位歷史學家稱之為「病毒和其他細菌共同市場」的這片更遼闊的太平洋，是相當晚近的接受方。[9] 的確，太平洋東北部區塊的加入，或可算是形成這個共同市場的最後階段。但是，無論具體時間為何，一七〇〇年代晚期在太平洋上開展的海上活動帶來了病原體，導致原住民人口大幅銳減；在某些地方，才經過短短幾代人的時間，當地人口便已減少了百分之九十之多。[10]

要想理解這段致命進程（及其社會、歷史和流行病層面），便需要跳脫將其視為「原始土壤流行病」（virgin soil epidemic）的簡單表述。[11]在原始土壤流行病的模型中，外部引入的病原體幾乎足以滅絕整個群落，因為該群落中的人口對此新疾病不具免疫力，而少數倖存者幾乎沒有能力恢復並重建他們的人口。在美洲及其他地方的某些感染，在群落之間移動的過程中，可能便帶有毒性。但本章所探討的，是讓疾病傳播得更頻繁的模式與後續影響，以及其中的調節因素。這些因素包括經由不同管道引入的各種疾病類型、加劇病原體危害的環境條件，最後再加上嚴重降低生育能力並削弱個人免疫系統的外來性病。[12]這些因素組合起來，在整個太平洋地區發揮了致命的作用，把「死亡媒介」帶向原本健康的原生居民。[13]

太平洋的原住民很快就發覺他們的身體不太對勁，而且還連帶影響到整個家族與部落的健康。當然，在接觸外來者之前，本土疾病及感染也同樣左右他們的健康狀況和預期壽命，但外國人傳播的病原體卻帶來前所未有的病痛與高死亡率。「從前夏威夷人多能壽終正寢，但外國人來一來，夏威夷人屍橫遍野。」十九世紀初夏威夷人有感而發道。[14]不過，就算原住民和外國水手都不清楚這些新疾病的確切病源或病因，很多人還是意識到「商船」的到來與疾病爆發有所關聯。[15]原住民們就以自己的方式來表達這種感知。譬如，庫克群島的居民創造出新的詞彙「*Kua pai au*」（或可解讀為「我被船害了」〔I am shippy〕），來描述他們的病痛以及他們認定的原因：商船。[16]定居於阿拉斯加南部的雅庫塔－特林吉特族（Yakutat Tlingit）指責外國「疾病船」帶來致命的疾病，而他們的薩滿（巫醫）則認為那是來接往生者上路的「疫病之舟」。[17]又譬如，夏威夷人也把他們遭到流行病攻擊的時間，追溯到首批船隻抵達的日子。根據十九世紀夏威夷作家薩繆爾・卡馬凱（Samuel Kamakau）的說法，在這些船隻出現前，「沒有致命疾病（*luku*），沒有流行病（*ahulau*），沒有傳染性疾病（*ma'i lele*），沒有侵蝕身體的疾病（*ma'i 'a'ai*），也沒有性病（*ma'i pala a me ke kaokao*）」。[18]這麼看來，即便原住民欠缺足以提供更具體病因的「細菌理論」，仍能正確地將外國船隻判斷為他們所遭遇新疾病的來源與載體。

十九世紀的醫學研究者推導出類似結論。德國內科醫師暨醫學歷史學家奧古斯特・赫希（August Hirsch，一八一七至九四年）發表了全世界最早的一份疾病流行研究報告，其中太平洋地區特別讓他感到好奇，因為當時那裡剛剛出現了流行病。[19]赫希列舉了一個又一個案例，全都發生在大部分讀者從未聽聞過的船上和太平洋地區：在停泊於智利海岸外的「君主」號（Monarch）上發生的流感、從大溪地一路傳播到塔斯馬尼亞的猩紅熱、沙加緬度谷地（Sacramento Valley）的瘧疾、夕卡的傷寒、由英國雙桅帆船「拉瑪」號（Lama）傳入北美洲西北海岸所造成的天花大爆發，以及「國與國之間的積極交流」大增而隨處可見的梅毒。[20]他為科學的進步感到振奮，在醫學界有重大突破的巔峰期寫出了這份報告，但他心裡清楚，歐洲人航海所到之處，所謂「文明的餽贈」已經摧毀了許多原住民群體。[21]

赫希這部共分三卷的研究報告，給人一種疾病隨機出現的錯誤印象：這裡出了天花、那裡發生流感，然後又有其他地方出現痲疹。近代研究嘗試建立因果關係模式來扭轉這種認知，透過記錄某種特定疾病的傳入、傳播途徑與影響因素，以及在可能情況下的致死人數。[22]話雖如此，疾病的傳入與傳播仍然存在某種令人費解之處。比方說，庫克船長在一七七八年的第三次航行中，偶然發現了尚未繪入地圖的夏威夷島鏈，而偏偏就在此時，船員們把肺結核與性病帶到了那裡。隨機性也因而被納入成為影響許多當地疫情的因素之一。[23]譬如，天花在十八世紀晚期侵擊北美洲西北海岸的某些原住民部落，然而附近另一些部落卻能維持其地理與社交屏障，沒有受到感染。局部爆發有可能擴散得很遠、更廣，但也可能只侷限在局部地區。

曾有許多人親眼目睹了由外來疾病導致的健康惡化、瀕死，乃至亡故等災情。在原住民的口述歷史中，保留了關於這些流行病的鮮活記憶。有個講欽諾克語的老人名叫威廉·查里（William Charley），敘述了一八三〇年在哥倫比亞河一帶，他的族人爆發「高燒與四肢抽搐」的故事。「印第安人在整條河的上、下游和所有支流處密集定居，」他說道，「這種病爆發了，他們毫無頭緒，也不曉得該怎麼辦……每個得病的人都難逃一劫。全都死了。」[24]除此之外，外國商人也留下了無數關於村落人口衰減的紀錄。「我在航行中接觸過的（許多）地方……這些地方現在已空無一人，都荒廢了。」威廉·謝勒於一八〇八年行經下加利福尼亞海岸時寫道。他敘述一個原住民部落的人口數從原先的七千人減少到只剩下五十條「人命」；他想不出除了「令人厭惡的性病」，還能有哪些原因會造成如此驚人的人口衰減。[25]從這些及無數第一手資料中，我們已能確定，當時人們其實相當了解疾病的影響程度。原住民人口凋零，就這樣在一群完全明白其中緣由的人們眼前發生。

性交易中的幻想與脅迫

短命的查爾斯・克萊克在一七七九年死於肺結核之前，在海上度過了他的大半人生。他曾在英國四次最著名的環球航行中擔任海軍軍官——先是約翰・拜倫船長（John Byron）於一七六四年至六六年指揮的海豚號航行，接著是庫克船長的三次遠征探險。很少有軍官能夠累如此耀眼的資歷，更難得的是其中還有著不少考驗膽識與機運的時刻。英法七年戰爭期間，未滿弱冠之年的克萊克登上英國皇家海軍七十四門火砲戰艦「貝洛納」號（HMS Bellona）並踏上征途。在與法國海軍「勇氣」號（Courageux）交戰的過程中，他跨坐在船尾桅杆的頂端射擊，沒想到桅杆下方卻被對方的火砲轟斷。克萊克隨即從高處掉落海中，但最後倖存下來。此後，他在餘生中時常講起這故事來娛樂朋友（而且總會提起跨坐在桅杆上這一景象的陽具意象）。

軍官同僚和船員們都非常喜歡追隨克萊克。他身上幾乎完全看不出英國軍官階層的傲慢，而且在與庫克船長的最後一次航程中，他並沒有因為在債務人牢獄裡吃的苦頭而心懷怨恨。「萬歲！我們啟航了，」他登上發現號之後寫信給班克斯，當時庫克已在三週前指揮決心號駛離英國。「我擔心會趕不上（庫克）。」[26]儘管克萊克在獄中吃盡苦頭，但他仍打算跟過往參與的前三次航行一樣，與水手們共同享受太平洋上的許多樂趣。對於這一點，他的一位朋友留下了佐證紀錄：「克萊克是個很上道的長官。在喝酒、玩女人方面，他和任何精於此道之人同樣老練。」[27]

無論在太平洋航行中發生了哪些事（交易、探險、與原住民爆發衝突、調查當地，以及許多艱苦工作），性的探索都是絕大多數水手此行的頭等大事。有些刊物寫手只隱晦地提及水手與原住民婦女的互動，但也有人坦率地描述他們與「順從的」婦女相遇的故事。[28]美國海軍軍校學員威廉．雷諾茲（William Reynolds）在一八三九年乘坐「文森斯」號（Vincennes）行經南太平洋前往夏威夷，他就曾被一名特別的年輕女孩迷倒，並陷入了性的幻想。雷諾茲在薩摩亞的最大島土土伊拉島（Tutuila）上一座叫作阿梵嘉—阿洛發（Avenga Alofa）的村子度過了一晚，他描述受到當地一群男女和孩子們歡迎的情形：「我的眼睛很快就被一位優雅美麗、氣質出眾的年輕女孩吸引，她站得距離其他人很遠，大約十五歲，是典型的天真少女。」雷諾茲稱這個女孩為「愛瑪」（Emma），並指出她是當地一名「王子」曼尼托亞（Maneitoa）的女兒。「我的公主有一種甜蜜的魅力，令人無法抗拒。如果我年輕五歲的話，一定會愛她愛得無法自拔。」二十三歲的雷諾茲如此寫道。[29]

雷諾茲在與愛瑪纏綿了好幾天後才返回文森斯號，然而他在島上的這段時間，卻極可能公然抵觸了薩摩亞的「陶波」（*taupou*）制度，這是一種強烈要求少女們守貞的價值觀。[30]愛瑪還另外帶了一名更年輕的好姐妹「伴侶」，雷諾茲寫道：「（有一天）我與她們兩人手牽手，漫步穿過村莊……一直來到那座『大房子』。我在那裡解開束縛，給了我兩位伴侶我身上『最寶貴的東西』當禮物。」雷諾茲所謂的「束縛」和「最寶貴的東西」究竟是指什麼（他確實特別強調這兩詞），依然沒人清楚——他究竟是指實質的禮物，或是肉體的歡愉？還是說，他是一個接著一個來的？如果說他的確切意思模棱難辨，那他隨後的白日夢倒是淺顯易懂：

我不禁想從此活在這伊甸園中——我的腦海裡瞬間閃過一絲願望，讓我從船上解脫出來，在曼妙芬芳的樹蔭下，盡情享受愛瑪的甜美——讓花蕾成熟綻放。我將珍愛花朵，永遠戴著它！多麼美好的夢境啊！——何況，這是人類天性。[31]

雷諾茲想從船上出逃，到島上「伊甸園」生活的幻想，反映了數不清的海灘流浪者的人生經歷，事例包括從一七八九年的英國海軍「邦蒂」號（HMS Bounty）叛變事件，到一八四二年赫曼．梅爾維爾（Herman Melville）②潛逃到馬克薩斯群島等，不勝枚舉。然而，就算這一切幻想看似浪漫，也掩蓋不了歐洲男人花錢買春與宰制年輕女性的醜陋現實；其中有些少女甚至年紀未達青春期，她們別無選擇，只能「順從」。不過，雷諾茲義正詞嚴地說道：「請別說這不切實際，除非你親身嘗試過。」[32]

這些水手們也確實都嘗試過了。在太平洋航行的軍官及船員都熱切期待與海島婦女一同享受「歡愉」或「身心爽快及呼來喚去」的良機。[33]一八〇五年八月十九日，威廉．謝勒在接近夏威夷時，見到「大批原住民，其中有男有女」靠近萊利亞伯德號，於是記下了他們帶來「提神之物和其他好東西」的情形。[34]謝勒也隱約地提到了性的機遇，說明了打從庫克抵達夏威夷

② 譯注：赫曼．梅爾維爾（一八一九至九一年），十九世紀美國作家，其以實際在海上生活的經驗寫成的名著《白鯨記》（*Moby Dick*）被視為世界海洋文學的重要作品。

後幾十年來，太平洋航海者心中幾乎都藏有共同的念頭。一七七八年，一絲不掛的年輕女性游向決心號與發現號——庫克船長是這趟航行中極少數的禁欲主義者之一，他深怕「最嚴重的瘟疫」即將傳播開來，於是試圖禁止他的水手與島民發生性關係，但徒勞無功。庫克船長的外科醫生大衛．山威爾（David Samwell）描述這群「極其美豔」的女人，他說：「她們使盡一切手段誘惑我們的人……（當然）她們不會被拒絕。」[35] 船醫助手威廉．艾理斯（William Ellis）也同意道：「世上再沒有人能比這些（年輕女子）更沉溺於性愛。」他說，並提到其中一些「根本還未滿十歲」。[36] 四十年過後，「英雄」號（Héro）的愛德蒙．勒．內特雷爾（Edmond Le Netrel）在其航海日記中，描述了幾乎完全相同的場景：他的船長允許船員來者不拒地把女人帶上船，但首先，必須完成份內的工作，並且明令這些女人在船上不得越過主桅。[37] 某些報導或許指出這種性交易帶有「脅迫性」，但大多數觀察家都忽略了「權力」在此中扮演的角色。

受到薩繆爾．瓦利斯（Samuel Wallis，一七六七年）③、路易士．安東尼．布干維爾（Louis-Antoine de Bougainville，一七六八年）④和詹姆士．庫克（一七六九年）最初接觸的報告影響，大溪地成了西方人心目中象徵「性愛天堂」的原始島嶼。布干維爾在形容年輕女子一窩蜂地湧向他指揮的「拉布杜埃」號（La Boudeuse）和「星辰」號（Étoile）船隊時問道：「你想想，四百名年輕法國水手已經大半年沒見過女人，一下看到如此壯觀的場面，難道你還管得住他們嗎？」儘管布干維爾聲稱他禁止女人上船並保持戒備，但還是描述有一名「年輕女孩」偷偷爬上了船，然後「毫不在乎地脫下袍子給眾人看」。甲板上下一片混亂，人們爭先恐後地向這位「維納斯」擠眉弄眼。布干維爾承認：「我們想盡辦法約束這些著魔的人，但這就跟約束自己一樣困難。」[38]唾手可得的性愛讓水手們欣喜若狂，所有參與狂歡的人個個都把這些女子形容為淫蕩母獸。拉佩魯茲曾如此闡述復活節島上的景況：「沒有一個法國人濫用他被賦予的野蠻權利；（但是）如果存在某些情不自禁的時刻，那麼情欲和交好便是一種禮尚往來，而且總是女人們採取主動。」[39]有時，女人們火辣的熱情顯然嘲弄著她們目睹的一切——譬如水手們笨拙而無法持久的性能力。某位學者寫道：「（歐洲人）或可褒獎大溪地人天真、快樂與性感，卻不能說他們帶有心機——他們不曉得即便是野蠻人，也有辦法嘲笑別人。」[40]

性的交易如此頻繁，使得原住民普遍染病、造成不孕乃至威脅性命，而這背後的驅力究竟為何？在歐洲與美國水手看來，問題的答案不言自明：這些男人離家多年，就像布干維爾所說的，「已經大半年沒見過女人」。[41]他們個個渴望性交，而且最好是他們心裡期待的那種合意交歡。話說回來，貨物交易的支付方式如果直截了當，最終都會是「皆大歡喜」，不管貨物究竟來到誰的手上。然而，當原住民婦女插上一腳，事情就變得複雜了，往往出現從合意交歡，變調成脅迫及強姦等一連串發展。

歐洲與美國水手們認為，玻里尼西亞到處都有心甘情願的女伴——尤其是在夏威夷、大溪地和馬克薩斯群島；在這些地方，水手們敢在甲板和海灘上直接與當地婦女性交。有不少學者對這當中的文化因素展開研究，以解釋某些玻里尼西亞婦女為何這麼情願與外來者發生性關

---

③　譯注：薩謬爾·瓦利斯（一七二八至九五年），英國海軍軍官和探險家，據稱是第一個抵達大溪地的歐洲人。

④　譯注：路易士·安東尼·布干維爾（一七二九至一八一一年），法國探險家，曾深入探索南太平洋島嶼和位於今阿根廷外海的福克蘭群島（Falkland Islands），為歐洲引進當地新奇的動植物。

係，特別是在雙方開始有所接觸的早期。對於夏威夷的情況，美國文化人類學家馬歇爾・薩林斯（Marshall Sahlins）斷言：「性就是一切，代表地位、權力、財富、土地及擁有這一切的安全感。也許，幸福的社會可以讓追求生活中所有美好事物本身，變得如此令人愉快。」[42]凱洛琳・羅斯頓（Caroline Ralston）則將菁英或「貴族」夏威夷女性與「尋常」夏威夷女性加以區分，並指出尋常的夏威夷女人「向外國水手投懷送抱，是為了實現他們既定的文化習俗與信仰」。[43]話雖如此，但在這些文化解釋的背後，更有著年輕女性冀望在社會上晉升的動力：她們從異鄉人身上獲取「瑪那」（mana，又稱靈力）、在村落長者的關注下履行職責，並且逐漸形成一種風氣，即以性服務來換取「購買外國商品」的優惠管道。[44]交易商品時獲得優惠至關重要，而女人們發現自己有能力加以左右。庫克船長的水手就曾拚命地從船上甲板拔出長長的釘子來彌補他們的性伴侶。數十年後，海軍軍校學員威廉・雷諾茲對於能夠「挑選三名最漂亮的貴族少女」而「歡欣雀躍」，他得意地說道：「我只用了些小玩意兒來換。」[45]

就這樣，長釘、鐵鉤、小玩意兒，還有硬幣，促成了一個在太平洋許多海島蓬勃發展的性交易市場。然而，這種從最初接觸時期提供小小報酬而開始的行為，卻在往後的年月裡演變成一個公開且有組織的強迫性交易體系。[46]其實，在整個情境中，賣淫必然有某種程度的強迫成分，就算不存在強迫，接客女子也絕對無法要求買春者必須動作斯文、立意良善，或是就交易條件討價還價。[47]回想布干維爾描述的場景，他提到拉布杜埃號和星辰號周邊圍滿了大溪地的獨木舟，「上面擠滿了女人……這些女精靈大多一絲不掛，因為身上的袍子已被陪同前來的男人與老婦脫下」。這些被長輩們脫光衣服的婦女和女孩，在這臉紅心跳的過程裡沉默不語。

「那些（村裡的）男人們，」布干維爾繼續說道，「慫恿我們挑一個女人並跟著她上岸，他們露骨的手勢立刻讓我們明白了該帶她上岸幹些什麼事。」[48]布干維爾這番聳人聽聞的描述，沒有提到進行這些親密接觸的確切條件與女人們的同意程度。不過，有些觀察者及參與者對其中權力的運作與性暴力更加清楚。庫克船長第二次航行中的隨船博物學家喬治・萊因霍德・福斯特（George Reinhold Forster，一七五四至九四年）記錄了毛利男性如何「占自己的女人便宜，把她們賣給船員」，他寫道：「他們被這些女人給迷倒，而這些暴力的受害者往往是被自己的父親拖進船艙深處，在暗黑深淵中滿足禽獸的胃口。」[49]在玻里尼西亞，不斷擴大的性交易市場導致無數原住民男女喪命和健康惡化。

如果歐洲與美國水手普遍將太平洋海島視為性愛天堂，那麼東太平洋海岸線則呈現出另一種截然不同的文化環境：在那裡，武力的使用和父權統治主宰一切。從阿拉斯加到下加利福尼亞，原住民婦女被當作人質虐待、也被公然當成性奴隸進行交易，並被脅迫賣淫來換取商品。十八世紀晚期，在阿留申群島建立灘頭定居點的俄羅斯商人扣留阿留申婦女作為人質和性伴侶，進而強迫當地男性獵人獵取海獺皮毛及生皮。西班牙士兵和水手靠著以物易物與武力並用，沿著下加利福尼亞海岸一路北上至努特卡灣，與原住民婦女發生風流韻事。[50]還有其他歐洲人利用北美洲西北海岸部落既有的奴役體制，與被奴役的原住民婦女發生性關係，而她們的主人則靠著這種交易輕鬆獲利。[51]

雖說在不同地區，婦女賣淫的情形（無論被奴役與否）不盡相同，但這在北美海岸是十分普遍的現象。一七九二年在努特卡灣，西班牙博物學家荷西・馬里安諾・莫西諾（Jose

Mariano Mozino，一七五七至一八二〇年）記錄了努查努阿特族土司（*taises*，即酋長）的作為：「土司們自己便要求這些（下層階級）婦女下海為娼，尤其是向外國人賣淫，以便從此業務利潤中撈取油水。」[52]不過也有別的說法，說這些婦女並非單純的「下層階級」，而是在戰爭中被俘獲的奴隸，其實努查努阿特族男子拒絕讓自己部落的女人和外國人交易。[53]有一次，威廉・謝勒的船員在某個尤洛克村落附近登岸打算尋歡，就曾碰過釘子。他們提出與「年輕女孩」發生性關係的交易條件，遭到尤洛克男子斷然拒絕。水手們退而求其次，想改找年長婦女，但據謝勒說，尤洛克男性「非常容易為他們的女人吃醋，所以，不管女人們是因為懼怕還是為了貞操，都拒絕了我們的水手提出的所有條件，儘管她們覺得有些條件很有吸引力」。[54]顯然，謝勒先前在海岸線的經歷讓他以為性愛在那些地方唾手可得。但就跟其他外來者一樣，謝勒搞不清楚那些被奴役、毫無招架之力的婦女，以及那些在部落中不在乎報酬、根本沒興趣與外國人發生性關係的自由女人，這兩者之間的不同之處。

從這些發生在太平洋地區的性接觸中，我們可以得出什麼結論？首先，性關係在整個地區的人際接觸過程中無所不在；性是不對等的物質、文化和流行病交流的一部分與附帶物，這些交流在一七〇〇年代末和一八〇〇年代初期改變了整個太平洋地區。第二，雖然這類性關係的本質包括從雙方合意交歡，到大規模強姦不等，但總有某種程度的脅迫成分，致使年輕女性用自己的身體來滿足外國男性的需求。對於物質利益的指望，不管是為了自己、長輩，或是奴隸婦女的主人，都使得當地女性與外來者進行性交易一事變得日益普遍。最後，也是最重要的一點，這些性關係對婦女在群體中的生殖能力造成影響，並給當地居民的健康帶來災難性後果。[55]外來輸入的性病迅速透過家庭和社群在原住民男女間傳播。生育率和出生率大幅下降，而健康惡化與慢性疾病越發普遍。嬰兒死亡率上升，大量成年人也因外來疾病的併發症而死。那麼，導致這場災難的生物媒介有哪些呢？

細菌來襲：梅毒螺旋體和淋病雙球菌

病原細菌「密螺旋體屬」（Treponema）會引起性病性梅毒，並且與另外三種密螺旋體疾病密切相關：地方性梅毒、熱帶莓疹（yaws）和斑紋病（pinta）。後面這三種屬於皮膚病，通常透過肢體接觸傳播，早在十八世紀之前，它們便出現在太平洋某些地區的人群當中。它們既不致命，也不威脅人類生殖，而是會在人身上產生難看的斑痕和乳頭狀瘤，通常類似於性病性梅毒的病徵。[56]相較之下，性病性梅毒（梅毒螺旋體〔*Treponema pallidum*〕）會破壞皮膚組織、神經系統、生殖系統和內臟器官，對感染者的整體健康及精神狀態造成毀滅性打擊。性病性梅毒很容易透過性交傳染，一旦感染後，也可能傳染給孕婦體內的胎兒。這種先天性感染最常見於女性感染性病性梅毒後的最初幾年，極可能導致流產、死胎、早產和極高的嬰兒夭折率。病人患病後多年未經治療，還可能會引發梅毒疹、肌肉及骨骼系統麻痹，以及癡呆。淋病細菌（淋病雙球菌〔*Neisseria gonorrhoeae*〕）則較少引起前述疾病，但也同樣容易透過性交傳染，經常導致男性及女性不育。事實證明，這種感染對婦女的子宮、輸卵管和卵巢具有強烈破壞性——這類徵狀在今日被診斷為盆腔炎和子宮內膜炎。[57]

在醫學意義和可能的治療方法上，外國水手和原住民顯然有著不同的理解。對受感染的歐洲水手來說，若在最好的環境中（有著營養的食物、不感染新疾病，以及接受抗生素問世前所施行的醫療介入），他們就能夠撐過這些疾病，並在往後幾十年內保持相對良好的健康。[58]至於感染這些新疾病的原住民，性病對個人和整個群體來說，絕對是場災難：外來疾病造成慢性健康惡化，生存危機導致人們營養不良，而且他們的醫療方法無法應對這些病徵。諸如玻里尼西亞醫者使用大溪地梔子花（Gardenia taitensis）來治療泌尿生殖道和睪丸發炎的傳統草藥療法，幾乎難以阻擋性病的蔓延。[59]

對於密螺旋體引發的疾病，特別是性病性梅毒，科學和歷史上對於其起源與傳播的爭論仍在繼續當中。五個多世紀以來，這個問題已被歸結為到底是不是舊大陸的人群將梅毒傳到了新大陸——鑒於歐洲曾將災難性疾病帶到美洲，那麼美洲原住民是否也在一四九三年後的幾十年裡，至少回敬了哥倫布船隊一種細菌性疾病，使它如野火般在歐洲蔓延？再者，性病性梅毒不同於一般疾病，它更是一種劣跡斑斑的疾病，與性關係的不檢點、齷齪，甚或野蠻起源等文化包袱有所關連。近代研究越來越質疑性病梅毒是否真的起源於新世界。[60]

不論其起源為何，曾有一種特別致命且「最猖獗的水痘」在一四〇〇年代晚期和一五〇〇年代席捲了整個歐洲；同時間，歐洲水手及商人的生殖器上也帶著這種明顯的新型水痘，開始前往非洲、亞洲和非洲進行全球之旅。[61]這時，太平洋大部分地區仍然自外於歐洲海上航行與水痘，直到十八世紀晚期，從南太平洋、夏威夷到北美海岸，許多當地人身上都出現了這種令人痛苦和衰弱的病徵。這種疾病在這些新感染人群中造成了浩劫，而這正是因為他們以前從沒接觸過性病性梅毒，才導致了類似於歐洲人群中首次爆發時的反應。[62]

在太平洋地區，原住民身上的病徵甚至嚇壞了那些對於治療該疾病具備長足知識的歐洲觀察者，法國外科醫生克勞德—尼古拉斯．羅林（Claude-Nicolas Rollin）在一七八六年所描述的在茂宜島島民之間「盛行」的性病便是明證：

這是人類所曾遭受最羞辱、最具破壞性的災殃，在這些島民中其表徵為以下症狀：肉芽腫包和因其化膿而產生的疤痕、小肉瘤、擴散到骨頭的潰瘍和骨疽、淋巴結、外生骨疣、瘺管、淚腺和唾液腺腫瘤、腺病質腫大、頑固性眼疾、發炎性結膜潰瘍、視神經萎縮、失明、瘙癢性皰疹發炎化膿、慢性四肢腫脹，還有發生在兒童身上的頭皮癬或惡性癬，從裡面滲出惡臭刺鼻的物質。我注意到，這些不幸的淫欲受害者，在成長到九歲或十歲的年齡時，大多都會虛弱無力，因身體消瘦而疲憊不堪、還會患上佝僂症。[63]

羅林醫師非常清楚自己觀察到了些什麼：罹患二期、甚或三期梅毒者未接受治療的慘狀，而且那些兒童患者很可能有著先天性梅毒。對於沒有醫學背景的人來說，這種景象也同樣令人驚駭。一七八八年，詹姆斯．科爾內特（James Colnett）⑤的船停泊在夏威夷島附近，他後來描述了那些上船拜訪的當地男子的模樣：「我看到那些人長滿雞痘的恐怖模樣。想像你渾身上

⑤ 譯注：詹姆斯．科爾內特（一七五三至一八〇六年），英國海軍軍官和探險家，曾參與庫克船長的第二次航行。

下都在流膿的樣子，就知道了。」[64]

庫克船長劃時代的「首次」接觸過後，羅林醫師和科爾內特還是睽違七年來、第一批再次造訪夏威夷群島的人。這兩名觀察者都見證了三種相互關聯的現象：庫克船隊的水手們開啟的性交易市場、一種頑強細菌傳入了島嶼群體，以及性病對夏威夷人身體的影響。羅林和科爾內特並非唯一意識到科爾內特口中所說的「首批發現者帶來的疾病」的人。[65]相反地，無論外國人或本地原住民都曉得，這種疾病來自船上那群有著強烈性欲的軍官和船員。

夏威夷和「悲慘瘟疫」

查爾斯．克萊克對於疾病透過性行為傳播的情形不大在乎。他知道水手們大多都染有性病，但他也相信這些疾病只需相當簡單的治療便能搞定。當展開即將成為他人生最後一次航行的三個月後，克萊克和他的「老友」庫克船長一起停泊在好望角，期間他給約瑟夫．班克斯爵士寫了一封文情並茂的信——班克斯在太平洋航行時，在性方面的活躍程度遠遠勝過克萊克。「在航程中，我們有少數船員感染天花，還有一大堆人得了花柳病，」他告訴班克斯，「等到抵達目的地，所有水手都已清理得相當乾淨，十分健康。」[66]克萊克並未說明所謂「清理」治療的細節，不過除了對患者搓刺、刮擦之外，可能還牽扯到各種混用汞、砷、碘化鉀的療法，或許也用了某種西印度群島的癒創木樹脂所製成的濃稠調合藥物。[67]但有一點可以肯定，那就是前述辦法都沒有效。無論克萊克觀察到水手們的健康狀況出現了何種改善，都是出於疾病本身自然發展週期的起伏，而不是源於倫敦外科醫生或江湖術士通常提供的「治療」。

在一七七七年夏天，由於船員們在大溪地頻繁生性行為，他們身上的淋病與梅毒這次爆發得更加猛烈。庫克的隨船天文學家威廉·貝利（William Bayly）在一七七七年十月十三日寫道：「我們有一半的水手長了雞痘，另外有四、五個人出了黃疸。」[68]這時候，船員們已經非常虛弱，船上甚至已沒有足夠人手執行任務。[69]島上任何居民如果與這些男人發生性接觸，都將為此付出高昂代價——庫克完全清楚這項事實。兩個月後，當決心號和發現號來到夏威夷群島，庫克很擔心他的手下會把疾病傳染給夏威夷婦女。由於他的船員仍不斷抱怨性病的痛苦，他讓船醫大衛·山威爾診察他的船員，並「下令無論如何都不准女人上船」（這確實是他的原話）；此外，他也禁止船員以任何方式與她們聯繫，同時命令患有性病的船員不准離船。但是才不到幾天，「聯繫」還是發生了，這讓庫克不得不承認發生了他千方百計想要避免的事情。[70]

至此，事件發生的時間點與庫克的處置變得至關緊要。在首次「發現」夏威夷群島期間，兩艘船在夏威夷八大主島最西邊的可艾島與尼豪島停留了不到兩週。庫克、克萊克和其他探險隊隊員沒有找到東邊更大、人口更多的島嶼，但他們肯定意識到了那些島嶼的存在。兩週過後，決心號與發現號啟程前往北美海岸和白令海峽。九個月後，他們返回夏威夷群島；這一次，她們找到了該群島東邊的茂宜島，距離上次的登岸點約二百五十海哩。儘管距離遙遠，庫克已開始為自己擔心即將發生的事情感到苦惱。

一七七八年十一月二十六日早晨，決心號的船員看見了陸地（茂宜島），幾小時之內，成群的獨木舟便靠近了決心號。從庫克對這次遭遇的描述，我們不難看出他當時的擔憂：

我看見有幾條獨木舟向我們划來，於是就把船停下。它們一靠近船舷邊，操舟者就毫不猶豫地爬上船來。他們和背風群島（the leeward islands）的島民同屬一個民族，如果我們沒猜錯，他們已曉得我們到過那裡。事實上，這點似乎相當明顯，因為這些人都已患上了花柳病，而且我不認為他們還有其他感染途徑。[71]

庫克並未敘述往常的歡迎場面或原本熱切期待的交易，而是立即察覺在他離開的九個月裡，性病已蔓延到了整個島嶼。這是庫克悔恨交加的時刻（「我本想阻擋的惡魔，」他寫道，「已經滲透到他們當中。」），同時也讓他意識到自己一手導致的歷史造業。船員把可怕的疾病傳給了一群猝不及防的人，庫克知道這將帶來毀滅性後果。[72]

夏威夷人很快便領教到自己承受的苦果。當時有關這種疾病在原住民間迅速傳播的敘述，只出現在英國軍官的文字紀錄中。儘管英國人對這件事避而不提，但仍確定夏威夷人已經曉得該疾病在島嶼之間傳播，以及外國人在此過程中扮演的角色。抵達茂宜島兩天後，海軍軍校學員愛德華．里歐（Edward Riou）寫道：「我們聽說昨天有許多原住民在決心號上抱怨感染性病，其中一、兩人接受船醫檢查，並確認染病。他們被問到島上的情況，說岸上有很多男女都已染上這種疾病，並提到了阿托維島（Isle Atowi，即可艾島），就好像是我們去年把它留在了那裡一樣。」里歐提到，西班牙人有可能更早到過這裡並傳入了性病，不過他也承認道：「最後看來，是我們自己給這些困頓苦惱的人帶來了永無止境的悲慘瘟疫。」[73]發現號上的查爾斯．

克萊克也聽到了類似消息並說：「第一個上船的人告訴我，他很熟悉這艘船，他以前在阿托維島時曾上來過……然後他講了一些過往軼事，讓我相信他說的是實話。」克萊克並未談到這人是否也感染了「悲慘瘟疫」，但他證實了原住民了解瘟疫傳入的始末及其毒性：

這裡許多人，有男有女，都在說我們的船帶來悲慘的性病，指控我們上次到訪時把性病傳染給他們。他們說，這性病治不好，而且他們又沒有解藥，病情只會越來越嚴重。他們還抱怨病痛各階段出現的各種症狀，把他們活活折磨到死。

顯然，克萊克對此指控很不以為然，他試圖把疫情爆發的責任賴到夏威夷人頭上。克萊克毫不負責地指出，比起此前造訪過的其他島嶼，這種病在夏威夷「爆發得更加劇烈」，他說：「我想大概因為……夏威夷人平日飲食中吃的鹽不夠多。」[74]但是，克萊克也拿不出任何證據來支持他的論點。

這許多紀錄顯示，夏威夷人的困境、疾病的起源及其毒性，都已被直接而粗暴地突顯出來。他們已經曉得，這種身體上的疾患不僅只是瘙癢或疼痛，而是一種能在短短幾個月內使帶原者喪失生理機能的疾病。在庫克第二次造訪時，夏威夷人尚未傳出流產、嬰兒夭折率高和不孕的情況，但後續二十年的造訪者則寫出了當地人口減少的報導。他們看到性病普遍肆虐的跡象，譬如疤痕、潰瘍、不健康的兒童和成人，以及荒廢的村莊。[75]

可以想見，夏威夷人必定在尋找具體的治療方法，同時也更廣泛地尋求在人體健康、繁衍及社會狀況劇烈變化背後的宇宙成因。由於缺乏這一時期的相關史料，人們只能推測他們曾經嘗試過的特定草藥和治療方法。但夏威夷學者們指出，這是人們與土地（*ʻāina*）太過「疏離」，以及身體（*kino*）、精神（*wailua*）和心靈（*noʻonoʻo*）之間失去平衡所致，這種平衡關係維繫著人體的健康與安寧。[76]夏威夷的卡胡納（*Kahuna*，夏威夷語中的「智者」）醫者想必曾經苦苦尋思這場危機的真義，在接下來的百年裡，許多夏威夷平民與菁英還要繼續仰賴他們的知識與治療。[77]

有些夏威夷人怪罪自己祖先流傳下來的社會習慣和性習俗，尤其基督教在一八二〇和三〇年代開始在當地流傳，使得這種說法更為普遍。作家大衛・馬洛（David Malo，一七九三至一八五三年）就一份罕見的、關於一八三〇年代人口減少的當地證詞指出，在「庫克船長到來」之後，婦女成了疾病進入群島的管道，致使王國「淪為一具骷髏」。根據馬洛的說法：

> 群島人口減少的原因（之一），是因為夏威夷女人和某些外國人之間行為放蕩……（外國人）用一種骯髒的疾病汙染了夏威夷女人。而且，這種疾病在百姓間流行，甚至害到兒童，使得群島上所有人都染上這悲慘的疾病。

雖然馬洛直白地譴責庫克的水手傳入了疾病，但他認為女人「放蕩」也罪責難逃——他對此事件全然以父權主義來解讀，忽略了夏威夷男性在早先性活動中的主導力量，不過這種解讀倒也十分吻合馬洛傳達的基督教宗旨。「為此，上帝生氣了。」他如此總結。[78]某些基督教傳教士也同樣譴責夏威夷婦女，至於夏威夷人有多認同馬洛的父權主義觀點，就不得而知了。

此外，馬洛沒能交代清楚的，是他的基督教傳教士同僚在一八三〇年代所發現並列舉的廣泛的不孕症和嬰兒死亡率偏高等新情況。[79] 根據阿德馬斯・畢夏普牧師（Reverend Artemas Bishop）的說法，性病「最大的遺害是破壞生殖能力，因此絕大多數夏威夷家庭都沒有孩子」。[80] 傳教團在一八三〇和四〇年代對茂宜島、歐胡島、可艾島和夏威夷主島的人口普查紀錄，驚人地印證了畢夏普牧師的結論：嬰兒死亡率不斷上升、紀錄中的死亡人數遠超過存活的新生兒數目，而且出生率隨著不孕症的蔓延而持續下降。[81] 一八五〇年代的一項研究紀錄顯示，原住民人口數目宛如自由落體般下墜，平均每十一名婦女只能生育一個孩子。況且，這些嬰兒及兒童的存活率極低。一名來自夏威夷開魯亞（Kailua）的傳教士報告說：「在此教區，超過一半的兒童會在第一次牙齒發育期結束前死亡。在希洛（Hilo）區……也差不多有近半數孩童沒能活過這期間。」[82]

歷史人口學家仍在爭論夏威夷接觸西方之前的人口數目，人數從大衛・斯坦納德（David Stannard）提出的八十萬到其他許多學者提出的較低數字（從二十五萬到五十萬人）不一而足。無論如何，疾病導致夏威夷原住民人口急劇下降是不爭的事實，也讓當地與西方接觸後的生活變得十分慘淡。夏威夷有不少原住民因為感染結核病和傷寒等傳染病而死去，這是已知事實，但梅毒和淋病的廣泛傳播可能才是人口減少的主要原因：尤其是兩者所導致的不孕症和慢性疾病。當代報導與新近的人口統計研究都證實了事件的前後因果關係，可以追溯至庫克的首次登岸，一直到後來當地人與外國人發生性關係導致的社會混亂與人口崩潰。[83]

加利福尼亞與天花

在庫克於第三次航行把天花帶到夏威夷的前十年裡，天花先是傳到了大溪地、紐西蘭、澳洲和南太平洋的許多地方。大溪地人因傳入的疾病（他們稱天花為「*apa no pretane*」，意即「英國病」）和低生育率導致人口衰減，其速度甚至比在夏威夷還快；據估計，在一七六七年之後的一百年裡，他們經歷了高達百分之九十五的人口減損。[84]馬克薩斯群島的人口下降速度也十分驚人，那裡的「*Te Enata*」（人民）稱外國水手為「*papa*」——意為性病。[85]性病是隨著西班牙帝國擴張，在一五〇〇年代末和一六〇〇年代開始出現在南美洲和中美洲海岸，天花則是在一五七〇年代乘著西班牙加雷翁大帆船橫渡太平洋來到菲律賓。[86]在北太平洋，俄羅斯探險隊在前往阿留申群島的路途中，把性病傳入了堪察加半島；根據一名俄羅斯傳教士的說法，性病很快就在所有村落「大肆爆發」，他觀察道：「當時有不少家庭，一家從老到小全都感染了這種可怕的疾病。」[87]

臨海的加利福尼亞和太平洋地區一樣，有著性病傳播的歷史。近代古生物病理學研究得出結論，數千年來，上加利福尼亞和下加利福尼亞的印第安人中，存在一種非性病性的密螺旋體疾病。[88]而且，骨骼紀錄顯示，加利福尼亞印第安人從前並沒有染上梅毒或淋病——最起碼，直到一五〇〇年代中期才出現了一個十分單一的個案。[89]此一證據來自聖塔羅莎島（Santa Rosa Island）的「骷髏溝渠」（Skull Gulch）遺址，距離楚馬仕族印第安人的主要居住中心約離岸四十八公里處（現今的聖塔芭芭拉附近），當地出土了兩件頭骨，顯示出「未經治療的近代性病性梅毒」的腦部病變。[90]研究者對這些頭骨進行碳定年後證實，這兩人死於胡安・羅德里格・卡布里約（Juan Rodriguez Cabrillo）⑥在一五四二至四三年造訪上加利福尼亞期間，當時他的水手們曾在聖塔羅莎的海峽群島、聖米圭爾（San Miguel）和聖塔克魯茲（Santa Cruz）一帶過冬。這些頭骨證據引發的爭議，遠比它或許能夠回答的問題要多得多，而學者們對於「骷髏溝渠」及相關地點的持續研究，可能會在一瞬間徹底改變整個故事。我們在這裡簡單歸納這兩具梅毒骸骨引發的種種問題——那就是，為什麼只有兩具呢？為什麼梅毒沒有像在夏威夷那樣，在楚馬仕族社群和鄰近群體中傳播？其中一種可能在於，除了這兩人以外，確實還有其他人感染梅毒，但數量還沒多到足以普遍出現在其他已出土的墓穴。[91]另一種可能則是，卡布里約的水手與楚馬仕族人間發生的性接觸相當有限。如果是這樣的話，那或許是楚馬仕族傳統社會的性習俗避免了女人及其性伴侶把疾病傳染給其他人。[92]如今，人們只能猜測原住民在西班牙殖民之前與外國人多次接觸所造成的影響；此外，也有一些學者爭論著其他新疾病在一七六九年之前經由陸地與海洋傳播的可能性。[93]

不過，發生在下加利福尼亞的事情，就不太需要加以揣測了。自從在一六九七年於羅雷托（Loreto）建立第一個屯墾點之後，耶穌會傳教士便在整個下加利福尼亞建立一系列教區，直到一七六八年耶穌會遭到驅逐為止——當時，方濟會和後來的道明會傳教士繼續著手於他們自

⑥ 譯注：胡安・羅德里格・卡布里約（一四九九至一五四三年），西班牙探險家，最早帶隊前往今日美國西海岸探險的歐洲人。

詡為救贖印第安人靈魂的工作。不過，時至當下，當地留給傳教士眷顧的靈魂已少了許多。最初，原住民人口據估計在四萬到六萬之間，到了一七六八年，還活著的人數卻不足七千人。而根據一位著名法國觀察家的說法，這些倖存者「要麼正在死去，不然就是快要死去」。[94]經過了一代人的時間，人口又減少了一半——傳教士自己的洗禮紀錄便證實這項可怕趨勢，顯示死亡人數遠多於受洗人數。[95]此外，新生兒就算受了洗，也不代表他們能夠存活到進入童年。

造成下加利福尼亞人口減少的最大原因，是流行性疾病，包括反覆爆發的天花、痢疾、麻疹、斑疹傷寒和其他被當地人以西班牙語稱為「*peste*」（瘟疫）、「*Colera Morbus*」（霍亂疾病）和「*grande enfermedad*」（大疫）等致命疾病。[96]這些疾病來自靠泊的船隻，傳播上則是透過村莊裡的士兵及屯墾者，以及從墨西哥大陸前來的麥士蒂索（mestizos）⑦珍珠採集者。面對自己的部落出現的重重危機，一些絕望的原住民團體向傳教士尋求援助，而傳教士則自以為是地認為他們是前來尋求救贖。一七二九年，聖伊格納修（San Ignacio）教區成立後的第二年，天花襲擊了該駐地，一名觀察者寫道：「教區成立後不久，一群住在海岸邊的海島印第安人來到聖伊格納修請求受洗。接著，絕大部分接受洗禮的人死於一場流行病，這嚇壞了剩下的人，於是倉皇逃回他們的島嶼。」[97]他們退回島上時，可能把天花病毒也帶去了。隨著新病菌在下加利福尼亞半島四處蔓延，類似場景一次又一次地上演。

由於許多早期流行病曾全面發威，因此性病倒不是造成下加利福尼亞人丁稀疏的主因。即便如此，梅毒仍然導致疾病爆發後的倖存者難以讓族群人口回升。在一七三〇年代之前的數十年間，下加利福尼亞並未傳出任何有關梅毒的報告，不過很難讓人相信梅毒沒有在傳教團的裡裡外外經由性接觸而傳播。一七三四至三七年，教區的印第安人在下加利福尼亞南部發動了一系列叛亂，之後有一名耶穌會傳教士報導了梅毒對原住民產生的「邪惡效應」，並將其歸因為「對叛亂的神聖懲罰」。[98]

二十年後，許多報導得出結論，梅毒不但具有傳染力和破壞力，而且還妨害殘存的原住民群體的人口增長。一七六八年，西班牙皇家軍官華金．貝拉各斯．德里昂（Joaquin Velazquez de Leon）報告了最南邊三處教團駐地上的印第安人口不斷減少的狀況，他估計那裡絕大多數人都患有梅毒。「很多人完全等同已被閹割（不育），另外仍有若干人具有傳染性，」他寫道，「事實上，這裡連孩子都是一出生就已受到感染。」[99]軍事遠征隊隊長佩德羅．法吉斯（Pedro Fages）同意此一評估：「梅毒讓男人、女人都受害，甚至讓母親不再懷孕，而就算她們懷孕，生下來的孩子幾乎沒有存活的希望。」[100]一七九二年，博物學家兼內科醫生荷西．馬里安諾．莫西諾描述下加利福尼亞的原住民人口「被船上水手傳給他們的凶猛梅毒所吞噬」。[101]

相較之下，上加利福尼亞的傳教士和造訪者，在第一批西班牙屯墾點才剛建立沒多久，便記敘了性病的流行經過。方濟會傳教士敏銳地觀察並記錄這種「敗德與傳染性疾病」的發展過程——他們當中許多人承認，早自一七七〇年代起，西班牙遠征隊便帶來了傳染源。[102]大致上，這些軍事遠征隊的麥士蒂索士兵應該為印第安族群感染天花一事負責；然而經年累月下來，包括屯墾者、沿海商人、甚至部分傳教士在內的其他團體，也導致疾病的傳入。[103]到了一七九〇

⑦ 譯注：麥士蒂索指的是歐洲人，但更具體指稱西班牙人和印第安人的混血兒。

年，梅毒在教區人群中肆虐得如此猖獗，以至於拜訪此地的博物學家荷西．隆吉諾斯．馬帝納斯（Jose Longinos Martinez，一七五六至一八〇二年）誤將梅毒當做在加利福尼亞印第安人社群中流傳的一種「地方流行病」。[104]

美國歷史學家史蒂芬．哈克爾（Steven Hackel）對上加利福尼亞地區的印第安人與西班牙人的關係，以及當地人口減少的研究，提供了迄今最精闢的見解——他深入地描繪了原住民社區發生可怕變化期間的人類行為和抉擇。在研究中，哈克爾闡述加利福尼亞原住民如何遭遇到環境變化與人口衰微的「雙重變局」：前者破壞了原住民生存習俗，迫使印第安人離開自己的村莊、進入鄰近的教區，而後者則削弱了個別家庭與社區繁衍的能力。[105]教區人口因而不斷擴大並在一八〇〇年之前達到高峰，但表面上的人口興盛是來自鄰近村莊的絕望難民的湧入所致，而非出自教區健康繁衍的後代。這些教區並未因此成為安全避風港，反倒造成了印第安人的「毀滅動盪」，只存在少數像是馬里亞諾．帕耶拉斯（Mariano Payeras，一七六九至一八二三年）這種有良知的方濟會教徒，親眼目睹並記錄人類的苦難，哀嘆宗教使命所帶來的致命後果。[106]

上加利福尼亞印第安人口與夏威夷原住民人口的暴跌，呈現了一致的時間性與模式，同樣肇因於低生育率和高嬰幼童死亡率，外加成年人死於其他外來疾病。哈克爾根據教區洗禮、婚姻和葬禮紀錄，重建了印第安人出生及死亡率的紀錄，讓我們看到儘管在這些駭人的情況下，原住民仍不屈不撓地努力生兒育女並建立家庭。然而，疾病和健康不佳的打擊讓他們的努力顯得徒勞無功。在蒙特瑞的聖卡羅斯（San Carlos）教區，百分之十一的嬰兒在出生後的第一個月死亡，百分之三十七的嬰兒無法活到一週歲。與此同時，兒童的死亡率甚至極高：那些有幸活過第一年的嬰兒，有百分之四十三在五歲以前死亡。[107]一八二六年，英國皇家海軍「全盛」號（Blossom）的喬治・皮爾德中尉（George Peard）的說法足以為此佐證：「由於某種我尚未知曉的原因，教區中印第安人的孩子特別容易死亡。」[108]成人的不孕也困擾著上加利福尼亞的教區。在聖卡羅斯教區，沒有孩子的已婚夫婦在一七七〇年代占百分之四十六，到了一八〇〇年代則上升到百分之六十七。在聖地牙哥和聖加布里艾爾（San Gabriel）教區，膝下無子的夫妻的比例甚至更高：在一八二〇年代，這些教區中有大約四分之三的夫婦沒有孩子。[109]因此，儘管教區內的印第安人盡最大努力傳宗接代，但在此極不穩定的世界裡，「父母」這樣的角色也正在消失當中。

一八四〇年代之前，加利福尼亞絕大部分的原住民可說是身處天高皇帝遠之地，西班牙（以及後來的墨西哥）當權者根本鞭長莫及。那麼，這些深處內陸及加利福尼亞北方的族群，他們的健康和繁衍狀況是否比較好呢？雖然比起教區印第安人口下降與流行病學史的詳細紀錄，針對這些群體的真實情況的紀錄較為粗略，但許多因素表明，儘管他們與殖民屯墾區保持距離，但在面對疾病肆虐時，這樣的距離充其量也只有一時的作用，而且充滿漏洞。

無數的病原和疾病媒介把病原體散播到整個上加利福尼亞的「內陸世界」。[110]首先、或許也是最重要的，是逃離教區的印第安人帶著病毒與細菌同行，前往中央山谷和舊金山灣北部。第二，那些住在教區北方的沿海族群也曾與外國人發生過生物性接觸，而且像是威廉・謝勒這些人的航海日誌也確認了這類接觸包括性行為和其他疾病的引入。[111]第三，俄羅斯人於一八一二年在羅斯堡（Fort Ross）建立的殖民地，充當了外國商人、獵人和在俄羅斯堡壘工作的原住民群體之間的交流據點。住在羅斯堡附近的波莫族和米沃克族（Miwok）印第安人在整個北加利福尼亞擁有龐大的貿易和文化網絡；在羅斯堡感染的任何疾病都會隨著這些社會媒介進入內陸。[112]最後，某些最致命的疾病爆發，恰好與一八三〇和四〇年代毛皮獵人及商人的湧入同時發生，這些人當中有的是瘧疾、流感、天花和白喉⑧的帶原者，全部都在加利福尼亞內陸引領人走向死亡。所以，在美國展開征服、又對加利福尼亞印第安人帶來種族滅絕暴力之前的最後二十年中，這些內部族群已然經歷了來自四面八方疾病大雜燴的生物襲擊。[113]在加利福尼亞的外國殖民者當中，也有人在疫情爆發期間死亡，這一事實只突顯了人口統計學的終局：實際上，在外國人這方，似乎有著源源不斷的新移民來接替死者的位置，但印第安人卻在這場繁衍危機中成為疫病的受害者，他們的人口一直要到二十世紀初才穩定下來。

海船的到來與疾病

當有外國船隻靠近陸地，當地原住民總會異常興奮，但這同時也讓他們高度戒備。有些原住民試圖與船隻保持距離，有時則警告船隻別靠近海岸。庫克在一七六九年首次的太平洋航行中便曾遇到過這種狀況，而這爾後還會在十九世紀不斷發生。美國遠征探險隊在一八三九年和一八四〇年接連多次在太平洋各處海灘被要脅滾蛋；譬如，美國探險家查爾斯．威爾克斯（Charles Wilkes）船長抵達大溪地島附近的雷奧島（Reao）時，他的登岸小組遇到一群「凶惡」

的武裝島民，而據威爾克斯的毛利語翻譯，這些島民喊著：「滾回你們自己的土地。這地方屬於我們。」[114]不難理解他們如此抗拒的背後有著諸多理由，但其中一個原因肯定是他們意識到外國船隻會帶來疾病和死亡。

我們可從一些特定船隻找出許許多多例證支持這項推論。一八三〇年，取名拙劣的傳教士船「和平信使」號（Messenger of Peace）在薩摩亞引發了流感大爆發。一八三六年，哈德遜灣公司的雙桅帆船拉瑪號把天花帶到了北美洲西北海岸。一八四三年，安德魯・謝恩（Andrew Cheyne）的「奈妲」號（Naiad）把流感傳染給雅浦島民（Yap，又名卡洛琳群島，位於密克羅尼西亞），四年後，君主號也把流感帶到了瓦爾帕來索（Valparaiso，位於智利）。[115]一八四八年，美國海軍護衛艦「獨立」號（Independence）抵達夏威夷，船上載著士兵、補給和痲疹病毒。一個月後，一艘來自加利福尼亞的船抵達夏威夷，傳達發現金礦的消息，同時也傳來了百日咳嗜血桿菌（Bordettella pertussis）。[116]這些船隻，以及其他許多攜帶疾病的船，證明了一八三〇年代和一八四〇年代海運量增加背後的致命代價。

在那數十年間，隨著貿易量不斷增加，不同港口之間的聯通效率及速度也跟著大幅提高。這同時助長了病毒的傳播，特別是那些透過活體進行最有效傳播的病毒，譬如天花。天花在太平洋地區的歷史並不容易追蹤，因為在漫長的海上航行中，促發病毒活性的病原體在船上不易

---

⑧ 譯注：白喉是一種急性呼吸道傳染病，主要影響呼吸道或皮膚。患上呼吸白喉的患者的喉嚨會出現一片片淺灰色的薄膜，也可能會有發燒、喉痛，以及呼吸困難等症狀。

生存。[117]某些地區，像是在一八三〇年之前的上加利福尼亞，完全憑藉好運、地理距離、檢疫的實施，以及成功接種牛痘或疫苗，從而逃過了天花病毒。相較之下，北美洲西北海岸的原住民群體就沒這麼幸運了。一七七〇年代晚期，當「瘟疫幽靈」（天花）抵達毗鄰太平洋的西北海岸時，該病毒大舉侵襲了特林吉特、海達（Haida）、薩利什（Salish）、上欽諾克（Upper Chinookans）、內茲波西（Nez Perce）、平頭（Flathead）和蒂拉穆克（Tillamooks）等沿海和內陸社群，造成高達三分之一的人口死亡。[119]這些受害群體為天花提供了完美的社會傳播環境：相對較高的人口密度、頻繁的社會群聚、經常在密閉的傳統雪松長屋內舉行的特殊「誇富宴」（potlatch）⑨，以及與鄰近群體的交流網絡。[120]

正如同原住民的長屋，船上的船艙也為天花提供了一個得天獨厚的密切接觸環境，讓病毒得以在船員間傳播。儘管許多甲板上的工作者於一八〇〇年代初積極接種牛痘（後來又接種疫苗），但在一八三〇年代，天花的傳播進程與商業蓬勃發展、尚未感染過的船員以及更快的航速等因素密切相關。結果是，一八二〇年代過後，天花肆虐了東太平洋各個地區，範圍從阿拉斯加到秘魯，從上加利福尼亞到夏威夷和大溪地。

約翰・帕蒂（John Paty，一八〇七至六八年）擔任船長的「堂吉訶德」號（Don Quixote）就是這麼一艘航速快的船隻，往來於南、北美洲沿岸和太平洋各島嶼之間。[121]帕蒂出生於新英格蘭，於一八三四年第一次航行至太平洋；接下來的二十年裡，他在夏威夷、加利福尼亞和其他太平洋港口間完成了一百多次航行，其中包括截至一八三七年為止，最快來回加利福尼亞和檀香山之間的一次航程。到了一八四〇年，帕蒂與弟弟亨利在所有太平洋港口都已無人不知、無人不曉，成為受人尊敬的貿易商。堂吉訶德號於一八四〇年末及一八四一年初環繞大平洋東部航行：從加利福尼亞到歐胡島，再從檀香山到瓦爾帕來索，接著駛抵大溪地，然後又匆匆調頭返回瓦爾帕來索。帕蒂兄弟買賣各式各樣的貨物，也在船上載客從事客運業務，船上更是雇用了七名夏威夷島民擔任船員。

一八四一年四月，在瓦爾帕來索，他們從貿易商艾爾索普公司（Alsop and Company）攬了一大批貨物準備運往大溪地。然而，某個身上攜帶著天花病毒的人也上了船。約翰．帕蒂陳述的這起事件，很快就將導致數千人死亡，包括他的弟弟：

> 在離開（瓦爾帕來索）前大約一星期，我們的一名夏威夷原住民船員從頂帆桅樓摔下，掉在主帆桁上；他雖然摔得鼻青臉腫，但傷勢不重。三、四天後，我讓他上岸放個假，現在看來，他是在岸上感染了天花——就在我們揚帆啟航幾天後，他便因天花而病倒。當時，我們船上有七個（來自三明治島的）原住民，我盡可能將他隔離，但他們當中還是有五人因感染天花而死；另外兩人去年曾注射過疫苗，所以他們的症狀比較輕微。

一名英國船員接著也病倒了。但由於他之前曾經得過天花，所以這次症狀較輕，不久便康

⑨ 譯注：誇富宴主要流行於北美洲西北海岸的印第安部落，在表面上是一種以炫耀財富為目的的公開儀式，但實際上更關係到個人、家族和部落的名譽、地位及世襲特權。因此，誇富宴除了是一種經濟再分配的特殊儀式，也是部落之內與之間確定等級秩序的義務。

復。約翰・帕蒂自己也病了，幾乎無法走出船長室。大副伊萊・索斯沃思（Eli Southworth）只「稍微有點不適」，便暫時接管了這艘船。根據約翰・帕蒂的說法，他弟弟亨利・帕蒂「非常不舒服，最後陷入譫妄……弟弟亨利病況惡化，趁人們一不注意（他）就自殺了。」[122]弟弟亨利站在他艙室的鏡子前，用剃刀割斷自己的喉嚨。[123]他是唯一的非原住民死者。

堂吉訶德號靠著屈指可數的船員繼續航行，最後還是抵達了大溪地。帕蒂始終絕口不提他的船導致大溪地爆發天花，並且還蔓延至一旁的莫奧里亞島（Mo'orea）。反倒是，他陳述自己對全船實施隔離，而且找了一名當地醫生協助，努力「蒸燻」船艙。帕蒂對於船隻停泊在大溪地馬塔瓦伊灣（Matavai Bay）和帕皮提（Papeete）的港口時，曾有誰離開過這條船語焉不詳，但他坦承曾經雇用大溪地人清洗堂吉訶德號，並提起其中一人「回到岸上當天就（染上天花）病死了，還有大約二十五或三十個原住民也死於天花」。[124]另一名目擊者則陳述，還有更多染病的乘客和船員登岸，包括帕蒂本人在內。事實上，根據倫敦傳道會（London Missionary Society）的查爾斯・威爾遜（Charles Wilson）所記述，當時大溪地的酋長們是在帕蒂的苦苦哀求下，才同意讓船進港下錨，而該船的長官沒有嚴格遵守隔離規定，而且很快就充耳不聞。[125]如此看來，要麼就是帕蒂認為他的船不會對島上居民帶來感染威脅，要麼就是他完全漠視一切可能的後果。

天花讓大溪地人慘遭橫禍。儘管幾年前有些英國醫生在此實施疫苗接種，但堂吉訶德號曾經停靠的兩個主要港口仍有數百名島民死亡。對這次疫情的最新研究估計，感染熱區的致死率為百分之十，島上其他地區及鄰近的莫奧里亞島的死亡率則較低。[126]在這場疫情爆發當下，堂吉訶德號載著一批新船員駛向夏威夷，帕蒂還將此描述為十八天的「美好航程」。帕蒂再也沒有回訪過大溪地，也從未對疫情負起任何責任。他在日誌裡把責任完全賴到一名夏威夷船員頭上，怪他在瓦爾帕來索時把天花帶到堂吉訶德號上，又指控一名大溪地人把病毒從他的船上傳播到島上。帕蒂總結，是原住民和他們身上帶的病導致了這場災難。

我們在前面提到，除了病毒傳到大溪地造成島民喪命，七名夏威夷船員中有五人在堂吉訶德號離開瓦爾帕來索後死於天花。這些人反映了太平洋商船和捕鯨船上的原住民船員迅速增長的趨勢。他們當中有的曾經接種過牛痘，但絕大多數人沒有。[127]根據歷史學家大衛・查佩爾（David Chappell）對「大洋洲航海者」的研究，這些島民們大多都是「自願」上船打工，而他們的命運十分多舛。在查佩爾的抽樣調查組成中，有將近四分之一的人死於第一次航行，另有三分之一的人最後下落不明。「顯然，大多數 *kanaka*（夏威夷語中的「人」）在乘坐外國船隻出海時，都已準備隨風而去。」查佩爾如此寫道。[128]他們死亡的主因是疾病，正如同那些在堂吉訶德號上死於天花的夏威夷人。

疫病之舟與惡水窮山

原住民是如何把貿易與疾病聯想在一起的？我們可以從當地原住民群體胡亂謅出「疫病之舟」這個新詞來指稱外國船隻一事，大致看出端倪。[129]「疫病之舟」這個說法揭露了一種簡化的邏輯：如果外來疾病經常隨著商船而來，那麼所有這些船隻都或多或少攜帶著某種疾病。當然，並非所有船隻都載著感染了天花、麻疹、流感或其他疾病的水手。但有不少船隻攜帶致病媒介到來，這是不爭的事實，而對於那些遭受流行病襲擊的社群而言，「疫病之舟」的說法挾帶著深層真相。船隻來來去去，然後人們就生病了——對許多原住民群體來說，這種關聯顯而易見。

一八三〇年代初於北美洲西北海岸爆發的致命瘧疾就是一個很好的例子。近來，研究者調查「高燒和抽搐」的爆發，還原了事件過程，並證實這種疾病是瘧疾。瘧原蟲（鐮狀瘧原蟲〔Plasmodium falciparum〕或間日瘧原蟲〔Plasmodium vivax〕）經由在密西西比河谷或墨西哥聖布拉斯港等患區感染者的血液，傳入哥倫比亞河流域。感染者來到後，瘧蚊就在人群間傳播瘧疾。哈德遜灣公司官員想將事件的爆發歸咎於哥倫比亞盆地沼澤地區的有毒瘴氣：「毫無疑問，這都是因為彌漫在空氣裡的瘴氣，而且只有剛好在特定起源處才會產生毒性。」該公司官員彼得·斯肯·奧格登（Peter Skene Ogden）如此寫道。[130]不過，哥倫比亞低地（lower Columbia）講欽諾克語的村民則說，疫情與「兩條黑色大獨木舟」的出沒有關——而白人們心裡清楚，那是來自波士頓的雙桅橫帆船「夏威夷」號（Owyhee）及其僚艦「護衛」號（Convoy）。[131]儘管沒有醫學根據，但這些原住民群體信以為真的說法，印證了他們當時的不安與恐懼。

一八二九年二月，夏威夷號和護衛號從波士頓出發後，經過五個月的航行，橫渡了險峻的哥倫比亞河沙洲水域。[132]夏威夷號船長約翰·多米尼斯（John Dominis）在航海日誌中記錄了後續幾個月的忙碌日常：源源不斷的毛皮（包括海狸、熊、麝鼠，還有浣熊）從哥倫比亞河兩岸的村民那裡運來；著名的美國捕獵好手傑迪戴亞・史密斯來訪，並賣給他們一批生皮；五名夏威夷人加入船員行列；一個鬧事的問題水手亨利・威爾遜（Henry Wilson）因「拒絕履行職責」而被關在鐵籠一天，最後棄船潛逃。[133]兩艘船於四月下旬啟航駛向胡安・德富卡海峽（Juan de Fuca Strait），一直往北航行尋找毛皮，最遠曾抵近阿拉斯加東南部；到了仲夏時分，夏威夷號和護衛號返回哥倫比亞河，停泊在哈德遜灣公司總部溫哥華堡附近。多米尼斯船長在八月造訪溫哥華堡，報告說「蚊子很多」，兩個月後，大副鍾斯先生（Mr. Jones）因持續發燒而幾乎喪命。多米尼斯於是把他轉移到溫哥華堡的醫療站，鍾斯先生在那裡治療時或許使用了一種從金雞納樹皮中粹取的汁液（含有奎寧，可以殺死瘧原蟲）。[134]哈德遜灣公司持續確保這種樹皮供給無虞，以對抗季節性（非瘧疾）發燒。鍾斯先生最終返回夏威夷號復職，而此時尚無跡象顯示六個月後即將爆發可怕的瘧疾疫情。

一八三〇年七月二十九日，夏威夷號在抵達哥倫比亞河整整一年後，起錨航向波士頓。在這時間點離去，對那些船員的健康來說確實是一大福音。據著名的蘇格蘭植物學家大衛・道格拉斯（David Douglas）記載，「高燒和抽搐」的情況在此前一週剛剛爆發，這種導致人們在夏天發燒的特殊病毒很快就在印第安人及白人中蔓延開來。然而，這兩個族群最後的的遭遇卻截然不同。約翰・麥克勞林（John McLoughlin）醫師寫道，在溫哥華堡，哈德遜灣公司的員工有一半「臥床歇工」，他們接受「（金雞納）樹皮和其他藥液」治療，大多數人都活了下來。[135]然而，瘧疾熱摧毀了鄰近的欽諾克村落，情況如同道格拉斯在疫情爆發十一週後的一封信中所描述：

大約十一週前，這條河的下游地區爆發了一種會讓人間歇性發高燒的致命傳染病，導致鄉下人口減少。許多曾經能夠供養一到兩百名強健戰士的村落都已完全消失，一個人影也沒有。房舍裡空無一人，饑餓的狗成群結隊四處嚎叫，人們的屍體七橫八豎地散落在河邊的沙灘上。我是哈德遜灣公司少數幾個得以撐過來的人之一，有時連我自己都覺得在「發抖」，簡直分不清是否已經脫離險境，而且天氣又還是這麼熱。[136]

有其他目擊者證實了道格拉斯的驚恐敘述。譬如，哈德遜灣公司的職員奧格登描述「曝露的（印第安人）屍體」和骯髒的鳥「吞噬死屍」的場景令人毛骨悚然。哈德遜灣公司的郵務主管威廉．麥凱（William McKay）探查了索維島（Sauvie Island，位於哥倫比亞河與威拉米特河〔Willamette〕之間）的印第安村落卡拉那奎亞（Cathlanaquiah），那裡原本的已知人口數為一百五十人，但他只發現了兩名倖存嬰兒。[137]

瘧疾從當年七月肆虐至十二月，最後瘧原蟲終於結束了它的季節性活動。然而，它仍存留在倖存者的血液中，到了蚊子在隔年夏天的繁殖季節又會繼續傳播。一八三〇年的疫情只在哥倫比亞河下游圍繞溫哥華堡的附近區域出現。但在一八三一年，傳染病向哥倫比亞東部和威拉米特河南部蔓延，削減了所到之處的印第安村落人口。次年夏天，約翰．沃克（John Work）率領的一支哈德遜灣公司捕獵隊把這種寄生蟲帶到了加利福尼亞的沙加緬度谷地，不過他們也帶著專供自己使用的藥液。在這第三個年頭的夏季，瘧疾（通過瘧蚊宿主）從哥倫比亞低地感染熱區向外大舉擴散了一千一百多公里，並導致人際間的傳播，一路上又傳染了不少新帶原者。

大衛．道格拉斯於一八三二年回到哥倫比亞河地帶，發現那裡幾乎已沒有原住民的蹤跡。當時，他忙著為格拉斯哥地質學會（Glasgow Geological Society）主席搜集動物骸骨，並曾如此評述：「現在的哥倫比亞（也）有大量的人類頭骨，因為一種可怕的間歇性高燒疾病使得河流附近的人口減少；我們在一八二五年看過的那群人，如今只剩下不到十二個。」第二年，道格拉斯報告道：「發燒的病仍舊折磨著當地的原住民部落，（不過）謝天謝地，我的健康狀況依然良好。」然而，才過了幾個月，道格拉斯便因發燒而臥床，但他接受治療並活了下來。[138]他回到夏威夷休養，沒想到卻在一八三四年跌進一個專門用來捕捉野豬的陷阱裡身亡。到了那年夏天，哥倫比亞河地區的疫情（或許還與流感同時爆發）已經一路蔓延至加利福尼亞中央谷地南端，造成數以萬計的加利福尼亞印第安人死亡。人類學家羅伯特．博伊德（Robert Boyd）總結道，這些流行病「可能在之後的奧勒岡州構成當地有史以來中最重大的一次流行病事件」。[139]這個說法可能也適用於身處加利福尼亞內陸教區以外的印第安人。

有兩個因素可以解釋為何瘧疾對東太平洋原住民造成的影響如此不成比例：一是環境，二是醫療。瘧蚊在原住民密集居住的河谷地帶中大量繁殖。在夏天的月分，更遠處的原住民群體前來這些河谷從事貿易和其他社會交流。當瘧原蟲於一八二九年從外部來源傳入後，這些地區的傳統習俗與集會方式讓蚊子帶著瘧原蟲快速傳播。[140]因此，印第安群體在夏季旅行時所處的特定環境就成了致病熱區，人們大量死亡，而且在此流行病危局中的病人甚至無法獲得基本的醫療照護。要不是哈德遜灣公司定期提供的奎寧類藥物，外國人——包括哈德遜灣公司人員、美國商人，乃至夏威夷水手，也都會死於瘧疾，而且死亡人數絕不會少於印第安人。哈德遜灣公司在一八三二年的瘧疾季節過去之後，才向倖存的印第安村莊提供此類藥物治療。在此前疫情最猖獗的三個季節裡，印第安人只能仰賴傳統療法，包括先洗熱水澡出汗，然後跳入涼水中。克拉克馬斯河有個印第安人名叫維多利亞．霍華德（Victoria Howard），在多年後回首想起這場疫情與這些治療方法：「那是個很大的村子，但所有人都得了瘧疾。挨家挨戶有那麼多人都生著病……當他們一有人發燒，就會跑到河邊，跳進河裡游泳，而上岸以後，他們會直接栽倒，然後死去。」[141]這樣的療法會立即引發休克，這或許解釋了為什麼當時許多報導中都有關於印第安人屍體沿著河流與小溪散布。

不論是環境或醫學方面的解釋，都難以澄清這種流行病的起源，尤其是從原住民的角度來看。雖然西醫從特定的寄生蟲身上找到了瘧疾的病因，並闡述瘧疾如何經由蚊子來傳播，倖存的原住民卻有著不同看法。在口述歷史中，原住民將「高燒和抽搐」描繪成源自一艘（夏威夷號）或兩艘船（夏威夷號與護衛號），這反映出一種在西北地方族群中流傳更廣的說法，也就是「疫病之舟」帶來了一大堆致命的新疾病。一名海達族老人曾講述這樣的故事：「他們說瘟神來了。瘟神的獨木舟看來就像一艘白人的船。」[142]同樣地，一九一〇年克里奇塔族（Klikitat）的威廉．查里在口述歷史中揭示了當地人對這場流行病的集體記憶，以及船舷漆黑的船（即夏威夷號與護衛號）所扮演的角色：

他們看見兩艘黑色的大獨木舟，他們從沒見過這麼大的船……他們派人奔走告知其他村落，於是所有印第地人都前來觀看……不久，印第安人都病了。那些最先拿到珠子的印第安人最早得病……後來，他們發現這種病是隨著大舟上的人給的東西而來……有的人想跑進山裡躲避，可是他們當中有許多人都已染病，最後死在遙遠的荒野。但這是逃離死亡的唯一途徑。我的祖母與家人一聽說出了這種病，就躲進山裡，因而逃過一劫。[143]

有些印第安口述歷史中還充滿了更生動的故事元素，其中有包括多米尼斯船長的威脅，說他能夠向印第安人散放疾病。哈德遜灣公司的醫生威廉·弗雷澤·托爾米（William Fraser Tolmie）在一八三三年回憶他們造訪尼斯奎利港（Port Nisqualy）時，從一名「西納米西族（Sinnamish）獵人兼酋長」那裡聽到的情況：當時，兩艘美國船隻航行至夫拉特里角（Cape Flattery），船長威脅這位西納米西族獵人，說如果拒絕交易海狸，就要把疾病傳給他們。「看來，是有個美國船長曾在哥倫比亞當地待了一段時間……印第安人認為他為了報復沒能收到海狸皮而將疾病傳入。」托爾米說道。[144] 一八四〇年，有個曾來到哥倫比亞低地的衛理公會傳教士轉述了另一種說法：多米尼斯船長帶來了「感冒病」，因為印第安人只賣給他小海狸生皮，卻把大海狸生皮留給了「喬治國王人馬」，而他因此非常生氣；於是，多米尼斯在離開哥倫比亞河時，打開了他的「小藥瓶」，放出感冒病！[145] 在一八四〇年代初，還有另外兩名衛理公會傳教士也抄錄過與前述同樣的故事內容。

夏威夷號船長約翰·多米尼斯到底有沒有威脅要向印第安人傳播疾病呢？在天花爆發早

期，這種放出「小瓶裡的疾病」的威脅，是構成白人與印第安人之間的緊張關係的部分原因。[146]多米尼斯究竟曾否如此宣告尚不明確，但從原住民敘述中，可以清楚看出這名船長與印第安各群體間的敵對程度。同樣明顯的是，印第安人堅信有一艘（或多艘）漆黑的外國船隻給他們帶來大量的痛苦與死亡——有鑒於和美國商人的競爭關係，哈德遜灣公司或許還鼓搗這種說法。印第安人至少在兩代人的時間裡看著這些船隻來來往往，這幾十年間他們在哥倫比亞低地同時與「喬治國王人馬」和「波士頓人馬」進行交易。也就是說，他們基本上了解這些外國人的行事作風，而他們也曉得並非所有船隻都載有疾病或患病的水手。但是，夏威夷號恰好在一場毀滅性疫情爆發當下離開哥倫比亞河，而在這之後死亡的人不計其數。原住民社會日益受到太平洋海上貿易影響，因此對他們而言，夏威夷號正是衝擊他們生命的事件起因、象徵和預兆。

結語：死亡的真相

東太平洋地區的新貿易關係使原住民群體從此與外來的、極其致命的生物媒介糾纏不清。更具體地說，商船為疾病提供了溫床，讓疾病得以在太平洋廣闊的水域中傳播，感染島嶼人口並襲擊美洲海岸沿線的各個社區。想當然爾，有些傳染病是經由陸路傳播到太平洋地區，也有些疾病是透過非商業航行進一步傳播；譬如，傳教士的活動絕對會傳播細菌，而早在十八世紀末之前，西班牙征服者便已把致命的細菌帶到了美洲和太平洋部分地區。然而，在一七七〇至一八四〇年代這段期間，商船是疾病傳入和傳播的主要媒介，在太平洋上完成了「全球微生物大一統」。[147]到了一八五〇年，歐洲、亞洲和非洲的微生物幾乎已在太平洋每個人口聚集地中流通。

雖然有些疾病（天花、瘧疾、流感和其他疾病）可能導致原住民族群的快速死亡和人口迅速凋零，然而這種對「疾病導致人類死亡」的過分強調，卻往往掩蓋了危害人類生殖功能的性病其實在不知不覺中造成同樣嚴重的威脅。外來的梅毒和淋病給原住民婦女、男子和兒童帶來災難性後果，包括出生率降低、嬰兒夭折率升高和慢性疾病，種種都破壞了原住民群體對其他外來病原體的免疫力，最終導致人口急遽下降。我在這裡想要強調的，並非是原住民群體對性病或其他疾病的免疫反應較弱；實際上，他們的生物反應和大多數群體面對一系列新型致命細菌時的反應一致。然而，這些疾病發生在劇烈的社會變革、生存危機和暴力時期——而原住民人口的恢復與重新增長，必須等到二十世紀的歷史時空才得以發生，也就是東加學者艾裴立．浩歐法所認定的那種孤立、隔離和殖民主義的歷史背景。[148]

正如大量第一手資料所舉證的那般，疾病的傳播及其可怕影響並非在沉默、黑暗或無法理解的情況下展開。反之，它就發生在外國人眼前（有時也發生在外國人身上）——也就是說，這些外國人很清楚自己看到了什麼。他們常常就此發表文章，而對於發病率和死亡率的反應也各不相同。這樣說並不是對所有攜帶疾病的外國人的全面指控，也並非暗示他們早已了解疾病媒介和病因的科學，而是坦承疾病的臨床特徵和人口凋零的後果其實顯而易見，而且具有完整的紀錄佐證。在這整段時期中，原住民已經表明他們的遭遇和疫情發生的可能原因；對他們來說，這些前所未有的死因不言自明，並不需要靠西方醫學來解釋。

第三章

人質與俘虜

Hostages and Captives

聖尼古拉號 1808 年航行路線

1808 年 9 月 夕卡 → 1808 年 10 月 胡安．德富卡角 → 1808 年 11 月 拉普希海灘

很久很久以前，一艘架著大砲的船在一場可怕風暴中在這兒的近海遇難。然後呢，儘管印第安人以前從沒見過船隻或白人，卻仍想抓住這些人……印第安人把這些人叫作*ho'kwat*（流浪者），他們就用這名字稱呼白人直到今天。

——班・荷布克特（Ben Hobucket，奎魯特族人〔Quileute〕，一九〇九年）

聖尼古拉號，一八〇八年

俄羅斯縱帆船聖尼古拉號從新阿干吉爾（即夕卡）向南航行，此時正逢亞北極的冬天來臨，即將把本就沉悶的俄羅斯屯墾地帶進寒冷又黑暗的漫漫長夜。這趟航行由航海家尼古拉・伊薩科維奇・布里金（Nikolai Isaakovich Bulygin）負責指揮聖尼古拉號，蒂莫菲・塔拉卡諾夫則擔任押運員（*prikashchik*）。其他成員包括布里金的妻子安娜・彼得羅夫娜（Anna Petrovna）、十一名俄羅斯水手，以及塔拉卡諾夫找來的七名科迪亞克族和阿留申群島的原住民男女。除此之外，還有一位名叫約翰・威廉斯（John Williams）的英國人也在船上工作；他曾與威廉・謝勒一起在萊利亞伯德號航行，後來上了夏威夷的塔馬納號——俄羅斯人於一八〇七年買下這艘縱帆船，並更名為聖尼古拉號。這二十二個人當時應該是滿心期待地打算前往海岸線更南邊的溫暖地帶，也就是西北海岸、哥倫比亞河流域，以及最終目的地：上加利福尼亞。航行兩週後，他們到了胡安・德富卡角（即位於今美國最西北角的討好角〔Cape Flattery〕），小心翼翼地與划著獨木舟接近的原住民交易。儘管這些原住民十分友善，但都帶著武器前來，手持綁有鐵尖的長矛、砍刀、火器，以及一種稱為「奴隸殺手」的鯨骨長釘。四週後，一場強烈風暴來襲，聖尼古拉號就這樣在暴風中搖晃顛簸了整整三天。「看來這艘船保不住了，大家都認為自己隨時會死，」蒂莫菲·塔拉卡諾夫寫道，「後來，上帝保佑，我們迎來一陣西北風，把船帶離危險的海岸。」[1]

雖然聖尼古拉號遭到重創，但仍勉強運作，於是又向南航行了一天，直到狂風巨浪再次把船推入危險的暗礁區，這時船長布里金下令將四支錨全部拋下海。在伸手不見五指的黑夜中，船員們聽著狂風與巨浪的呼嘯；當黎明到來，他們聽見錨索開始一條接一條啪嗒斷裂的聲音。「最後，」塔拉卡諾夫寫道，「在十一月一日早上十點，一股強浪將我們捲上浪頭，然後在北緯四十七度五十六分的位置觸岸。就這樣，這艘帆船走向命運終點。」[2]在波濤衝擊下，聖尼古拉號的船體內部很快就浸滿了水。船員們抓準強浪起伏的間歇，跳入海中，涉水移動至比較安全的潮濕海灘上——那裡位於奎拉尤特河（Quillayute）正北方。他們打撈搶救船上的武器彈藥、一門大砲、兩頂帳篷，以及其他必要物資。根據塔拉卡諾夫陳述，他們連腳都還沒踩到沙灘，就已開始擔心會被俘虜。「我們除了要救自己，還必須搶救我們的槍支，只有這樣我們才能確保人身自由，」他回憶道，「萬一被俘虜了，我們將變成野蠻人的奴隸，過悲慘的日子，那才真是生不如死。」[3]就這樣，聖尼古拉號的船員長達兩年的劫難開始了。

為什麼塔拉卡諾夫會在第一時間就想到自己會成為人質和被奴役？有個可能是，因為他的敘述後來公開時，整個前因後果都已是既成事實，其中就包括他被不同原住民群體囚禁和奴役的經過。但是，就算塔拉卡諾夫事前並不知道結果，他同樣無法擺脫被囚禁的恐懼，並因而在潛意識中對此困境做出合理反應。同在聖尼古拉號這條船上的這群俄美公司員工，包括塔拉卡諾夫及其同胞（以及安娜．彼得羅夫娜．布里金），他們十分清楚失去自由者（從契約原住民勞工到不折不扣的奴隸）的社會地位。畢竟，俄美公司的發跡及其邊際利潤，都要歸功於該公司早期對阿留申人和科迪亞克人的虜掠與長期壓榨，就像船上那七名原住民船員，他們與塔拉卡諾夫在一八〇八年一起踏上了這片海灘。

塔拉卡諾夫與任何活下來的歐洲人一樣，很清楚海岸上的習俗。他以前曾兩次乘坐美國人的船，從新阿干吉爾往南航行到上加利福尼亞。當時，船上都載有不少來自阿留申的海獺獵人，所以他肯定在航行途中蒐集了有關沿海原住民族群的習俗的資訊。此外，這條海岸線的貿易活動伴隨著劣跡斑斑的掠奪事件，幾乎每個人都身涉其中，而塔拉卡諾夫無疑對此心知肚明。他在俄屬美洲屯墾地居住了近十年，在此期間，他接觸到來自許多國家的歐洲人和來自更多不同國家的太平洋地區人民。他從這許多人那兒聽聞了不少關於被囚禁當人質的故事，而他的過往經歷也教會他，在接觸一個新群體時要注意兩件事：第一，穿越未知的海灘時要謹慎小心；第二，手中最好掌握一定的優勢。

一八〇八年十一月一日，塔拉卡諾夫和其他船員踏上海灘，開始搭建兩頂帳篷並生火取暖。「我們還沒完成這些頭等大事，」他回憶道，「就來了很多看見我們登陸的原住民。」一名來自附近霍族（Hoh）的年輕人自稱是「頭目」（*toyon*），塔拉卡諾夫試圖說服他相信他們「帶有善意」。我們只能想像這種磕磕絆絆的交流有多可笑：俄羅斯的「專業獵人」（*promyshlenniki*）[1]和他們手下的原住民獵人手持武器蓄勢待發，而人數更多的霍族村民則拿著長矛與大石頭。塔拉卡諾夫和頭目繼續談判，但他承認：「由於我們彼此不太了解對方，我們的對話一直沒有進展。」[4]就在這時，所有麻煩事統統爆發了。

「由於我們彼此不太了解對方，我們的對話一直沒有進展。」很少有太平洋航行的敘事者能比塔拉卡諾夫更準確地描述原住民和外來者之間拖拖拉拉的談判時刻。儘管並非故意，塔拉卡諾夫的陳述卻否定了太平洋各處海灘上陌生人相遇時會發生的一系列可能的情境假設：比方說，雙方都理解對方；或者，雙方談成和平協議；又或是雙方武力相向，但是高下立判；或者說、而且可能是最重要的，即這種相遇時刻很短暫，隨後彼此間建立更紮實的關係。聖尼古拉號出現在灘頭，帶來了一個值得玩味的時刻——這不是因為霍族人和鄰近的奎魯特族人從未見過歐洲人，也不是因為塔拉卡諾夫從未見過西北海岸的人。每一方都大致籠統地知道對方的存在。實際上，這種沒來由的緊張感乃是出於雙方人馬都不曉得另一方接下來會怎麼做。直覺的衝動很有可能主宰當天的一切。好在，這類戲碼的後續發展存在著兩種走向——正如本章接下來所敘述，這兩種走向分別由住在海灘兩頭的群體所決定。

不同群體在美洲及世界各地展開的第一次接觸均有著某種神話般的氛圍，因為當事者多半都為之沉浸於一種初次發現新事物的自我意識當中。就好比說，一七七八年遇見夏威夷人、一七六七年遇見大溪地人和瓦利斯人的庫克船長；一五四二年進入加利福尼亞的卡布里約；一四九二年抵達聖薩爾瓦多的哥倫布。在每一場相遇，以及無數場類似的初次遭遇過程中，此

---

① 譯注：*promyshlenniki* 為帝俄沙皇時期的農奴轉職成為的專業獵人的通稱。

前互不相識的群體展開接觸、建立關係，而通過相遇，人們傳達想法、為之協商，但也往往產生誤解。許多歐洲的「發現者」相信，這些事件實際上讓原住民族的歷史得以開展。但對原住民群體來說，他們通常把這些與外國人的相遇，納入他們自己對於時間、歷史和宇宙的感知中。[5]此外，這類接觸（無論是首次接觸還是後續接觸）很少是兩個同質團體間單純的雙邊接觸。確切地說，它涉及多方之間的複雜談判與競爭，並牽扯到所有相關方的不同觀點。霍族部落對聖尼古拉號倖存者的反應，顯然取決於他們之前與外國人的遭遇；但當地兩個鄰近部落之間的競爭，就算不是更重要的影響因素，也不可等閒視之——塔拉卡諾夫就完全沒有意識到這一點，而這非常可能是那些目睹船難並思考對策的村民們心中最重要的考量。

外國人和太平洋原住民之間的這種相遇，並不是一系列的單一事件，而是被視為一段長期的互動過程，並經常在各地發生，目的是為了進行精心安排的貨物交易：有時或許從一艘意料之外、無法航行的船（如聖尼古拉號）被沖上岸的時候展開。在此過程中，可能發生一連串的事件，像是岸上的人歡迎或驅趕船隻、人們交換貨物或互相開火、一方說話而另一方傾聽，然後人們逃跑、追趕、躲避、擁抱和姦淫。這一切及更多其他事都可能發生。然而，也有一些事件發生得太過頻繁，到最後幾乎沒人大驚小怪，譬如交換人質和抓俘虜就屬這類常見事件。[6]

在太平洋地區，從澳洲到日本，從阿留申群島到火地島，劫持人質和抓俘虜事件發生的頻率無比驚人。[7]無論是原住民部落還是外國航行者都有這種做法。如果說這些抓俘虜行為具有某種普遍性的話，那麼其中某些特定事件就說明了十八世紀晚期和十九世紀早期歐洲和美國日益增長的運輸量所造成的緊張局勢。簡言之，這些插曲表明，隨著貿易和非正式外交活動在整個太平洋地區展開，權力關係變化、憤怒、創造力和困惑，種種這些交織的情緒也在不斷演變。此外，個別的俘虜與人質，也揭示了住在太平洋海盆大部分地區大量非自由人的狀態。當然，早在與外來者接觸之前，太平洋上便已存在非自由人，但其數量和身分的多元則隨著商業往來和帝國征服行動的密集增長而擴大。[8]

誰是「非自由人」呢？這充其量只是種蹩腳的術語——還有，我們為什麼要糾結於他們的存在？太平洋上的船隻載著形形色色的非自由人，這當中包括被奴役的非洲人、招募來的海員、被俘的海灘流浪者、契約僕傭、被騙來或買下的原住民婦女、棄島而去卻變成被人剝削的勞工，以及原住民扣押未還的人質。即便是最「自由」的水手，一旦在未經許可的情況下跳船上岸一段時間，也很快就會意識到自己的身不由己。另一方面，從太平洋各地海灘延伸至陸地深處，存在著等級森嚴、尊卑有序的原住民社會。較低的社會階層包括戰爭產生的人質和奴隸、賣身於酋長或外國人的平民女孩，以及其他身不由己的平民。太平洋上的帝國征戰只會增加身分更多元的非自由人口，特別是在俄羅斯的阿拉斯加、上加利福尼亞的方濟會教區，或是某些充斥著被稱為「黑鳥」②的海岸勞工的太平洋島嶼港口。所以說，在種種接觸關係中，不僅自由受限之人扮演部分重要的角色，更重要的是，自由與俘虜的定義也在人們接觸的過程中不斷拉鋸。

②譯注：「黑鳥」（blackbirding，有「被招攬」或「騙來的」之意）這一術語源自十九世紀西方人對太平洋眾多島嶼上原住民的大規模捕捉，前者透過欺騙或綁架來脅迫後者至遠離祖國的地方當奴隸。

西北海岸與糾結的俘虜，一七八九至九二年

一七九一年六月，美國船長羅伯特．格雷在溫哥華島西海岸的格里夸灣（Clayoquot Sound）停靠時，把一名被他稱為「圖逖斯庫瑟頭」（Tootiscoosettle）的當地頭目劫持到哥倫比亞號上當人質。這是格雷第二次航行至北美洲西北海岸，並且專程跑到努查努阿特部族（或稱奴特卡）的地盤。他前一次參與的哥倫比亞號航行（一七八七至九〇年）開啟了美國海上毛皮貿易的利益之門；格雷完成那次航行之後，他從前的船長約翰．肯德里克（率領僚船華盛頓女士號）卻莫名其妙地繼續滯留在太平洋做生意，直至一七九四年死於夏威夷。[9]格雷很清楚自己在做什麼，他把圖逖斯庫瑟頭扣留在哥倫比亞號上，是為了迫使對方釋放一名前一天上岸後便失蹤的船員。圖逖斯庫瑟頭則深感自己受到冒犯，或許也感到害怕。他和隨從是在格雷船長百般慫恿之下，才登上了哥倫比亞號；圖逖斯庫瑟頭是努查努阿特部族眾頭目中最有權勢的維卡尼什酋長的兄弟，他明白自己對外國人來說很有價值。格雷告知圖逖斯庫瑟頭，說他是自己的俘虜，而如果失蹤的船員沒有返回船上，就要帶著他一起出海。[10]圖逖斯庫瑟頭於是派他的隨從上岸尋找水手，幾小時內便把問題解決了。最終，失蹤的水手回到哥倫比亞號，酋長的兄弟（和他的隨從）則平安返回岸上。但是，假如這件看來單純的人質交換解決了眼前的問題，那麼它也同時揭示了西北海岸劫持人質事件的一種典型特徵：任何一次俘虜事件通常都牽扯到其他俘虜事件。

這個事件之所以意義重大，在於它牽涉到讓這些個別人等緊密相連、規模更大的人際關係網。時年三十六歲的格雷是一名要求嚴格、意志堅定的船長，他會突然雷厲風行地下達命令和

發動攻擊——不管是俘虜一名頭目、摧毀堅固的原住民村落奧皮薩特（Opitsat）（他確實在下個季節這麼做了），還是在一七九二年駕船穿越哥倫比亞河口的險惡亂流。（這條河隨即以他的船哥倫比亞號命名。）對格雷來說，接觸關係意味著衝突，暴力則在他的人生中時常發生。格雷來到奴特卡灣和格里夸灣，就是為了盡可能從努查努阿特人手中買到最多的毛皮，完全不顧自己的行為對下一個交易商帶來的後果。於是，格雷把自己的水手於一七九一年六月十四日失蹤的事情解讀為原住民的侵犯行動，而根據哥倫比亞號押運員約翰·博克斯·霍斯金斯（John Box Hoskins）的說法，格雷船長因此決定擄走下一個落單的酋長。[11]換句話說，圖遜斯庫瑟頭的出現恰好滿足了他挾持人質的需求。

維卡尼什酋長是格雷在岸上的對手。身為格里夸灣最有權勢的酋長，他精心營造外來者與努查努阿特村莊網絡之間的貿易環境。[12]要是沒有維卡尼什族酋長的許可，格雷根本無法買到多少毛皮或生皮。當格雷劫持圖遜斯庫瑟頭作為人質以要求對方釋回他的水手時，維卡尼什很可能也坐鎮在奧皮薩特村的家中指揮人質交換。根據霍斯金斯的說法，圖遜斯庫瑟頭獲釋後隔天，維卡尼什的父親就扛著兩張海獺皮登上哥倫比亞號，以展現誠意。「起先他不敢上船，但經過我方勸說和多次友好聲明後，他上了船，很快完成交易，然後匆匆離去。」霍斯金斯如此說道。[13]維卡尼什不信任格雷，不敢親自出馬，這一點他完全正確——畢竟酋長本人可是一名寶貴的人質。但他非常樂意派出一堆使者，連他自己父親也不放過，因為他希望拖長交易流程，讓格雷只能與他的人繼續交易，沒空與他在附近的對手打交道，譬如北邊的馬奎納酋長。[14]

圖遜斯庫瑟頭可能對自己的短暫被俘一事抱持兩種看法。一方面，他明白抓俘虜在交易關係中已是一種日益普遍的做法，他自己以前也幹過這事。一七九〇年十一月，英國「阿爾戈」號（Argonaut）船長詹姆斯．科爾內特（曾參與庫克第二次航行，並於一七八九年在奴特卡灣被西班牙人短暫俘虜了一陣子）劫持了圖逖斯庫瑟頭和另一名小頭目為人質，要求歸還六名船員的屍體（這六名船員的船撞上了岩壁）。科爾內特威脅道：「如果沒有屍體，我會殺死兩個酋長及我看到的每一個原住民。」像在這種情況，當雙方都不信任對方時，透過劫持人質反而可以化解爭端。[15]然而，他也了解這種做法存在暴力與死亡的風險。幸運的是，在一七九一年這次事件中，圖逖斯庫瑟頭曉得要去哪裡找失蹤的水手，於是他派隨從去跑腿。根據五副約翰．博伊特（John Boit）的說法，一條獨木舟很快便帶著水手返回，以贖回他們的頭目，接著就進入下面一連串新程序。[16]霍斯金斯寫道：「現在，為了殺雞儆猴，以嚇阻未來有人再犯同樣錯誤，有必要懲罰（水手）……（同時）要求頭目也到場觀刑。」當圖逖斯庫瑟頭看著該水手接受鞭刑，格雷也放聲警告說，未來凡是劫持或窩藏「逃進村子」的船員的任何原住民，都將承擔嚴重後果。[17]在這起事件中，這名失蹤（後已被釋回）的水手名叫阿杜（Atu）。

這一連串的風波都因阿杜離開哥倫比亞號而起，因為有他在船上，才引發了後續一連串的交換俘虜事件。這位阿杜又被叫做奧圖（Ottoo）、阿圖（Attoo）、傑克．阿杜（Jack Atu）或傑克，而他原本是住在夏威夷的原住民。一七八九年十一月，格雷船長在尼豪島短暫停留期間，把阿杜弄上哥倫比亞號當船員。[18]所有紀錄都顯示，格雷並未綁架阿杜，反倒是這位夏威夷人自願加入哥倫比亞號並前往中國。[19]當哥倫比亞號展開環球航行（美國船隻中的首例），阿杜一直待在船上，直到航程結束返回波士頓。據報導，格雷在波士頓一路護送這位「夏威夷酋長阿圖」在大街小巷遊行，當時阿杜穿戴著羽毛頭盔和「同樣紅黃相間、光彩奪目的羽毛披肩」。[20]然而，阿杜扮演「首位來訪」的夏威夷酋長，在波士頓當大人物的好日子只有一個多月。等到哥倫比亞號離開波士頓、再次出海前往西北海岸時，格雷船長把這位「傑克·阿托」（Jack Atoe）貶為「男服務員」——阿杜一下子便從天堂掉進地獄，淪為跟契約工差不多的角色。[21]雖然阿杜絕對不是在船上當俘虜，但是當船於一七九一年六月五日停泊在格里夸灣時，阿杜已明白自己並非真正自由。

不到十天，阿杜就棄船而去。「我們那個三明治島男孩奧圖（阿杜），」霍斯金斯寫道，「他跳船了，他有辦法跟原住民混。」[22]但不管霍斯金斯或其他人都沒解釋阿杜跳船的原因（阿杜自己也沒有留下一文半字），不過我們有理由假設他對於在船上當個窩囊的「服務員」已經厭煩透頂，並希望上岸在努查努阿特人中尋求解脫。他的潛逃很快引發了一連串事件：格雷要劫持一名人質，維卡尼什酋長坐鎮指揮人質交換，阿杜則要為他的短暫自由付出代價——在後背留下鞭痕。這場意外向所有水手指明了自由與被俘之間的模糊界線，因為無論是阿杜還是其他船員，他們都沒有與印第安人打交道的自主權。

當初，阿杜並非自己單獨一人參與哥倫比亞號的首次航行。一七八九年九月，他與可艾島的一名叫做歐帕（Opai）的年輕人結伴登船。（根據喬治·溫哥華〔George Vancouver〕③

---

③　譯注：喬治·溫哥華（一七五七至九八年），十八世紀英國皇家海軍軍官，因勘測北美太平洋海岸有功，該地區有多個地方以他的名字命名。

的紀錄，這位歐帕也被稱為歐皮〔Opie〕、傑克、傑克·歐皮、卡萊華〔Kalehua〕和塔雷胡亞〔Tarehooa〕。）歐帕和阿杜一起航行抵達波士頓，之後，阿杜繼續替格雷船長打工，而歐帕則跟了二副約瑟夫·英格拉漢（Joseph Ingraham）。歐帕登上英格拉漢（當時已成為「希望」號〔Hope〕船長）的船前往太平洋，比阿杜繼續跟著哥倫比亞號出海還早個兩星期，但在一七九一年五月，希望號抵達開亞拉克庫亞灣（Kealakekua Bay）後，歐帕便離開了希望號。「雖然歐帕是我的僕人，但我總是把他當成朋友。」英格拉漢寫道，並在臨別時給了歐帕一些衣服、一支火槍，以及「對我們國家最有利的思想」啟發。[23]過了一年多，英格拉漢航行至西北海岸，在那裡又遇見了歐帕，這回他在喬治·溫哥華指揮的發現號上當船員，才剛從夏威夷過來。英格拉漢與歐帕快樂地敘舊，但有一件事情搞不定：歐帕迫不及待想離開發現號，但溫哥華船長不讓他走。英格拉漢描述該情況如下：

（歐帕）很高興見到我，並希望能跟我回希望號。我要他向溫哥華船長申請離職，如果船長願意放人，我很樂意帶他回去。由於溫哥華船長拒絕在返回夏威夷之前讓他走，他無法從發現號得到離船許可。這時，歐帕想出一個新點子，那就是在我們啟航那天，他想在港口外乘印第安獨木舟與我會合。但我實在無法同意這種做法，因為首先，我並不是非要他不可。我手下的人已經很多，其次，歐帕也說不清他想離開發現號的理由。更何況，他說發現號上每個人都對他很好，尤其是船長。[24]

為什麼溫哥華船長要把歐帕留在發現號上？為什麼歐帕希望離船？實際上，歐帕就跟前述的阿杜一樣，可能已經對英國船上的紀律及個人自由受限感到不滿。更重要的是，自從發現號離開夏威夷群島的那一刻起，他受雇於溫哥華船長的性質就改變了。溫哥華在夏威夷翻修船隻的時候，歐帕的語言技能確實「派上用場」；當時，溫哥華船長甚至把歐帕調升到翻譯辦公室工作。[25]然而，一旦發現號駛向西北海岸，歐帕的雙語能力就不再重要——換句話說，等到船返回夏威夷後，溫哥華還可再利用歐帕的語言天賦進行貿易。因此，溫哥華扣留了他，雖說並未明著將他視為發現號上的俘虜，但也不准他自由離去。

溫哥華船長也因另外兩名俘虜而產生將歐帕留下的動機，儘管後來這兩人在發現號上已不再是俘虜身分。一七九二年的西北海岸迎來了截至當時最繁忙的貿易季節，有來自五個國家、共計二十一艘船隻到訪，而溫哥華船長與當中許多船隻都有貿易往來。[26]其中，來自布里斯托（Bristol）的英國船「珍妮」號（Jenny）的交易任務與行程並無特殊之處：在來到奴特卡灣之前，它曾在夏威夷停留以補給物資，接下來準備返航英國。不過，珍妮號有一點不太尋常，那就是其船員從尼豪島綁架了兩名夏威夷年輕婦女，而此刻珍妮號船長詹姆斯・貝克（James Baker）希望在回航英國前，讓這兩名女子回夏威夷。溫哥華船長允諾乘載這兩名女子；一七九二年十月十三日，他在日誌中寫道：

> 我在船上接待了兩名年輕女子，目的是讓她們返回自己的祖國三明治群島；她們離開一艘停靠奴特卡的船……珍妮號。該船船長貝克先生非常誠懇地請求我的發現號能夠載這兩名不幸

的女孩一程，把她們送回出生和居住的島嶼——奧內霍島（Onehow）。她們似乎是從那兒被劫持的，然而這行為不僅違背她們的意願與想法，而且完全沒有告知她們的朋友、親人，或是得到同意。

根據事務員詹姆斯・貝爾（James Bell）的說法，當這兩個可憐女孩安全登上發現號，她們因為就要回家了而感到快樂、滿足，更因為船上還有一名「老鄉」同行而格外興奮——這裡說的老鄉正是歐帕。[27]溫哥華船長素來認為劫持原住民當人質沒什麼大不了的，但這一次，他似乎也高興能有機會把兩名俘虜送回她們的海島故鄉，尤其又有歐帕在船上穩當地擔任翻譯。

事實上，溫哥華船長好像完全被他船上的新客人拉海娜（Raheina）與蒂瑪蘿（Tymarow）給迷住了（據他估計，兩人年齡分別為十五歲和二十歲）。「拉海娜的身材曼妙，」他寫道，「她的五官端正、柔和，還有她天生的嬌嫩……除此之外，她的敏感、她的性情、她的溫柔與怡然自得，這一切遠遠超越了她的出生地或受過的教育所能給予。」溫哥華船長直接批評了貝克船長綁架兩個女孩的行徑（「她們被引誘到貝克先生的船上並遭到拘禁，這是不可原諒的，」他寫道），但他也反駁了有關貝克及其船員性虐待女孩的任何暗示，並聲稱「在他的保護下，她們享有最好的待遇和照顧」。[28]究竟拉海娜與蒂瑪蘿是被擄來當性奴的，還是被拘留的偷渡者？按照她們被囚禁在英國商船珍妮號上的情形來看，應該屬於前者；然而，溫哥華船長如此公開直白地對此事件提出聲明一事，又否定了這種指控。溫哥華船長對這情況特別在乎，顯示他迫切需要澄清此事：英國船長也許出於種種原因時常劫持男性人質，但英國人絕不容許誘惑並拘留原住民女孩和婦女。對於當時在美國媒體流傳的這類指控，溫哥華船長認為十分荒謬。[29]

一七九一年和一七九二年夏天，英格拉漢船長的希望號在西北海岸進行交易。他拒絕庇護歐帕逃離發現號，因為他並不缺歐帕這個人，同時他也了解，縱容逃犯意味著挑戰船上的紀律。當英格拉漢自己的廚師尼古拉斯（Nicholas），一個他「從聖雅哥斯島④帶走的黑鬼」，跳船躲藏在奴特卡灣以北的一座村落時，英格拉漢透過獎賞當地酋長的方式，逼得這名男子不得不回到船上。英格拉漢也稍微考慮過「扣留酋長」這一手段，不過擔心這種舉動會導致集體反目，最終壞了大局。但在另一個事件中，英格拉漢羈押了兩名原住民作為人質，而且顯然毫不考慮後果，那或許是因為當時他的船與當地原住民沒有交易往來。[30]就這樣，劫持人質成了解決貿易爭端和穩定船員人數的多種解決方案之一。

在前述敘事裡，一個名叫圖逖斯庫瑟頭的男人被扣留，牽扯出至少九人遭到俘虜的經歷：圖逖斯庫瑟頭的隨從、阿杜、詹姆斯・科爾內特船長、歐帕、拉海娜、蒂瑪蘿、尼古拉斯，以及被英格拉漢船長拘留在希望號上的兩名原住民。鑒於一七九二年還有另外十八艘船隻在西北海岸作業（不含哥倫比亞號、希望號、發現號和珍妮號），我們可以肯定，在當季的交易中，起碼發生了數十起人質事件。

努查努阿特人如何看待這一連串的逮捕和交換人質呢？拋開擔心自己被扣留或因而導致的

---

④ 譯注：聖雅哥斯島（Island of St. Jagos），今稱為聖地牙哥島（Sao Tiago），是位於非洲西岸外海的維德角群島（Cape Verde）中的最大島。

暴力死亡不談，他們或許認為這一系列行為屬於常態。溫哥華島西部的族群本身就對奴隸買賣和戰爭俘虜司空見慣，偶爾也進行人質交換。（實際上，圖逖斯庫瑟頭的「隨從」很可能便是從維卡尼什酋長領導的前一次交戰中抓來的。）他們經常窩藏像阿杜或尼古拉斯這樣的逃亡者，也拿婦女奴隸來和歐洲及美國人交易。在這一系列俘虜事件中，格雷、英格拉漢、貝克和溫哥華等幾名船長的行徑其實了無新意，但這些外國人無疑加劇了原本就習慣抓俘虜的原住民群體之間的緊張關係。

庫克船長的劫持人質指南

詹姆斯．庫克船長在三次太平洋航行中幹過無數次且各式各樣的劫持人質事件：他劫持島民來換回被偷走的設備、迫使逃跑的水手回到船上，他也羈押村民來搜集情報，或者純粹只為了防範可能的敵對行動而先發制人。這許多動機與原因驅策著庫克，使他打從一七六九年第一次造訪大溪地時就開始捕捉原住民。這幾乎讓我們認為，庫克似乎創造了歐洲人在太平洋上抓俘虜的行為模式，但他並非第一人。

兩百二十七年前，胡安．羅德里格．卡布里朝東北方航行數千公里，探索加利福尼亞海岸線，最遠向北抵達今日的美國奧勒岡州，一路上扣留了數不清的原住民權充人質。在巴托洛姆．費雷洛（Bartolome Ferrelo）和胡安．佩茲（Juan Paez）以第三人稱撰寫的航行記述中，他們提到卡布里約的手下於一五四二年八月二十二日「抓獲」他們第一個土生土長的加利福尼亞原住民；兩天後，他們帶了一個男孩和兩個女人上船，給了他們衣服和禮物，然後放了他們，再隔天則帶了（五名印第安人）上船；九月底，他們又帶了兩個男孩上船，而這些男孩無法理解他們的比手畫腳；十月，他們在今日的聖佩德羅灣附近，與一些從獨木舟上抓來的印第安人對話。接著又過了四個多月，他們才再次捕捉到印第安人：一五四三年三月九日，他們抓獲了四名印第安人，但原因不詳，最後又過了兩天，他們抓獲了兩名男孩，準備帶去新西班牙（New Spain）做翻譯。[31]除了最後抓來當翻譯的兩名男孩，卡布里約一行人在這些事件中的主要動機似乎都是詢問當地情報：你們的食物從哪來的？你們有黃金嗎？這附近是否剛好有一條連結大西洋與太平洋的航道？雖然有些加利福尼亞印第安人是自願登上卡布里約的座艦「聖薩爾瓦多」號（San Salvador）和「維多利亞」號（Victoria）補給船，但那些被強行帶走的人一定被吱嘎作響的船隻和一大群感染壞血病的船員給嚇壞了。聖薩爾瓦多號離開時帶走的兩個男孩想必還碰上更嚴重的恐怖遭遇。

從卡布里約的年代一直到庫克時期，俘虜事件不斷在太平洋航行中發生。[32]況且，庫克還寫下了流傳最廣的一份關於其與太平洋民族接觸的紀錄，隨後的航海者也煞有介事地將他的日誌作為進行探索與互動的旅行指南。他們在不知不覺中效仿他，包括他劫持俘虜的做法：[33]

- 一七六九年五月二日，劫持大溪地貴族普雷亞（Purea）和圖塔哈（Tutaha）為人質，要求換回兩名棄船水手。這起事件引發島民普遍驚恐，俘虜極為沮喪（但是受到很好待遇）；後來，村民報復，拘留威廉．孟克浩斯醫師（William Monkhouse）和一名下士。[34]

- 在圖蘭加努伊（Turanganui，又名「貧困灣」〔Poverty Bay〕）第一次遭遇毛利人；強行帶走獨木舟上的三名男孩，拘留他們在「奮進」號（Endeavour）上過夜。
- 一七七三年九月，在賴阿特阿島（Raiatea，隸屬於社會群島）扣留塔（Ta）和小酋長為人質，換回被盜物品。
- 一七七四年五月，在馬塔瓦伊灣，約翰．馬拉（John Marra，一名砲手的副手）因被控潛逃而遭關進鐵籠兩週。
- 一七七四年五月，在胡阿希內島，扣留兩名酋長為人質，以換取兩名被扣押在岸上的水手。
- 一七七四年五月，在東加，當地村長因偷竊鐵螺栓而被我方監禁，對方以一頭大豬為贖金。
- 一七七七年五月，在東加，塔帕（Tapa）酋長的兒子因偷竊發現號上的兩隻貓咪而被關進鐵籠。幾天後，又有兩名東加人因偷竊而被拘留，我方鞭打酋長以嚇阻今後的偷竊行為。
- 一七七七年六月，在東加，羈押酋長保拉霍（Paulaho）和菲諾（Finau）於決心號，以換回兩隻被偷走的公火雞。
- 一七七七年十月，在莫奧里亞島，將大溪地男子關進鐵籠，要求歸還失蹤的山羊。
- 一七七七年十一月，在賴阿特阿島，至少有三名水手棄船逃走。約翰．哈里遜（John

Harrison）為擅離職守挨了二十四鞭，我方劫持奧里歐（Orio）酋長和其懷孕的女兒波圖阿（Poetua）為人質，導致村中婦女在岸上「嚎叫」，並用鯊魚牙齒自殘身體。

- 一七七九年二月十一日，在夏威夷開亞拉克庫亞灣，庫克船長想抓住拉尼歐普烏酋長（Kalani’Opu’u）為人質，以換回發現號的附屬小艇。庫克在行動中被殺。

這些事例只不過是庫克三次太平洋航行期間發生的人質事件的若干抽樣，卻明確地展現了庫克大致上是如何將劫持人質當成一種手段或懲罰——前提是當他想要對方歸還被偷走的物品或跳船者。至於他們之所以從獨木舟上強行拉下三名毛利男孩，則大概是想要打探有關周遭環境的情報。無論情況如何，保持「優勢」以面對原住民始終是庫克船長的首要考量。正如在庫克船長死前，詹姆斯·金恩中尉於日記中所指出的那樣，他說：「每當印第安人讓庫克不得不動用武力，他總顯得懊惱，但他也認為千萬不能讓他們……覺得自己比我們更具優勢。」[35]

遇到庫克及其船員的沿岸島民和內陸原住民立即意識到一項事實，這也幾乎注定了衝突的不可避免——那就是，這群怪人想要的，正是原住民手裡的東西。有一段生動插曲揭示了這一點。一七六九年，庫克釋放了在圖蘭加努伊灣逮捕的三名毛利男孩之後，指揮奮進號轉往北方，不久便進入惠蒂安加港（Whitianga，位於今紐西蘭北島）。當時，一個名叫霍雷塔·特塔尼瓦（Horeta Te Taniwha）的小男孩看著船到來。他的敘述讓我們得以罕見地從原住民的視角來看西方人與原住民的初次接觸。特塔尼瓦在事件發生的幾十年過後回憶道：

我們住在惠蒂安加，而船就這麼開來了。當時，我們的老人看到這艘船，說那是一位阿圖亞（atua），一位神，而船上的人則是圖普亞（tupua）或稱「妖精」……當這些妖精上岸，我們（孩子和女人們）發現他們，但我們躲進了森林裡，只留下戰士們站在那些妖精面前。不過，妖精們在那兒待了一段時間，沒有對我們的勇士做任何壞事，於是我們一個接一個地回來，盯著他們瞧。36

特塔尼瓦記錄了自己的族人在這些怪人逗留十二天期間的反應，他看得懂他們的行為，雖然有時神秘，但表現出來的卻是人類行為而非神怪。譬如，這些異鄉人想要屬於特塔尼瓦部落的東西，像是牡蠣、魚、根莖、草、石塊、木材和淡水。庫克的人馬通常不經允許就直接拿走這些東西。另外有些時候，他們則是請求原住民提供必需物資，特別是關於周遭環境的資訊。

有一次，特塔尼瓦跟一群村民一起參觀奮進號，庫克船長（那位說話時發出「嘶嘶聲」的「最高統領」）發表演說，但他們一句也聽不懂。特塔尼瓦表示：

（接著他）取來一截木炭，在船的甲板上做了標記，然後指指岸邊，看著我們的戰士。我們的一位老人對大家說：「他想知道這片土地的輪廓。」於是，這位老人站起來，拿起木炭，畫出伊卡毛伊島（Ika-a-mani，紐西蘭北島）的輪廓。37

當庫克環繞紐西蘭航行，這些資訊對他來說可是無價之寶，而「戰士們」可以選擇給或不給他需要的情報。這一回，他們給了庫克所尋求的資訊。但並非所有村民都如此慷慨，然後衝突就會發生，而且往往訴諸劫持人質。

庫克利用劫持人質這招通常都無往不利，無論是要討回被偷走的物品、潛逃者，還是被扣押的水手。但這種做法最必須注意之處，是庫克給後來的探險家和商船船長所帶來的影響。喬治・溫哥華和另一位英國探險家拿桑尼爾・波特洛克（Nathaniel Portlock）都參與過庫克的最後一次航行，在許許多多人質行動中耳濡目染，進而使得他們在往後的歲月裡率隊探險時，便以庫克為榜樣如法炮製。許多歐美航海探險家，諸如西班牙的阿雷罕卓・馬拉斯匹納（Alejandro Malaspina）、法國的尚—弗朗索瓦・德・蓋拉普・德・拉佩魯茲、俄羅斯的瓦西里・戈洛夫寧（Vasily Golovnin）和美國的查爾斯・威爾克斯等人（他們都指揮過國家的重要航海遠征），全都欽佩庫克，尊其為航海家的啟蒙導師，日夜拜讀他的航海日誌，各自在不同程度上運用他的方法，以便在遇到原住民族群時掌握優勢。我在這裡要說的，除了英雄崇拜和庫克對往後航海者的巨大影響之外，還牽涉到庫克的航海日誌所留下的歷史造業，以及來自不同國家的後繼者在與原住民交流不順利時，如何從他的文章裡尋求應對之策。

前述提到，特塔尼瓦曾回憶，關於庫克的演說，他們一句也聽不懂。[38] 庫克並不否認別人對於他與原住民溝通的評論，就如他向著名的傳記作家詹姆斯・博斯韋爾（James Boswell）所說的那樣：「他（和船員們）在造訪南海島嶼時，無法確定他們到底問出了什麼情報，或以為他們取得了什麼資訊……（因為）他們對當地語言毫無概念，只能憑藉直覺，而從前學到的任何關於宗教、政府或傳統的知識在那裡可能完全不適用。」[39] 當口頭交流失敗，暴力衝突往往一觸即發。

西北海岸與被俘虜的約翰．朱厄特，一八〇三至〇五年

在一七八〇至一八一〇年代，西北海岸的毛皮貿易還算有利可圖。然而，毛皮交易的成功與否，完全取決於當地原住民。在某些海岸，如奴特卡灣和格里夸灣等地，海獺種群經過僅僅十年的密集獵捕，便已瀕臨滅絕。於是，當地部分原住民部落面臨了貿易赤字和社會混亂。[40]正是在這種時局下，一位名叫約翰．朱厄特（John Jewitt，一七八三至一八二一年）的年輕英國人有一天突然成了馬奎納酋長的奴隸——不過，比起船上其他人，他倒算是個幸運兒。[41]

朱厄特的船波士頓號從波士頓行駛至英格蘭，接著繞過南美洲最南端的合恩角（Cape Horn），在經過六個月的航行之後，最終抵達溫哥華島，於一八〇三年三月十二日停泊在友好灣（Friendly Cove，庫克船長在一七七八年命名）北部。朱厄特時年十九歲，原本在林肯郡當鐵匠，後來在英格蘭上船加入船員行列，擔任軍械士。漫漫航程對他來說簡直就是一碟小菜；他也憶及抵達溫哥華島時，船員們狀況良好。「大家都很健康。」他說，但隨後又提到，對於即將在十天後發生的悲劇，這可能是種黑色幽默。莫瓦切特族（Mowachaht）酋長馬奎納和波士頓號船長約翰．索爾特（John Salter）互致問候，交換消息和禮物；其中比較值得注意的是，索爾特於三月十五日送給馬奎納的雙管火槍。四天後，馬奎納帶著九對鴨子回來給船長，同時又指責索爾特送給他一支壞掉的火槍。朱厄特說：「索爾特非常非常生氣，說酋長騙人，

接過火槍扔進艙房，喊我來問能不能修好它，我跟他說修得好。」[42] 三月二十二日，馬奎納帶著一大批村民來到波士頓號。他告訴索爾特，友好灣裡游來了大量鮭魚，於是船長很快就派出十人前去執行捕魚遠征。這時，甲板上還剩下十五名船員（朱厄特與製帆師約翰．湯普森〔John Thompson〕正在甲板下方工作），沒想到馬奎納卻帶人展開攻擊。朱厄特試圖從底艙爬上來，但一切徒勞，他頭上挨了一斧頭，從梯子上摔了下去。馬奎納鎖住艙門，把朱厄特關在下面。過了四個小時，馬奎納叫朱厄特從底艙爬上來，讓他欣賞一幕駭人景象：後甲板上整齊擺放著一列二十五個人頭。朱厄特寫道，馬奎納打算饒他（還有製帆師湯普森）一命，不過他必須當他的奴隸，替他工作……而他當然沒有別的選擇。[43] 於是，朱厄特和湯普森為期兩年的俘虜生涯就此展開。

朱厄特在兩人被囚禁期間的紀錄（他隨身攜帶著日記）中，除了寫下日常生活的細節，也針對重大事件鉅細靡遺地整理出結論。由於朱厄特擁有鐵匠技能，馬奎納立刻將他納為奴隸；不過在接下來幾個月裡，他們的主奴關係發生了奇怪變化。朱厄特的大部分時間都花在學習和參與部落生活中的某些活動，譬如採集食物、與鄰近族群進行交易、製作工具和武器，並在尋找維持生計的主食之外尋求鯨脂與鯨油（又被稱為 train oil，來自荷蘭文 *traan*，有眼淚與水珠之意）。然而，朱厄特的精神狀態則在絕望（「我現已逐漸放棄再見到基督教國家的任何希望」）和滿足（「我們上個星期過得很好」）之間反覆搖擺，而且通常會在同一天內發生。[44] 他娶了一個妻子，或許是馬奎納給他「買了」一個妻子，也可能是他「綁架」了一個年輕新娘——故事細節眾說紛紜、莫衷一是。女子名叫尤—絲妥且—歐谷婀（Eu-stochee-exqua），

圖 3.1　約翰·朱厄特和約翰·湯普森在莫瓦切特酋長馬奎納所率領、對波士頓號商船的密謀襲擊中逃過一劫，其餘二十五名船員及軍官則未能倖存。朱厄特與湯普森當了馬奎納兩年的俘虜。（此圖由杭廷頓圖書館提供。）

是阿浩薩特族（Ahousaht）酋長厄普克斯塔（Upquesta）的女兒。這段婚姻可能短暫改善了朱厄特的處境，他說：「自從我結婚以來，我們（朱厄特和湯普森）的生活好多了，因為我妻子的父親總是不斷在捕魚。我交給讀者來評判我被迫娶印第安人為妻的感受。」[45]然而六個月後，兩人離婚。[46]除了結婚，在朱厄特身上還有一樁更奇異的事件：他可能參與了對艾沙特村（Ayshart）的血腥襲擊，而且還抓了四名俘虜給自己當奴隸。我們在他的日記裡找不到這件事情的證據，不過一八一五年出版的《約翰·朱厄特的冒險與苦難》（*A Narrative of the Adventures and Sufferings of John R. Jewitt*，由一名康乃狄克州記者代寫）確實把朱厄特搬進了激烈的戰鬥場景之中。[47]所以說，身為俘虜的朱厄特還是有可能曾經抓過自己的俘虜。

朱厄特在遭俘虜的兩年期間也謀劃著如何脫逃。來訪的酋長們經常開價，想把朱厄特買回去當鐵匠，但馬奎納始終拒絕出售這名最寶貴的俘虜。有時，朱厄特會偷偷寫信請這些酋長帶走，期望信件最終能被送上任何一條商船。一八〇四年八月二十二日，朱厄特把兩封信交給來訪的馬卡族（Makah）酋長，即一個名叫「馬凱」（Makye）的酋長，並盼望信件會落入「基督徒」手中。朱厄特稱這位重要的馬卡族酋長（後來也在塔拉卡諾夫的俘虜生涯中扮演重要角色）為「馬奇·烏拉堤亞」（Machee Ulatilla），並提到他的「膚色幾乎和歐洲人一樣白皙」以及他能用英語進行友好交談。[48]差不多一年之後，來自波士頓的「麗迪雅」號（Lydia）航行至友好灣，很可能是被朱厄特信中告知的有俘虜被馬奎納囚禁於此的消息所驚動。朱厄特顯然沒費多大工夫，就把馬奎納騙上了船，船長薩繆爾·希爾（Samuel Hill）隨即扣留馬奎納為人質，直到兩名白人上船。朱厄特和湯普森上船後不久，希爾船長便釋放了馬奎納，從而結束了他們兩年多的俘虜生涯。[49]

這段簡短的敘述，讓人不禁想知道當時奴特卡灣的情況，以及事件升級為暴力衝突的過程。為什麼馬奎納和他的莫瓦切特村民會在一八〇三年襲擊波士頓號？為什麼馬奎納沒殺死朱厄特和湯普森，而是俘虜他們？這場俘虜橋段如何說明太平洋其他地區類似的暴力場景？在一七八五至九五年，奴特卡灣海獺貿易的全盛時期，馬奎納的勢力達到鼎峰，但到了一八〇三年，他的實力已經大不如前。[50]馬奎納轉而劫掠北方和東方的部落，同時間又與這些部落進行交易；他始終希望取得新的毛皮貨源，以便與為數不多、仍然持續造訪奴特卡灣的船隻交易。然而，相較於物質財富，他更在乎的是自己在族群中的社會聲望。[51]他能利用軍械士朱厄特（以及或多或少利用製帆師湯普森）來實現目標；換句話說，軍械工匠可製造鐵器來販賣，也可製造用於戰爭的武器，這都有助於支撐馬奎納日漸衰弱的勢力。但其實，在更深層次上，馬奎納的部落面臨的是攸關存亡的生態危機。溫哥華島西部海岸的原住民過度捕殺海獺，幾乎已使這種珍貴商品滅絕，而馬奎納對海上貿易的過度關注，也嚴重破壞了他的部落的傳統生存模式。朱厄特在日記裡反覆提到他們絕望地尋找食物；他和湯普森有一頓沒一頓地挨餓，同時馬奎納自己也承受巨大壓力。「昨天晚上，」朱厄特在一八〇四年四月十一日寫道，「我們的酋長跟我說，他擔心自己性命不保，因為已經抓不到魚了——他說，他自己的族人要殺他。」[52]

這些在物質與生態層面的解釋，說明了馬奎納攻擊波士頓號的當時背景，但仍無法具體說明為何發生朱厄特在一八〇三年三月二十二日於後甲板上看見的駭人景象。就像在其他演變成暴力的會面中，語言和溝通無疑是關鍵因素。馬奎納很可能在把壞掉的雙管火槍退還給索爾特船長的幾天前，便已決定攻擊這艘船了。「這槍是peshak（壞的）。」馬奎納這麼告訴索爾特。朱厄特則寫道：「索爾特船長對這種回報非常生氣。」此外，船長還當著對方眾多小頭目的面，公然侮辱馬奎納，無所顧忌地展現權力。[53]索爾特犯的錯是，他沒有認清馬奎納其實聽得懂一點英語（而他最終也以自己頭顱為此付出代價）。自一七七八年遇見庫克以來，馬奎納就一直和講英語的商人打交道，因此他對英語的掌握肯定比他向索爾特船長承認的要多得多，而這顯然是種交易策略。[54]不過在當時，不僅馬奎納聽懂索爾特的侮辱，就連隨行小頭目也都聽懂了。在馬奎納的領導統御面臨嚴重危機之際，這些侮辱直接威脅到他的個人聲望，這下子，他為了挽回面子只好鋌而走險。然而，兩年後，當馬奎納帶著朱厄特手寫的介紹信登上麗迪雅號，語言和溝通引起的災禍反過頭來降臨在他自己身上。儘管馬奎納的英語程度令人驚豔，但他並不識字，因此這回在溝通上吃了大虧，暫時成了人質，不得不釋放他最寶貴的俘虜約翰·朱厄特。

簡言之，物質、生態，以及人與人之間的緊張關係，左右了奴特卡灣地區事件的發展，而這也連帶影響到東太平洋及其之外更大的區域。在馬奎納屠殺波士頓號船員並俘虜朱厄特的同一年，俄美公司總經理與波士頓商人約瑟夫·奧肯（Joseph O’Cain，奧肯號船長）達成了一項交易，準備一路向南遠航至下加利福尼亞海岸獵捕海獺。[55]遷徙的原住民獵人和當地部落將在這些毛皮貿易的擴張中扮演關鍵角色，我們會在下一章談到。朱厄特的被俘，明確揭示了許多更重大事件的意義：某些地區海獺數量的枯竭，讓貿易的緊張局勢進一步擦槍走火，而如今這項貿易又將俄羅斯和美國的利益牽扯到中國市場。一八〇三年，奧肯號載有兩名俄國狩獵領隊，其中一人名叫蒂莫菲·塔拉卡諾夫。

西北海岸與聖尼古拉號的生還者，一八〇八至一〇年

一八〇八年，塔拉卡諾夫乘坐的聖尼古拉號遇難後漂上海灘，正好位於馬奎納的「友好灣」以南一百六十公里處。塔拉卡諾夫、布里金船長、他的妻子安娜·彼得羅夫娜和其他人散落在岸上，他們在那遇到了霍族印第安人。在這裡，溝通與交流再一次地陷入僵局，塔拉卡諾夫後來回憶道：「由於我們彼此不太了解對方，我們的對話一直沒有進展。」[56]雙方都不了解對方，而手中都拿著致命武器，於是和平的結局遙不可及。關於由此產生的暴力與多人被俘，有兩種說法流傳下來，其一是塔拉卡諾夫所撰寫，另一則是由奎魯特族的一名叫做班·荷布克特（Ben Hobucket）的老人口述的。

一八〇八年十一月一日那天，班·荷布克特本人並未出現在那處海灘附近；事實上，還要再過三十年他才出生。不過，他的祖父肯定認識那些當年在海灘上與遇難的俄羅斯人及阿留申人對峙的村民。荷布克特吟誦著他父母和祖父母傳下來的歷史：

> 很久很久以前，一艘架著大砲的船在一場可怕風暴中在這兒的近海遇難。然後呢，儘管印第安人以前從沒見過船隻或白人，卻仍想抓住這些人……印第安人把這些人叫作 *ho'kwat*（流浪者），他們就用這名字稱呼白人直到今天。[57]

荷布克特對這些事件的敘述包含了驚人的細節，絕大部分與塔拉卡諾夫的敘述相吻合。荷

布克特述說這些異鄉人走到了奎魯特大村以南四十公里處的奎特茲河（Queets River）。到那之後，一些霍族村民提出要用渡船幫異鄉人渡河。但是霍族人「居心不良」，趁機襲擊這些人，並在過程中俘虜了幾人。「異鄉人沒機會休息。」荷布克特誠實地說道，因為他們一邊遭到霍族人攻擊，另一邊則被奎魯特人（「我們的人，」荷布克特說）侵擾。[58]

荷布克特接著說，又過了一陣子（荷布克特對時間順序的描述並非線性，因此有點錯亂），異鄉人搭了團椿來保護自己，但很快就被饑餓所征服。塔拉卡諾夫的人用原木造了一條簡陋的船，其中一些人試圖順著河流出海，卻遭遇無情的大海。在海灘上，他們也無法喘息，因為那裡充滿了「野蠻人」（荷布克特在此指的是霍族人，而不是自身所屬的奎魯特人）。荷布克特詳細描述海浪如何衝撞小船，幾個人因此下落不明，剩下的人則忙亂地掙扎上岸。許多異鄉人被「瘋狂的霍族」俘虜，少數逃了出來，跌跌撞撞地躲進樹林。講到這裡時，荷布克特對時間的敘述變得模糊不清，而他的族人長達幾個星期、幾個月，甚至一年都沒見到異鄉人蹤影。他繼續說道：

> 最後，他們（這群異鄉人）看見從奎魯特人壁爐煙囪裡冒出來的星火——饑餓戰勝了恐懼，他們向我們族人投降……男人成了奴隸，女人則被送給一個小酋長當妻子，他們被迫為族人做苦工。但是隨著歲月流逝，他們享有的自由越來越多。[59]

終於，有天早晨，俘虜們不見了。他們成功地逃走了。

班・荷布克特的敘事讀起來如夢似幻：時間軸的發展斷斷續續，而許多問題的癥結（至少在塔拉卡諾夫的敘事版本中顯得重要）卻如同煙霧般消失。有些元素只有在敘事的張力而非事實基礎上才有意義，比如荷布克特所稱「印第安人以前從沒見過船隻或白人」。然而，他的敘述卻是對某個古早事件的一種驚人的本土敘事，因為總的來說，他優先考慮了奎魯特人的意念與當地歷史，而不是塔拉卡諾夫或歐洲敘事者所構築的意義。

舉例來說，海難、俄羅斯人和阿留申人的死亡、俘虜被當作奴隸，以及俘虜最終的逃亡，對荷布克特來說意義並不大。更具意義的，是這些事件究竟如何影響當地的政治與人際關係。荷布克特的奎魯特部落與鄰近的霍族部落之間的恩恩怨怨已非一朝一夕，這一點從他的敘事中可明顯看出。奎魯特族和霍族也經常與北方緊鄰的馬卡族村民發生衝突。這三個族群都在防衛對方侵犯自己的領土。奎魯特人和霍族人都想俘虜這些擁有槍支、新奇技能，而且體格良好、可用來「替部落做苦工」的異鄉人。值得注意的是，被荷布克特妖魔化的並非異鄉人，而是他的敵人霍族：他認為，霍族「居心不良」，因為他們試圖抓住異鄉人時，表現得「野蠻」而「瘋狂」（他把外國人稱為「流浪者」，是將之當成嘲諷的對象，這與太平洋地區其他原住民族群使用的詞語有著異曲同工之妙）。[60]相較之下，荷布克特認為，他的部落最終為饑餓的倖存者提供了避難所：他們被奎魯特人壁爐煙囪冒出的星火所吸引，並向族人投降。[61]於是，他們成了俘虜和奴隸，但這個結果卻又好像跟荷布克特所說的歷史故事扯不上絲毫關係。聖尼古拉號遇難擱淺在村落附近的海灘上，村落裡的人本身就存在既有矛盾與世代情仇（換句話說就是有著自己的歷史），而海難上倖存的俄羅斯人和阿留申人就這樣冒冒失失地闖進了這段當地歷史中。

對於這些事件，蒂莫菲．塔拉卡諾夫也寫下了自己的敘事。但有別於荷布克特，塔拉卡諾夫的故事（曾被俄羅斯海軍艦長瓦西里．戈洛夫寧改寫）一度廣為發表。它的俄語版本分別在一八二二年、一八五三年、一八七四年、一八八四年和一九四九年發行；德語版在一八二二年發行；英語譯本則在一八二六年、一八五三年、一九七三年和二〇〇〇年出版。這本書的發行量如此之大並不令人驚訝；就跟比它早個幾年的約翰．朱厄特手稿一樣，塔拉卡諾夫的故事在許多讀者心中激起了驚濤駭浪般的想像、性幻想，以及對種族主義過往的驚駭。[62]

塔拉卡諾夫的故事開門見山地揭示了一場在美國荒野（也算是俄羅斯帝國遠東邊陲）與野蠻人殊死對抗的冒險。塔拉卡諾夫回憶在海灘上與克婁芝（Koliuzhi）⑤發生零星戰鬥後，便轉向內陸逃竄，直到前路被奎特茲河阻斷。在那裡，他們又遭遇另一群印第安人並發生衝突，導致兩名阿留申人和兩名俄羅斯人（包括船長妻子安娜．彼得羅夫娜．布里金）被俘。剩下的船員逃進更深的內陸區，他們在漫漫嚴冬中覓食，和不同的印第安群體交易，遇見過各色各樣被俘的原住民，有機會時也劫掠印第安人的營地。塔拉卡諾夫很少去分辨不同原住民群體之間的區別，因此顯然沒有留意到奎魯特族與霍族村落之間的仇恨。他所寫下的故事，是一場對抗印第安人的生存之戰：「土著把我們逼到人類苦難的絕境。因此，我們絕對有權使用武力奪回我們生存所需的一切，而且有權對他們展開復仇。」[63]

⑤ 譯注：克婁芝屬於阿拉斯加特林吉特族原住民，但被故事主角用來稱呼印第安人。

隔年春天，這群俄羅斯人獲悉，有個馬卡村落目前囚禁著一批被俘的同伴，裡面包括安娜．彼得羅夫娜．布里金，於是他們抓了一名馬卡人質用於交換俘虜。但結果卻讓布里金船長又驚又怒，而且痛苦，因為他那被俘的妻子安娜．彼得羅夫娜竟然拒絕離開她的劫持者，而且還說「對自己的處境很滿意」。[64]這時，塔拉卡諾夫決定不再抵抗；他和另外四人向安娜．彼得羅夫娜的劫持者投降，並受到善待，但其他俄羅斯人卻很快被另一個部落的人俘虜。經過了一年的俘虜生活，塔拉卡諾夫的主人與一名美國船長進行交易（來自波士頓的麗迪雅號船長湯瑪士．布朗〔Thomas Brown〕），然後把手上所有的俘虜都賣給對方。他們當中有十三人返回夕卡。布里金船長和安娜．彼得羅夫娜雖然重新團聚，但兩人不久便過世了。

不管是塔拉卡諾夫、還是荷布克特所描述的一系列事件中，只有部分情節合乎常理。最啟人疑竇之處，出自故事中三個主要人物令人費解的行為與身分，他們無疑影響了所有事件的發展，以及隨之產生的不尋常意義。

首先是安娜．彼得羅夫娜。根據塔拉卡諾夫的說法，她決定留在印第安人那裡，不願意被換回去。安娜．彼得羅夫娜的舉動讓她的俄羅斯同胞全都傻了眼，而且感到震驚——「這宛如晴天霹靂，」塔拉卡諾夫寫道，「對於她的回答與意圖，我真不知道該對熱愛妻子的布里金船長說些什麼。」[65]畢竟，眼前有個俄羅斯女人（這可是如假包換的船長之妻！）有意跨越區隔歐洲人和原住民、文明人和野蠻人的文化及種族藩籬——甚至決定與後者休戚與共。她選擇「入境隨俗」、要待在劫持者的家庭裡；據悉，這個劫持者名叫尤特拉馬基（Yutramaki）。[66]然而，她選擇留在印第安部落的決定，只有在我們修正她身為一名「歐洲白人女性」這一社會身分之後（就像塔拉卡諾夫所做的那樣），才得以自圓其說。按照紀錄，安娜．彼得羅夫娜的唯一留存資料顯示，她可能是住在夕卡的克里奧人（Creole）⑥，這意味著她母親大概是阿留申人或科迪亞克人。[67]克里奧人的身分並不能完全說明她為何選擇留在馬卡部落，但在很大程度上解釋了她為何身處夕卡（很少有俄羅斯婦女去過這地方）、她對馬卡部落生活的適應力，以及她何以願意臣服於尤特拉馬基。所以，儘管塔拉卡諾夫確立了她的俄羅斯白人女性身分，但她的行為則表現出更加嫻熟與靈活的社會性格。

第二個要討論的人物是尤特拉馬基。因為有安娜．彼得羅夫娜的大力勸說，塔拉卡諾夫和其他四人才向尤特拉馬基投降，而尤特拉馬基是在一年前從霍族手裡買下彼得羅夫娜。於是，他們都成了尤特拉馬基的奴隸、俘虜、家屬或家族成員——看你怎麼想——但最重要的是，尤特拉馬基不到一年便將他們又賣給麗迪雅號的布朗船長，使他們因此重獲自由。在這些事件中（或許還包括約翰．朱厄特重獲自由一事）扮演如此重要角色的馬卡族人究竟何許人也？塔拉卡諾夫稱他為尤特拉馬基，這似乎結合了他的真名「馬奇．烏拉堤亞」或「烏堤亞」，以及疑似其父親的約翰．麥凱（John McKay）的名字——麥凱是庫克船長於一七八六年留在當地的一名愛爾蘭醫生。[68]對於尤特拉馬基的混血身分（就像安娜．彼得羅夫娜），他的馬卡部落似乎並不在乎，因為他們尊崇他的母系血脈。記得朱厄特曾描述，他那位馬卡族酋長能說「還算不錯的英語」，而且比他所見過的任何「野蠻人」都來得「文明」。[69]儘管我們對他所知不多，

⑥ 譯注：克里奧泛指歐洲白人在殖民地與當地人生下的混血兒。

但他的行為顯示，他很珍惜自己作為其族人、鄰近印第安群體，以及外來白人之間的文化橋樑。出售俄羅斯俘虜的交易，他當然有利可圖——最後，布朗船長為「每一個」俘虜支付了：五條帶花紋的毯子、五沙贊（sazhen）⑦的羊毛布、一把鎖匠用銼刀、兩把鋼刀、一面鏡子、五包火藥，以及同等數量的小口徑子彈。[70]不過，儘管尤特拉馬基從出售人質中獲利，這一事實也不否定他同時懷抱惻隱之心的可能——他極有可能是把這些人質當作在異國他鄉迷失的流浪者，並想要幫助他們。

第三個令人玩味的人物是塔拉卡諾夫，他在敘事中對一件私事避而不提。塔拉卡諾夫是個農奴。他出生於俄羅斯庫爾斯克（Kursk）的農奴階層，在為俄美公司工作的整個職涯中，他的身分始終是農奴。[71]也就是說，塔拉卡諾夫必須從兩個層面上爭取自由：其一是從出生時的身分，其二是從數十年後俘虜他的印第安人手裡。對於這位不簡單的俄羅斯人來說，自由與非自由之間的社會界線一定相當晦澀難辨。有人可能會說，他在西北海岸的兩年漂泊與俘虜歲月，或許是他迄今享受過的最大自由——再怎麼說，事實證明在布里金船長無力面對挑戰時，是塔拉卡諾夫一肩扛起了帶領聖尼古拉號生還者的重擔。除此之外，也正是塔拉卡諾夫從安娜·彼得羅夫娜口中正確判斷尤特拉馬基是個公正的主人，可以信賴，而且也是幫助他們重獲自由的最佳人選。所以，塔拉卡諾夫後來才得以從被俘中全身而退，並且回到俄美公司工作。七年後，他終於在一個最特別的地方——夏威夷群島，獲得正式任命，並在俄美公司注定以失敗告終的殖民嘗試期間，駐點於夏威夷。[72]一八一七年，塔拉卡諾夫回到夕卡，與一名科尼亞族（Koniag）⑧女子結婚。在公司高層換人後，塔拉卡諾夫失寵；最後，他和家人於一八三〇年代初期轉往俄羅斯定居。[73]

塔拉卡諾夫的生命故事，就跟許多移居東太平洋地區的人一樣，被織入在這麼一個龐雜錯綜的世界裡。諸如「歐洲」與「原生」這樣的文化二元論，只能模糊地解釋影響著所有參與者的複雜政治與談判。就連班．荷布克特也沒有真正認識那些一八〇八年漂流到他故鄉海岸上的人及其複雜的社會身分。他反而如此說道：「印第安人把這些人叫作 *ho'kwat*（流浪者），他們就用這名字稱呼白人直到今天。」[74] 流浪者——這個詞描述著一群漂泊的人，以及存在巨大文化隔閡的民族。在荷布克特的敘事中，奎魯特人看到一艘俄羅斯船被沖上岸，生還者絕望地在鄉間流浪，尋找食物與庇護所。但是，除了他們的絕望困境，這些人跟以往三不五時來到奎魯特海岸尋找交易機會的團體並沒什麼不同。他們通常膚色淺（膚色較深的船員不會參與正式交易），並用誇張的行頭遮住身體。他們的船上幾乎沒有女人，但他們經常與岸上的女人發生性接觸。年復一年，他們尋找機會交易毛皮和生皮，但他們對於物質以外的交流毫無興趣。他們來了又走，而那些之後又來的人只不過繼續進行著前一批人的徒勞。奎魯特人清楚這些人為什麼來到他們的海岸；他們曉得營利動機、積累商品的動力，甚至還可能略知大洋彼岸的市場。但這些外國人，這些「流浪者」，似乎活在沒有社群部落的世界，而且也沒有賦予生命意義的文化習俗。他們無根無基，汲汲於追求商業目標，既可悲又令人心煩——他們就像是沒有

⑦ 譯注：沙贊為俄羅斯長度單位，大約相當於五十六公尺。

⑧ 譯注：科尼亞族為阿拉斯加地區十三支主要原住民族之一。

靈魂的行屍走肉。[75]

女奴與皮條客

到目前為止，在所有人質或俘虜的故事中，男性占了絕大比例。造成這種性別不平衡的原因有很多。除了船長偶爾帶著同行的妻子（譬如南極號的艾比·莫雷爾、聖尼古拉號上的安娜·彼得羅夫娜，或是老虎號捕鯨船上的瑪麗·布魯斯特）、船員的原住民伴侶（譬如萊利亞伯德號上木匠副手的「妻子」——名叫哈麗葉（Harriet）的「大溪地女孩」〔Otaheite girl〕），或是珍妮號上的俘虜拉海娜與蒂瑪蘿之外，歐洲和美國的船隻上幾乎沒有女人。由於船上載有女人的情況少之又少（除非因某種原因遭到羈押在船），歐洲婦女一般不太可能被原住民群體俘虜。倒是原住民婦女經常被歐洲及美國航海者俘虜，像是前文提到的，俄羅斯專業獵人挾持阿留申婦女及孩童，以迫使該族男人獵取海獺皮。不過，俘虜性別比的明顯失衡，讓西北海岸及整個太平洋地區接觸史中的一個特定群體遭到忽略：被迫與外國人發生性關係的原住民婦女。如前一章所述，這裡談到的性行為，範圍涵蓋了合意通姦、賣淫，乃至強姦。[76]

北美洲西北海岸最常見的性侵犯形式，與被奴役的原住民婦女息息相關。這些婦女通常是原住民群體從戰爭中擄來的俘虜，被視為非自由人（或奴隸），這在西北海岸十分常見。即便在開始與西方外來者接觸的十八世紀之前，女性奴隸就已構成原住民交易網絡中一個重要且不斷增長的部分。然而，海上貿易改變了女性奴隸的主要功能和估價方式，她們的新定義是「妓女」。[77]一七七八年，庫克船長的船造訪西北海岸，大大啟發了原住民奴隸主，讓他們曉得女性俘虜的價值。那年春天，在奴特卡灣，發現號的外科醫生大衛．山威爾寫道：「到目前為止，我們還沒看到過他們的年輕姑娘，儘管我們經常告訴當地男人，倘若有他們的姑娘陪伴，對我們來說會是多麼愉快，而對他們自己來說又是多麼有利可圖。因此，大約就在這時候，他們帶了兩、三個女孩上船。」山威爾接著說道：「為了換取一個精心打理過的白鑞盤子，帶女人上船的的父親或其他親戚說服她們在船上睡覺，或是強迫她們就範。」[78]但是，山威爾要麼就誤解了，要麼就混淆了這些女孩與那些利用她們的身體做交易的男人之間的關係。船醫的二等助手威廉．艾理斯觀察得更到位，他說：「被帶上船的女人……並不屬於這些男人自己的部落，而是來自他們在戰鬥中征服的其他部落。」艾理斯形容這些女人像「啞巴」，「神情萎靡」且「完全屈從於」那些帶她們上船的男人。[79]她們顯然是女奴，而上了船之後，她們的俘虜經歷又再記上一筆——被外國水手強姦。

庫克航行過後十多年，在西北海岸更北邊的地方，阿雷罕卓．馬拉斯匹納在記錄馬爾格雷夫港（Mulgrave）的雅庫塔—特林吉特族提供女奴時，陷入沉思並感到困惑。一七九年六月二十七日，在剛剛抵達還不到一天，馬拉斯匹納就寫道：「從一天前開始，他們就多次向我們示意，表示允許我們停泊港口時使用這些婦女。儘管他們把意思表達的相當清楚，但考慮到歐洲船隻不常來到這些地方，而且這個提議本身十分古怪，看來一切仍然有待商榷，以免錯誤地解讀。」[80]馬拉斯匹納這句「有待商榷」為他在正式日誌中談到賣淫及奴役的道德問題時，提供便利的託辭。儘管馬拉斯匹納從未造訪過西北海岸，但他從西班牙的紀錄及他對庫克日誌的透徹研讀中了解到歐洲人濫用女奴的情形。所以在此議題上，他沒法假裝天真。

鑒於其日誌的官方色彩，馬拉斯匹納想要表現出自己的公正超然，以及其有權管控性接觸的身分。他希望「別讓西班牙與特林吉特族的友誼蒙上陰影」，故而禁止「低階」船員與「茅屋裡的婦女和兒童」有任何接觸。接下來，馬拉斯匹納想確定這些被送上門來的婦女是否「真的可供享用」。他寫道：

於是，兩個年輕原住民來為我帶路，兩人神秘兮兮，喃喃說著我們已能聽懂的「Jhout」（女人）一詞。我走近茅屋旁的樹叢邊，所有疑慮頓時化解。確實，樹下有四、五個半披著海豹皮的裸身女人，她們簡直就好像任憑全部落的人宰割，而整個部落二話不說地就要她們賣淫。就算道德和榜樣都無法讓人打消念頭，人們肯定也會被她們的醜陋外表和覆蓋全身的大量油脂與汙垢給嚇跑——她們散發出一股難以形容的惡臭。

儘管馬拉斯匹納在結論中說這些婦女「簡直就好像任憑全部落的人宰割」，但奇怪的是，他的日誌裡並未明確提及她們的奴隸身分。[81]（他倒是在另一份報告〈發現號和無畏號戰艦環球航行科學政治紀要〉〔*Viaje politico Scientifico alrededor del mundo por las Corbetas Descubierta y Atrevida*〕中，明確說出她們是奴隸〔esclavas〕）。[82]他堅稱，他的水手們都沒有與這些女奴發生性關係，儘管部落「再三邀請」他們享用。[83]

這篇記述令人驚訝之處，並不在於性行為是否真的發生。最引人深思的，莫過於它所記述的時間點：西班牙探險隊才剛與雅庫塔—特林吉特族人進行了接觸不到一天，馬拉斯匹納就有辦法記錄有關劫持人質和俘虜的詳細始末。前一天，在馬爾格雷夫港，三艘獨木舟駛近無畏號戰艦，馬拉斯匹納見到一名老人向自己族人和外國人同時發出「命令與警告」。「起初，（我們）雙方都用很容易造成誤解的社交手勢來溝通，」馬拉斯匹納寫道，「大家用想像來解讀每一種手勢與表情……然而，一切都毫無根據可言。」馬拉斯匹納希望特林吉特族能派個人上船，這樣便可透過實際交流來化解手勢引起的誤會，但雙方都不信任對方。那麼，這該如何是好呢？馬拉斯匹納解釋道：「（我們）同意了他們的要求，當他們的人上船，我們就派同樣數量的船員登上他們的獨木舟作為人質。這樣，他們很快就相信了我們的和平意圖。」[84]這些自願和臨時的人質達成了目的，而且任何一方都不需要強行劫持人質或俘虜。但接下來，馬拉斯匹納在不到二十四小時之內，還是遇見了一群永久俘虜——也就是那些被當成交易商品和為男性陽剛留念而提供給他們的婦女。奴役並濫用這些婦女進行賣淫，本就是族群接觸過程中行之有年的一種習俗的極端展現，也是俘虜的一種型態。

結語：權力的衝突

歐洲和美國外來者並未在西北海岸或太平洋其他地方發明抓俘虜或交換人質等做法。跟世上許多民族一樣，原住民社會靠著這些做法來維繫社會權力變化已有好幾千年之久。在太平洋地區，對於所有曾與其他族群接觸的群體來說，這些情境都十分相似：如何在權力關係不對等的時刻維護權威。劫持或交換人質不僅並非反常行為，而且還揭示了一種因應當地突發事件與政治變化的理性反應。但是，在十八世紀晚期，前來太平洋的新移民數量激增，他們尋求更多的勞役服務與實質商品。我們即將在下一章看到，他們有時也會向有能力耕作或狩獵以取得這些商品的原住民勞工提出要求。在外國人傳入疾病和建立灘頭定居點的同時，俘虜行為似乎變成一種習慣，最終導致暴力升級，更變相成為箝制原住民的殖民行徑。

塔拉卡諾夫、圖逖斯庫瑟頭、拉海娜與蒂瑪蘿、尤特拉馬基、朱厄特和馬奎納——他們都沒意料到、也不曾希望碰上與他們自身糾結不清的俘虜情狀。然而，他們身不由己地活在以遼闊大平洋為舞臺、本土部落因快速變化而顛覆的時空。社會性世界經過不斷地接觸而擴大與融合，然而相遇的群體互不信任或誤解卻幾乎預示了隨之而來的暴力。蒂莫菲·塔拉卡諾夫站在海風吹拂的沙灘上，試圖說服班·荷布克特的霍族先輩相信他帶有「和平意圖」，但塔拉卡諾夫手中緊握的長槍卻與他說的話背道而馳。站在塔拉卡諾夫身後虎視眈眈的阿留申和科迪亞克獵人，讓荷布克特的族人看見危機迫近——他們即將面對衝突四起、必須不斷抵抗，以及適應新外國群體來到西北海岸的一段時期。

第四章

大獵殺

The Great Hunt

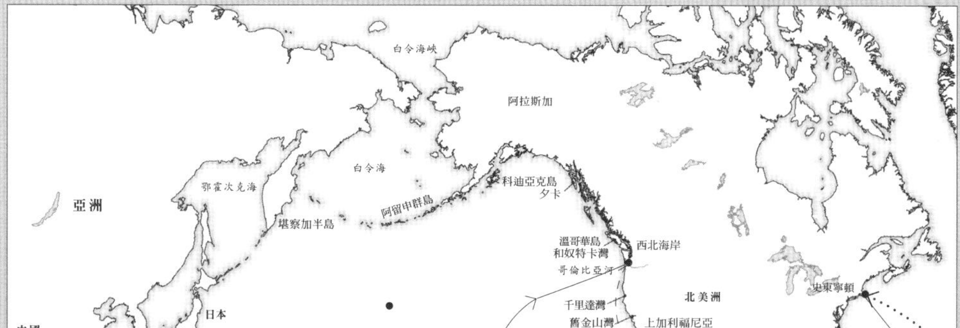

老虎號 1845-48 年航行路線

1845 年 11 月 康乃狄克州史東寧頓 → 1846 年 4 月 夏威夷群島 → 1846 年 10 月 西北海岸 → 1847 年 3 月 馬達雷納灣 → 1847 年 3 ～ 9 月 夏威夷群島 → 1848 年 3 月 康乃狄克州史東寧頓

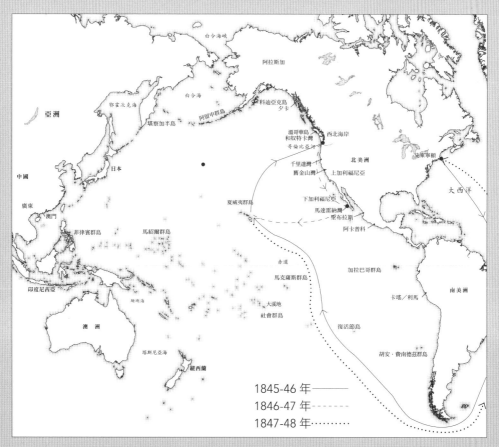

老虎號，一八四五至四八年

我們接下來要講述的故事跟許多捕鯨船航海記一樣，牽扯到大量血肉橫飛的場面與極為可觀的鯨脂。一八四八年三月八日，老虎號駛入康乃狄克州史東寧頓港（Stonington），威廉·布魯斯特船長（William E. Brewster）看著船上獲利可期的貨物，心中得意洋洋，不過他的妻子瑪麗卻好像有點無動於衷。「船順利進港，一切如此寧靜——我們很快地告別老家（老虎號），然後看見朋友們都安好，而他們很高興見到我們。」她在日記裡如此寫道。[1] 瑪麗·布魯斯特早在兩年多前就開始期待這場歡迎他們返家的場面。此刻，她已是個經驗老道的航海者，一位「水手姐妹」（sister sailor），經歷過極端的海洋環境，親眼目睹了恐怖的捕鯨行動及船上男人的惡行。現在世上幾乎沒什麼大事能讓這位二十五歲的女人感到吃驚，或許這就是為什麼她無動於衷。她剛剛結束了一趟遠航。

兩年前，老虎號上一如往常，配置有經驗豐富的高級船員、老練的商人和魚叉手駛入太平洋；另外，船上還帶著一群出海意願各異的新手船員。他們此行將前往北美洲西北海岸，打算一路獵捕從南美洲沿海往北移動的抹香鯨；不過，老虎號船員們在一八四六年的春天整季諸事不順。一些船員悄悄說道，只要一有機會，他們就準備棄船而去。「高級船員與水手之間的互動不太好。」耶魯大學輟學的二十歲菜鳥水手約翰·柏金斯（John Perkins）記錄道。而瑪麗·布魯斯特的存在，只是更加壞事：柏金斯聲稱，光是船上出現一個女人這檔子事，就讓他們「險上加險」。[2] 老虎號的捕鯨小艇在東南太平洋追逐了許多鯨魚，但結果白忙一場，逼得布魯斯特船長不得不在夏威

圖 4.1 瑪麗・布魯斯特在其丈夫威廉・布魯斯特擔任船長的老虎號的六年航行過程中，留下了太平洋上數一數二詳細的捕鯨日記。（此圖由密斯提克海港博物館〔Mystic Seaport Museum〕提供。）

夷停靠期間回報此行「空空如也」——按捕鯨人的行話，意思就是「沒有鯨油」。[3]

約翰・柏金斯在夏威夷大島的希洛港（Hilo）度過了短暫人生中最美好的時光。他說：「從來沒人像夏威夷人（Kanakaers）這樣讓我開心。」他曾考慮離開停在希洛港的船，甚至「打算找個女孩並把她『翻倒』」，而且就算為此毀掉老虎號也在所不惜。不過，當老虎號離開夏威夷，柏金斯依然乖乖待在船上，但幾星期後，他本人倒是被另一種方式「翻倒」，隨即死去。他的日記在一八四六年六月五日戛然而止，只留下最後一小段文字：「微風和煦。七個月過去了，還是沒油，大家心灰意冷，光陰虛度。」[4]幾天後，柏金斯坐上一條捕鯨小艇，使勁划著槳，奮力追逐一頭長鬚鯨。魚叉手已將兩支鐵叉射進這隻約十八公尺長的巨獸體內，然而鯨魚忽然側轉，用巨大的鯨尾猛烈擊打在小艇上。柏金斯的身體正面承受了這重大一擊。約翰・柏金斯和小艇的殘骸碎片就這樣消失在一片血腥的泡沫中。瑪麗・布魯斯特從相對安全的老虎號甲板上看見這慘不忍睹的一幕。她描述那頭鯨魚如何「攻擊並粉碎小艇」，「瞬間」便殺了柏金斯，最後只見「海浪吞噬一切，再也看不見他的蹤影」。之後，瑪麗躲進她的艙房，取出《聖經》，在日記上抄下《馬太福音》中的一句話：「你們也要預備。」（Be ye also ready）[5]

老虎號繼續向西北航行，布魯斯特發覺船上「看不見一張笑臉，也少有人放聲交談」。一八四六年的夏季十分忙碌，眾人很快便忘了柏金斯。老虎號船員殺了二十多頭鯨魚，足可提煉出一千五百桶鯨油。船上的煉油爐（tryworks，用來將鯨脂提煉成油的大爐）的火燄時常不分晝夜地燃燒，而甲板上則覆滿油膩的汙血。瑪麗目瞪口呆看著鯨魚在垂死掙扎中「噴出厚厚血塊」，接著她看到爐中吐出濃煙。「那股氣味直叫我噁心。」她如此說道。夏天的幾個月分就在這種「腥風血雨」中飛逝，終於，他們這趟航行賺到錢了。[6] 隨著秋天到來，北洋上刮起了寒風，布魯斯特船長隨即把船開往氣候溫暖的南方。

馬達雷納灣（Bahia Magdalena），下加利福尼亞。老虎號於一八四六年十一月十八日抵達下加利福尼亞這處與世隔絕的海灣。「海博尼亞」號（Hibernia）和「美利堅合眾」號（United States）這兩艘捕鯨船在前一個季節找到了這處位於東太平洋的灰鯨種群繁殖地。捕鯨人稱灰鯨為「魔鬼魚」，因為牠們在攻擊捕鯨小艇時相當凶狠；說到底，去年冬天開獵第一天，美利堅合眾號就在翻船事故中損失了兩名船員。瑪麗．布魯斯特對即將面臨的危險毫無概念，但她的丈夫很快便從海博尼亞號船長詹姆斯．史密斯（James Smith）那裡得知有關灰鯨的凶惡名聲。詹姆斯．史密斯是個經驗豐富的船長，後來曾被作家馬克．吐溫（Mark Twain）諷喻為「從嶙峋的鼻子後面端詳世界」的人。[7] 鯨魚群尚未抵達牠們每年都會遷徙而來的這處南方目的地，所以瑪麗還能十分愜意地在馬達雷納灣度過寧靜的一個月。她在荒涼的海灘上徒步遠行。她閱讀史密斯船長精采的藏書，其中包括查爾斯．威爾克斯最近出版的美國太平洋遠征探險紀事。她看見另外幾艘捕鯨船緩緩駛進安靜的海灣，加入他們的小船隊。一八四六年歲末，來自新倫敦（New London）的「凱薩琳」號（Catherine）出現，船長理查．史密斯（Richard Smith）被公認為美國捕鯨船隊中最剽悍的鬥士。[8] 不過，馬上就要考驗史密斯剽悍名聲的並非聚在馬達雷納灣的捕鯨者，而是大海裡的灰色魔鬼魚。

瑪麗．布魯斯特仔細觀察在十二月下旬游來的灰鯨群。頭一天，遠方海面出現一道噴水；次日，老虎號附近有一對鯨魚徘徊。她不帶情感地描述船員們獵捕並殺死灰鯨的方法：

圖 4.2　船長、藝術家暨作家查爾斯・斯卡蒙（Charles M.Scammon）描繪在馬達雷納灣捕殺灰鯨的機遇與風險。（此圖由杭廷頓圖書館提供。）

> 這些鯨魚每年都會來這海灣產子一次，也唯有此時才能捕獲牠們。方法是（魚叉手）將帶索鐵叉射進幼鯨體內，如此一來就不怕母鯨跑掉，因為母鯨絕對不會離棄幼鯨，會窮其精力救護，並將幼鯨托於背上，至死方休。[9]

這種做法講得更直截了當，就是捕鯨者利用新生幼鯨為活餌來捕捉母鯨。一天天過去，眼看越來越多的鯨魚來到馬達雷納灣——在一八四七年的頭幾個星期，這兒已來了一千多頭鯨魚，而母鯨們按照遠古以來的習慣，來到此處產下幼鯨。在老虎號上，布魯斯特船長的四條捕鯨小艇整裝待發，也已磨利了各式各樣的魚叉、手擲長矛、剖鯨鏟刀和其他致命工具。然後，屠殺開始了。

世上規模最大的海洋哺乳動物獵捕行動始於十八世紀中葉的北太平洋，並在接下來百年間一直延續到整個東太平洋。這是一場殘酷的滅絕行動，狩獵的地理位置與物種時有不同，乃是隨著市場價值、技術創新和剩餘可殺動物數量而變化。[10]這場大獵殺最終幾乎導致三種對東太平洋具有特殊歷史意義的海洋哺乳動物滅絕。海獺（*Enhydra lutris*）的毛皮是當時世界上最高貴的毛皮，因此對於俄羅斯、美國和英國商人最具吸引力。再來則是毛皮海豹①（包含北方海狗〔*Callorhinus ursinus*〕、北美毛皮海獅〔*Arctocephalus townsendi*〕和智利毛皮海獅

① 譯注：Fur Seal 在中文語境中多譯為「海狗」，與海豹的差別在於擁有外耳廓、長毛，以及後腳。本書將 Fur Seal 譯為「毛皮海豹」，乃是基於作者使用該詞時，並非僅指涉中文讀者熟知的「海豹」，而是更廣泛地指涉海豹、海獅與海狗等相似的生物。

〔*Arctocephalus philippii*〕），從阿留申群島一路分布到智利沿海的胡安·費南德茲群島（Juan Fernandez Islands），其數量異常龐大，而對於這些價值較低的海洋哺乳動物，人們使用簡單粗暴的手段來屠宰，而不經由技術純熟的原住民海獺獵人之手，因而也不遵循任何習俗。最後一種動物，就是在下加利福尼亞海灣被獵捕的灰鯨（*Eschrichius robustus*），這顯示了歐洲和美國對鯨油的強烈需求，是如何導致太平洋的全球捕鯨活動在十九世紀中葉達到最高峰。美國捕鯨業者在海上毛皮貿易中實可算是異軍突起。看看美國捕鯨船隊當時的龐大規模，他們形同美國在太平洋地區實行帝國主義目標的海上先遣隊。捕鯨船隊的殘酷行徑，為美國紡織廠提供了鯨油作為至關重要的工業用潤滑劑，因此美國紡織廠才能壓榨美國南方的奴隸生產更多棉花以提高產能。從這一層意義上看，在遙遠太平洋上捕鯨，與十九世紀中葉美國的領土主張和工業野心，其實有著密不可分的關係。

對海洋哺乳動物的大獵殺，既是貿易擴張的作用之一，也是其副產物，正如我們在第一章所談到，貿易擴張改變了東太平洋地區。然而在本章，商業焦點轉移到牽涉其中的特定群體：獵人和獵物。如同北美和西伯利亞的陸上毛皮交易，捕殺海洋哺乳動物也是一種侵占資源的行為，在某些情況下需要仰賴原住民的技藝。這點在獵捕海獺的早期尤其明顯，而某種程度上，在獵捕海豹和鯨魚時也不例外。[11]各種獵捕目標的經濟價值可謂天差地遠，而諷刺的是，其中最小的獵物（小小一張海獺皮）卻可能比最大的目標（用以提煉鯨油的灰鯨）帶來更高的利潤。各種獵物無論體型大小，獵人們都必須一路追蹤到牠們大量聚集、交配、繁殖的特定地點。那些地方通常都孤絕於世，其隱密程度一點也不亞於東太平洋絕大尚未繪入地圖的海岸線。

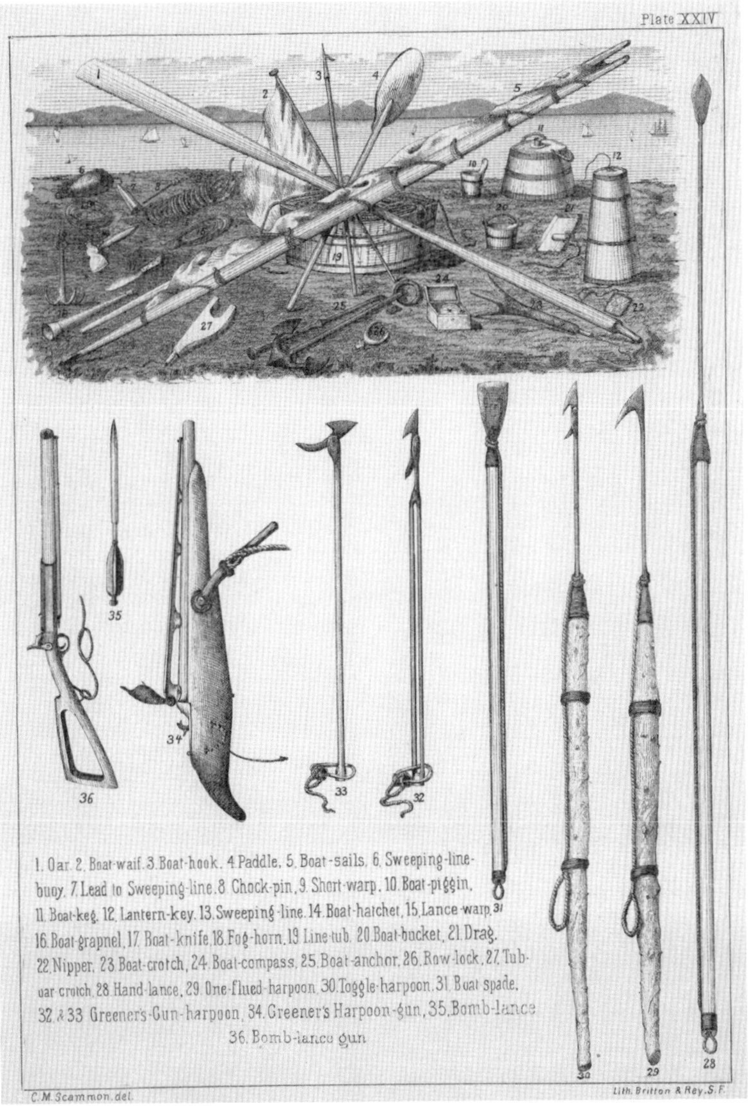

圖 4.3 到了一八四〇年代末，大多數捕鯨船都裝備有大規模獵殺工具，包括新發明的旋轉式魚叉槍和捕鯨砲。查爾斯．斯卡蒙在一八七四年出版的《北美洲西北海岸的海洋哺乳動物》（*The Marine Mammals of the Northwestern Coast of North America*）一書中描述了這一系列武器。（此圖由杭廷頓圖書館提供。）

然而，這些偏遠地點儘管鮮為人知，卻透露著難以涵蓋在大歷史書寫中的一些事實：大獵殺的過程中隱匿的是被全球市場徹底掩蓋的暴力與殺戮。對於個別人等及產業消費者來說，毛皮、皮革或鯨油，看來都是雖寶貴但不見血的商品，他們甚至還可能感激與這些作為貨源的自然物種之間的「隱約聯繫」。[12]不過，當這些哺乳動物在遙遠的海灘或海灣變成屍體時，卻涉及了令人驚恐、但眾人皆不知曉的暴行。

海獺的滅絕

一八四六年秋季，老虎號沿著北美海岸線航行，穿越了幾處產量最大的海獺狩獵場：溫哥華島、舊金山灣與蒙特瑞海灣、海峽群島，以及海獺棲息帶最南端的下加利福尼亞。自老虎號抵達馬達雷納灣以後，瑪麗・布魯斯特在日記中細細思索這段南行之旅。然而，她一次都沒提過素有「軟黃金」之稱的海獺皮，原因很簡單：因為到了一八四〇年代，獵人為獵取海獺皮，幾乎已將此物種屠殺殆盡。少數殘存的海獺在更遠的北方棲身，才得以倖存，但下加利福尼亞的孤獨海岸線（曾被一位到訪者描述為「世上最隱秘的角落」）上已見不到任何海獺的蹤影。[13]

下加利福尼亞海岸原本是個觀察海獺皮貿易的地方，而另一處同樣不起眼的發跡點，是中俄邊境的恰克圖（Kiakhta）和「買賣城」（Mai-mai-ch'eng）貿易站，位於貝加爾湖正南方。從下加利福尼亞到西伯利亞海港鄂霍次克，整個海岸線都屬於歷史上海獺貿易活動的範圍；自一七四一年維塔斯・白令航行至阿留申群島後，俄羅斯商人便開始從鄂霍次克將海獺皮運往位於內陸的恰克圖。白令在那次航行中一去不返，不過，那些逃過壞血病和其他疾病的倖存水手帶回了若干極其亮麗的海獺皮。隨船博物學家葛歐克·史特拉（Georg Steller，一七〇九至四六年）曾經如此描述：「牠們的皮毛光澤遠遠超過最明亮的黑天鵝絨。」[14]早在廣東成為太平洋地區主要毛皮市場之前，恰克圖和「買賣城」的海獺皮交易便已蓬勃發展並盛極一時，因而將俄羅斯專業獵戶在阿留申群島的蠻橫擴張，進一步與中國奢侈毛皮市場的消費者需求聯繫在一起。

一七九〇年代以前，俄羅斯的大宗海獺收穫都會經過這兩座偏遠的貿易城鎮；據估計，售出的生皮數量在二十五萬到一百五十萬件之譜，價值從每件十元（西班牙銀圓）到五十多元不等。[15]這真是不折不扣的一大筆軟黃金財富；每一件生皮從屠體上剝下來後，就運送到數千公里之外以驚人的價格賣出，沒有任何海洋或陸地哺乳動物的毛皮價值能與海獺相比。（優質銀狐皮的價格僅次於海獺皮，約為海獺皮的四分之一到三分之一。）[16]根據一位富有同情心的編年史家的說法，俄羅斯向東擴張到北太平洋一事，給兩個群體帶來了災難：北太平洋的海獺，以及被迫要過「悲慘的被奴役生活」的阿留申與科迪亞克族獵人。[17]

太平洋地區的海獺獵捕活動，以及延伸至全球的毛皮市場，掩蓋不了一項關於海獺的基本事實：牠們過著極其本土化的生活。海獺從來不會在遠離其島嶼或大陸潮水老家的地方活動。海獺既不遷徙，也沒理由遠離牠們的「筏子」（raft，描述海獺會聚在一起休息，並將手臂連結在一起的行為）。儘管有些探險家樂觀地報導，海獺的數量就跟海豹一樣多，但其實最初的海獺數量非常少，從下加利福尼亞到鄂霍次克海峽所構成的整道遼闊地理弧中，海獺的數量絕不超過四十萬隻。海獺的交配和生殖模式解釋了其有限的種群規模。[18] 雌海獺每年最多只產下一隻幼崽，整個種群的年度繁殖率偏低，連百分之十五都不到。此外，雄性和雌性海獺通常與同性生活在同一筏子上，再加上雌性對於生殖行為擁有十足的主導權——這導致渴望交配的雄海獺接近雌海獺並展開笨拙的前戲（摩擦、用鼻子蹭，和嗅聞雌海獺身體），而雌海獺則慢條斯理地按自己興致做決定。「假如雌海獺不感興趣，」一名密切觀察者寫道，「牠會用蹼和爪子把雄性推開，或者猛擊對方。（雄海獺）離開前，可能會搶走雌海獺藏在胸前的食物。」[19] 也難怪雌海獺寧可離開幼崽獨自居住。

海獺憑藉著水陸兩棲能力，在水中度過大部分時間，尤其是在北太平洋的嚴寒水域，那裡造就了海獺一身光彩奪目的毛皮。這種體型最小的海洋哺乳動物，披掛著動物王國中最濃密的皮毛來彌補身體脂肪的不足：每平方英寸的海獺皮上足足有六十五萬根毛髮，乾燥時會散放出黑亮光澤並具有絲綢般的觸感。美國毛皮貿易商威廉．斯圖吉斯（William Sturgis）曾如此讚嘆海獺的美麗：「欣賞一張熠熠生輝的海獺皮，要比看著那些（博物館裡）掛著展示的畫更令人愉快。」斯圖吉斯接著說，在這世上，除了「美麗的女人和可愛的嬰兒」，其他就屬海獺皮是「最動人的自然生命體」。[20] 斯圖吉斯可不是空口無憑；打從他一七八九年的第一次航行起，他曾在往後二十年間橫跨太平洋，運送了一萬多件海獺皮到中國。

然而，要想獵取海獺，即便斯圖吉斯也來晚了一步——至少俄屬阿拉斯加地區絕大部分的海獺，早已被大量獵捕。俄羅斯的獵殺行動由俄羅斯專業獵戶及其招攬的原住民獵人進行，而到一七九二年為止，他們幾乎已將海獺完全消滅。根據博物學家馬丁．索爾（Martin Sauer）

的說法：「海獺在這兒簡直已被人遺忘了……（原因是）獵人對牠們的濫殺。」[21]尚—弗朗索瓦・德・蓋拉普・德・拉佩魯茲就在這場大獵殺的第一階段已然結束之際來到北太平洋，而同一時間，新來後到者正策劃著下一個階段的獵捕行動。拉佩魯茲已聽說俄羅斯專業獵戶對待其所招攬的原住民獵人的蠻橫行徑；此外，他在拉圖亞灣（Latuya）與特林吉特人會面，從而得知俄羅斯掌控的領土上，海獺數量已大幅減少。不過特林吉特人手上仍有毛皮可與拉佩魯茲交易，這純粹只是因為他們強烈反抗俄羅斯人的壓迫。[22]在上加利福尼亞，拉佩魯茲聽到風聲，西班牙自己也有一項計畫有利可圖，那是由皇室贊助、文森・瓦薩德雷和維加（Vicente Vasadre y Vega）所主導的「菲律賓公司」的貿易。「我們可以肯定，新公司將設法獨攬這項生意，這對俄羅斯人應該是最好的結局，因為壟斷的本質就是要讓他們走過之處寸草不生，最起碼也讓一切停滯不前。」拉佩魯茲如是說道。[23]

拉佩魯茲對於時局的評斷，有部分被證明是正確的。俄羅斯人確實讓北方的海獺群體「死絕」，也導致阿留申獵人迅速凋零（主因為疾病與暴力衝突），而瓦薩德雷則在一七八六年至一七九〇年這段期間，從上加利福尼亞海岸收穫了數千件海獺毛皮，並運往廣東。[24]然而，西班牙獨掌沿海貿易的計畫，則因為拉佩魯茲無法預見的原因而胎死腹中。一方面，西班牙人在上加利福尼亞地區缺乏訓練有素、能夠在近海水域獵取海獺的原住民獵人協助；另一方面，由於英國、美國、俄羅斯和法國商人競相從西北海岸出口毛皮，造成毛皮市場上暫時供過於求，這也減損了瓦薩德雷的利潤。一七八〇年代末到一七九〇年代，西北海岸突然出現了爭奪海獺毛皮的激烈競爭，特別是當時有大量的美國商人湧入。[25]到了一八〇〇年的狩獵季，「波士頓人馬」主宰了與原住民獵人交換毛皮的交易。隨著人們在後來幾個季節繼續沿著海岸線往南獵取海獺，加利福尼亞的海獺的處境變得更加艱困。

就國際連結與合作而言，海獺狩獵的最重大時期發生在一八〇三到一二年之間。一場聯合行動，讓俄美公司的契約勞工制度與美國商人的海上勢力形成互補，解決了一個長久以來的問題：在缺乏熟練原住民獵人的情況下，人們應當如何在加利福尼亞獵捕海獺？在一七八〇到九〇年代這段期間，人們發現加利福尼亞原住民僅僅擅長於獵殺少量海獺——主要是在西班牙當權者命令下，而且大多是在海邊以棍棒擊打的方式獵取。況且，對他們來說，獵捕海獺並非傳統習俗，這一點就跟西北海岸或阿拉斯加原住民不同。於是，加利福尼亞狩獵問題的解決之道，是將阿留申與科迪亞克獵人，連同他們的整套狩獵機制（武器、阿留申皮艇、俄羅斯監督員〔*baidarshchiks*〕，時而還有女性剝皮者）原封不動搬到加利福尼亞海岸、海灣和島嶼。

一八〇三年，美國船長約瑟夫．奧肯航行至阿拉斯加，向俄美公司總督亞歷山德．安德列維奇．巴拉諾夫（Aleksandr Andreevich Baranov）提出這項合作方案。巴拉諾夫想繼續主宰北太平洋毛皮貿易的決心，毫不亞於他行事心狠手辣的名聲。奧肯在科迪亞克島上三聖灣（Three Saints Bay）的俄美公司所在城鎮找到了巴拉諾夫；自一七八四年以來，原住民獵人和俄羅斯商人每年秋天都會在這裡會面，用毛皮交換商品貨物。這兩人的協議，確立了一個在未來九年中被其他美國商人奉行的模式。巴拉諾夫將提供裝備齊全的獵人與俄羅斯監督員，而奧肯則負責把人員載運到上加利福尼亞（促成這一切的背後成因，正如一名俄羅斯海軍中尉在一八四〇年曾公開坦承的，俄美公司的船如今已缺乏「正確與安全航行所需的一切」），[26]最後，雙方

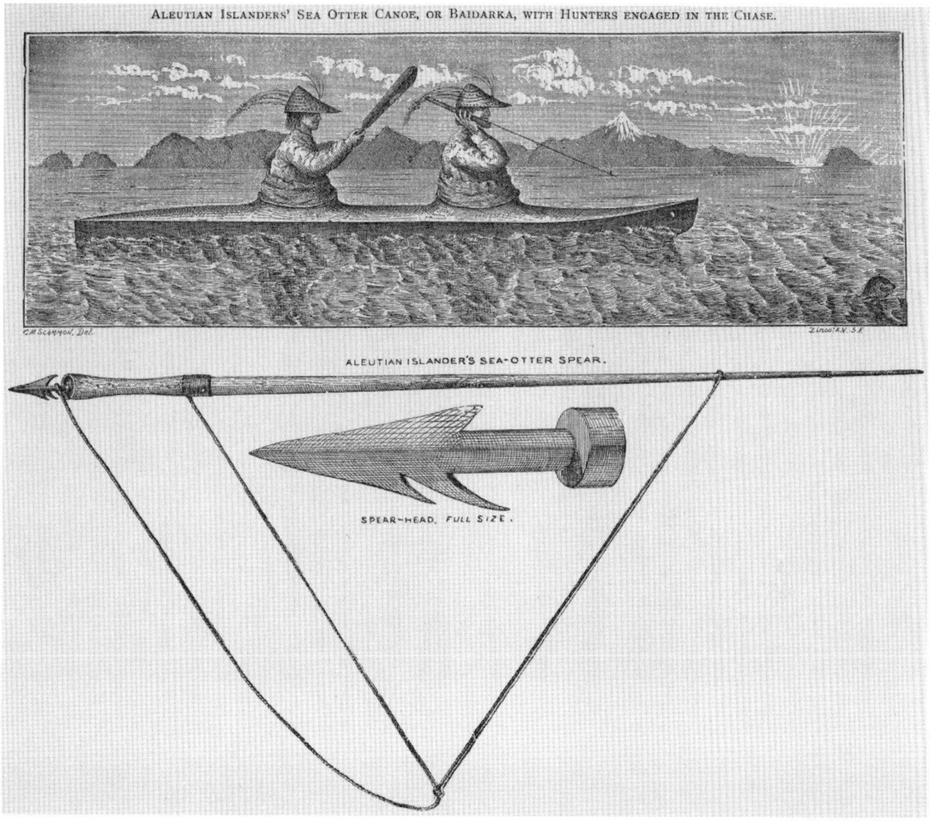

圖 4.4　東太平洋上對海洋哺乳動物的大獵殺始於十八世紀晚期對海獺的大量屠殺。俄羅斯和美國商人從阿留申群島和科迪亞克群島招攬技術最熟練的原住民獵人，從下加利福尼亞到北冰洋，沿著北美海岸線一路展開獵殺行動。（此圖由杭廷頓圖書館提供。）

將平分獵取到的毛皮。巴拉諾夫同意了奧肯提出的方案，希望藉著繼續獲得太平洋地區最有價值的毛皮，來重振公司財務。然而，他也同時遵循俄美公司在伊爾庫次克（Irkutsk）的高層最近的「秘密指示」：將領土主權延伸到西北海岸——如果海岸線拉得夠長的話，將一路直抵加利福尼亞。[27]這樣的計畫中，暗藏著俄羅斯欲前往上加利福尼亞建立殖民地的美夢。

阿留申獵人的確對美、俄間的臨時商業聯盟起到了關鍵作用。儘管在俄羅斯擴張的最初數十年中，阿留申人處於「卑微的奴隸」地位，但他們在屈從中始終頑強抵抗，畢竟沒人能夠取代他們來獵取俄羅斯專業獵人迫切渴求的商品。縱然阿留申人的數量持續下降，他們仍然是最厲害的海獺獵人，幾乎把海獺殺了個精光。[28]奧肯和巴拉諾夫在一八〇三年談妥加利福尼亞的狩獵條件時，阿留申人或許認為，參與狩獵是眼下為數不多的選擇中的最佳出路，因為殖民主義已讓阿留申群體陷入危機，而俄美公司甚至強迫阿留申人「重新遷徙」，這時出現的狩獵機會倒是提供了一線生機。[29]

在與巴拉諾夫會面兩個月後，奧肯向南航行，船上載著二十條雙人座的阿留申皮艇、四十名獵人、獵人的食物（包括魚乾和「煉油」（亦即鯨油）），還有至少兩名俄羅斯領隊。其中一名領隊正是蒂莫菲·塔拉卡諾夫，這位年輕的契約雇員即將在五年後的西北海岸俘虜歲月中掙扎求生。塔拉卡諾夫相當關照阿留申獵人的權益、武器裝備，特別是他們的輕型皮艇，從而贏得了他們的尊重。阿留申獵人以浮木、鯨骨和海豹皮為材料，花費數月功夫手工製作的阿留申皮艇，其結構之精巧實可謂鬼斧神工。俄羅斯東正教修士伊凡·維尼亞米諾夫（Ivan Veniaminov）曾寫道：「它完美的航海性能，即便數學家也找不出更多或一點點改進空間。」[30]

塔拉卡諾夫從沒到過如此遙遠的南方，對映入眼簾的加利福尼亞海岸線，又是驚訝，又是感嘆。一八〇三年十二月，西班牙官方警告奧肯不准靠近聖地牙哥港，於是這位船長又繼續向南航行了近兩百英里，抵達下加利福尼亞一個管理比較鬆散的小港口：聖京廷灣（San Quintín）。

奧肯船長編了一份說詞來搪塞西班牙當局（或許還重金行賄），說是需要在聖京廷灣修船，而塔拉卡諾夫則暗中運作，安排阿留申獵人坐進他們的雙人皮艇出海。雙人皮艇以小組編隊，分別朝著這座小海灣的北方及南方划去，尋找海獺筏子。船上一名軍官強納森・溫希（Jonathan Winship）描述了他們的作業情形：

水面一出現浮游的海獺，機警的印第安人便全神貫注盯著牠看，宛如即將參加競賽的狗一樣興奮得發抖！皮艇悄無聲息、但迅速地迎風接近目標。進入射程時，船尾的人操控船的方向，前方的射手則舉起他的投槍，以難以置信的精準度射出尖頭骨矛。之後，海獺會潛入水中大約二十分鐘，其行進路線被一根長繩連接的氣囊標示著。當這隻動物浮出水面換氣時，一名獵人已來到牠身旁，尖聲喊叫著將牠了結。[31]

有別於以種族主義態度將原住民狩獵的情景醜化成半開化野蠻人的行為，溫希極為讚賞阿留申人的技藝、耐心與毅力，恰恰呼應著無數對他們獨特天賦的描述。沒有其他獵人能夠如此堅韌不拔，在安靜和縝密的行動中獵取海獺。才不到兩個月，這場狩獵就收穫了一千多件海獺毛皮，絕對足以滿足奧肯和巴拉諾夫的第一次合資生意。

一名西班牙官員向上級報告了這起非法狩獵事件，並指出他對此無能為力。「從羅薩里歐教區（Mission Rosario）到聖塔多明哥（Santo Domingo），海獺一隻都不剩了。」一八〇四年三月四日，荷西・華金・阿里亞嘉（José Joaquín Arrillaga）如此寫道。此外，他坦白說道：「我們只能告訴他們不准獵捕，但沒有其他阻止他們的辦法，他們也根本不理會。」[32]塔拉卡諾夫配備了優勢火力，確保西班牙無力干涉他們賺此快錢。西班牙官員和傳教士也可能與美國的船長們存在深入的交易關係，儘管阿里亞嘉矢口否認。五月分，奧肯船長船行至科迪亞克島，在那裡將一半的毛皮交給巴拉諾夫總督，而阿留申獵人的薪酬則是食物、商品貨物，以及菸草。

在接下來八年中，美、俄之間還有十幾次聯合航行。他們乘坐波士頓商人的船，從科迪亞克島或夕卡出發，向南航行，參與的船隻包括「水星」號（Mercury）、「伊莎貝拉」號（Isabella）、「孔雀」號（Peacock）、「德爾比」號（Derby）、「日蝕」號（Eclipse）和「信天翁」號（Albatross）。越來越多的阿留申和科迪亞克島獵人，在蒂莫菲・塔拉卡諾夫這樣的領隊的帶領下來到南方；同時，塔拉卡諾夫也著手為接下來的探險行動招募獵人。對獵人的需求迅速擴大：一八〇六年，四艘波士頓船隻（奧肯號、孔雀號、德爾比號和日蝕號）共同運送超過兩百名獵人及他們的皮艇，前往上加利福尼亞和下加利福尼亞海岸。船長還為這些勞工搭配了阿留申婦女及兒童，負責給海獺剝皮、燒飯，並且充當臨時支援的人手。

奧肯及其他美國船長的目標，是上加利福尼亞的海獺群，只要他們的船在航行過程中避開西班牙在聖地牙哥、舊金山灣和蒙特瑞的強大駐軍，就能馬到成功。奧肯號在千里達灣（遠在西班牙屯墾地以北）登陸，在岸上設立了一處臨時營地，但他顧忌尤洛克族村民的威脅，於是認為需要帶著武器（裝滿霰彈）上岸，以確保營地安全。尤洛克人也拿出他們手中的少量毛皮與外國人交易，同時還會設法阻撓阿留申獵人在自己的沿海水域追捕海獺。奧肯號繼續沿著海岸線、往南越過聖京廷灣，前往下加利福尼亞塞德羅斯島。船一抵達，便開始在許多島嶼和各個出海口布署狩獵小組，基本上以獵人、皮艇和剝皮女工的組合，在下加利福尼亞的這處海岸布下天羅地網。[33]另外三艘美國船則沿著上加利福尼亞海岸行動。孔雀號在波迪加灣（Bodega Bay）設立了一處基地，然後立刻派遣數十名獵人南下進入舊金山灣——博物學家葛歐克・海因里希・馮・朗斯多夫（Georg Heinrich von Langsdorff）曾在報告中如此記載：那裡有「成群結隊的珍貴海獺無憂無慮地在海灣中倘佯」。[34]六個月後，這艘船運載著一千兩百多張海獺皮返回夕卡，其中包括五百多隻不足一歲的小海獺和幼崽（這種屠殺行為明顯導致了海獺數量減少）。[35]水星號船長威廉・希思・戴維斯採取的策略則完全不同，他購買上加利福尼亞傳教士手裡的毛皮（傳教士可能事先偷偷將海獺皮藏起，以便日後交換寶貴的補給物資），同時將若干阿留申獵人小組派往更偏遠的教區。水星號於一八〇六年八月離開加利福尼亞，船上滿滿裝著將近三千件海獺皮。[36]奧肯號帶著兩百多名乘客啟航前往俄屬阿拉斯加，船上的毛皮在廣東的價值為十三萬六千三百一十美元，而在北方航行期間，有兩名懷孕的阿留申婦女在船上分娩。[37]

從一八〇三年到一八一二年，美俄合資生意在廣東的利潤一直很高，平均每張海獺皮獲利超過二十五美元，這對那些幸運的商人來說，是一筆真正的財富。然而，這些財富的取得，仍然以犧牲加利福尼亞的大量海獺為代價。雖然沒被完全滅絕，但下加利福尼亞和上加利福尼亞殘餘的主要海獺群已經所剩無幾，只能苟延殘喘。而一八一二年之後，狩獵仍在繼續。到了一八二〇年代晚期，這場獵殺發展成幾乎每個人都在拼命強奪最後一張毛皮的地步。一八三五年，美國毛皮陷阱獵人喬治．尼德維爾（George Nidever）與非裔美國獵人艾倫．萊特（Allen Light，綽號「黑管家」）和一名夏威夷原住民聯手合作；他們一起在聖塔芭芭拉海峽曾有大量海獺出沒的棲息處進行地毯式搜索。他們使用長筒來福槍，獵到了幾十隻海獺。尼德維爾懷疑地記錄道：「在早期，海獺肯定多得不得了，所以印第安人才能用長矛獵捕牠們。」[38]他心有不甘地表示，那真是暴殄天物啊。

神奇的是，如今海獺這個物種依舊存在。在原住民群體需要穿著海獺皮來抵禦北太平洋漫長冬天的原初時期，海獺在狩獵活動中倖存了下來，而在利益薰心的俄羅斯、美國和英國商人的獵殺行動下，海獺也生存了下來。海獺甚至捱過了一八三〇年代中期，來自海岸線上的神槍手的襲擊——海岸線上訓練有素的步槍巡邏兵，他們一槍一個地獵殺海獺。後來，海獺一直存活在若干遠離人類的小而孤立的棲息地，直到一九一一年《國際毛皮海豹公約》（International Fur Seal Treaty）通過並禁止獵捕海獺，才終於結束每件海獺毛皮在過往十年間的拍賣場上售價超過一千美元的命運。[39]

毛皮海豹與棍棒

對海獺的屠殺只不過是冰山一角。在一八〇〇年前後的數十年間，人們在東太平洋地區對毛皮和生皮動物（不論陸地或海洋哺乳動物）的獵殺已達到了前所未見的規模。阿拉斯加的俄美公司更是卯足了勁，因其公司生存得仰賴於毛皮出口。事實上，俄美公司雇用的每個員工都充分意識到這項經濟上不可迴避的使命。譬如，巴拉諾夫的繼任者雷昂蒂·加格梅斯特（Leontii Gagemeister）向公司的狩獵監督員就如此申明：「公司的優勢和利益在很大程度上取決於獵殺更多毛皮動物，而不是增加領土。」[40]就這樣，動物毛皮成了俄屬美洲存在的理由與真義，而也是此一策略，最終導致俄羅斯帝國隨著這些哺乳動物瀕臨滅絕而撤出美國。

俄國人每年都會對他們的狩獵成果進行量化統計，有時還會將捕殺紀錄製作成表格。俄美公司第一部公開發表的歷史《發現阿留申群島編年史、俄羅斯商人的功勳》（*Chronological History of the Discovery of the Aleutian Islands, or, The Exploits of Russian Merchants*，一八二三年），由俄羅斯海軍中尉瓦西里·尼古拉耶維奇·伯克（Vasilii Nikolaevich Berkh）撰寫，其中提供了一七四三年至一八二三年俄羅斯毛皮出口的粗略總計：[41]

動物種類	出口量（隻）
毛皮海豹	2,324,364
海獺	200,839
海獺尾	143,689
藍狐	108,865
紅狐	57,638
河狸	58,729
十字狐	44,904
黑狐及黑棕狐	30,158
河獺	22,807
黑貂	18,121
水貂	5,349
白狐	5,130
熊	2,650
山貓	1,819
狼獾	1,234

儘管伯克提出的數字看似精確，但人們仍只能猜測公司獵人實際殺死的動物的真實數量。舉例來說，根據大多數學者的看法，表中列出的海獺皮數目似乎比實際數量少了將近一半。[42]不過伯克的表中更令人驚訝的，是在毛皮貿易中被屠宰的動物種類之繁多：有海洋哺乳動物和陸地哺乳動物，有海豹、狐狸、熊和狼獾——這真是對任何生來就長有一身有價毛皮的不幸動物的全面出擊。

伯克為俄屬阿拉斯加的一番說明，揭示了適用於東太平洋其他地區的一項事實：人類展開的這場大獵殺橫掃了整個動物王國，而其中某些價值不菲或相對容易獵殺的物種，受害尤其最深。如果說海獺代表著毛皮價格高昂、難以捕殺和原始數量有限的種群，那麼毛皮海豹在各個方面則剛好相反。此外，從人們在一八〇〇年前後數十年間獵取毛皮海豹的方法可以看出，商品市場和伯克的統計資料背後掩蓋著血腥與殘忍。獵取海豹的方式與在工業屠宰場可以看到的情景極為相似——其過程令人毛骨悚然，工人們每天在血海中工作。

很少有人能比美國船長阿瑪薩·德拉諾更生動地描述這個過程，他參與了馬斯阿富拉島（Ma's Afuera Island，位於智利海岸四百英里外胡安·費南德茲群島的一座小島）的第一場大屠殺：

> 大約是一七九七年，（我們）來到這地方，展開捕殺海豹的行當。我可以打包票，島上有兩、三百萬隻海豹……用的方法是，在牠們與大海之間，讓人排出一路通道，兩個人並肩，分成三到四組，然後把海豹趕進這條通道。此時，每人手上都拿著一根棒子，約莫一百五十至

八十公分長；當海豹通過時，人們隨意敲擊牠們其中一些——通常是半成年的海豹，又叫做年輕海豹。這做起來很簡單，只要稍微打在鼻子上便可奏效。海豹被擊昏後，我們從胸部下刀，先是當胸一刀將牠們殺死，然後從下顎劃到尾巴，將牠切開或撕開。接下來，大家開始剝皮。我見過（一個傢伙）能在一小時內剝下六十張皮。他們剔除皮上的所有脂肪，留下一些瘦肉，因為皮子稍微重一點，比較容易撐起來。這裡用到的技術跟皮匠一樣，會將皮拉長後用木樁固定在地上晾乾。天氣晴朗時，需要在木樁上晾曬雨天，讓皮子成形。之後，將皮子從木樁上取下，一張一張堆起來，就跟堆放煙燻鱈魚乾一樣。[43]

毋庸置疑，德拉諾誇大了工人剝海豹皮的速度——哪怕是揮舞著鋒利尖刀的熟練屠夫，也絕不可能在「一小時內剝下六十張皮」；儘管如此，他的確傳神描繪出工人在對這粗心笨拙的哺乳動物進行圍捕、獵殺並剝皮的過程中是多麼輕鬆自如。然而，北美和南美近海島嶼上的毛皮海豹數量似乎無窮無盡，因此從事這項工作首重高效率與耐力。一八〇〇年前後的數十年間，太平洋地區大約有一千萬隻海豹被殺。[44]

不像海獺種類有限（海獺只有一個屬和一個種），這種被稱為「毛皮海豹」的海洋哺乳動物來自廣泛的地理區域，具有豐原的多樣性。北方毛皮海豹（也就是北方海狗）分布在從阿拉斯加普利比羅夫群島（Pribilof Islands）到下加利福尼亞州的眾多北太平洋島嶼，而其南方近親的「毛皮海獅屬」之下則有七個不同品種，分布在南極洲到加拉巴哥群島等地。太平洋其他地方和大西洋還另外存有五個海豹屬。從獵人的角度來看，這些品種都有兩個基本特徵：濃密的內層絨毛，讓牠們因此具有市場價值，以及某種原始呼喚，讓牠們年復一年地聚集在同一座岩石島嶼上交配和生育。此外，牠們的行動遲緩，也使得這些在東太平洋的海豹很容易成為獵物。[45]

在北太平洋，俄羅斯專業獵戶從一七四〇年代和一七五〇年代開始，在指揮官群島（Commander Islands，位於堪察加半島正東方）獵捕毛皮海豹。到了一七八〇年代，俄羅斯人在普利比羅夫群島發現了毛皮海豹的繁殖場，那裡的動物多得數不清，據信有幾百萬隻，僅憑其數量之多就讓人覺得有利可圖。根據一份俄羅斯人的報告，一七八六年開年第一個狩獵季節，俄羅斯專業獵戶在普利比羅夫群島「隨便」揮棒，便「收穫」了超過四萬隻海豹。[46]此後，毛皮收穫數量年年增加，特別是在一七九〇年代末，俄羅斯人引進了數百名阿留申人來執行這項恐怖任務。根據歷史學家萊恩．瓊斯（Ryan Jones）的說法，在長達二十五年內，儘管海豹最初的數量「難以計數」，但最終普利比羅夫群島的海豹數量卻已「少到了令人懷疑其未來能否存續的地步」。[47]

北太平洋地區的海豹狩獵正是在一八〇〇年之前達到最高峰，幾乎與人們在智利海岸屠殺南方海豹群的時間一致。阿瑪薩．德拉諾所提到的、在馬斯阿富拉島使用棒子敲擊、剝皮和晾乾獸皮的敘述，描繪的是自一七〇〇年代初以來就在那裡發生且行之有年的事，不過這些最早期的歐洲獵人的狩獵規模只在百位數，而非數十萬計。威廉．丹皮爾（William Dampier），這位曾三次環球航行的英國航海家，在一六八六年駛近馬斯地島（Mas a Tierra）時，表示從沒見過有這麼多海豹散布整座島嶼的壯觀場面：「海豹成群結隊聚集在這座島上，好像牠們在這世上沒有別的容身之處似的——這裡沒有一處海灣或一塊礁石可以讓人登岸，因為到處都擠滿了海豹……大船或可來這裝滿整船的海豹皮。」[48]丹皮爾所說「大船」可滿載毛皮海豹而歸的預言，的確在一七九〇年代晚期被印證。在此四座島嶼上獵取海豹，可以輕而易舉超越北太平洋普利比羅夫群島的狩獵規模。[49]

一七九〇年代，英國、法國和西班牙的船隻都在胡安・費南德茲群島對海豹展開獵殺，但來自新英格蘭的美國船隻很快就在這一行裡脫穎而出。他們屠宰海豹群的高超效率令人瞠目結舌。幾十艘新英格蘭船隻派出狩獵隊登岸，他們趁著在海豹設法交配和生育的季節，一連進行好幾個月的獵殺。一七九三年，波士頓船「傑弗遜」號（Jefferson）收穫了一萬三千張海豹皮；但相較之下，這並不算多，譬如「伊麗莎」號（Eliza）在同一年滿載著三萬八千張海豹皮前往廣東。[50]「貝姬」號（Betsey）船長愛德蒙・范寧（Edmund Fanning）描述其船員一八〇〇年在馬斯阿富拉島上高超的工作效率，他說：「當（該船）貨艙爆滿後，連艙室和前水手艙都塞滿了貨，只留下少許空間勉強供船員睡覺。」[51]在那一季當中，還有另外十多艘船加入了馬斯阿富拉島的大屠殺，每條船都得手了數萬張海豹皮。這導致胡安・費南德茲群島到處都是腐爛的海豹屍體，臭氣熏天，屍堆上覆滿了厚厚一層昆蟲。「只要你一張開嘴，馬上會吃到滿嘴蒼蠅。」「敏娜娃」號（Minerva）船長如此寫道。[52]

美國狩獵船隊在胡安・費南德茲群島持續狩獵了大約十年，每年運出數十萬張海豹皮。有些航次確實滿載而歸，然後在廣東大發利市，但有些航次則沒這麼順利。敏娜娃號的船員花了將近三年的時間穿梭於島嶼之間，苦苦等待倖存毛皮海豹在特定季節出現，但最後只收穫了三萬張海豹皮。完全可以預見的事情發生了——「海豹非常稀少。」敏娜娃號船長在一八〇二年寫道。[53]事實上，海豹少得可憐，不過才幾年光景，人們便不再來到胡安·費南德茲群島狩獵海豹了。一八〇七年二月十五日，路易士·柯立芝寫道：「我們在晚上十點到十一點（接近）下風海岸（Lee Shore）時，經過了胡安·費南德茲群島。」如果在十年前，柯立芝可能會聽見大量海豹所發出的震耳欲聾的吼叫聲，而當時他只聽得見海浪拍打海灘的聲響。[54]這種靜寂，說明了胡安·費南德茲群島的驚人變化：僅僅十年多，人們已在這裡殺了大約三百萬隻海豹。

路易士·柯立芝沿著美洲海岸線向北航行途中，參加了下一階段的狩獵行動。柯立芝是波士頓海豹狩獵船「紫水晶」號（Amethyst）上一名二十三歲的高級船員，當時正前往東太平洋上一處仍有不少海豹棲息的地方：下加利福尼亞與上加利福尼亞的沿海島嶼。一八〇六年九月，五十二人在波士頓登上紫水晶號啟航出海。根據柯立芝的說法，這些人當中有二十人正承受著「性病不同階段的症狀折磨」，有幾人非常嚴重。其他疾病也很快就出現了。有一名在前一次西北海岸航行中招攬上船的印第安「男服務員」，在離開波士頓一個月後便開始生病（「這是個不尋常的怪異巧合。」柯立芝如此寫道）。[55]後來不到一年，這名印第安人就死了，另外還有好幾名船員死於壞血病和其他疾病。柯立芝的身體並無大礙，但他得眼睜睜看著周圍許多同僚死在下加利福尼亞的沿海島嶼上。與此同時，那些健康狀況還過得去的人則卯起勁來工作，殺死了三萬五千多隻瓜達魯佩海豹（即北美毛皮海獅）。[56]

柯立芝在他四年的工作過程中斷斷續續地寫日記，揭露了獵殺海豹這種冒險活動的怪異奇特本質。首先是孤獨：在紫水晶號甚至都還沒開到太平洋時，就有一小組人先被丟到哥夫島

（Gough Island）上執行這趟航行的任務，那是南大西洋一個無人居住的小島。[57]船長塞思·史密斯（Seth Smith）除了承諾會在不久的將來的某個時候（足足十八個月後）返回外，只給海豹狩獵小組留了足夠生存的物資，然後就頭也不回地將紫水晶號駛入太平洋，前往下加利福尼亞。一八〇七年春天，在航行六個月後，紫水晶號接續抵達下加利福尼亞沿海的島群，包括聖貝尼托島（San Benito）、瓜達魯佩島（Guadalupe）、塞德羅斯島（Cedros）和納吉維達島（Natividad）。船長在每座島上都留下一個海豹狩獵小組。柯立芝在聖貝尼托島的沙灘上看著紫水晶號離去，知道這下子它將消失一年。他很擔心島上沒有淡水，並注意到有幾個人似乎出現了壞血病的症狀。為了擺脫孤獨，他開始在日記裡抄寫蘇格蘭詩人詹姆斯·比堤（James Beattie）的詩句：「石頭層層疊疊堆積，彷彿被施了魔咒。」[58]

紫水晶號上至少還有另外十來位剝皮工人和柯立芝一起被丟在聖貝尼托島和附近的塞德羅斯島上。在這些人之中包括四、五名夏威夷人，他們是史密斯船長從一艘在海上交會的船隻簽下的勞工。後來，很快就有人病故，死了七個人（有美國人、也有夏威夷人），他們死於壞血病和其他各種疾病。他在日記中未能合理解釋的是，不知何故，柯立芝和部分人員的健康狀況依然良好，哪怕缺乏乾淨的水和營養食物。[59]同樣奇怪的是，柯立芝並未詳細描寫他們來到島上後所展開的狩獵海豹工作。在為期五週的一段時間，這些人（只有那些「大致已從壞血病中恢復的人」）開始用棒子敲擊海豹並剝皮。想必這差事的血腥本質對柯立芝的情緒影響不大，或是說，假如真有影響，他便藉著在日記裡抄寫幾段詩句來讓自己分心（他引述英國作家約瑟夫·艾狄生〔Joseph Addison〕的話：「在這看似友善的沙洲，我們放手一搏」）。[60]他們在聖貝尼托島收穫了大約八千五百張皮，另外在塞德羅斯島收穫了三千張——幾名營養不良的男子忙得不可開交，而他們在前幾個月目睹了許多人死亡。

紫水晶號不見蹤影將近一年後，終於在一八〇八年五月十六日返回；當時，柯立芝這群船員已經餓得半死，被太陽曬得形同佝僂，腳上裹著割下的海豹皮——他們一定看起來慘透了。然而，這次柯立芝仍舊在日記裡保持沉默，沒有透露大家或許期待看到的內容，譬如一份給史密斯船長的報告，交代船員在聖貝尼托島上亡故，而這份報告也像是在回應船長對這悲慘情況的評估，因為船員的死是由於未能提供抗壞血病藥物，船長負有一定責任。但實際上，柯立芝只陳述了紫水晶號狩獵小組獵取海豹皮的豐碩成果。由於這群人的努力工作，這趟獵海豹航行已經轉虧為盈，他們辛勤勞動的成果最終將被運往繁忙的廣東市場。[61]

紫水晶號在一八〇九年抵達廣東，時值美國往來此港口的航次已達到一八一二年美英戰爭爆發前二十年的最高峰，但這場即將到來的戰爭將嚴重削弱美國的航運。一八〇四年至〇九年間，總共有一百五十四艘美國船隻來到廣東交易；這些船隻當中大約有三分之一是橫渡太平洋而來，海豹皮也自然成為這些太平洋貿易船上攜帶的最常見貿易商品。[62]但是，由於北太平洋、胡安．費南德茲群島、下加利福尼亞與上加利福尼亞都在大肆狩獵海豹，海豹的收穫量也逐年減少。況且，「狩獵」一詞太過文雅，實在難以描述海岸線上發生的實情。更精準的說法是，數百萬隻海豹已被美國、俄羅斯和原住民獵人用棍棒活活打死並剝去毛皮。在當時，粗暴的屠殺手段壓倒狩獵技巧，成為了主流。

總而言之，對海豹的屠殺在東太平洋海岸線和近海島嶼的芸芸眾生中剔出了一塊明顯的空白，更不用說造成海豹瀕臨滅絕的生態後果（瓜達魯佩的北美毛皮海獅數量降到了最低點，可能只剩下數十隻，至今依然被列為瀕危物種）。[63]這種變化非同一般：在一七〇〇年代晚期，毛皮海豹的繁殖地經常傳出震耳欲聾的聲響，而且在鋪天蓋地分布在沿海地區，但僅僅過了三十年，這些繁殖地已變得鴉雀無聲。這場大獵殺的產物，也就是堆在船艙裡成百上千萬的海豹皮，已然被運往遙遠國度的商貿市場，掩蓋了人們為取得這些商品所使用的暴力。路易士．柯立芝似乎很善於處理數千隻海豹慘遭人工屠宰與聖貝尼托「可愛而崇高」的荒島環境荒誕並列的景象。「我的小屋位置絕佳，視野開闊，」他從自己的小破屋裡描寫美麗風光。然後，他全然不提周圍的殘酷屠殺，只潦草抄下英國哥德小說家安．沃德．瑞德克里夫（Ann Ward Radcliffe）的一段文字：「美女懷抱著恐怖睡去。」[64]

回到馬達雷納灣：老虎號與灰鯨的對決

四十年後，瑪麗．布魯斯特在老虎號捕鯨船的甲板上看到了類似的恐怖，當時她身處更南邊的下加利福尼亞海岸。一八四七年的一月和二月間，她目睹了世界上罕見的捕鯨活動。七艘船上的船員在馬達雷納灣追逐著一千多頭忙於分娩和哺乳的雌灰鯨——同時間，牠們也不得不保護幼鯨與自身性命，逃避魚叉手的攻擊。利用鯨魚出於「母愛」保護幼鯨的弱點來獵鯨，這絕非一場公平戰鬥，而且屠殺正在哺乳的母鯨的行徑，完全悖離了男人在茫茫大海中與鯨魚對抗的男子氣慨。[65]但這畢竟不是《白鯨記》。現實狀況是，瑪麗．布魯斯特和老虎號的船員們正處於全球捕鯨業的巔峰時期，同時，這正好也是美國領土和工業擴張最為關鍵的幾十年。這些捕鯨船尋覓著龐然巨獸，從浩瀚大洋一直追進了沿岸海灣，那裡是母鯨孕育下一代的地方。

宛如工廠般的美國捕鯨船隊，為美國新興的工廠提供了兩種重要物資：照明用燃油，以及高速運轉機械所需要的潤滑油。家庭與城市對於鯨油和鯨腦油的仰賴，無疑最引人關注。早在一七八五年，後來的美國第二任總統約翰・亞當斯（John Adams）就曾在倫敦向約翰・傑伊（John Jay）②吹噓：「在自然界已知的任何物質中，唯有鯨腦油能發出最清澈、最美麗的火焰，我們都很驚訝，你們（在倫敦）居然喜歡黑暗，並能接受隨之而來的街上搶劫、入室盜竊和謀殺。」[66]英國當然不希望自己的城市及鄉鎮一片漆黑並充斥謀殺事件；其實，英國慎重地優先採用自家捕鯨業生產的鯨腦油和鯨油，供需求最吃緊的紡織廠使用。然而，英國捕鯨業在一八〇〇年代初走向衰落，對鯨油的需求儘管日益增長，但美國出口的鯨油填補了缺口。[67]

一八三〇年代，美國對鯨腦油及鯨油的使用也集中在新英格蘭的紡織廠，隨後更廣泛地應用在城市中從車間改造而成的工廠和鐵路火車頭上。鯨腦油提煉自抹香鯨，是最乾淨、最昂貴的油種，用來潤滑精密且昂貴的機器，而鯨油則用來潤滑重型機械的零件。捕鯨船在太平洋上大肆獵鯨的結果，使得鯨腦油從一八四〇年代中期開始逐年供不應求。價格迅速上漲之後，許多工廠不得不採用品質較低、但來源豐富的鯨油。[68]到了老虎號的船員在馬達雷納灣屠殺灰鯨時，就連次級的灰鯨油也變得供不應求。

一八三五至五五年間，捕鯨業在全球盛況空前，這時美國捕鯨業者不管在船隻噸位還是年捕殺量，都已遠遠超過了歐洲的競爭對手，尤其是在太平洋地區。到了一八五〇年，太平洋上已有大約七百艘美國捕鯨船，占了全球捕鯨船總數的四分之三以上。[69]太平洋從根本上改變了捕鯨業。根據一項最全面的研究，在人們大規模捕殺鯨魚之前，太平洋中的鯨魚數量超過一百八十萬頭。相較之下，大西洋和印度洋的鯨魚數量就少得多，分別為三十四萬六千頭和五十四萬四千頭。[70]為了因應在太平洋上捕鯨的挑戰，捕鯨業的規模、領域和特徵都發生了變化，包括航行時間（一般長達三十至五十個月）、船舶裝備成本（粗估為兩萬美元，不包括勞力和船舶價值）、勞工的多元化（夏威夷人和毛利人成為最大宗的新勞力來源），以及技術的進步（如旋轉式魚叉槍的出現）。除了這些變化之外，還出現了專門報導捕鯨的刊物，譬如每星期出刊的《捕鯨人物誌》（*Whalemens' Shipping List*，在新貝德福〔New Bedford〕發行）和《朋友》（*Friend*，在檀香山發行），而布魯斯特船長在老虎號航行中可以從巧遇的船隻上取得這兩份刊物。

在馬達雷納灣獵鯨的第一週，對所有參與其中的人來說都極富戲劇色彩。老虎號派出了四條捕鯨小艇，瑪麗．布魯斯特記錄道：「船上所有人都坐上小艇出海了，只留下（她的）兄弟詹姆斯，他一人身兼製桶匠、木匠、廚師、管家和船艙服務員。」布魯斯特船長也留在老虎號上，並傳授瑪麗一些他可能是從海博尼亞號的史密斯船長那裡學到的策略：用新生的幼鯨為誘餌來獵取母鯨。吸取了這些知識，瑪麗開始列出老虎號的每條小艇的獵鯨戰果（「左舷艇，三十五頭鯨」、「上中甲板艇，三十頭鯨」，諸如這般），但數著鯨魚屍體的新鮮感淡去之後，

---

② 譯注：約翰．傑伊（一七四五至一八二九年）為美國革命元勳之一，後曾任美國聯邦法院第一任首席大法官。

她便停止計算了。[71]不久後，她的日記裡出現了一個不同的表格——表格中，她列出遇難的捕鯨小艇和人員傷亡。一八四七年一月八日，布魯斯特寫道：「船頭艇嚴重翻覆。」儘管沒有船員受傷。[72]從那一天起，船上的木匠，也就是瑪麗的兄弟詹姆斯，便一直忙著修理破損的小艇。

「魔鬼魚」每天都攻擊捕鯨小艇和船員。第一個受重傷的是海博尼亞號的三副——一條十五公尺長的灰鯨用尾巴擊碎了捕鯨小艇，也弄斷了他的腿。幾天後，「特雷斯科特」號（Trescott）一名十七歲的菜鳥水手萊傑．威爾金森（Ledger Wilkinson）被一頭身中多支鐵叉的鯨魚殺死。瑪麗．布魯斯特在日記中記下這段「憂傷」插曲：「今天早上，特雷斯科特號上有個年輕人被一條鯨魚殺死，鯨魚把小艇掀翻並攻擊他。小艇翻覆後，他們還沒來得及找到他，他就沉了下去。」[73]他們很快地搜索萊傑．威爾金森的屍體，但一切徒勞。兩週後，他的屍骸被沖上岸。瑪麗談到了他的最後安息地：「他被埋葬……在距離海邊不遠的地方，那兒孤零零地躺著前一季被殺的五個人。」[74]二月初，一頭灰鯨攻擊凱薩琳號的一條補鯨艇，為馬達雷納灣這處臨時墓地增添了更多住客。有兩名年輕人沒能逃過小艇翻覆，而其中一人的屍體再也沒有浮出水面。「美洲」號（America）的威廉．亨利．哈塞爾（William Henry Hassell）也沒能葬入墓地。「他溺斃了，」兩個月後，在檀香山發行的《朋友》如此報導。[75]「就這樣，許多年輕人死去並葬身大海。」瑪麗．布魯斯特在二月初如此寫道。[76]

儘管每天都有捕鯨小艇毀損及人員傷殘，但在布魯斯特的日記裡，一八四六至四七年馬達雷納灣獵鯨季的死亡人數卻比上個季節來得少。如果以人命來衡量，上一回在此海灣裡獵鯨，可真是不折不扣的災難——當時獵鯨者不擇手段殺死母鯨，讓體內幾乎不含鯨脂的幼鯨活活餓死，這對加利福尼亞灰鯨這個物種來說，更是一場浩劫。在馬達雷納灣破天荒的第一場獵殺季中，只有兩艘船參與，分別是海博尼亞號（來自新倫敦）和美利堅合眾號（來自史托寧頓）。在這兩艘船中，海博尼亞號的圓滿收場與美利堅合眾號的不幸結局形成鮮明對比。據信，美利堅合眾號在馬達雷納灣損失了多達五名船員，而回航時船上只裝載了少量鯨油。而且，兩年後，一頭抹香鯨在東加附近對美利堅合眾號展開報復，用力衝撞，致使該船（當時已改裝成客船）幾分鐘便沉沒了。雖然船員和九名乘客都安全登上救生艇，但仍有四名孩童隨船沉沒。[77]

一八四五年末，或許是一時興起，海博尼亞號和美利堅合眾號駛進了馬達雷納灣。當時，兩艘船都已在整個太平洋上尋找鯨魚一年多了，卻仍沒撈到多少鯨油，而兩艘船的船長肯定都能感受到船員們竊竊私語中的不滿。在此不久前，關於灰鯨數量及其每年遷徙的消息才開始流傳：一份有關白令海鯨魚的夏季覓食場的誇大報告聲稱「見到了一萬頭加利福尼亞鯨魚」，而幾年前，法國和英國的調查機構才剛公布母鯨和幼鯨的冬季哺育場（包括馬達雷納灣和另外兩個下加利福尼亞海灣）的資料。[78]從白令海到下加利福尼亞是一場漫長的遷徙（或許也是世界上為時最久的哺乳動物遷徙），灰鯨在抵達下加利福尼亞的繁殖地後，絕對有著頭等大事要做。[79]灰鯨的生命週期及其物種的延續都有賴於此。海博尼亞號的詹姆斯．史密斯船長和美利堅合眾號的約書亞．史蒂文斯船長（Joshua Stevens）事先對於灰鯨在下加利福尼亞環礁水域的行為所知不多，但北太平洋捕鯨者早已為灰鯨取了「魔鬼魚」和「硬頭」等綽號，這確實也足以讓兩個船長有所警惕。[80]

根據某位觀察者的說法，馬達雷納灣足夠深，讓鯨魚可以在水下深處「發聲」，然後活像

「魚雷」一樣「直衝海面」。「捕鯨小艇上每個人都坐立難安，」他接著說道，「就好像坐在一座即將爆炸的火藥庫上。」[81]美利堅合眾號二副「尼科爾斯先生」（Mr. Nichols）指揮的那條捕鯨小艇被一頭憤怒的鯨魚掀翻時，儼然就像這樣爆炸。當時，尼科爾斯可能站在小艇前端並準備射出手中的魚叉，因此承受了整個撞擊力道。附近一艘捕鯨小艇很快救起落海的所有水手，也包括身負重傷的尼科爾斯，但他三天後便死了。那天，船上的大副也被一頭憤怒鯨魚報復——他的捕鯨小艇被掀翻，艇上所有人都被拋入水中。他的身體想必曾遭到強烈撕扯；兩個月後該船抵達茂宜島，史蒂文斯船長只能對外表示：「大副也許可以康復。」[82]這種翻船事件引發的黑色幽默在捕鯨隊中引發激烈迴響，一名年輕人寫道：「被鯨魚尾巴撞到十五英尺高空，然後看著自己下巴掛在一旁往下掉，這可不是亂吹牛。」[83]

兩艘船的船長與船員很快便意識到灰鯨的強大破壞力。正如同魚叉手L・H・維爾米利亞（L. H. Vermilyea）多年後的告白：「牠們可能是世界上最難對付的鯨魚。」[84]維爾米利亞的敘述透露了海博尼亞號和美利堅合眾號後來採用的新策略：捕鯨小艇會把母鯨連同幼鯨驅趕到海岸旁的淺水區——在那裡，鯨魚的機動性變差，幼鯨很容易擱淺。這個策略大大提高了成功獵捕的機率，尤其是海博尼亞號，因而能在海岸附近捕獲一頭又一頭鯨魚。捕鯨小艇盡可能地遠離母鯨，只是時不時地用一頭已經中鉤的幼鯨當誘餌，進而把母鯨誘進淺灘。一八五〇年代下加利福尼亞灣區最成功的捕鯨船長查爾斯・斯卡蒙（Charles M. Scammon）描述了整個過程：「（我們）從岸上用一條繩索把幼鯨拖到淺水區，讓牠看起來像漂浮在水面上一樣。」他說，發狂的母鯨此時會試圖徘徊在受困的幼崽身邊，這便給了魚叉手一個好機會，能從海灘上用「捕鯨砲」射中母鯨。[85]

斯卡蒙提到的「捕鯨砲」或可解釋這兩艘捕鯨船在馬達雷納灣的不同命運。這種新發明的武器（也被稱作「炸彈矛」或「魚叉砲」）可以讓魚叉手在相對安全的距離外攻擊鯨魚的「致命部位」，而矛尖荷載的炸藥則有助於了結最後的血腥活，要不然魚叉手得親自操起一支長長的「手矛」來收拾殘局。按斯卡蒙的說法，一八四六年捕鯨砲首次在馬達雷納灣被投入使用，而我們可以斷定，絕對是海博尼亞號的魚叉手使用了這項新技術。[86]海博尼亞號在不到兩個月的持續作業中，獵取了近二十四頭鯨魚，足可裝成一千多桶「清澈的優質鯨油」。相較之下，美利堅合眾號在同樣時間裡只獵取了十頭灰鯨，而且該船抵達茂宜島時，船員們仍處於失去四、五名同伴的悲慟之中。[87]

海博尼亞號和美利堅合眾號在馬達雷納灣獵捕灰鯨的消息傳到了夏威夷，雖然一則以喜、一則以憂，但也引起不少船長的興趣，其中就包括老虎號的船長威廉・布魯斯特。他決定下個季節也去馬達雷納灣碰碰運氣。瑪麗和船上其他人對這決定無從置喙。瑪麗在海灣度過了快樂的幾個月；她閱讀史密斯船長的藏書，在許多溫暖的夜晚中享用新鮮牡蠣和龍蝦，同時為老虎號船員的平安祈禱。然而，她也見證了捕鯨航行中黑暗的一面：船員們斷腿斷腳、溺斃，但同時也有人做出了那些她自認為水手們應當感到可恥的失格行為。「我發現自己並非海灣裡唯一的女人。」在聽說另一艘船上「羈押」了三名年輕女子供船員洩慾後，她憤怒地如此寫道。她並未詳細交代這些女人的狀況或來歷（譬如她們究竟是妓女或俘虜，是下加利福尼亞當地人還是跟著船一起來的），但她的確看見其中一名婦女在一條行經老虎號的小艇上，朝著鄰船駛去，而其船長就在這名女性身邊。對於這件事，瑪麗無奈地下了個結論：「喔，羞恥啊，如果我們必須就如此公開的行為做出判斷，而這些行為比言語更加響亮，那麼我們在這裡就真的是不知羞恥。」[88]

顯然，瑪麗．布魯斯特為男人及其社會關係劃定了道德底線，而男人們的越線行為似乎讓她深感困擾。但奇怪的是，她並不在乎獵鯨這種人類與海洋哺乳動物之間的暴力衝突：用捕鯨矛突刺、肢解鯨屍、沸騰的鍋爐，以及船上同伴專門利用幼鯨來瞄準並屠殺雌鯨的行徑。她如此評述：

每天都有很多小艇翻覆，他們都說眼前這頭鯨魚是他們所見過最難對付的鯨魚。他們搞定鯨魚（也就是將魚叉射進一頭雌鯨）的唯一方法，是追趕幼鯨，直到牠疲憊不堪，然後將捕鯨叉射進幼鯨體內，用繩索將牠拴住；此時，雌鯨便會跟在身邊，然後雌鯨自己也會被射中套住。我的兄弟詹姆斯已經跟隨捕鯨小艇出了幾趟任務。他說，他曾見到一頭幼鯨被拴住後，雌鯨游上前來，想用尾鰭把鐵叉弄掉，但卻發現自己辦不到，然後牠就用自己的背來拱，試圖讓鐵叉脫落。捕鯨叉刺入時幼鯨時，往往會直接殺死幼鯨。萬一發生這種情況，鯨魚……一旦發現牠的孩子死了，便會轉身找捕鯨小艇拚命。[89]

對於鯨魚奮不顧身想把自己幼崽身上的魚叉弄出來的情景，布魯斯特似乎一點也不覺得難過。在航行的最後階段，剖開鯨體和煉油作業也沒對她造成任何困擾。其實，每肢解一頭鯨魚、提煉鯨脂，都意味著能夠裝滿更多桶鯨油，那麼距離老虎號回家的日子也就更近了。到了晚間，布魯斯特看到裝滿脂肪的鍋爐熾烈燃燒，甚至覺得莊嚴萬分。「快要滿月了，」有天晚上，她在自己艙室中寫道，「五艘船正在沸騰……在我看來，大家似乎想較量看看誰能發出最強烈的光芒。有時火焰飆得很高，看起來好像所有船都在燃燒。」[90]

這裡，布魯斯特談到了每一個寫日記或隨後發表個人經歷的水手所敘述的主要話題：要捕獲、殺死並剖開一種比蒸汽火車頭更大、更有力的哺乳動物，確實是一項艱鉅的任務。一八三九年，年僅十二歲的塞雷諾·愛德華茲·畢夏普（Sereno Edwards Bishop）是「威廉·李」號（William Lee）捕鯨船上的一名乘客，他描述了一頭十八公尺長的鯨魚被繩索栓住並肢解的過程。[91]「她是一頭碩大無比的生物，」他寫道，「（但）他們在她的尾巴上打了一個活結，用繩索將她拴在船頭。」畢夏普專注地記下這些繁複的程序：水手們把大型滑輪組繫在主桅杆上，用約六點三五公分、半粗的繩子把鯨魚團團綑住；一個男人會在腰間上繫著安全繩爬上鯨魚，並用鏟刀刨開一道大口子，將一支大鐵鉤深深地插進去，接著便要剝下鯨脂。[92]另一名敘述者寫道，這個「手術」有點像從一個長筒上剝掉一大堆膠帶。[93]船員們用繩索滑輪把大塊的鯨脂吊起來，過程中會逐漸將鯨魚翻轉到船的右舷。「把鯨魚翻轉過來一次就花了兩個小時，」畢夏普說道，「然後他們砍掉鯨魚的頭、固定在船尾，準備第二天提取鯨腦油。」[94]畢夏普就此結束了他的敘述。也許他覺得「切塊」和提脂煉油的過程太過沉悶，不過有其他人覺得很有意思。

瑪麗·布魯斯特說，她第一次目睹此一過程時，坐在甲板上的一條小艇中，足足看了一下午。「所有船員看起來都很興奮、渾身油膩。」她描述甲板上的男人各就各位，專門有一組人將巨大的鯨脂切成大小適中的條塊，然後放進沸騰的煉油大鍋中。她接著說道，有個男人持續注意煉油爐的火候，不停地攪拌以免油脂燒起來，當鍋子裝滿時，便將油脂浸入冷卻槽裡。製桶匠忙著準備桶子，以便盛裝浸入銅製冷卻槽中的鯨油。[95]整個製作過程宛如工廠裡的生產作業，就如船員湯瑪斯・艾特金森（Thomas Atkinson）所描述。男人們將一大條一大條的厚鯨脂塊切成手臂長短的粗條，放進「細切機」將其拼接成窄條，最後倒進六十四加侖的大鐵鍋（煉油爐）中。[96]這個過程的每個階段都充滿致命風險。就連鯨脂本身也可能害死人；「阿拉丁」號（Aladdin）捕鯨船船長愛德華・科平（Edward Copping）的遭遇就是明證，他被掛在錨鉤鏈上的一塊巨大鯨脂砸到腦袋，最終喪命。[97]當然，他的這種死法相當奇特，但是其他與鯨脂有關的意外事故倒是家常便飯，包括像是被鋒利的鏟刀割斷四肢、在船旁切割鯨魚屍體時被鯊魚襲擊，以及數不清的因魚叉造成的傷害。然而，根據瑪麗・布魯斯特的說法，這些男人無疑都很「快樂」，因為每一桶提煉好的鯨脂都可換來更多的報酬（或「分成」〔lays，捕鯨船水手薪酬是按經由收穫價值的一個固定比例發放〕）。[98]

一八四七年二月底，老虎號船員準備啟航。鯨油都已被封裝在桶子裡，捕鯨矛和魚叉都已安全收好，而男人們血漬斑斑的衣服則浸泡在裝滿他們自己尿液的大罐裡（高濃度的阿摩尼亞能分解油脂）。瑪麗看著這些收拾工作的進行，很快地給她的朋友們寫了幾封信，交給往「老家」康乃狄克方向行駛的船隻代為轉遞。「我們這些可憐蟲還得在外頭多待一年。」她在談到老虎號接下來的航行時寫道。[99]老虎號在一月、二月期間已經裝滿了五百多桶鯨油，而來自新英格蘭的其他六艘船也同樣進展順利。這支小小的捕鯨船隊在兩個月內殺死了一百五十頭成年雌灰鯨，而另外約莫同等數量的幼灰鯨要麼死於捕鯨叉，要麼死於饑餓。這些幼鯨的死亡也引發連帶傷亡——屍體上毫無鯨脂可取（或是剝下）。船隊損失了一些人，但灰鯨卻失去了一處安全且重要的環礁水域繁殖地。整個灰鯨物種從此陷入一個不斷下墜的死亡螺旋，眼看就要滅絕。

假如一八四七至四八年之間沒有捕鯨船返回馬達雷納灣的話，這裡的鯨魚的繁殖數量應該不難從前兩季的狩獵中恢復。然而，在東太平洋大規模獵殺海洋哺乳動物的人們絕不會停下腳步。實際上，在隨後的第三場狩獵季中，大約有二十到三十多艘捕鯨船來到海灣，展開了查爾斯·斯卡蒙所謂的、一場對抗鯨魚的「海上大對決」。[100]在沿海岸線往北遷移的年度遷徙季結束時，馬達雷納灣一帶大約有五百頭灰鯨和新生幼崽沒能活著離開，而次年返回的鯨群極少。[101]

一八四八年三月下旬，當船長們已準備好船隻在第三場狩獵季結束後離開時，出現了一個更大的外部因素介入這處遙遠的海灣：從加利福尼亞（此時已牢牢掌握在美國軍隊手中）傳來了發現大量黃金的消息。水手們很快就決定了他們的去留，其中最敢冒險或最不滿現狀的決定跳船。三月下旬，「鮑迪奇」號（Bowditch）有七名水手在夜間乘坐捕鯨小艇開溜。[102]後來也有其他潛逃者打算比照這笨拙的方法前往加利福尼亞，但自然結局都十分悲慘。「布拉明」號（Bramin）的船員比較有耐心，他們一直等到船抵達檀香山之後才行動——船長一上岸，整艘船立刻被船員接管，迅速駛往舊金山灣。[103]在一艘捕鯨船上工作絕對無法致富，但趕上淘金熱的話，或許有機會。

美國的征服行動與工業發展

在馬達雷納灣發生的這些事件讓這個地方變得十分引人注目，而以世俗標準而言，這地方偏離了重要的歷史地點與趨勢的常規。加利福尼亞海岸的這片環礁水域驚悚上演著人類屠殺鯨魚、鯨魚襲擊船隻的大戲，但這片與世隔絕之處，其位置的重要性在於讓推動北美洲三大主要發展的力量於此匯聚，這三大發展對東太平洋地區有著直接影響：美國進行領土擴張的征服行動，耗用自然資源的新興工業化，以及新英格蘭捕鯨業的鼎盛時期。

談到擴張主義，老虎號在一八四五至四八年的航行，恰好與美國帝國主義強潮下的核心事件相呼應：美墨戰爭。老虎號於一八四五年的秋季啟航，當時德克薩斯被美國吞併的消息在新英格蘭的海運業界傳得沸沸揚揚。當美國於一八四六年五月正式向墨西哥宣戰時，老虎號已在幾天前離開夏威夷（美國的未來領地）前往西北海岸。數週之後，瑪麗．布魯斯特驚恐地看著一頭鯨魚殺死了小夥子湯瑪斯．柏金斯，而就在一天前，一隊由美國屯墾者組成的烏合之眾冒失地在加利福尼亞升起「熊旗」，宣布成立一個獨立的共和國。③ 一八四六年十二月，就在馬達雷納灣的捕鯨者磨利了長矛蓄勢待發之際，瑪麗記下了共七艘捕鯨船正興高采烈地交流「戰爭消息」。這些消息在隔年一月獲得證實：美國軍隊攻占了洛杉磯，同時溫菲爾德．史考特將軍（Winfield Scott）的部隊正準備登陸包圍維拉克魯斯（Veracruz）。104 就在墨西哥城戰役的幾天前，瑪麗．布魯斯特在歐胡島與美國戰艦「夏安」號（Cyane）的驕傲軍官們喝下午茶，接著，在老虎號抵達康乃狄克兩天後，美國參議院通過《瓜達魯佩伊達哥條約》（Treaty of

Guadalupe Hidalgo），結束了美墨戰爭。[105]也就是說，在老虎號收穫了三千桶鯨油的三十個月這段期間，美國奪得了建立大陸帝國的領土。

如果從太平洋的角度來看，帝國主義擴張與捕鯨之間有著密不可分的關係。讓我們從兩種不同視角來看待美國在這場征服戰爭中最終占領的墨西哥領土。美國人——更具體地說，就是擴張主義者——將這些遙遠的西部土地視為大陸命運的一部分。這是一大片尚未得到充分運用的土地資源，毗鄰太平洋，或可打開「通往亞洲之路」。[106]擴張可以完成取得西部土地的昭昭天命，並在初步意義上，將其以外的海洋也納入帝國版圖。另一方面，美國在太平洋以海洋牟利者（至一八三〇年代，以新英格蘭捕鯨業者占其中最大宗），是以不同的邏輯看待擴張主義。對他們來說，太平洋的自然資源和貿易機會是早已得手的事物，而非一種可能性；捕鯨業者從他們數十年來在海洋的活動中充分確信這一點。他們透過自主的個人行動，打造了這個國家，達到了某些人所認定的最終目標。當這個國家以帝國姿態向西移動，便將在東太平洋上與來自新英格蘭的頑強捕鯨者相遇。

就連那些反對領土擴張的美國人，其中有些人也竭力讚譽太平洋捕鯨船隊為實踐美國經濟與政治帝國強權的先鋒衛隊。麻薩諸塞州「輝格黨」（Whig）④參議員丹尼爾・韋伯斯特（Daniel

---

③ 譯注：一八四六年六月十日，美國探險家約翰・佛利蒙（John Charles Fremont）與加州移民起事反對墨西哥政府，宣布成立「加利福尼亞共和國」（California Republic）。他們以繪有加州原生的熊的旗子為國旗，故也稱為「熊旗共和國」，而該旗正是今日加州州旗的前身。

④ 譯注：輝格黨為十九世紀美國政黨，反對總統專權，推崇國家現代化與經濟發展。

Webster，一七八二至一八五二年）強烈反對發動美墨戰爭，他在參議院強悍地駁斥詹姆斯·波克總統（James K. Polk，美國第十一任總統，一七九五至一八四九年）對美墨戰爭及其將帶來領土擴張所做的辯解。[107]然而，他本人長期為新英格蘭在太平洋海洋事務中的地位進行遊說；他作為捕鯨業者的代表，大力支持美國遠征探險隊（一八三八至四二年），並撰寫了〈泰勒信條〉（Tyler Doctrine，一八四二年）⑤，宣告美國在太平洋大部分地區的勢力範圍，特別是夏威夷群島。一八四二年，韋伯斯特甚至要求國會分別向墨西哥和英國買下舊金山灣與胡安·德富卡海峽。在國會宣布對墨西哥開戰的第二天，韋伯斯特懇求總統將美國「龐大的捕鯨船隊」視為「重要的戰時資產」。他致信波克總統建議道：「美國海軍指揮官應做好保衛（捕鯨船隊）準備……並建議船長們在本次狩獵季中繼續他們的業務，而屆時捕鯨船隊應在夏威夷會師。」拋開擴張主義不談，韋伯斯特認為美國捕鯨業共計七百三十六艘船的艦隊，其營運價值為三千萬美元，對國家工業化經濟發展至關重要。[108]

與此同時，其他反對擴張的人士則對美國在太平洋地區扮演任何角色提出質疑。南卡羅來納州參議員喬治·麥克杜菲（George McDuffie，一七九〇至一八五一年）是著名的決鬥家和奴隸制的激進鼓吹者，他強烈反對領土擴張和美國需要太平洋沿岸港口的主張。他在參議院堅稱，印度群島的財富並不足以構成擴張領土的理由。「這整塊領土，還不值我的一小撮鼻菸。」他如此說道。[109]然而，麥克杜菲和他那副塞滿鼻菸的尊容卻在歷史中站錯了隊伍。捕鯨者和其他美國海上貿易商早已向美國揭示了太平洋地區的「財富」，以及向北方的紡織業供應鯨油的必要性，而參議員麥克杜菲推崇的南方奴隸制度完全仰賴於北方的紡織業。事實上，麻薩諸塞州紡織廠的紡錘車間已經把南方奴隸這種資源與太平洋捕鯨船隊收穫的另一種資源連為一體。這個國家的經濟，就是在這三種看似完全不同的生產系統的動態互動中茁壯繁榮起來的。[110]

鯨油的用途繁多，其需求隨之日益增長。它也填補了一項暫時性的工業利基：在早期類型的潤滑油和一八六〇年代問世的石油供給之間，鯨油滿足了消費經濟快速發展之際的重要需求。舉凡工廠、城鎮、街燈、桌上的蠟燭、燈塔和蒸汽火車頭，全都使用人們在半個地球外從鯨脂提煉出來的鯨油。然而，這一切用途的背後都要付出致命代價，亞哈船長（Captain Ahab）⑥警告他的聽眾：「看在上帝的份上，別浪費你的燈油和蠟燭！你燃燒的每一加侖油中，都摻和了補鯨人流淌的鮮血。」[111]一八四八年，也就是老虎號返回康乃狄克的那一年，美國鯨油業生產了八百多萬加侖鯨油和三百六十多萬加侖的鯨腦油。[112]不過，鯨油業並未記錄每年總共「流淌」了多少人類鮮血。

結語：下加利福尼亞的最後灰鯨

老虎號回到康乃狄克後，瑪麗．布魯斯特與朋友們非常快樂地度過了整整三個月又十九天。接著，她和自己的船長丈夫再度登上老虎號，前往太平洋展開為期三年的航行。[113]老虎號

⑤ 譯注：泰勒信條的內容主張，是美國出兵讓夏威夷得以脫離歐洲控制。
⑥ 譯注：亞哈船長為小說《白鯨記》中的主要人物，是一艘補鯨船的船長。

在第二次航行中沒有返回馬達雷納灣或其他下加利福尼亞的鯨魚繁殖地。事實上，在接下來的五、六年，沒有幾個船長繼續沿這條海岸線獵捕鯨魚。原因相當明顯。與美國捕鯨船隊共七百艘船的絕大部分船隻相同，老虎號在夏季前往北太平洋，捕殺了大量的弓頭鯨、抹香鯨和露脊鯨，使得鯨油產量在一八四九年達到歷史巔峰（鯨腦油在更早幾年前便已創下紀錄）。在這些繁榮美好的捕鯨歲月中，加工煉油廠不斷要求得到最潔淨的鯨油，而不是從灰鯨身上提取到的灰色渾濁物質。但在達到此一歷史性高峰後，不到五年，鯨油產量便開始下滑（十年內下降了近百分之二十五），迫使加工煉油廠降低對品質的苛求。[114] 一八五九年，賓夕法尼亞州泰特斯維（Titusville）油井引發的石油革命前夕，捕鯨業的目標已調降為太平洋上任何殺得死的鯨魚，其中也包括下加利福尼亞的灰鯨。查爾斯・斯卡蒙船長便帶頭參與了這場大獵殺的最後一次拚搏。

斯卡蒙在晚年致力於海洋哺乳動物的研究與保護。他發揮擔任多艘捕鯨船（包括「里奧諾爾」號〔Leonore〕、波士頓號和「海鳥」號〔Ocean Bird〕）船長時的高工作效率，千方百計為他生命後期的保護主義志業創造所需條件。一八五〇年代晚期，他在馬達雷納灣、奧霍德列夫雷（Ojo de Liebre，又名「斯卡蒙礁湖」）和聖伊格納修（巴耶納礁湖〔Ballenas Lagoon〕）這些到了冬季即有鯨魚來此產子的海灣獵殺灰鯨。根據一項針對灰鯨滅絕的純計量研究統計，斯卡蒙在一八五五年坐著里奧諾爾號到來後，短短十年內，僅存的雌灰鯨中便有將近百分之九十遭到捕殺。[115] 這些雌灰鯨新產下的幼鯨，僅有少數能夠獲得另一頭雌鯨的保護和養育，其餘全部活活餓死。到了一八六〇年代中期，生物學上的終局已然到來：倖存的成年雌鯨大約只剩下一千頭，存活下來的幼鯨數目更遠低於此，剩餘的成年雄鯨則在牠們每年沿北美海岸遷徙的過程中被一隻一隻地殺死。在獵鯨生涯的最後幾年，斯卡蒙德將他獵殺的鯨魚數量製表統計，計算提取的鯨油桶數，然後陷入沉思。他想：「這種哺乳動物是否會被列為太平洋中的滅絕物種之一。」[116]

灰鯨的數量跌到了史無前例的新低，不到最初數量的百分之十，一直要到二十世紀才能再次緩慢增長。到了那時，鯨油在美國工業車間中曾經占據的地位，被其他燃料和潤滑劑所取代。美國捕鯨船隊的規模在一八六〇年代急遽下降；到了一八八〇年代晚期，美國捕鯨船隊只剩下不到一百艘船，而鯨油的市場幾近完全消失（儘管鯨腦油仍有買家）。到了二十世紀，有些國家，特別是挪威、俄羅斯和日本，仍繼續在北太平洋捕殺灰鯨和其他鯨魚。一九三二至四六年間，一艘取名意味深長的俄羅斯捕鯨船「阿留申」號（Aleut）在北冰洋和北太平洋捕殺了六百二十三頭灰鯨。[117]自從俄羅斯專業獵戶首次召募阿留申人捕殺海獺這種遠比鯨魚小但更值錢的獵物以來，已經過去了將近兩百年。終究，體型未被列入海洋哺乳動物大獵殺中的利潤導向指標。十八世紀一隻近一公尺長的海獺，遠比二十世紀的一頭成年灰鯨更加值錢。

對海洋哺乳動物的大獵殺發生在某些十分名不見經傳的所在，甚至可說都是些小地方。這些地點包括了海風凜冽的沿海島嶼和偏遠的礁湖，譬如塞德羅斯島、法拉榮群島（Farallon Islands）、胡安·費南德茲群島、白令海的普利比羅夫群島，以及老虎號船員於一八四六至四七年的暖冬狩獵灰鯨的馬達雷納灣，當時瑪麗·布魯斯特正在那兒寫她的日記。若是相較周遭世界最終將毛皮、生皮與鯨脂商品化的市場和生產網路，這些地方確實名不見經傳，而且從這些商品也看不見大獵殺的本質。按照每一物種瀕臨滅絕的時間點，這些偏遠地點在連接亞洲、歐洲、太平洋島嶼和美洲的海上貿易中，各自在一段短暫的時間內具有關鍵地位。

第五章

博物學家在大洋

Naturalists and Natives in the Great Ocean

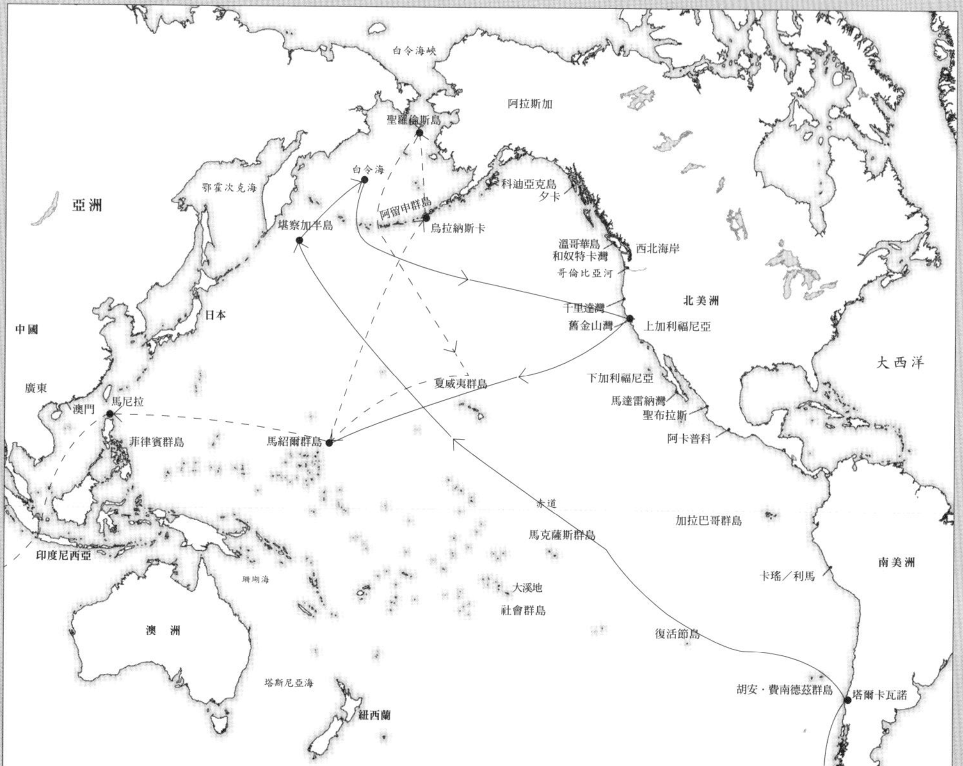

留里克號 1815-18 年航行路線

1815 年 8 月 俄羅斯聖彼得堡 → 1816 年 1 月 合恩角 → 1816 年 2 月 塔爾卡瓦諾 → 1816 年 3 月 復活節島 → 1816 年 6 月 堪察加群島 → 1816 年 7 月 白令海 → 1816 年 10 月 舊金山灣 → 1816 年 11 月 夏威夷群島 → 1817 年 1 月 馬紹爾群島 → 1817 年 4 月 烏拉納斯卡 → 1817 年 7 月 聖羅倫斯島 → 1817 年 9 月 夏威夷群島 → 1817 年 11 月 馬紹爾群島 → 1817 年 12 月 馬尼拉 → 1818 年 8 月 俄羅斯聖彼得堡

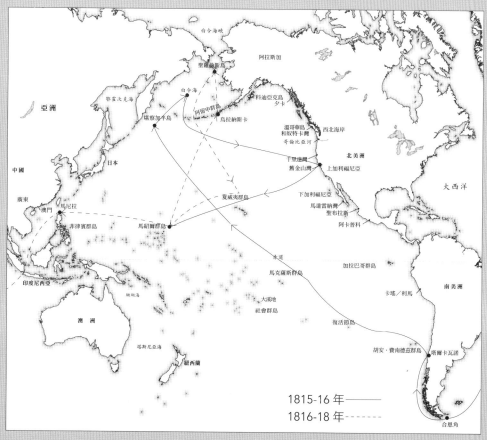

留里克號，一八一五至一八年

卡杜在一個陽光明媚的日子爬上了「留里克」號（Rurik），當時這艘船停靠在馬紹爾群島拉塔克島鏈（Ratak Chain）的一個名叫奧爾島（Aur）的小環礁。他告訴自己一定要留在這艘俄羅斯船上，加入環繞太平洋的探險。這個年輕人是個天生的航海者。他出生在奧爾島以西約三千兩百里外的沃列艾環礁（Woleai atoll），四年前，有艘船陰錯陽差地把他帶到了拉塔克島鏈。僅有少數歐洲船隻曾看到過這條孤獨的島鏈，而島上居民與「德里─貝勒」（*dri-belle*，馬紹爾語中對穿著衣服、擁有物質財富的外國人的稱呼）有過接觸的更是少見。[1]當卡杜決定加入探險時，大海和船上的德里─貝勒都沒有嚇倒他。卡杜曉得，這將是一次漫長的航行，他很可能就此一去不復返——德里─貝勒透過一切可能的溝通手段向他強調了這一事實。卡杜的朋友也懇求他千萬別留在這條船上，但最後，當留里克號於一八一七年三月啟航、駛往被一名軍官形容為「陰暗北方」的白令海峽時，卡杜仍然在船上。[2]

在接下來的九個月裡，卡杜成為被船上成員所尊敬的人物。該船的三十二名軍官和水手大為欣賞他的幽默感與好奇心，而且軍官們還邀請卡杜同桌用餐。留里克號上有三位「科學紳士」纏著他索要資訊；特別是其中一位博物學家阿德爾貝特．馮．夏米索，不斷詢問卡杜有關植物學、宗教、習俗、馬紹爾語（*kajin Majol*），以及他對馬紹爾群島以外的世界的了解。夏米索仔細觀察著卡杜對他們所到之處和所遇之人的反應：他看著卡杜如何應對白令海的嚴寒天候與烏納拉斯卡（Unalaska，阿留申群島最大的城市）的原住民，以及如何學會與夏威夷島民溝通。

圖 5.1　原住民卡杜土生土長於馬紹爾群島。一八一七年，卡杜乘坐留里克號，隨著奧圖・馮・科澤布（Otto von Kotzebue）率領的俄羅斯遠征探險隊周遊北太平洋。（此圖由杭廷頓圖書館提供。）

[3]當他們回到拉塔克群島，夏米索已把卡杜視為朋友，但這位博物學家也擔心「文明」會給這些島民帶來什麼不良影響。夏米索甚至開始質疑自己心目中對於文明的定義，想在自己身上刺一個「拉塔克式」的紋身。島上居民出於神靈的理由，拒絕了他的這項請求。[4]

卡杜是怎麼看待夏米索的呢？夏米索問了這麼多問題，測量海洋與天空，從地上採集植物和其他物體，並不斷在日記中記筆記。他可能被夏米索停不下來、近乎瘋狂的活動逗樂了。卡杜並不是唯一一個遇到外國科學家的太平洋原住民，這些科學家當中有絕大多數都跟夏米索一樣，喜歡遠離海岸、深入內陸，並且蒐集標本和向當地原住民問問題。一七六九年，毛利青年霍雷塔・特塔尼瓦觀察詹姆士・庫克船長的兩位博物學家約瑟夫・班克斯爵士和丹尼爾・索蘭德（Daniel Solander）在惠蒂安加港附近採集標本，他回憶道：「他們在懸崖上採草，不斷敲打海灘上的石頭，而我們說，『這些妖精在幹什麼呀？』」[5]

在庫克第一次航行的五十年後，博物學家依然從事這樣的「活動」，而等到夏米索展開航行時，這些科學家的人數甚至比以往任何時期都多。他們凝視著夏威夷的火山，數著智利海岸的鯨魚。他們觀察印第安人在聖地牙哥附近獵兔子，並在高緯度北極區採集岩石樣本。他們當中最傑出的一些，向當地村民真誠地提出問題，為的是取得知識，而他們當中最差勁的一些，則將村民視為野蠻人，認為他沒身上沒有值得蒐集的資訊。有少數博物學家蒐集頭骨，用來衡量原住民腦袋裡能夠容納多少知識。

夏米索在一八一五至一八一八年參與的太平洋航行，標誌著探險和自然主義活動進入了一個新階段。在過去十年中，拿破崙戰爭實質上限制了歐洲人進入太平洋的遠征。但在之後的二十年

圖 5.2 法裔普魯士博物學家阿德爾貝特・馮・夏米索在一八一五至一八年的俄羅斯留里克號航行中，對他眼中的「大洋」進行了鳥瞰式描述。另外，他擔心風起雲湧的歐洲太平洋探險會對原住民族帶來不良影響。

裡，越來越多的歐洲和美國船隻冒險進入太平洋勘探與從事貿易。在這些航行中，許多船上載有「科學紳士」。[6]雖然他們的工作性質與先前博物學家的研究相似——他們仍然蒐集自然物質，研究所到之處的當地原住民，並在海上與陸上進行各種測量工作，但他們工作的社會、政治和經濟環境卻已發生了變化。到了一八二一年，墨西哥、秘魯、智利和其他地方的獨立運動切斷了絕大部分西屬美洲與西班牙母國的聯繫，從而使得美洲西海岸進一步與太平洋上的航運與自然研究結合。譬如，夏米索原本在智利和上加利福尼亞從事原野調查時，行動自由受到西班牙官方限制，但到了一八二〇年代中期，法國英雄號船上的博物學家們在當下已屬於墨西哥的上加利福尼亞地區活動時，就不再有這些限制了。英雄號和留里克號的探險，都體現出博物學家工作大環境的另一個變化：探險航行本身，以及船上的科學乘客，往往都是由私人與帝國政府所共同出資贊助。由於有私人贊助的成分，這一時期的博物學家的國籍經常不同於他們所搭乘船隻的國籍，這讓他們保有某種程度的自由來批判帝國野心。夏米索就是這樣一個例子。他出生於法國，在普魯士受教育，對歐洲帝國的計畫不屑一顧，儘管他自己也參與了俄羅斯帝國的一項重大事業。

最終，後拿破崙時期的博物學家們觀察到，太平洋原住民群體的生活狀況，已經與五十年前約瑟夫・班克斯、阿雷罕卓・馬拉斯匹納，或是葛歐克・史特拉所接觸到的群體景況大不相同。此時，博物學家所看到的原住民群體不同於早期接觸時期，而是處於流行病、社會分裂和殖民主義手段嚴重衝擊原住民的生命與健康狀況之後，又過了兩代或數代。本章主要探究的三位博物學家——阿德爾貝特・馮・夏米索、奧古斯特・杜豪特—西里（Auguste Duhaut-

Cilly）、梅雷迪思．蓋德納，三人在抵達太平洋時，對於人種誌學都不抱持特別興趣，也未曾受過相關訓練。然而，他們三人後來的研究都側重於人種誌方面的科學，這既表明「自然歷史」是一個寬廣的領域，同時也反映出他們在社會嚴重動盪的時期研究原住民的渴望。最後，他們對原住民群體的悲慘處境各自表現出不同的反應，從真誠的認知與同情，到蔑視與惡劣的盜墓行為，不一而足。

「科學人士」：帝國科學與個人欲求

不少近代博物學家在兩百年後留名青史，以下僅列舉數人：約瑟夫．班克斯爵士、查爾斯．達爾文、菲利伯．康默森（Philibert Commerson）[①]、葛歐克．史特拉、約翰及喬治．福斯特父子、阿奇博爾德．門吉斯（Archibald Menzies）[②]、詹姆士．德維特．達納、查爾斯．皮克林（Charles Pickering）[③]。然而，大多數博物學家的名字只有科學探索領域的專家才認得出來。幾乎每一次政府出資的航行，以及在許多私人資助的探險中，都有博物學家身涉其中，他們以博學見聞和自然歷史方面的訓練來彌補船上軍官的欠缺。當時許多人簡單地稱他們為博物學

① 譯注：菲利伯．康默森（一七二七至七三年），法國博物學家，曾參與探險家路易士．布干維爾的環球航行。
② 譯注：阿奇博爾德．門吉斯（一七五四至一八四二年），蘇格蘭博物學家，曾擔任英國海軍船醫，參與喬治．溫哥華船長的航海探險。
③ 譯注：查爾斯．皮克林（一八〇五至七八年），美國博物學家，曾參與查爾斯．威爾克斯船長的航海探險。

家，不過他們當中許多人也擁有諸如醫生、自然歷史學家、科學家、植物學家、科學紳士、科學旅者等專業頭銜；此外，根據一名半信半疑、勉為其難管理著船上一大群博物學家的指揮官的口頭術語，他們也叫做「科學人士」。

海軍官校見習生威廉．雷諾茲在疑心很重的上司查爾斯．威爾克斯少校手下工作，他十分生動地描述了船上博物學家在甲板上的活動：

科學人士們切割東西、解剖並徹底檢查，也使用放大鏡來仔細觀察，他們製圖、繪畫、翻查書籍找資料，用文字描述所學、發明眾人不會唸的術語，並告訴我們關於生物組織裡的所有奧秘，等等、等等、等等。他們有蜥蜴，有死有活，還有漂浮在酒精中的魚、鯊魚下顎及內部有填塞物的海龜標本。他們的瓶瓶罐罐裡，裝著在鹽水中翻動的脊椎動物與小蟲，還有古老的貝殼。他們的特等客艙裡和床邊周圍也掛滿了許多稀奇古怪的擺設——這些看來可愛的玩意兒想必是科學人士樂於看到的事物。拿一個擺在我房間裡嗎——別、別！——當我好奇時，再去找你。

船長們經常咒罵這些帶著笨重裝備的博物學家，埋怨他們老是想往岸上跑，想去蒐集更多東西，而一些普通水手則對他們裝腔作勢的學究派頭感到不滿。至於威廉．雷諾茲，他倒是認為在海上生活的日常勞累中，這些博物學家可以讓人苦中作樂：「看一看科學人士的工作是我一天的娛樂之一，我學到了很多以前不知道的東西。」[7]

前述的短文摘錄自雷諾茲在一八三八年於美國縱帆船文森斯號上寫的日記，得以讓我們一窺那前後數十年間在太平洋航行的博物學家的日常工作。他們蒐集、解剖和分類標本；他們描繪、作畫，以及繪製四周景觀；他們封裝並保存那些無法在航行中存活的東西，同時細心照料那些有機會活過旅程並能帶回家的生物；他們在海上讀取數據並進行測量，同時等待機會（常常一連等待數月）上岸爬山、採集沿海平原的植物，開槍射擊任何會動的物體。他們夾雜著好奇、畏懼和種族優越感等複雜情緒，研究和比較原住民群體。有些博物學家把太平洋海盆視為一個完整的地理空間來深入思考，但他們大部分都滿足於蒐集與解讀大自然的細微事物，並以林奈分類法將自己的發現分門別類。這群海上科學家一旦返家回到實驗室，便計畫將他們的發現發表在最著名的科學期刊上。

有大量文獻研究從庫克航行開始一直到十九世紀中葉這段期間，歐洲和美國博物學家在太平洋的成就。[8]除了分析特定博物學家或探險隊的發現和學術論述之外，學者們越來越關注其「帝國科學」的意圖。科學探索在多大程度上服膺於帝國的經濟和地緣政治目標，並被用來合理化西方的優越地位？學者們梳理了這些目標的優先順序，但他們普遍同意科學服膺於帝國的總體方針，包括商業、地緣政治和科學目標。與此同時，博物學家則經常服膺於更直接的利益，譬如資助他們活動的富有贊助人的期望，或者是他們希望在自身專業上獲得認可的願望。我們從一七六〇年代末和一七七〇年代初期的太平洋探險中，能夠很清楚看見這些目標——畢竟，這是緊接在七年戰爭之後，首次真正在歐洲列強之間展開的全球競爭。[9]

七年戰爭結束之後，科學探索在英國、法國、西班牙等國的競爭中發揮了突出的作用。科學成為尋求海洋力量的要素，於是博物學家應政府贊助者的要求，研究太平洋洋流、風、危險的珊瑚礁，以及經緯度坐標系統。[10]科學也融入了地理新發現的競爭動力：有人能找到難以捉摸的西北航道嗎？地球南方是否存在一塊大陸？如果存在，是否含有寶貴的資源？下一個有待發現、類似夏威夷群島的島鏈在哪裡？這些問題無疑鼓舞了十八世紀末的航海家，但博物學家也為自己在植物學、地理學和人類學等相互關聯的領域的專業聲譽，付諸心力於這些發現。七年戰爭結束後，歐洲的競爭——尤其是在商業市場和全球探索方面的競爭，擴張到了太平洋，而科學也參與了這場競賽。

博物學家的出沒，在帝國主義列強之間開展的太平洋商業競爭中尤為重要。[11]科學人士大量蒐集標本並對天然資源進行分類編目；接下來，這些物品將在廣東、倫敦和舊金山市大放異彩，成為炙手可熱的貴重商品。譬如，一七四一年參與維塔斯·白令於北太平洋探險的博物學家葛歐克·史特拉，報導了某些島嶼上定居著「難以計數」的毛皮海豹與海獺；不到十年，俄羅斯的專業獵戶便對這些價值不菲的毛皮動物展開血腥獵殺。[12]庫克在第三次航行中雇用為船醫的博物學家威廉·艾理斯，是第一批看到夏威夷檀香樹的歐洲人之一，並發表了一份關於夏威夷群島天然資源豐富的報告——沒多久，珍貴的檀香木貿易便開始蓬勃發展。[13]博物學家還繪製了鯨魚種群的位置圖，觀察了斐濟處理海參的情形，勾勒出智利和秘魯附近覆滿鳥糞的島嶼，同時也回應政府對於重要海洋基礎設施細節的詢問，譬如道路、海灣、口岸或海港。[14]從鯨油到深水港，這些令人感興趣的領域，每一個都對十八世紀後期持續發展的商業具有實際價值。商業、科學和帝國探索三方相互重疊的目標，對於在拿破崙戰爭結束後進入太平洋的下一代博物學家來說，實為至關緊要。

俄羅斯的探險夢

詹姆士·庫克從來未曾發現西北航道，而維塔斯·白令、尚—弗朗索瓦·德·蓋拉普·德·拉佩魯茲、喬治·溫哥華和亞當·約翰·馮·克魯森斯特恩（Adam Johann von Krusenstern）[4]也沒有，更別提像是曾多次從北美大西洋端尋找西北航道的約翰·哈德遜（Henry Hudson）[5]這種探險家了。[15]西班牙探險家阿雷罕卓·馬拉斯匹納在一七九一年初夏航行至雅庫塔灣時，對發現西北航道一事抱持謹慎、樂觀態度。七月二日上午，他和幾名船員坐著「發現」號（*Descrubita*）放下的小船，沿著海灣長長的河道划行，蜿蜒穿過無數浮冰，拐過最後一個彎口，找到了他們要的答案。他們發現的不是一條通往大西洋的水道，而是一堵「冰封岩石」構成的高牆。馬拉斯匹納將此終點命名為「除魅灣」（*Bahia del Desengano*）。馬拉斯匹納一向是個實用主義者，他認為他在太平洋地區所欲達成的實際目標，遠不止於尋找一條連他心目中的英雄詹姆士·庫克都找不到的傳說通道。

在這之後過了二十五年，在俄羅斯聖彼得堡，尼古拉·彼得洛維奇·魯米安采夫伯爵（Nikolai Petrovich Rumiantsev，一七五四至一八二六年）儘管與馬拉斯匹納一樣具有務實的性格，他在俄羅斯海軍於拿破崙戰爭後變得十分衰敗的狀況下，仍對俄羅斯的海洋探險抱有雄

---

④ 譯注：亞當·約翰·馮·克魯森斯特恩（一七七〇至一八四六年），俄羅斯海軍軍官，曾指揮俄羅斯首次環球航行探險。

⑤ 譯注：約翰·哈德遜（一五六五至一六一一年），英國探險家，曾成功堪測現今加拿大的哈德遜灣。

心壯志。而又有什麼其他壯舉能比終於發現了西北航道，更能維護俄羅斯在各國中的地位呢？魯米安采夫是一位受人尊敬的政治家和富有的慈善家，他在一八一四年出資建造留里克號，並資助整趟探險航程，而船身上銘刻有屬於其家族的徽記。[16]他從皇家海軍精挑細選了一組船員，並選出一位海軍上尉名叫奧圖．馮．科澤布（Otto von Kotzebue）來領導這次遠征。科澤布在十幾歲時曾參與過俄羅斯的第一次環球航行（一八〇三至〇六年的克魯森斯特恩航行）。魯米安采夫對科澤布的指示，突顯出俄羅斯在地理上對北太平洋的特別關注：留里克號奉命從白令海峽向北穿行，而且必須「比庫克與克萊克航行得更遠」，巡查最北邊的美洲海岸，進而探尋理想的淺海灣，並找出一條「連接兩大洋（太平洋和大西洋）的通道」。最後，魯米安采夫命令科澤布，要從完全不同方向，穿越南太平洋兩次，以了解這片大洋，了解其島嶼居民，並蒐集大量的自然歷史文物，而這是為豐富他自己在聖彼得堡的收藏。據科澤布上尉說，為達成此目的，伯爵指派了一位「能幹的博物學家」隨同參與探險。[17]

除了業餘博物學家奧圖．馮．科澤布之外，留里克號上還有另外三名專研自然史的乘客參與這次航行。二十歲的路易士．喬里斯（Louis Choris，一七九五至一八二八年），是一名曾在普魯士受教育的繪圖員，他在十九世紀早期繪製了太平洋景象和當地居民的畫作，堪稱當代最重要的相關繪畫。他對人種誌細節的密切關注，跳脫了某些太平洋探險中隨行歐洲藝術家的浪漫主義和公然的種族歧視。[18]留里克號的醫生約翰．弗萊德里希．埃斯喬爾茲（Johann Friedrich Eschscholtz，一七九三至一八三一年）在動物學、植物學和昆蟲學方面受過良好教育。他發表了第一篇關於上加利福尼亞植物群的科學論文〈新加利福尼亞植物描述〉（Descriptiones

Plantarum Novae Californiae），不久後便死於工作過勞，享年三十八歲。[19]最後，魯米安采夫伯爵任命的那位「能幹的博物學家」名叫阿德爾貝特．馮．夏米索，是一位法國出生的流亡者，在柏林大學接受過自然科學教育。他也是個成功的詩人，以著有《彼得．施萊米爾神奇故事》（*Peter Schlemihls wundersame Geschichte*，德國暢銷童話，描述有個人將自己的影子賣給了魔鬼）一書而聞名，不過他絕對不是魯米安采夫首選的博物學家。[20]夏米索是在其他博物學家推辭了伯爵的委任後，才經由家庭關係獲得這個職位。這位三十四歲的流亡貴族、詩人、博物學家在一八一五年八月登上留里克號之前，從未出過海。

如果說科學探索是這次航行的目的，那麼快速檢視留里克號的航海日誌及之後發表的種種報導，就會發現這裡面的「科學」，是涉及政治、商業、地理、人種學和大自然多方面的各種調查。這場探險的路線包括在太平洋周邊繞兩個逆時針方向的大圈子，主要調查地點為智利、馬紹爾群島、堪察加半島、白令海峽、烏納拉斯卡、上加利福尼亞和夏威夷群島。科澤布所寫的航行報告（留里克號返航三年後，在倫敦發行的翻譯版），其內容枯燥乏味，並對未能發現西北航道略表歉意。不過，在這部共分三卷的報告中，幾乎有一半是由〈探險隊博物學家的評論與意見〉（Remarks and Opinions of the Naturalist of the Expedition，後簡稱為〈評論與意見〉）所組成，這是夏米索精心撰寫的論述，內容出自他對太平洋地區的全面考察，以及訪問過的人與地點。十年後，他發表了第二份著述《羅曼佐夫探險隊環遊世界之旅》（*A Voyage around the World with the Romanzov Exploring Expedition*），這次的重點明顯放在他與原住民族的接觸。

夏米索的〈評論與意見〉以全球視野開場，首先關注太平洋周圍的大陸與海洋，然後再把重點帶回太平洋。他寫道：「人們稱那兒為太平洋和南海，但兩個名字都不恰當。」他認為，前者掩蓋了它的真實特徵，譬如洶湧的海洋、似乎快要在島嶼和大陸海岸爆發的燃燒火山，以及對所有航海人（包括在古代從是遠洋航行的原住民航海者）都構成威脅的季風和風暴。[21]夏米索認為，「太平洋」一點也不「太平無事」，這片大洋是複雜而繽紛的水景，充滿了生命與歷史。另一方面，後者巧妙迴避了浩瀚大洋的絕大部分，特別是俄羅斯北方自治區領土及其許多地理奧秘。[22]夏米索繼續以鳥瞰式的方法研究太平洋，對海洋生物、動植物、原住民族及其語言和古代遷徙模式，廣泛地提出評論。他舉出世界上許多地方，來和太平洋社區做比較並分析共通之處，也為美洲的古代人類活動提出了可能推論。[23]

夏米索的研究的重要性在於其對海洋自然歷史的總體研究方式，即使它對以往太平洋博物學家所積累的知識並沒有做出開創性的貢獻。但〈評論與意見〉的其餘部分又是洋洋灑灑的三百頁文章，其中有兩大重要文獻：其一是對帝國在東太平洋上之作為的評估，另一則是對他們尋找西北通道的謹慎批評。

夏米索幾乎在留里克號的每個所到之處，都蔑視歐洲帝國在當地的機構和代表。一八一六年，在智利的康塞普申灣（Conception Bay），他譴責西班牙陷當地於此刻所處的「政治危機」；西班牙保皇黨壓迫「愛國者」，而該國的龐大財富在沒有「航海、商業或工業」的桎梏中萎靡凋敝。西班牙官員禁止夏米索和其他博物學家在該海港城市以外的地方自由活動（他想看看渴望「自由」的「純種」印第安人），對此他只好做出結論：「歐洲所有國家都毫無保留地支持西班牙殖民地鬥爭……殖民地與母國分離指日可待。」[24]夏米索造訪上加利福尼亞時也發表了類似評論，他指出西班牙「貪婪的占有欲」導致一座殖民地「沒有工業、貿易和航行，荒蕪一片，人跡罕至」。（事實上，在留里克號造訪當年，也只有少數船隻到過加利福尼亞海岸。）夏米索和科澤布都嘲笑新西班牙扼殺貿易的政策。很少有西班牙屯墾者來此定居（從這層意義上看，這片土地確實「渺無人煙」），特別是還有一種讓健康「失常」的問題（性病），導致印第安人送命。最後，他描述了帝國的主要手段——他認為，方濟會傳教活動「有欠光明磊落地展開，而且進行得非常拙劣」。[25]對於那些希望擺脫拿破崙戰爭的災難歲月、從而展望未來的歐洲國家，夏米索總結道，西班牙在太平洋地區的活動證明了一個衰敗而動盪的帝國在世界上無法長久。

由於夏米索自身在俄羅斯船上擔任的角色，以及他的〈評論與意見〉的官方性質，他對俄羅斯帝國在北太平洋探險行動的批評頗為審慎。因此，他將怒火指向俄美公司，而非俄羅斯帝國本身，重申了以往對於壓迫阿留申人和其他北方民族的批評。他寫道：「堪察加半島的原住民在新的外國（俄羅斯）統治枷鎖下幾乎完全絕跡，而俄美公司則把阿留申人變成了悲慘的奴隸，很快就會滅絕。」[26]總而言之，夏米索認為俄羅斯的殖民工作是過時且不開明的，而科澤布、甚至魯米安采夫伯爵可能也都對此抱持同樣觀點，他們兩人都在科學和發掘新知的基礎上鼓吹一種嶄新且「文明」的俄羅斯探索。[27]夏米索擔心，即便是最「文明」的探險也會對原住民群體造成危害，尤其他預計未來歲月中還會出現更多的海上航行。「願（上帝）讓歐洲人暫且遠離您的荒涼暗礁，讓那裡不具誘惑。」夏米索如此感言，特別想到了他那位來自遺世獨立的拉塔克群島的朋友卡杜。[28]

那麼夏米索對於探險表面上的目的，也就是尋找西北航道一事，有何看法？在留里克號的一八二一年官方發布報告中，夏米索和科澤布都極力迴避全球地理中這個「最後一道難題」。留里克號船員曾兩次從白令海向北方遠航。一八一六年夏天，他們穿越白令海峽進入楚克奇海（Chukchi Sea），船長在那裡命名了科澤布灣和夏米索島。次年夏天，留里克號卻只向北航行到聖勞倫斯島（Saint Lawrence Island，位於白令海峽正南面），科澤布隨即下令掉頭離去。航行結束十年後，夏米索指出，把公司的「全部希望」寄託在這樣一個難以捉摸的目標上，是一個嚴重錯誤。但他也責怪科澤布，當他們在遙遠北方的第二場航行遇到一堵看似無法穿透的冰牆時，決意離開白令海峽的決定。[29]我們對於這段航程的絕大部分過程，依然只有模棱兩可的認識。首先是一個基本問題：他們是否在尋找穿越北美的西北通道？亦或是在尋找穿越北亞的東北通道？（正如科澤布航海報告的副標題所示：「……為了探索一條東北通道……」）。在這件事情上，魯米安采夫伯爵對科澤布的命令同樣含糊不清，這容許船長自行做出判斷，不管發現哪條通道都足以證明俄羅斯的光榮。[30]

儘管他們沒有發現任何通道（無論是穿越亞洲、北美或任何其他大陸的通道都沒有），但這並不妨礙魯米安采夫進行探險的雄心壯志。魯米安采夫意識到，找出這條通道可以徹底改變全世界的海洋貿易，並為任何有幸發現這條通道的國家提供巨大的戰略價值。當時，歐洲各國仍在長達十多年、到了一八一五年才告終的拿破崙戰爭泥沼裡蹣跚前行，極度渴望在國內實現民族復興，並透過海外探索來維護國家實力。俄羅斯在戰爭期間的昂貴教訓，更加堅定了魯米安采夫和科澤布心中的這條信念，許多歐洲領袖也對此深有所感。值得注意的是，一八一六至三〇年間，人們前往太平洋展開十幾次的科學探索，而留里克號只不過是其中的第一次航行，但這代表自一七六〇年代以來，科學航行的數目首次比其他任何時期更多。[31]儘管有夏米索這樣的人擔憂進行中的調查對原住民族造成不良影響，但畢竟那只是少數人的意見。

卡杜與夏米索

有將近十年，夏米索一直反思自己在太平洋中的經歷。後來，到了晚年，他決定重述那次航行的故事。[32]在夏米索腦海中縈繞不去的，並不是太平洋上的海洋生物或地質情況，也不是他的同僚約翰·弗萊德里希·埃斯喬爾茲醫生蒐集的大量植物及昆蟲標本。夏米索一直忘不了的，反而是他的拉塔克朋友卡杜。正是因為與卡杜的交情，夏米索才發表了關於他所參與的最後航行的敘述——裡面所關心的並非其他議題，而是太平洋人種誌，這是該敘述內容中最突出的部分。

留里克號的博物學家在一八一七年確實於拉塔克群島發現了一些罕見之物：極少與歐洲人接觸的原住民部落。或許有少數幾條歐洲船隻曾行經這些小環礁，但人與人的接觸就少得許多。[33]儘管拉塔克人對「德里—貝勒」的了解遠遠超出夏米索的理解，但當地景物仍然十分原始，而夏米索甚至可以將它想像得更加原始。他含混地將留里克號的到來稱為島民與西方的「第一次接觸」，並將拉塔克島鏈描寫成一個未受荼毒的島嶼天堂。「沒有什麼地方比低地島嶼上的天空更晴朗、氣溫更適中。」他寫道，「當你被直射頭頂的太陽曬得過熱時，你可跳入深藍色的水中降溫；當你在外面待了一晚，第二天早上有點寒意時，你就跳進水裡、讓身子暖和起來。」如此良好的環境並不需要人們發展太多技術，夏米索說道，他也隨興算了算島上居民所擁有的幾件「鐵器」。他認為，即便這些器物，也都是當地人從「船隻殘骸」中找到的，而不是透過交易取得。夏米索是歐洲浪漫主義者約翰・哥特弗利德・馮・赫德（Johann Gottfried von Herder）⑥與尚—雅克・盧梭（Jean-Jacques Rousseau）的忠實讀者，而他簡直不敢相信自己的好運，因為他居然能發現一處與「過度文明」的歐洲形成鮮明對比的地方。那麼，他怎麼看卡杜呢？擁有「純潔」且「未受汙染的生活方式」——夏米索寫道：「我的朋友卡杜……是我一生之中所遇過最優秀的人之一，也是我最愛的人之一。」[34]至少在夏米索心目中，兩人在留里克號狹小空間裡相處了九個月，彼此之間已產生了深厚情誼。

夏米索研究了卡杜平和的舉止，並在整個航程中仔細觀察他對新環境的反應。他寫道：「在烏納拉斯卡及我們登陸的每個地方，卡杜都看著我們仔細觀察一切自然物質，研究和蒐集它們。」卡杜也參與了這些調查並蒐集了自己的蒐藏物。[35]卡杜蒐集實用的物品，如釘子、廢棄的鐵和磨刀石，而他在返回拉塔克後，便將這些物品贈送給朋友。夏米索讚揚他的朋友慷慨，哪怕他可能誤解了卡杜的用意，也就是贈送物品以此提高自身在社群階級中的地位。

夏米索、埃斯喬爾茲和喬里斯特別好奇地看著卡杜對他們其中的一個蒐藏品的反應：博物學家上一季在北太平洋「發現」的三個人類頭骨。夏米索在聖勞倫斯島的一處「高地」（很可能是一座墓地）的礫石堆中發現了一個頭骨，並偷偷將它「藏起來」，以免在回船路上被當地人看見。另外兩個頭骨則是從其他島的墓穴中取得——至少有一個是從「古代墓穴」中取出的，而按照夏米索的說法，似乎用「古代」一詞便可為盜竊人類遺骸的行為脫罪。當留里克號離開卡杜老家的島嶼不久後，博物學家拿出這三個頭骨給卡杜看，並努力揣測卡杜當時的內心狀態。夏米索回憶，卡杜當時提出了令人愣住的問題：「這是什麼？」然後，根據夏米索的說法，卡杜小心翼翼提出願意為他從自己在拉塔克的部落弄到一個頭骨。[36]當然，卡杜從未履行過這項提議，因為這完全違反了拉塔克人埋葬與尊重死者的習俗。

雖然夏米索不太可能理解卡杜的心思，但兩人的交情無疑影響了博物學家對他們遇到的原住民社群的看法。在檀香山港，夏米索被「周圍所有女人都在喊價，而所有男人都在為女人們開價，向我們大喊大叫」的行為給嚇到了。他將夏威夷的這種性交易與卡杜族人的純潔做了對比。他譴責夏威夷人的「淫蕩習俗」，同時也視其為歐洲殖民主義的副產物：「我們把貪婪和欲望轉嫁到（夏威夷人）身上，剝去了他們身上的羞恥之皮。」[37]他驚恐地看著卡杜「消失在（夏威夷）原住民之中」，深恐他們的「習俗」會荼毒他。但卡杜卻似乎如魚得水——他很快就曉得如何與夏威夷人溝通，也好像很喜歡有女人作陪。夏米索似乎也自得其樂，但沒提供細節。[38]對夏米索來說，夏威夷代表墮落，他擔心破壞這個天堂的歐洲人很快就會影響到卡杜的族人。

⑥ 譯注：約翰·哥特弗利德·馮·赫德（一七四四至一八〇三年），十八世紀德國哲學家、文學評論家、歷史學者及神學家。

上加利福尼亞的印第安人或許讓夏米索感受到最強烈的反差，與他想像中存在於拉塔克那完好無瑕的島嶼社會形成鮮明對比。與卡杜的族人不同的是，加利福尼亞的原住民生活在被西班牙殖民主義「征服」的「枷鎖」之下——更具體地說，就是屈從於「方濟會教士」的指揮之下，夏米索把這些傳教士比喻為「奴隸主」。他顯然很同情他遇見的印第安人（他特地挑出來那些歸順於「亞西西的聖方濟各教區」〔Mission San Francisco de Asís，即方濟會〕的一小群人），但是同情歸同情，他仍然把加利福尼亞原住民按種族等級與其他原住民進行排序。他給了他們一個「遠低於北部海岸和美洲內陸原住民的位階」，而且更遠遠不如拉塔克群島上未受荼毒的民族。[39]他和卡杜的夥伴關係當然影響了這種偏見的形成，因為卡杜擁有的個人自由和個性，簡直就像是在嘲笑加利福尼亞教區印第安人的不自由狀態。

然而，夏米索在上加利福尼亞也感受到一些其他事物：當地原住民對「自由」的「渴求」。一八一六年十月九日，留里克號的軍官們在紀念聖方濟各的慶典中，親眼目睹了一股反抗的暗流。留里克號抵達當地不久後，節慶活動便在亞西西的聖方濟各教區附近舉行，包括天主教彌撒和信徒遊行。夏米索和他的藝術家同僚路易士．喬里斯聚精會神地看著當天同時在教區正前方舉行的原住民儀式。喬里斯最驚豔的素描畫作之一《聖方濟各教區前的加利福尼亞原住民舞蹈》（*Danse des habitans de Californie al la mission de st. Francisco*，後簡稱《原住民舞蹈》）正是取材於此。喬里斯在畫中描繪出印第安人儀式的許多活動：跳舞、吟唱、鼓掌和遊戲，還有些人一起坐在地上演奏打擊樂器。兩名方濟會教士站在教區禮拜堂的入口處，那是一座宏偉的建築，是過去強迫在場示威者勞動建造而成。教士們對聚眾慶祝者似乎毫無防備。喬里斯在畫

圖 5.3　《聖方濟各教區前的加利福尼亞原住民舞蹈》，一八一六年。當時正參與留里克號航行的德裔俄羅斯藝術家路易士．喬里斯，創作了若干描繪十九世紀初太平洋原住民的最動人畫作。畫中的印第安人於一八一六年十月九日紀念聖方濟各的慶典上，集結在教區前舞蹈。（此圖由杭廷頓圖書館提供。）

圖 5.4 《聖方濟各要塞》，一八一六年。除了在聖方濟各紀念慶典舞蹈上享受片刻自由的印第安人，路易士．喬里斯也描繪了在西班牙士兵脅迫下充當勞工的加利福尼亞原住民。（此圖由杭廷頓圖書館提供。）

中展現的並不是一群被征服的原住民，而是一支保有自己的文化元素並具備暴力反抗活力的龐大人口。畫中看不到西班牙士兵蹤影，不過他們肯定在場，而且全副武裝地戒備著這一大群印第安人的集會。

如果喬里斯的《原住民舞蹈》是從某種視角描繪教區的印第安人，那麼這位藝術家的另一幅素描則提供了一個截然不同的故事。《聖方濟各要塞》（*Presidio of San Francisco*）這幅畫中描繪了西班牙騎兵向前驅趕著至少兩群印第安人。新信徒們背著包袱，在騎兵前面排成緊湊的隊形並匆忙行進。畫裡的印第安人看起來像是被奴役著，或者，他們充其量只是隱約出現在背景中的西班牙要塞所招募的勞工。喬里斯的《原住民舞蹈》與《聖方濟各要塞》這兩幅畫呈現的並非相互矛盾的敘事，而是描述了西班牙統治下的上加利福尼亞的緊張態勢：教區印第安人只能在某些時刻體會自由，而士兵和教士則透過暴力統治他們的日常生活。

這些素描被夏米索視為一系列「珍貴肖像」的一部分，有助於解釋這位博物學家所記載的人種誌。在拉塔克群島，夏米索相信自己看到了一個未受荼毒的原住民社會的美麗與優點。卡杜這個人正可用以解釋那樣的社會，而有卡杜在航行中作陪，也為這位博物學家提供解釋太平洋周圍的其他社會的依據。自然而然，這些社會相形見絀，因為夏米索認為殖民屯墾給它們帶來了暴力、疾病和奴役等不良後果。

不過，夏米索的人種誌並未以此作結。如同喬里斯刻劃出原住民舞者，夏米索從東太平洋許多社群中遇到的原住民身上看到了尊嚴與毅力。他經常浪漫地描述這些原住民的本土性，卻又同時貶抑某些種族特徵；種族差異讓這名受過高等教育的開明作家既深受吸引又感到嫌惡。

喬里斯的素描（繪製時夏米索站在他身邊），突顯了他們對原住民（des habitans）遭受征服和衰落的矛盾反應，同時也體現出原住民強烈的男子氣概與反抗潛力。

奧古斯特・杜豪特—西里的人種觀察

法國船英雄號在留里克號離開十一年後，來到了上加利福尼亞。在此前十年，這裡發生了很大變化。從上加利福尼亞一路綿延到智利，一連串的獨立運動沿著太平洋海岸線爆發，而上加利福尼亞的墨西哥獨立運動（一八二一年）只是其中之一。隨著新政府取消貿易限制，前西班牙殖民地的海洋商貿活動迅速增長。來自大西洋和太平洋許多港口的船隻，如今可以進入加利福尼亞水域進行貿易與考察——其中許多船上載有科學旅者，他們現在要比一八一六年的夏米索享受更多的行動自由，能夠沿著海岸和內陸谷地漫遊。

這趟由奧古斯特・杜豪特—西里擔任船長的法國遠航，就人種學研究和探險隊成員撰寫的各種報告來看，可說恰逢其時，但卻沒有引起太平洋自然勘探學者的太多關注。杜豪特—西里出身高貴，在大西洋和太平洋上累積了豐富的指揮經驗，他曾詳細敘述英雄號為期三年、充滿自然歷史知性的環遊世界之旅。杜豪特—西里也同時是一位才華橫溢的藝術家，他在線條畫上的細緻筆觸，揭示了一位船長對沿海航線與海岸景觀的專注。他自身的觀察力，與英雄號上、生於義大利的博物學家保羅・埃米利歐・波塔（Paulo Émilio Botta，一八〇二至七〇年）收藏動物的狂熱相得益彰。在後來的歲月裡，波塔將在亞述的考古發現上一鳴驚人，但在這次航行中並未締造出那般著名的研究成果。不過，他的研究報告仍然反映出一名年輕人對於旅行及在發現物產豐饒的加利福尼亞後，那種溢於言表的興奮之情。另外，英雄號的二副愛德蒙・勒・內特雷爾則自顧自地記錄他在植物學和人種學方面的觀察，他從不隨同一心只想做買賣而令他鄙視的「R先生」登岸。[40]

這裡的「R先生」指的是尚・拜蒂斯特・李維斯（Jean Baptiste Rives，一七九三至一八三三年），出生於法國，後來在太平洋地區成了海灘流浪者。一八一〇年左右，李維斯來到夏威夷群島，而在一八一九年利霍利霍（卡邁哈美哈二世）繼承王位後，他當上了利霍利霍的翻譯。一八二四年，李維斯陪同利霍利霍和卡麻馬魯女王（Queen Kamamalu）前往倫敦拜訪王室，卻出師不利，而這兩位王室成員在旅途中感染麻疹，不久便死了。[41]身為投機主義者的李維斯隨即向法國金融家們大肆宣傳利霍利霍已授予自己「極大特權」，得以在夏威夷群島從事貿易的故事——對於這名身材矮小的人來說，他所說的故事確實誇大荒誕。（杜豪特—西里曾描述李維斯活像有著一副「頂著一顆猴子腦袋、四呎八吋的瘦弱身體」。）[42]李維斯無所不用其極，成功說服了巴黎和阿弗赫（Le Havre）一群銀行家支持他進行一趟前往美洲海岸、夏威夷群島和中國的商貿航行，並由他擔任英雄號上的押運員。出資者為這趟航行安排了了一個小型「科學團隊」，成員包括波塔、勒・內特雷爾，以及指揮官杜豪特—西里，他們的任務是「掌握每個機會，觀察水文和其他特殊事物」。[43]由於命令如此模糊，況且此行的商業目的明顯優先於科學，因此科學團隊的成員多半按照自己的喜好來探索知識。

杜豪特—西里這次航行僅花了三年多就環繞全球，分別在利馬、馬薩特蘭（Mazatlan，墨西哥西部最大港口）、加利福尼亞、夏威夷群島和廣東展開貿易活動。然而，此行的商業收益肯定讓法國出資者大失所望——從來沒人見識過李維斯口口聲聲握有所謂在夏威夷經商的「極大特權」，因為他在眾人懷疑的眼光下，跳上另一艘船離開加利福尼亞海岸，因此並未跟著英雄號航行太遠。[44]儘管商業失利，但英雄號探險在科學方面的成就堪稱一絕：這艘船從俄羅斯的羅斯堡航行至下加利福尼亞北端，沿著加利福尼亞海岸展開了將近兩年的貿易活動，這給了博物學家千載難逢的機會，來研究當地海岸線與原住民族。

一八二七年開年的第十五天，英雄號抵達舊金山灣外，杜豪特—西里描述英雄號上眾人普遍的樂觀情緒。「正因為同在一條船上，所有人才真正因共同利益而團結一致，至少在涉及航行中的危險或成敗時確實如此。大家都覺得自己和同伴們休戚與共。」他如此寫道。[45]不過，無奈好事多磨，在大展拳腳之前，由於整條船頓時籠罩在無法穿透的濃霧中，英雄號被擋在海灣外整整超過一個星期。等船妥善停泊在海灣後，英雄號船長會見要塞指揮官伊格納修・馬丁內茲閣下並說明此行目的，而波塔則早已溜上岸，展開他的研究調查。據杜豪特—西里的說法，波塔當時手裡端著步槍，打算在「不太野蠻的空氣和水域中散播恐怖與死亡」。[46]

在接下來的一年半裡，波塔的步槍幾乎從沒閒過。他瞄準射程內的所有鳥類，包括濱鳥、鷹、喜鵲、畫眉、麻雀、鵝、鵪鶉、鷓鴣和大藍鷺。波塔對蜂鳥情有獨鍾，儘管他覺得這種鳥的嬌小體型有點掃興，但他還是對不同的蜂鳥進行分類。[47]在蒙特瑞灣，杜豪特—西里一邊欣賞著鳥類生命的多樣性，一邊在翠綠的長廊裡平靜漫步。但他也說道：「如果波塔博士還要繼續其蒐集加利福尼亞鳥皮的工作，情況可能就大不同了。他在聖塔克魯茲度過的兩天裡，幹了不少好事來打亂這些可憐生物的棲息地——說實話，我得承認我也參與了這場殘酷的侵略行動。」[48]每當英雄號靠岸，兩人便經常拉著勒．內特雷爾一起行動，他們不僅獵鳥，還時常捕捉野味。特別是熊，這個動物在他們關於加利福尼亞野生動物的報告中似乎占有許多篇幅，儘管整個科學團隊沒人真正獵到過一頭熊。[49]

在聖地牙哥北部的洛馬岬（Point Loma），他們發現野生動物如此繁榮發展，讓杜豪特—西里甚至擔心他的讀者會指責他誇大其詞。「真相並不總是可信。」他在日記中引用法國詩人尼古拉斯．布瓦洛（Nicolas Boileau）的話寫道。[50]在此情境中，「真相」包括大量的兔子——「野兔和兔子成群結隊地……穿越芳香繁花的田野，」杜豪特—西里寫道，「有好幾次我們一槍打死了兩隻。」此外，他描述了一場發生在洛馬岬、罕見的印第安人「大獵兔」的場景：

> 聖地牙哥教區（印第安人）經過神父允許，每年前來狩獵兩、三次。獵人們在兩到三百人之譜，排成一列，長長的戰線從陡峭的山坡一直延伸到海灣岸邊，他們比肩前進，驅趕前面那群長耳兔子。印第安人手持回力棒（*macanas*），那是一種打磨過的彎曲棍子，他們以高超的技巧投擲出去。隨著獵人前進，兔群數量不斷增加、越聚越多，引起獵人們興奮喊叫……兔群被逼到一個狹窄的地方，那裡的山坡盡頭是懸崖，野兔們看見自己的左側被斷崖阻隔，右側則被不可攀越的拉洛馬（La Loma）絕壁切斷，前方更被無法穿透的灌木叢擋住，於是開始意識到危險迫在眉睫。牠們驚慌失措，在恐懼中四處奔逃、尋求生路……這是一場大屠殺，一場名副其實的聖巴托羅繆（Saint Bartholomew）⑦大屠殺，許多兔子在印第安人最後展開的戰線前

死亡。[51]

杜豪特—西里讚揚印第安人捕殺兔子的精湛技巧，透露了一個次要訊息：多得不得了的兔子，以幾乎無從想像的數量來回奔跑，這表明在這片太平洋海岸上蘊藏著無比豐富的野生動物。

對於波塔、杜豪特—西里以及勉強算上的勒・內特雷爾來說，這種「豐富」是他們與加利福尼亞大自然相遇的核心意義。卑微的兔子繁殖到難以置信的驚人數量，而大熊也出現得異乎頻繁。成群的鳥兒從頭頂飛過，像「颶風」一般遮天蔽日。魚兒擠滿了易於進出的沿海海灣，使勒・內特雷爾在蒙特瑞停留時如此記載：「再也找不到另一處海灣有比這裡更多的魚。」大自然富庶得令人難以置信，這樣的「真相」讓勒・內特雷爾和杜豪特—西里都感到驚奇。[52]沿海的植物群也令這幾位遊人詫異，尤其是舊金山灣北面茂密的森林。當波塔在羅斯堡附近的森林的樹林下狩獵，杜豪特—西里驚訝地看著頭頂上的參天巨木。他估計，科羅拉多紅木（palo colorado，又稱紅杉或北美紅杉〔*Sequoia sempervirens*〕）是他所見過「最大的樹」。他測量了一棵剛倒下不久的紅杉（直徑六公尺，高七十公尺），心中思量著：「從這麼大的一顆樹上能取得多少木板啊。」接著，他以較具體的方式來表達這叢林木的規模：「我真想把這座森林變成一支龐大的艦隊，我彷彿看見船艦的桅杆上還掛著樹葉，正滿山遍野地搖曳著。」[53]

在上加利福尼亞，大自然的繁茂、多樣、規模與富庶，讓英雄號的博物學家們大感震驚，而他們各自將這種豐饒轉化為自己想像中的物相。[54]有時，他們會把天然資源視為具有市場價值的商品，就好比杜豪特—西里估計一顆紅杉樹可裁切出多少大小的木板。另有些時候，這些富庶對於他們在未來漫長航行中能否生存，更是別具實際意義。譬如，在英雄號離開上加利福尼亞、前往夏威夷之前，愛德蒙·勒·內特雷爾將鹹魚裝桶儲存，他以勞動產能來推算大量乾魚的總量：「三個人可在三小時內把一艘普通的船裝滿（魚）。」[55]正如他們所描述，上加利福尼亞是一個永恆的、尚未開發的富饒海岸。

當然，這塊沿海地區既非永恆不變，也不是尚未開發。杜豪特—西里一干人等所見證的富饒，取決於特定的歷史時刻，特別是當時正值原住民社群人口大幅下滑。這無疑是他們能在沿海獵取大量野生動物的主要原因。在西班牙殖民以前，加利福尼亞的本土民族曾在整個沿海地區和內陸山谷狩獵，他們使用各種手段與工具，包括人為縱火，以及使用類似杜豪特—西里所描述的回力棒。原本印第安人慎重對待野生動物，靠著狩獵和採集所需，過著不錯的生活。[56]然而，西班牙的殖民改變了這種獵人與獵物之間的互動共生，尤其在沿海的教區，印第安人口因外來疾病而銳減。在那段期間，加利福尼亞的非原住民人口（已在此地落戶紮根的地主、屯墾者和士兵）仍然不多。杜豪特—西里和勒·內特雷爾都注意到加利福尼亞居民對狩獵野生動物漠不關心，但他們將之解釋為「安逸」和「懶惰」。[57]因此，英雄號的博物學家在一八二六年和一八二七年所描述的富饒，其實代表當時一種特殊的人為現象：由於狩獵活動減少，沿海地區的野生動物大量繁衍，而這更是原住民人口減少的直接後果。

---

⑦ 譯注：聖巴托羅繆為耶穌十二門徒中第一個殉道者。

雖然英雄號上沒有任何博物學家做出此結論，但他們都對印第安人的悲慘狀況有所描述，並分別在各自的人種誌研究中說明這種人口衰減現象。愛德蒙·勒·內特雷爾把住在聖克拉拉教區的印第安人定調為「愚蠢生物」，而且還是拜方濟會傳教士的「耐心和毅力」所賜，他們才能勉強接近「開化」。勒·內特雷爾受到科學好奇心的驅使，進一步展開調查；在一座教區建築外的陰暗角落，他窺探一間印第安人茅草屋內的景象，看到四、五名印第安人蜷縮在篝火旁。他於是說道：「我簡直無法想像還有什麼事情能比那狹小空間裡的情景更骯髒或更令人噁心。我走進時，裡面的人正忙著捕捉和吃自己身上的蝨子。」勒·內特雷爾沒有解釋這些人如此貧困或活得如此不堪的原因，也沒讓科學興趣鼓舞他質疑自己對印第安人生活的最初印象。事實上，他的視野幾乎完全受限於自身的主觀成見。一八二六年六月，勒·內特雷爾來到羅斯堡近旁的海岸，有機會觀察一個人口稠密的本地居住區，該地住有包括與俄羅斯屯墾地往來的印第安人，以及其他與之完全隔絕的群體。然而，勒·內特雷爾卻全然看不出任何特別的事物。「這片鄉郊之地無人居住，」他寫道，「只有少數印第安人住在非常簡陋的濱海茅屋裡……他們通常都很髒。地上堆滿了美味的草莓。」[58]

杜豪特—西里對印第安人生活的觀察則比較細緻、富有同情心，同時也承認自己的視角有所侷限。這位受過良好教育的船長，對他所謂「原始民族」的困境很是敏感，他從傳教士那裡蒐集了關於印第安人口下降的資料，並有心多了解「自由印第安人」——也就是「尚未與西班牙人或克里奧墨西哥人混血的印第安原住民」。[59]杜豪特—西里認為克里奧屯墾者是「缺乏生命或個性的空殼」，是墮落的「西班牙人、英國人、墨西哥人和印第安人的混合體」，實際上只體現出殖民主義的不利後果。「只有靠著印第安人的勞動才能養活（克里奧人）。」他在關於印第安勞工的文章裡如此寫道。他讚揚某些方濟會傳教士（如聖塔芭芭拉的安東尼奧．里波爾神父〔Antonio Ripoll〕，他學會了一種楚馬仕方言），同時強烈批評其他沒有「才能或精力」來堅持使命的人。[60]

與勒．內特雷爾不同，杜豪特—西里讚許他所認定的印第安人的「自由精神」，認為他們對自由的渴望可能被扼殺、卻無法被消滅。[61]他藉由觀察及從最近的事件中列舉了一系列例子，來支持這啟蒙運動下的觀點：一八四二年的楚馬仕族起義；沿海教區的印第安人紛紛逃往內陸的圖拉雷斯（Tulares）；內陸原住民部落向墨西哥屯墾點展開復仇和報復；彭波尼奧（Pomponio）和瓦萊里奧（Valerio）等教會潛逃者殉難。甚至，連一名年輕印第安女孩帶著「惡意歡快」的一瞥這樣的短暫事件，都被當時人在聖塔芭芭拉的杜豪特—西里注意到。[62]

對於加利福尼亞原住民，波塔並未抱持杜豪特—西里所懷有的那種情感。實際上，他的〈加利福尼亞居住者觀察〉（Observations sur les habitans de la Californie，一八三一年）讀起來就像是薩維奇（Les Savage）的奇幻漫畫，這或許是因為在英雄號造訪廣東期間，他染上了終生吸食鴉片的習慣。（波塔在一八三〇年發表的博士論文〈吸食鴉片的用途〉（The Uses of Smoking Opium）中讚揚這種毒品具藥用性且賦予人們創造力。）[63]在波塔心目中，印第安人的身體比例失衡，特別是那些看來缺乏「可愛輪廓特徵」的印第安女人。他認為，教區的印第安人染上了各種惡習，至於荒野中的「野蠻印第安人」則難以了解，因為不可能取得他們的任何具體資料。不管可不可能，波塔仍然拼湊出充分資料來判定「野蠻印第安人」比在教區的族人來得更殘忍、更野蠻——總之，就是給人一種「可怕怪物」的想像。[64]事實證明，鴉片可能影響了波塔的「觀察」，因為他是在開始吸食鴉片三年後才發表了前述這些敘述。

勒．內特雷爾、杜豪特—西里和波塔所發表的這些評論，或可視為對加利福尼亞印第安人和其他太平洋原住民群體的典型人種誌研究。波塔和勒．內特雷爾將他們視為原始人類的樣本、可憐而貧窮的生物，因為形體缺陷而無法適應文明。譬如，波塔在他的著作《加利福尼亞居住者觀察》中，一開始就批評了印第安人的身體部位。他說他們的手太小，和身體的其他部位搭配不上，而他們的鼻子長得跟「黑人」一樣。[65]這兩位觀察者呼應了之前的許多人種學描述，將貧窮和生來懶惰歸結到人種的低劣。

杜豪特—西里的敘述則與夏米索的人種誌風格類似。兩人都常常將原住民與西方接觸前的「自然狀態」理想化，並對他們與西方接觸後的景況，以及西方殖民造成的人種「混合」現象表示哀歎；但與此同時，他們也認可原住民對於人身自由的渴望。[66]他們同情原住民的健康狀況低落、被西方人征服，以及貧困的慘境，這也與早期一些博物學家的說法相仿，其中包括喬治．萊因霍德．福斯特（曾參與庫克的第二次航行）和馬丁．索爾（曾加入俄羅斯的比林斯探險隊〔Billings〕）。[67]就杜豪特—西里而言，他最能理解加利福尼亞印第安人面臨的困境其實與特定歷史時刻息息相關：西班牙人五十年的統治已經告終，而剛獨立的墨西哥新地主不太可能改善當地居民的生活。然而，海上貿易量的增加，以及加利福尼亞定居者對於可駕馭勞動力的需求，勢必還將進一步延長對印第安人的剝削。

梅雷迪思・蓋德納醫師的盜墓行動

杜豪特—西里的英雄號離開後過了三年，梅雷迪思・蓋德納醫師於一八三二年搭乘「甘尼梅德」號（Ganymede）來到太平洋。從許多方面看來，這兩人的表現可說大相徑庭。杜豪特—西里是一位律己甚嚴的海軍軍官，周圍的人覺得他謙遜有禮；相較之下，蓋德納則是一副「帶著優越感的傲慢嘴臉」，儘管他隨甘尼梅德號從英國格雷夫森（Gravesend）啟航時，才不過二十二歲。[68] 法國人杜豪特—西里擅長繪畫和寫作，而若詳端蓋德納的人生，則彷彿是從一具刁鑽古怪的科學棱鏡後面看世界。他從愛丁堡大學取得醫學學位，接著在德國完成研究生學業，並在畢業之後立刻搶著發表他那長達四百二十頁的論文〈礦物和溫泉的自然史、起源、成分和藥物作用〉（An Essay on the Natural History, Origin, Composition, and Medicinal Effects of Mineral and Thermal Springs）。杜豪特—西里晚年的健康狀況良好，反而蓋德納在前往溫哥華堡時，本身就是個感染早期肺結核分枝桿菌的病號。蓋德納曾在哈德遜灣公司擔任兩年醫生，對於他在此期間所接診過的數不清的英國和原住民患者來說，這個醫生帶來的傳染病肯定沒讓病人受益。話說回來，杜豪特—西里和蓋德納兩人都對自然歷史充滿濃厚興趣，他們關注的範疇包括了植物、動物，以及印第安人種誌研究；不過蓋德納比較特殊，他還進一步專精於盜墓和竊取人類頭骨。

對大多數太平洋上的博物學家來說，海洋航行和在陸地上蒐集標本的各種機會，都屬於他們工作的目標與範疇。他們航行到太平洋，蒐集動、植物，接著返航回家，然後按照各人志趣來發表自己的發現。相較之下，蓋德納航行到太平洋卻是為了謀求一份安穩工作。當時，溫哥華堡的哈德遜灣公司急需一名醫生，因為前任醫師約翰・菲德里克・甘迺迪（John Frederick Kennedy）在一八三一年的「間歇性發熱」肆虐的季節差點病死。之後，甘迺迪接受調任，去了哈德遜灣公司的辛普森堡（Fort Simpson），那裡位於北方內陸，遠離沿海的發病熱區；蓋德納則來到溫哥華堡繼任醫師，年薪一百英鎊。[69]（跟他一同前來的，還有另一位要前往附近的尼斯奎利堡從事醫療工作的蘇格蘭醫生威廉・弗雷澤・托爾米。）不過，蓋德納才剛到任不久，就開始醞釀著遠比在溫哥華堡醫病救人更大的抱負；他是一個科學博物學家，他的興趣可謂是包羅萬象。

事實上，甚至在甘尼梅德號抵達哥倫比亞河口之前，他便已展開研究，並起草了一篇期刊文章。他的〈英國到美洲西北海岸溫哥華堡航行中之觀察〉（Observations during a Voyage from England to Fort Vancouver, on the North-West Coast of America），發表在《愛丁堡新哲學期刊》（*Edinburgh New Philosophical Journal*），那是蓋德納寫給他在愛丁堡大學的自然史導師羅勃特・詹森（Robert Jameson）教授的一封長信的一部分。在文章中，蓋德納從技術面向詹森及讀者報導這次航行：氣壓和天文測量、在航程中遇到的海鳥與水生動物的習性和生理構造、大西洋和太平洋之間的海洋溫差（按緯度記錄），以及其中最重要的，他對夏威夷茂納羅亞火山（Mauna Loa）和茂納開亞火山（Mauna Kea）高度的計算。「航行到夏威夷北邊時，」他語氣淡然地寫道，「我逮住機會，從幾個不同角度對（火山）海拔進行三角測量。」[70]這是在講航海冒險故事嗎？當然不是。一八三三年五月一日，甘尼梅德號抵達哥倫比亞河，蓋德納馬上就遇到了西北海岸各色人種雜處的文化，不過他並未對此多說什麼。根據他的同僚威廉·弗雷澤·托爾米的說法，靠岸後不到幾小時，兩人就展開一段四十八小時的旅程溯河而上，前往溫哥華堡：他們躺進一條由五名印第安人操槳的獨木舟，上面還載著一名夏威夷島民和一名哈德遜灣公司的翻譯。蓋德納對這情形只說了些不痛不癢的話：「我發現我此刻的處境跟我離開蘇格蘭時的預期大不相同。」[71]

與他原本的預期大不相同的，還有在溫哥華堡的醫療執業處境。溫哥華堡乃是哈德遜灣公司遍布英屬北美洲的一系列屯墾點中，位處最西邊的一個哨站。在這裡，蓋德納面臨了一大群看似沒完沒了的患者，其中有原住民、也有哈德遜灣公司的員工，他們正因季節性瘧疾熱而飽受煎熬（更多見本書第二章）。蓋德納抱怨，僅僅一年多左右，他便診療了六百五十例這類病人，使得他幾乎沒空進行「科學研究」。[72]但不知怎的，蓋德納還是有辦法騰出時間來追尋自己的興趣。他郵寄岩石和礦物標本給詹森教授，然後又送去了一隻成年雄性線紋啄木鳥（*Dryocopus lineatus*）；數年後，美國鳥類學家約翰·詹姆斯·奥杜本（John James Audubon）將此發現歸功於蓋德納。此外，他也漸漸對自己治療過的美洲原住民產生了科學興趣，他們其中一些人挺過了「高燒與抽搐」並倖存下來。[73]

從蓋德納在一八三五年上半年寫下的日記裡，可以看出一種極為全面的自然史研究方式，涵蓋了地理學、植物學，到詳細的印第安人種學（這本日記的部分摘錄在他死後才出版，是他在世時所寫的最後一篇文章，發表在《倫敦皇家地理學會期刊》〔*Journal of the Royal Geographical Society of London*〕）。[74]文中，他詳細描述了海岸線上的主要河流系統，特別是從印第安人那裡所蒐集而來、數百公里外的水道和地標資訊。這種仰賴本地人提供情報的做法，是哈德遜灣公司官員和毛皮商人的標準作為，他們在生存與對在地知識的掌握方面，幾乎完全依賴於印第安人。然而，蓋德納這位起初態度高傲且對日常工作多所不滿而令人側目的科學家兼醫生，卻很快就被原住民文化和周遭的本地事物所吸引。他還想進一步了解內陸地區和原住民社會（同時也為折磨他的肺病尋求喘息的機會），於是他在一八三五年五月得到授權，得以沿哥倫比亞河往上游旅行四百多公里，前往沃拉沃拉堡（Fort Walla Walla）。蓋德納對這短短十週的小插曲的敘述，彷彿讓我們見到了一名博物學家是如何發現他的人生真諦並奮力追求：他對水道、不同地形、地質、溫泉，以及山頂植物的多樣性，發表了長篇大論。[75]

蓋德納仔細研究哥倫比亞河、蛇河（Snake River）、鮭魚河（Salmon River）與格蘭德隆蒂河（Grande Ronde River）沿岸的原住民部落。有一天，他觀察婦女剝下松樹內皮的行為；隔天，他就撰文描述印第安婦女在沼澤地帶挖掘卡莫斯根莖（kamoss，又稱卡馬夏〔camas〕，是一種原產於美國西部的百合科植物）的行為。「這工作非常辛苦，」他寫道，「每個女人在中午之前都已挖出了兩大袋，每一袋的重量都超過一個蒲式耳⑧。」六月三日，蓋德納與所屬的一小隊人馬前去參加卡尤塞（Cayuse）和沃拉沃拉印第安人的聚會；他描繪他們長長的馬廄、一大群馬，以及印第安人騎著馬奔馳的景象。他們一行人感覺受到了歡迎，於是便在印第安人旁邊紮營。[76]蓋德納坦承，當時的他根本不懂印第安語，於是靠翻譯幫忙與這些部落溝通，整理出一份該地區各個印第安民族的詳細清單。他記下了內茲波西族印第安人的兩個不同分支，以及帕勞斯族（Palouses）、黑腳族（Blackfeet）、扁頭族（Flatfead）、卡尤塞族、沃拉沃拉族、血族（Blood）和皮埃甘族（Piegan）。他也寫了一些關於婚姻習俗、部落之間的緊張關係和人口規模的一般性評論，這些情報只可能透過當地人取得。他說，卡尤塞人「步履沉穩，舉止莊重，這是（沃拉沃拉族）所沒有的」。[77] 蓋德納將這些人種學評論編修成一份清冊，上面列出了散布在哥倫比亞河流域和太平洋沿岸的大約三十三個原住民村落。在此之前，蓋德納這位蘇格蘭醫生除了懂一點溫泉，並未受過醫學以外的科學訓練，但此刻的他卻對原住民事務產生真正的好奇心。

蓋德納的好奇心把他帶進了某種科學範疇，那是專屬於顱相學家和盜墓者的領域。這裡我們要討論的物件，是一名叫做康科姆利（Concomly）的死者。在北美洲西北海岸，你恐怕很難找到另一個比康科姆利更有名氣、更強大的頭目。他生於一七六〇年代，長大之後成為哥倫比亞河沿岸眾多欽諾克人部落的酋長，並在位於哥倫比亞河口失望角（Cape Disappointment）附近的夸查姆茨（Qwatsa'mts）村安家落戶。[78] 康科姆利因其善於河流航行、交易經商，以及有著獨眼，而在白人間名聲響亮。梅里韋瑟・路易士（Meriwether Lewis）⑨於一八〇五年十一月在夸查姆茨附近遇到了康科姆利，並要頒給他一枚獎章，不過當時康科姆利認為沒必要回訪

⑧ 譯注：蒲式耳（bushel）多用於計量農產品，通常一蒲式耳等於八加侖，約等於三十六點三七公升。不過，不同的農產品對蒲式耳有不同定義，譬如一蒲式耳的燕麥大約等於十四點五二公斤，而一蒲式耳的大麥約等於二十一點七七公斤。

⑨ 譯注：梅里韋瑟・路易士（一七七四至一八〇九年），十八世紀末美國探險家、政治家，曾擔任美國探險團（Corps of Discovery）團長。

美國探險團死氣沉沉的克拉索普堡（Fort Clatsop）營地。幾年後，或許出於外交考量，康科姆利積極慫恿他的女兒瑞文（Raven）嫁給一名暫時駐點在阿斯托里亞堡（Fort Astoria）的蘇格蘭毛皮商人，在這之後又把女兒嫁給了另一個任職於哈德遜灣公司的蘇格蘭人。[79]在一八二〇年代毛皮貿易開始衰落時，康科姆利的影響力仍然餘威不減，但即便是這位最有權勢的頭目，也沒能活過一八三〇年肆虐他的村莊的瘧疾熱病。活下來的親屬將他的屍體埋藏在一條樹皮獨木舟上，並按照欽諾克人習俗，將其放在一塊長板上高高懸掛了兩年。然後，他們把遺體埋在艾理斯角（Point Ellice），從那裡可以遠眺哥倫比亞河流入太平洋的秀麗景色。

蓋德納打算挖掘欽諾克偉大領袖的遺體的決定，似乎做得頗為倉促——當時，他腦海中有某些想法正在發酵。蓋德納很清楚康科姆利的智慧和巨大影響力帶來的名聲。他也曉得康科姆利偉大的心智存在於他那扁平的腦袋裡；根據欽諾克傳統，康科姆利在嬰兒時期曾被人用木板將腦袋「夾住」以重塑頭顱形狀。這個過往著實令蓋德納心馳神往，他後來在寫給同是博物學家的友人約翰·理查森（John Richardson）的信中寫道：「當顱相學家看到這顆向前方生長的頭顱，會有多麼吃驚啊！」[80]一位印第安名人，頭骨扁平——能夠獲得如此特別的紀念品，對這名年輕醫生及博物學家來說實在太過誘人。最後，蓋德納知道自己的日子可能也不多了。在溫哥華堡的第一年，他曾出現輕微的肺出血。為了疏解病痛耗損，蓋德納經常從自己的胳膊抽血，希望能降低血壓。[81]等到一八三五年六月，蓋德納從沃拉沃拉堡回來後，他自忖已沒有體力履行職務以診療下一季的瘧疾熱患者，何況在如此潮濕的氣候中，他也根本活不了多久。蓋德納心意已決——他要離開哈德遜灣公司，並準備投向夏威夷西邊的乾燥氣候。

但就在九月分，蓋德納於離開前夕決定為自己取得一份科學紀念品。他獨自走到康科姆利位於艾理斯角的墓地。酋長的親人在這地方做了個不起眼的標記。在夜色掩護下，蓋德納開始偷偷挖掘墳墓，而他肯定知道盜墓行為對整個欽諾克族來說都是極其惡劣的罪行。「我敢對你說，」他後來在給他的博物學家朋友理查森博士的一封信中承認道，「我費了好大力氣才弄到康科姆利（的屍體）。」在拼命挖掘的過程中，蓋德納的病，也就是他所說的「嚴重突發性咯血」再度發作——用外行話來說，他是一邊把血塊和肺組織噴到墳墓上，一邊拼命地把酋長的頭從身體上割下來。

在這褻瀆屍體的夜晚，這名醫生曾否感到猶豫？顯然沒有。也許在某個關鍵時刻，他最關心的還是如何捱過自己的「嚴重突發症狀」，以及不被人逮住。蓋德納為獲得這紀念品激動萬分；他得意地記錄康科姆利的頭顱已經達到「最理想的乾燥狀態」，亦即已經乾涸。[82]他於是將頭顱包起來，返回溫哥華堡，趕在幾天內乘船前往夏威夷。他身上的病讓他形體日漸枯槁，十六個月後便死於夏威夷。

欽諾克人發現康科姆利的屍體遭人褻瀆後，很快就聯想到蓋德納的不告而別。他們早已見識過盜墓行為，而且還曾向哈德遜灣公司官員投訴過他們祖先的墓地被人盜掘的事件。後來，他們得知蓋德納的死訊，而據消息指出：「他們認為作惡多端者應該遭到報應，偉大的祖靈施加了他們自己無法做到的正義懲罰。」[83]蓋德納之死，可能是對康科姆利在世親人的唯一慰藉，但康科姆利的頭顱已被蓋德納送到了人在英國朴茨茅斯（Portsmouth）附近的皇家海軍醫院的理查森手上。欽諾克人得一直等到一九七二年由史密森尼學會（Smithsonian Institution）物歸原主時，才能再次見到康科姆利的頭骨——一九四六年，皇家海軍醫院不想再繼續保存贓物頭骨，史密森學會便接手蒐藏了部分遺骸，直到最終歸還。

結語：使命感的體現

說到底，梅雷迪思．蓋德納醫生為太平洋的博物學家做出了什麼非凡貢獻嗎？要知道，絕大多數歐洲和美國博物學家並不會因為科學興趣而盜掘墳墓或切下屍體的頭顱。大多數人都不齒這樣的行為，或至少，會因害怕被逮住而怯步。然而，在另一個層面，以蒐集古文物來說，在「科學」方法和倫理學底線尚不明確時，蓋德納的行為借鑒了自然歷史學行之有年的傳統。特別是蒐集頭骨——顱相學家應需求而蒐集頭骨，以測量頭骨大小、形狀和內部容量。根據歷史學家安．法比安（Ann Fabian）的說法，蒐集頭骨的人對時下盛行的種族差異「科學」做出了貢獻，不過這門科學只有在十九世紀時才有其信眾。[84]蓋德納從未正式交代他到底為什麼拿走康科姆利的頭顱，只除了向理查森耍嘴皮：「當顱相學家看到這顆扁平的頭顱時，會是多麼吃驚啊！」[85]但在某些場合，蓋德納曾明確表示希望將大自然的事物運到英國，認為唯有在那裡，才可被最偉大的科學頭腦適當地加以研究。「多少次我曾希望，」有一次他寫道，「每當我看到……矗立在距離溫哥華堡不到六十四公里的胡德山（Mount Hood）時，就想把它運往英國，方便物理學研究史上所有傑出人士進行研究。」[86]為了研究而把一座山移到半個地球之外，這當然是個奇怪的念頭。就像康科姆利的頭顱，讓胡德山常存於其土生土長的地方不是更好嗎？

自一七六〇年代以來，博物學家便一直在蒐集物品並將其運回自己的國家。對許多人來說，他們的蒐藏體現了一種專業使命感：蒐集、比較並擴充林奈對植物、動物和礦物的分類編目。由於他們的努力，帝國科學在十八世紀末和十九世紀初蓬勃發展，而許多博物學家因其努力而獲得諸如約瑟夫·班克斯爵士和尼古拉·彼得洛維奇·魯米安采夫伯爵等科學贊助者的豐厚報酬。

博物學家也對原住民進行分類、比較與優劣排名。一七六九年和一七七〇年，班克斯在奮進號靠岸的每個地方都會如此觀察：當地人是否有接觸過西方人的跡象？他們的膚色是否能說明他們的智力？他們在搬運貨物時展現出技能嗎？他們的身體上有蝨子嗎？兩個世代以後，對於留里克號、英雄號和甘尼梅德號上的博物學家來說，許多的疑問與考量都已是物換星移。他們當中只有阿德爾貝特·馮·夏米索遇到了相對健康的原住民族（拉塔克人），而他與卡杜的關係，使他對太平洋沿岸所有原住民社群產生了警惕和同情。奧古斯特·杜豪特—西里也對上加利福尼亞和夏威夷的人民抱持相似的同情心；然而，英雄號的另外兩位博物學家卻不以為然，他們認為原住民的衰落即便不是天意，也符合自然法則。梅雷迪思·蓋德納和夏米索及杜豪特—西里一樣，本來並沒打算前來東太平洋研究原住民群體。但在一八二〇至三〇年代這段期間，一場可怕的流行病使得西北海岸的村落元氣大傷，而蓋德納的科學好奇心則驅使他對當地原住民族展開研究。面對自己行將告別人世，並渴望獲得一份讓自己青史留名的科學紀念品，蓋德納拿走了他所能找到的最好的頭顱。

第六章

組構太平洋

Assembling the Pacific

美國遠征探險隊 1838-42 年航行路線

1838 年 8 月 維吉尼亞州漢普頓路 → 1838 年 9 月 馬德拉 → 1838 年 11 月 里約熱內盧 → 1839 年 2 月 火地島 → 1839 年 5 月 瓦爾帕來索 → 1839 年 6 月 卡瑤 → 1839 年 9 月 大溪地 → 1839 年 10 月 薩摩亞 → 1839 年 11 月 雪梨 → 1840 年 1 月 南極 → 1840 年 7 月 斐濟 → 1840 年 10 月 夏威夷群島 → 1841 年 7 月 哥倫比亞河 → 1841 年 10 月 舊金山灣 → 1841 年 11 月 夏威夷群島 → 1842 年 6 月 紐約

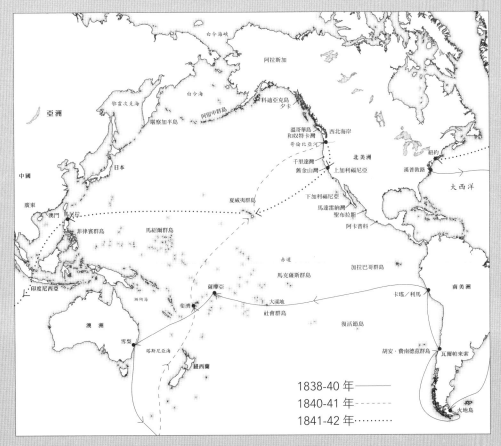

科學，當它深入我們周圍的事物體系時，在模糊的視界中，只見處處浮泛出「神秘」二字。

——詹姆士．德維特．達納，《珊瑚與珊瑚島》（*Corals and Coral Islands*，一八七二年）

美國遠征探險隊，一八三八至四二年

早在一八〇〇年以前，大多數歐洲海洋國家就已開始資助前往太平洋的科學航行，並且在拿破崙戰爭過後進一步擴大這些探險活動。直到一八三八年，美國才意識到此乃大勢所趨。當時組成的美國遠征探險隊，可不只是區區一兩艘船，而是一支由六艘船組成的艦隊，載有數百名水手和七名博物學家。一八三八年八月，當艦隊從維吉尼亞州漢普頓路（Hampton Roads）的海軍基地啟航時，一片樂觀氣氛蕩漾於人群間。「瞧！」海軍學校學員威廉．雷諾茲在日記中寫道，「就在不久前，這個國家還是一個新發現且一片荒蕪，而如今即將在世界文明列國中占據一席之地，並以知識和研究之名努力貢獻一己之力。因為在這個時代，似乎所有人都熱中於了解他們所居住世界的全部秘密。」[1]

雷諾茲有長達三年都沒再踏上北美的土地。當他終於真正回歸，抵達的卻是北美大陸的西部邊緣——哥倫比亞河從那兒流入太平洋。他站在海灘上，看著海浪帶著泡沫翻滾到腳邊，凝視著周圍散落的枯樹。他說：「森林中的猛獁象，在這令人難以捉摸的時代……成百成千地枯朽腐爛。」禿鷹在頭頂盤旋，海鳥在海岸線上覓食。雷諾茲眺望著白茫茫的浪花，眼睛靜定在幾天前他無能為力地看著的地方：艦隊中那艘可憐的老孔雀號，在哥倫比亞河口滑進了它的墳墓。他沉思默想在過去三年中吞噬他生命的大海，然後他的目光又回到了周遭的北美景物。「在南洋的溫柔小島待了這麼長時間之後，這裡的景象看來如此荒涼又陌生。」[2]周圍的蠻荒大自然令他迷惘又困惑，與他記憶中的東海岸的北美洲大不相同。

美國遠征探險隊經由好望角返國。似乎每個人都熱切期待返家。科學家們計劃在未來幾年好好整理蒐藏物，然後準備出版他們的各項研究成果。探險隊指揮官查爾斯·威爾克斯少校希望這次能夠載譽而歸，並在海軍職涯中步步高昇。不過，他很快就要因為在航程中虐待水手而接受軍事法庭審判。威廉·雷諾茲渴望回家，渴望終結這趟無盡的旅程：

在我看來，我們在這場遠征中所經歷的艱難、危險和奴役，其惡劣程度與獨立戰爭中最糟的歲月不相上下。如果這種折騰再拖上四十八個月，沒意外的話，我們每個人都會因系統性操勞而賠上性命。[3]

這次航行給威廉·雷諾茲的身心造成嚴重傷害；一八四二年七月一日，當他乘坐的「鼠海豚」號（Porpoise）駛入紐約港，他迫不及待地想要見到家人。三天後，就在七月四日的國慶活動中，雷諾茲的哥哥山姆登上鼠海豚號尋找弟弟威廉。他打量著聚攏在他面前那群頭髮花白、渾身曬得黝黑的水手，問道：「你們這都是誰啊？」[4]

威廉·雷諾茲離開了鼠海豚號，就此成為歷史上一個不起眼的注腳，而他的一位熟人詹姆士·德維特·達納，在紐約港下船後，很快就成為美國頂尖的地質學家之一。在過去四年裡，達納一直在思索太平洋及其陸塊的地質起源、結構與道理。就像其前輩阿德爾貝特・馮・夏米索，達納在最初的著作中主張，整個太平洋地區在整體結構上潛藏著一致性。不過，夏米索對太平洋的構想大抵受限於他的論述框架，而達納發表的文章則為海盆的地質結構與關聯性提供了有力的理論依據。四年的航行深深影響了這位年輕的博物學家——熾熱的火山、美麗的珊瑚礁和深邃的海岸峽谷，讓他無時無刻都在思考地質問題。回到美國後，達納試圖弄明白這一切。

達納就跟他在太平洋航行中遇到的許多原住民一樣，在看待太平洋的地貌時，對大自然的整體性與力量，抱持一種天真而好奇、甚至癡迷的心情。他在《地質學》（*Geology*，一八四九年出版）一書中寫道：「世界上沒有任何地方能夠如此奇妙地融合了崇高與美麗。」他這本長達七百三十五頁的著作，是美國遠征探險隊所發表成果的一部分。創造這些奇妙組合的「動原」讓達納著迷：「整個（太平洋海盆）處處有火山不斷構築山脈，而後又將之瓦解粉碎。浩瀚的海洋衝擊著裸露的海岸。遽降的斜坡賦予奔流極大的力道。此外，氣候有利於海洋中的珊瑚叢生長，掩蓋了最陡峭的邊坡。」[5] 從高聳的火山到小小的活珊瑚，大自然生機勃勃的力量令這位年輕的科學家激動不已。在研究太平洋島嶼和周圍大陸邊緣時，達納認識到了太平洋海盆的基本特徵。接著，他寫道：「太平洋海盆的重要性甚至已遠超過海洋本身……因為它與深入全球各處的一個系統有著明顯聯繫。」[6] 達納在研究太平洋的過程中，開始相信太平洋揭示了整個地球的構造。

本章探究美國的遠征探險，特別是達納的研究，以分享若干一八四〇年代時關於太平洋的論點的癥結所在。首先，儘管先前的博物學家已研究過太平洋周圍星羅棋布的特定地區與島

圖 6.1 一八三八年至一八四二年，詹姆士·德維特·達納隨美國遠征探險隊進行一場廣泛而多樣的研究之旅，最終成了世界頂尖地質學家之一。（此圖由耶魯大學圖書館提供。）

群，但達納是第一個有系統地鑽研各種塑造出整個太平洋之自然力量的人。他從整體關係和地質系統的角度建立理論：採用「洪堡德式」（Humboldtian）①的綜合方法論（強調自然的「聯繫鏈」），這是拜他長期接觸太平洋島嶼、火山和大陸板塊，方能獲致的研究結果。其次，達納將海洋及其連接的所有陸地，都視為相互關聯的太平洋海盆的一部分；實際上，達納在一八四一年從哥倫比亞河前往舊金山灣的內陸旅行，也讓他確信北美洲西部是太平洋海盆不可分離的一部分。這裡的重點，是達納對空間的詮釋及其提出的時間點：時值美國準備展開征服與統一版圖的前夕，達納卻已超越美洲大陸範圍的眼界，將北美的遠西地區（Far West）理解為太平洋的一部分，而不僅只是通往亞洲之路的一個集結區。[7]但達納後來並未持續堅持他的整體性和全球地質觀點，也未長期抱持這種對美國遠西與太平洋之間的關聯的空間解讀。到了一八五〇年代初，美國最著名的地質學家發現這種詮釋屬於政治正確、而且也有利可圖，使得大陸地質學足堪匹配美國擴張主義者提出的新大陸邊界學說——達納的科學論述就這樣變成了頌揚帝國統合之路。

七名科學人士、六艘船、一位粗暴的船長

在政府資助下，美國遠征探險隊對太平洋進行的科學研究，其規模超出了以往大多數的太平洋探險。[8]早前歐洲人秉持具體科學目標出海航行，並延攬備受尊敬的博物學家一同參與，而美國遠征探險隊則帶上七名在特定研究領域學有專精的「科學人士」，其中包括達納（地質

學家），荷瑞修・哈雷（Horatio Hale，語言學家）、蒂西安・皮爾（Titian R. Peale，博物學家）、查爾斯・皮克林（博物學家）、威廉・布拉肯里奇（William D. Brackenridge，植物學家）、威廉・里奇（William Rich，植物學家），以及約瑟夫・柯圖伊（Joseph P. Couthouy，貝殼學家）。[9]事實上，美國國會與海軍策劃的這場「全球出擊」，其部分原因是為了突顯美國在科學領域的獨特性，並且向世界宣告美國科學界業已穩健成熟。[10]美國遠征探險隊還有另外兩個目標：第一，製備詳細的海岸線和捕鯨場域圖，以協助美國在太平洋的海上貿易擴張；第二，在覆蓋地球表面達三分之一的大洋上，明確展現美國海軍的實力。因此，太平洋代表了一個以國家力量融合勘探、科學、商業和擴張野心的集結之地。這些策劃昭示了美國遠西（以及它所暗指的大陸帝國）疆域在未來將占據的重要地位。然而，這次遠征又不同於約翰・弗雷蒙特在一八四〇年代初至中期從陸路出發對遠西地區展開探索，這一次，乃是朝海洋出發，而這一事實從根本上影響了達納等科學家探究大陸西部邊緣以西的地理格局。弗雷蒙特乃著眼於一個延伸至太平洋岸邊的大陸國家（為實現他的贊助者暨岳父②打開通往遠東之路的願景），而達納的思想和科學框架則始終專注在海洋本身及與之相關的地質形態。

① 譯注：亞歷山大・馮・洪堡德（Alexander von Humboldt，一七六九至一八五九年），十八世紀德國知名自然科學家、探險家，以「博物學式」的觀察觀看世界，發現無數新物種，更發明許多重要地理學概念如等溫線、地球的植被帶和氣候帶等，被視為現代地理學之父。

② 譯注：弗雷蒙特的岳父為美國擴張主義者、密蘇里州參議員湯瑪士・班頓（Thomas Hart Benton，一七八二至一八五八年）。

這次航行在科學方面的產出，包括出版物、蒐藏品和數據，可謂成果驚人：超過四千件來自太平洋島嶼和周邊大陸的人種誌藏品、五萬件園藝標本、兩千多隻可以掛起來的鳥類標本、一百三十四種哺乳動物、近六百種魚類、一千多種昆蟲（有死的、也有活的），最後還有達納蒐集的大量化石、珊瑚和甲殼類動物。[11]光是這些藏品就足以為之蓋一座自然歷史博物館，史密森尼學會的由來也類似如此。在印刷刊物方面，探險隊出版了二十三卷記述和科學報告，加上大量的地圖、勘察圖表與插畫，足夠填滿一間規模中等的圖書館。[12]除了這些官方性產出之外，還有不少根據美國遠征探險航行的資料與經驗而啟動的科學調查研究——可以說，這次探險對智識發展的影響力令人震驚。儘管取得了眾多成就，但由於爭議和混亂的究責問題，致使許多人認為這場遠征是個失敗。探險隊指揮官查爾斯・威爾克斯在軍事法庭上面臨數項指控，其中有一項定罪。由於少了像是西北航道，或是盛產黃金、位於加利福尼亞的謝拉山脈（California’s Sierra）[③]這類超級大發現，使得眾人不禁懷疑眼下這些科學成就能否讓美國享有長期利益。

一八三八年八月，時年四十歲的海軍少校威爾克斯離開維吉尼亞州的諾福克船塢，指揮一支由六艘帆船組成的船隊，目的是尋找（並繪製）南極洲的南方大陸、調查太平洋上的特定島嶼和港口，以協助美國航運發展，並同時進行科學探索。[13]威爾克斯為人自戀、跋扈，已開始在生命中越發缺少安全感，乃至到了偏執地步，而他顯然把這次航行視為他獲得職業名聲與個人發達的捷徑。因此，艦隊都還沒開往太平洋，威爾克斯就自己掛上了中校艦長的軍銜，但這一榮銜在航行展開前就被海軍司令部給拔掉了。[14]軍官、雇傭水手和科學家們都看在眼裡，對他們而言，此一訊息再清楚不過：威爾克斯既然都能擅自給自己升官，那麼想必還有更多突兀行為會接踵而至。

這場探險最偉大的成果之一，包括測繪了南極洲一段長達約兩千四百公里的海岸圖，至今那地方仍被稱為「威爾克斯地」（Wilkes Land），雖然實際發現權可能歸屬於一八二〇年代初瞥見那塊南方大陸的英國和美國水手。除了這項探索壯舉，美國遠征探險隊也放膽去了許多前人早已去過的地方，畢竟在一八四〇年代當時，太平洋地區幾乎已沒剩下什麼重大地理奧秘有待發現。探險隊在一八三九年初首次往南越過火地島、考察南極之後，船隊（由於「海鷗」號〔Sea gull〕和所有船員在海上失蹤，此時只剩下五艘船）沿著南美洲的太平洋海岸航行至卡瑤，然後行經大溪地、薩摩亞和馬紹爾群島，橫渡太平洋。到了十一月底，美國遠征探險隊勘察了澳洲雪梨，準備第二次前往南極。一八三九年十二月二十六日，剩餘五艘船中有四艘駛向南極。一八四〇年一月十六日，海軍軍校生威廉・雷諾茲爬上孔雀號的帆桁頂端，從高處眺望南極洲的歷史性一幕。在繪製南極海岸圖之後，美國遠征探險隊花了大半年，在前往夏威夷的途中考察南太平洋島嶼，然後是北美洲西北海岸線。一八四一年上半年，達納乘坐的孔雀號在南太平洋進行島嶼調查後，駛往哥倫比亞河，沒想到卻在河口撞上了沙洲，使船身在碎浪中解體。船上人員全部倖免於難，達納與另外數人就此繼續他們的旅程，經由陸路前往舊金山灣。到了一八四一年年底，他們已經繞行地球一圈，這趟漫長的返鄉之路終於來到尾聲：他們經過

③ 譯注：謝拉山脈為內華達山脈（Sierra Nevada）的簡稱。

夏威夷、馬尼拉、新加坡，接著穿過印度洋到開普敦、聖海倫娜，最後抵達紐約。

美國遠征探險隊在海上度過了四年多光陰，大部分時間都沿著一七七〇年代的同樣路線航行。然而，在某方面，美國遠征探險隊創下的歷史功業，其實與美國帝國的西進擴張無分軒輊——他們以極端暴力來對待原住民與自身船員。海軍軍校生雷諾茲似乎對這項事實感到特別不安。「在我看來，」雷諾茲於航行第三年在私人日記裡寫道，「我們在穿越太平洋的路途上沾滿血腥。」[15]雷諾茲在此事例中，提到了他們在一八四一年五月一日於吉里巴斯島群（Kiribati group）的塔比圖埃島（Tabiteuea）屠殺了多達二十位島民。事發前一天，有一名水手失蹤，孔雀號指揮官威廉·哈德森（William Hudson）隨即下令對該村落發動攻擊。威爾克斯和哈德森將這次襲擊稱為報復行動，雷諾茲則目睹了整個探險隊的暴力行徑。暴躁不安的威爾克斯是導致暴力事件發生的部分原因，而他的脾氣（雷諾茲把他比作「魔鬼」）更在船上一發不可收拾，水手們常因輕微的脫序行為便受到嚴厲懲罰。為此，威爾克斯回國後被軍事法庭判定有罪。[16]

一八四〇年七月，探險隊對原住民的暴行在斐濟達到高潮。他們燒毀了一座名叫索萊烏（Solevu）的村莊，兩週後又燒掉了馬婁洛（Malolo），造成近一百名村民死亡。威爾克斯為這次襲擊辯解，說村民在前一天殺死了兩名船員，其中包括他的侄子威爾克斯·亨利（Wilkes Henry）。[17]在這場暴力事件中，威爾克斯挾持了一位名叫羅·韋多維（Ro-Veidovi）的斐濟酋長，準備等探險隊返回美國後對他進行審判。羅·韋多維在抵達紐約的第二天便因病亡故。海軍外科醫生很快便砍下他的頭顱並泡在鹽水裡，為這場對太平洋地區人民的侵略外交探險劃下最後的可怕句點。[18]

浩瀚大洋上的達納

隨船航行的「科學人士」（威爾克斯如此命名）一直與這類暴力行為保持一定距離。對他們來說，太平洋航行是一次無與倫比的實地工作機會，可以讓人在長期海上生活中進行理論研究與寫作。對詹姆士・德維特・達納來說，情況尤為如此。在達納航行歸來後，他在七年內發表了關於火山、大陸、島嶼、珊瑚礁起源，以及地球冷卻過程等革命性論述。接下來數十年間，達納的學說使他得以榮耀地躋身美國頂尖科學家的行列。對太平洋海盆的探索深深影響了他的科學實務——他的觀測能力、具體的地質理論，以及太平洋與整個地球的關聯。與前人查理斯・達爾文一樣，達納對特定地點及現象的研究，使他發展出更廣義地解釋自然界中的各種連結的科學理論。就這樣，太平洋的廣袤無垠及其地質奧秘，進一步形塑了他所秉持的洪堡德式思維。達納將太平洋與其鄰近陸塊視為一幅由島嶼、大陸、地殼、海洋和山脈等相互連結的單元所共同組構的巨大拼圖。身為一名地質學家，達納意識到這幅拼圖的三維空間特性（地殼及其上下），以及各單元彼此之間的交互影響，並由此推導地球形成的過程。

這種狂熱的科學哲學（此時達納還未滿三十歲），似乎與他對基督教信仰的虔誠有所衝突。但其實這兩種信仰體系倒是彷彿相互強化。一八一三年，達納出生於紐約州猶提卡鎮（Utica）的一個名義上篤信宗教的家庭，父親經營一家小店鋪。他早年經歷了教育和市場商業主義的混沌流變，而這正是當年紐約第二次大覺醒時期、被稱為「火焚之地」（Burned-Over District）的宗教狂熱區④帶來最重要的影響。[19]年幼的達納開始涉獵植物、岩石和礦物，從而在就讀猶提卡高中時對自然史發生興趣；猶提卡高中是一所私立寄宿學校，在自然科學方面特別專精（植物學家阿薩．格雷〔Asa Gray〕在出任哈佛大學費舍爾自然史學教授（Fisher Professor of Natural History）之前的十年，便曾任教於此）。後來，達納在著名科學家班傑明．西利曼（Benjamin Silliman）的指導下，進入耶魯大學繼續研讀自然科學；一八三三年畢業後，達納獲得西利曼認可，前往位於地中海的美國海軍艦艇「德拉瓦」號（Delaware）上教授數學與科學。達納在整個航程中與西利曼保持信件往來，他對維蘇威火山爆發前的狀態所做的描述發表在西利曼的《美國科學與藝術期刊》（*American Journal of Science and Arts*），這是當時美國數一數二的科學期刊。[20]

從地中海歸來後，達納便展開了他的職業生涯。他隨即在一八三五年成為西利曼手下的研究員及編輯助理，一八三七年出版了《礦物學系統》（*A System of Mineralogy*，此著作在他有生之年總共出版了六個修訂版，直到今天仍在印行），並經由阿薩．格雷推薦加入美國遠征探險隊擔任地質學家。在這段職業生涯的晉升時期，達納的個人思想主張起了一些變化，最後也振奮了這位年輕科學家。「我從不認為自己是個基督徒。」一八三五年，達納寫信給父親時，宣稱自己每週去教堂禮拜，但是與新教福音派要求的個人皈依毫無瓜葛。[21]然而三年之後，達納即將參與一場危險的航行，同時又聽說兄弟姐妹們在猶提卡大覺醒期間皈依的消息。他心想：「若非此時，便將永遠無法為自己決定自身永恆的命運。」[22]在日記中，他寫了一篇三頁聲明：

今天，我以至高無上的莊嚴將自己奉獻給祢。我就此斷絕以往主宰我的一切束縛。我將我的一切和所有，完全無私地奉獻給祢。我的心智意識，我的軀體四肢，我的物質財富，我的時間，以及我對他人的影響，都將完全用於榮耀祢，並堅定服從祢的意旨。[23]

達納所謂的「奉獻」與他的科學研究工作沒有一絲衝突之處。實際上，這種奉獻好像促使他更加專注於智識上的追求，並且激發他對科學的探索。兩種信仰體系（地質學史學家馬丁・魯德威克〔Martin J. Rudwick〕稱之為「地質學和創世紀」）在他頭腦中旗鼓相當。[24]最起碼，達納能在經常令人苦惱的四年航程中，靠著宗教信仰獲得慰藉。

達納的個人信仰或許也賦予他信心，讓他能夠認真處理一些相當龐大的概念，譬如他從太平洋回來後在《美國科學與藝術期刊》上發表了〈地球大輪廓特徵的起源〉（Origin of the Grand Outline Features of the Earth）。[25]跟達納在該期刊上發表的許多文章一樣，〈地球大輪廓特徵的起源〉多少帶有幾許推測性質並寫得十分精簡，旨在推出一套論點來試探科學界的反

④ 譯注：美洲殖民地曾在十八世紀發生第一次大覺醒（The First Great Awakening），起因為清教徒牧師對殖民地人民喪失其清教徒信仰的擔憂。這次運動導致教堂的改組與信仰自由的初步發展。到了十八世紀末，第二次大覺醒因人們對信仰生活的追求而興起，促使各地發生宗教復興運動；尤其是紐約州中部與西部地區，其宗教集會的規模之大，宛如被狂熱精神延燒，故這裡又被稱為「火焚之地」。

應。達納提出以「系統化」方式探討全球地貌的組構：大陸的海岸線彼此平行；島嶼群（「淹沒的山脈」）向相應的方向移動；地球以曲面為主要特徵；而上頭的曲線相交，彼此互為直角。[26]達納盡可能地提出證明來適切支持這些論點，譬如引用航行時觀察到的太平洋島嶼、海岸線和山脈的許多例子。達納也試圖統合或是推翻奧托．馮．布赫（Otto von Buch）、路易士．亞伯特．內克爾（Louis Albert Necker）和查爾斯．達爾文等著名地質學家與博物學家的論述。從本質上講，達納帶給他的讀者們一種關於地球的地質結構的精采概覽——部分屬於造物的故事，部分則是他尋求解開那幅大拼圖所蒐集的證據。他對地球的輪廓特徵的構想，是打從他第一眼看見太平洋島嶼時便已靈光乍現的點子。這一切，都源自太平洋上的航行經歷。

珊瑚礁與數不清的小小建築師

島嶼是達納思考太平洋地質的最初關鍵。達納就和美國遠征探險隊或之前任何博物學家一樣，熱愛太平洋島嶼。一八三九年九月，達納從大溪地寫信給他的兄弟約翰時如此說道：

> 這些珊瑚島是大洋中的真正仙境，它們只比水面高出幾英尺，覆蓋著茂密的熱帶植被。在人煙罕至的其中一座，鳥兒們非常溫馴，從灌木叢和樹梢上飛出，在我們頭上飛舞，離我們好近，幾乎可以用手抓住。它們還不懂得何謂恐懼。[27]

當探險隊的其他成員熱切期待著放縱肉體的機會，達納則在太平洋島嶼的科學遊樂場中歡快倘佯。每一座島嶼都完全特異獨立，而同時它們之間的關係又透露出可用以分門別類的模式與體系。達納看得出一些基本差異，像是大陸性島嶼和大洋上島嶼之間的區別。前者位於距離陸地不太遠的大陸棚；而後者乃經由地質作用而從海床上升起，按照科普作家大衛·考曼（David Quammen）所形容，宛如「換氣的鯨魚」那般破浪而出。[28]前者的例子包括峇里島、紐西蘭，以及加利福尼亞沿海島嶼；後者包括了幾乎所有介於兩者之間的其他太平洋島嶼。大陸性島嶼肯定讓達納很感興趣，但大洋島嶼才真正地令他著迷。大洋島嶼展現創世時的地質演變過程，引導出達納心中的神聖靈感。另外，還有珊瑚礁和火山，達納認為這兩者皆十分莊嚴崇高。

達納在航行中的第一個科學突破，是關於珊瑚礁和環礁島嶼。此一發現衍生出了他後續的許多研究成果。當時，美國哲學學會（The American Philosophical Society）已要求海軍部長指示探險隊中的科學家們研究珊瑚島：

> 珊瑚島的圓形輪廓和近旁的深水區引發一種猜測，認為這種植蟲類（Zoophytes）結構是以海底火山口為發展基礎。取得任何有助於闡明此一主題的事實根據，將是身為地質學家的一項有趣使命。[29]

一八三九年，達納隨美國遠征探險隊第一次穿越太平洋時，便扛起了這一「使命」：在前往澳洲途中，他造訪了珊瑚蘊藏量豐富的土亞莫土群島（Tuamotus）、社會群島和薩摩亞島群。在接下來兩年中，達納比前人研究了更多的珊瑚島和植蟲類生物（正如同珊瑚這種無脊椎動物）。他為美國遠征探險隊撰寫的官方報告《植蟲類生物》（*Zoophytes*，一八四六年出版）洋洋灑灑超過了七百頁，裡面附有精緻插圖，而且許多都是達納本人親手所繪。不過，他對珊瑚島的研究心得也受益於查爾斯．達爾文的相關研究成果，達爾文的文章在美國遠征探險隊進入太平洋之際開始付印發行。一八三五年，當「小獵犬」號（Beagle）橫渡太平洋，達爾文調查了一些珊瑚礁和環礁，並於一八三七年首次向倫敦地質學會（Geological Society of London）提交他的發現。一八三八年，蘇格蘭地質學家查爾斯．賴爾（Charles Lyell，一七九七至一八七五年）在其著作《地質學原理》（*Principles of Geology*）中扼要介紹了達爾文的發現。達納在航行中隨身攜帶著這本書，在瓦爾帕來索中途停留期間，他又收到了一本賴爾所寫的《地質學基礎》（*Elements of Geology*）。[30] 在美國遠征探險隊抵達澳洲時，達納或許還碰巧看到了一份刊登有達爾文的島嶼「沉降理論」的報紙。三十年後，達納在其著作《珊瑚與珊瑚島》中寫道：「報紙上這一段對此問題做了全面闡述，讓人對達爾文先生的感激溢於言表。」[31] 達爾文的思想透過各種管道傳遞給了達納，大大幫助了達納進行更深入的研究。

達爾文已經解決了大部分關於珊瑚島和環礁起源的「經典地質學問題」。[32] 在他的假設中，島嶼會下沉到海洋，而珊瑚礁則會經由植蟲動物的持續運作而向上生長。上升的珊瑚礁會形成一個面向海洋的海灣，或是一個完全封閉的礁湖，這取決於影響珊瑚礁生長的外部因素。最終，島嶼完全消失，只留下一個堡礁、邊緣礁或圓形環礁。所以說，達爾文的沉降理論在相當程度上解釋了珊瑚礁和大洋島嶼的起源，但鑒於達爾文在小獵犬號上進行實地觀測的機會少之有少，因此他至多也只能從理論上解釋這個問題。達爾文在土亞莫土群島見到了許多環礁，但都只是從小獵犬號甲板上做的觀察。雖然達爾文行經大溪地時又再次見到了珊瑚礁，但在長達一個月的停留期間，他幾乎沒再寫過有關珊瑚礁的文章。[33]最後，達爾文在他的日記中概述了他在印度洋可哥斯—基林環礁（Cocos-Keeling Atolls）考察珊瑚礁時的一些想法：「我們在太平洋看到一些本期刊所提到的、像是大溪地和木雷亞島（Eimeo）等島嶼，它們被珊瑚礁所包圍，隔著內灣中的水道和窪地，與海岸分離。在此情況下，許多因素往往會阻礙珊瑚的有效生長。」他想到的因素，包括了島嶼沉降、洋流和島嶼礁湖的生成等等。「依照這種觀點，」達爾文以他獨特的眼光總結道，「我們必須將礁湖島視為一種獨特的紀念碑，由數不清的小小建築師所構築，旨在緬懷沉在海洋深處的一塊古老陸地。」[34]

達爾文認為，洋流和波浪作用影響了珊瑚的生長及由此產生的珊瑚礁，是完全合乎邏輯的。但達爾文的猜測在此出了些差池，反倒是達納對珊瑚和珊瑚礁的論述，做出了科學上的首次重要貢獻。達納認為，「侵蝕作用」是大多數地貌得以形成的機制。這個最終使他成為最早的沖積地形學家之一的想法，源自他身為田野地質學家的艱苦工作——他徒步上山、下山，孜孜不倦地查看泥土與岩石。[35]達爾文和達納都對山體隆起的現象深感著迷，然而，達納比達爾文花了更多時間思索山上各種碎石岩屑的滑動與翻落現象。甚至早在美國遠征探險隊前往太平洋之前，達納就對「侵蝕」這一地質因素大感興趣。達納在一封書信中曾如此描述：「里約熱內盧附近的山區風景最顯著的特點在於崎嶇不平的山脊輪廓……以及險峻陡峭的峽谷，這些峽谷幾乎是從山峰最高處一路向下延伸至底部。」[36]那麼，這「險峻的峽谷」是經由什麼過程才形成的呢？當達納在海拔兩千零六十三公尺的大溪地奧萊山（Mount Aorai）攀登過程中目睹傾盆大雨的作用時，心中便有了答案——那就是侵蝕作用。[37]

當涓涓細流推動一粒泥沙，便發生了侵蝕。當暴雨連根拔起樹木，沖走巨石，液化表層土壤，造成水土流失，使一切在狂暴中滑下山體時，也發生了侵蝕。於是，侵蝕形成了山谷；在島嶼上，當沉降效應逐漸降低島嶼主體時，這些山谷就變成了海灣或礁湖。湍急的水流也會在珊瑚礁上鑿開缺口，這在一定程度上解釋了島嶼珊瑚礁的形貌。「我們是否記得，」達納在《地質學》中寫道，「這些山澗有時會在雨水導致的河水氾濫時，增加一百萬倍的威力，對於這一點我們必須摒除一切疑慮。」[38]達納為詹姆士·庫克船長第一次航行時對太平洋壯觀的山峰和山谷的浪漫描繪提出了地質上的解釋。一連三代的太平洋探險家都曾思考過創造這些如詩如畫的太平洋景觀的自然力量，但對此，達納的回答很簡單：「侵蝕作用。」

達爾文和達納在各自出版了探討珊瑚礁及島嶼環礁的著作後的三十年裡，曾相互通信指教。這些交流通常都十分友好、而且也是在互相打氣，儘管他們對於神學信仰存在分歧，但兩人彼此保持著相互尊重的謹慎態度。達爾文在一八四九年讀了達納的《地質學》後，在給查爾斯·賴爾的信中寫道：「（達納）給我的印象是非常聰明的人，但我真希望他不是那麼執著的概括論者。」[39]達納確實以驚人的洞察力，概括歸納了太平洋地質學及其對整個地球進程的意義，他的理論展現了一個沉醉於日常觀察而極富想像力之人的構念。譬如，他曾看著一座島嶼山峰看到出神，看著「地勢從令人眩暈的高度向下，瀑布充滿活力地滑降、奔騰或墜落」，在這之後，達納的文章才恢復以科學術語詮釋眼前景象的意義。[40]相較於達爾文本人以進化論的時間尺度做出概括，達納對大自然內在運作的感知貫穿了整個時空，從人類時代縱橫至地質時代。在整個航程中，他尋找地質證據以支持亞歷山大・馮・洪堡德的著名論點：「聯繫鏈，所有自然力量藉之相互連結、相輔相成。」[41]

島嶼、火山與熱點⑤

在思考太平洋島嶼的起源時，達納可能也參考了玻里尼西亞半神祇毛伊（Maui）的故事。毛伊的一生非常忙碌——在神話中，祂永生不死。祂用漁網撈住太陽，以減緩太陽在天空中的移動，從而為地上的凡人帶來日常的溫暖。他馴服食人動植物，以便人們從事農業和畜牧業。毛伊一直照顧人類的需要，譬如他從火神那兒偷走了火的秘密，於是人們就可以燒飯和取暖，儘管在此過程中他幾乎點燃了整個世界。跟大部分的搗蛋鬼一樣，毛伊動作倉促，並隨時準備為其行為付出代價，但他總是為了地上人類的最佳利益而出手干涉宇宙。

毛伊也創造了夏威夷群島。在毛伊還是個孩子時，有一天，他和兄弟們去釣魚。他們划船來到一個叫做蒲（Po'o）的漁場，毛伊扔下了一支用他的祖母的骨骸做成的大魚鉤。[42]他們釣到深海裡的許多大魚，但是要把漁獲拉到海面可是一個漫長過程。這項壯舉足足花了兩天兩

⑤ 譯注：熱點（Hot Spot）在地質學上指的是地球表面長期經歷活躍的火山活動的地區。

夜。當他們把魚群拉向獨木舟，捕獲的魚群變成了散布在海面上的一組島嶼，這說明了今天夏威夷島鏈的排列樣貌。[43]

這則遠古的毛伊神話，最終反映了十九世紀的西方科學思想，特別是在地質學方面。大洋島嶼從海面升起，此乃塑造整個地球的地質進程的一部分；毛伊的神話和西方科學一樣，清楚闡述了島嶼隆起的過程，亦可合情合理地說給更多人聽。島民的宇宙觀融合了娛樂與科學：經由毛伊及其他神話角色，他們了解到山脈是從海洋中升起、火山乃是災變的催化劑，還有陸地會逐漸沉降回到大海深處。毛伊的神話，觸及了住在一塊被茫茫大海包圍的小小陸地上的民族的主要關切：這些島嶼究竟從何而來，以及與整個大地的形成過程又有何種關係？

這些問題引發了地質學、宇宙開創論和靈性等三個層次的探究，既能分開解讀，也能一併理解為具有某種內在聯繫。實際上，毛伊神話便揭示了這種內在聯繫。毛伊把島嶼從海底抬起，並安頓好它們在大洋中的位置（這正是地質學）。這位半人半神掌控了火、水和食物等基本生命元素，從而創造了一個人們可以舒適生活的宇宙（這正是宇宙開創論）。毛伊的努力成果並未創造一個不需要神祇的完美花園，反而引導出一種生生不息的神話與歷史時期，因為人們需要創世故事的說服力和神靈的介入（這正是靈性方面的說法）。就這樣，毛伊的一生回答了科學、人性和宗教方面的基本問題。

詹姆士．德維特．達納在他為美國遠征探險隊發表的、有關太平洋海盆地質的重量級報告《地質學》中，並未提到毛伊。倘若他在美國遠征探險隊的四年太平洋航行中聽過這些故事，極可能會被故事給迷住，而我們作為好奇的觀察者和聽眾，很難相信他沒有。達納必定會覺得，毛伊捕魚的故事中描述島嶼隆起的基本過程似曾相識，並且衷心贊同這些地質事件有其神聖起源。毛伊的角色或許會讓篤信福音派的達納給人留下「本土迷信」與「異教徒」的印象，正如他常在書信中使用這些術語來指述原住民宗教體系。[44]所以最終，達納為夏威夷群島的創造提出了一套不同的、高度技術化的緣由。他在《地質學》中詳細描述「火成岩」改變地球表面的作用，並引用了大量與山脈海拔高度對應的「剝蝕與破壞作用的案例」。[45]夏威夷、大溪地、紐西蘭與美國的大多數居民，可能會覺得這些解釋實在難以理解，但達納寫作《地質學》是為了西方科學界的讀者，並非為了取悅大眾。

岩石的結構是如何組成的？不管是珊瑚礁還是金字塔，絕大部分的物體都是一塊一塊地組構起來，這說明了結構的性質及成形的時間進程。時間進程對達納來說意義非凡，因為他將地質學視為一種地球的輝煌歷史紀錄。無論人類時期或地質時期，達納視歷史為從一個時代到另一個時代的運動，乃是按照一種由「無上造物主」指導的「計畫」或「發展體系」向前推進。[46]雖然大多數原住民島民與大陸民族恐怕會覺得達納對線性時間的仰賴實在過於簡化、而且不合時宜，但所有人都同樣喜歡歷史。其實，大部分島民認為週期性的時間觀最能解釋地球的運轉及人類的生活經歷。過去的事情不僅可供人們酌古禦今，在某些情況下，過去甚至還不僅僅只是過去。舉例來說，火山女神貝利（Pele）在過去的某個時刻來到了夏威夷群島，最終帶領家人在夏威夷島上的基勞厄亞火山口（Kilauea）定居。[47]但她和半人半神毛伊一樣，至今依然活躍於許多夏威夷原住民的生活與故事中，體現了連結人類和宇宙的自然力量。

一八四〇年十一月，達納就在基勞厄亞火山見證了這種自然力量。由於他信仰基督教福音派，因此他對這座火山的描述可說是極不尋常，突顯出他對夏威夷神祇貝利的高度尊重。達納和他的一小隊人攀爬到海拔一千兩百七十七公尺的山峰邊緣，並紮營在火山口附近，而他如此記載道：「（我）十分驚訝於這地方的寂靜。血紅色池子裡不停湧動著，就像一口不斷沸騰的大鍋。」達納寫道，在白天，火山透露著不祥的寂靜，而到了夜晚，「貝利坑」呈現出「筆墨難以形容的莊嚴」：

我們在火山口的邊上紮營，火勢盡收眼底。這只巨大坩堝不再是血色的眩光，此刻已變得格外明亮，表面閃爍著無數耀眼光點，那是由於不間斷的噴流所造成……在深坑的另一邊，有另外兩座池子像燒開的大鍋一樣把熔岩拋向天空，偶爾噴濺出十二至十五公尺高的烈焰……相較之下，在這片不停燃燒的火焰和熾熱蒸氣的景象之中，天空彷彿黑得不太自然，而稀疏的星斗像是一個個昏暗的光點……這是貝利的清醒時分。然而，我們有理由相信，這正是她平常的模樣，她即使在靜默之中，也確實展露出一種可怕的莊嚴。[48]

就連在這種「清醒時分」，火山也在持續活動、形成熔岩流——基勞厄亞火山在當時、現在也仍是世界上最活躍的火山之一。

達納或許是從既有資料中得知關於貝利的傳說，因此他在文章中提到女神一事並不令人驚訝。[49]比較讓人詫異的，是達納在基勞厄亞火山報告中以貝利作為敘事主軸，畢竟這是一份滿滿記錄著田野調查數據和理論的科學研究。達納反覆引用女神（他凝視著「貝利的深處」，稱自己為「貝利坑的探險者」）來陳述他站在火山口邊緣時的恐懼。「當我站在懸崖邊緣時，坍塌的絕壁上連續發出兩次轟隆聲響、打破了深坑的沉寂。」達納寫道。[50]達納將基勞厄亞火山與維蘇威火山（達納在一八三四年研究的第一座火山）相比較，並且如此說道：「魯阿－貝利（Lua Pele）火山的活動就是如此簡單寧靜。然而這種蟄伏，也許是比維蘇威火山的起伏還要更令人恐懼的莊嚴。」[51]

達納對基勞厄亞火山的動人描述，顯現出這段經歷對他個人的意義——正如美國文學家拉爾夫．沃爾多．愛默生（Ralph Waldo Emerson）四年前曾在《自然》（*Nature*）期刊上所表達的：「他顯然被推向了恐懼邊緣。」此外，這些敘述也說明了他認為火山本身在科學上的重要性。比方說，他在筆記結尾寫道，魯阿－貝利火山的蟄伏，也許是比維蘇威火山的起伏還要更令人恐懼的莊嚴。達納在這裡和其他許多地方都使用了「莊嚴」（sublime）一詞；它帶有特定含義，不僅是因此場景所喚起的宏偉與壯麗，而且還表達出一種幾乎無從抑制的恐懼和神聖力量的存在。[52]達納在基勞厄亞火山口邊緣，絕對經歷了巨大的恐懼，而這在他後來對此事件的敘述中不難看出。此外，恐懼將達納的宗教信仰與他的地質學研究連結在一起：他感覺到一種神聖力量的存在，而大抵上正是這種力量創造了他當時登頂的火山。這種與強大自然力量的短暫接觸，深深注入了他的思想，激發他進行科學探索，支撐他度過海上的沉悶歲月。

在美國遠征探險隊進入太平洋之前，達納已勘察過馬德拉群島、佛得角群島（Cape Verde Islands）的火山，以及更早先幾年的維蘇威火山。但在太平洋海盆，達納找到了更令人嘆為觀止的火山群，進而驅策他研究大溪地、斐濟、北美洲西北海岸、加利福尼亞和夏威夷等地的火山。太平洋讓他有機會看到比以往任何一位博物學家都要多的火山，而有了這些觀察結果，他才能夠為火山的重要性建立理論基礎。太平洋周圍有一圈「壯麗的火山邊界」，達納一返回美國便如此寫道，進一步澄清他在航行中於書信裡寫過的一個想法。[53]地質學家今天所謂的「環太平洋火山帶」（Ring of Fire），是一道從紐西蘭延展至亞洲東緣的弧線，橫跨阿留申群島，沿著北美洲及南美洲海岸向南蜿蜒。火山帶的邊緣有著地球上大約百分之七十五的活火山和休眠火山，大體上是由太平洋板塊與周圍六個板塊相互碰撞並下滑至其下方（隱沒）所形成。這個「隱沒帶」製造出巨大的火山和地震能量，將岩石轉化為岩漿，進而以熔岩的形式上升到地表，於是創造了火山。[54]

雖然當時的達納還無從想像隱沒帶的存在，但他確實推斷出，是火山活動整合了太平洋海盆各處不同的地貌。「這是個相當有趣的事實，太平洋幾乎被活火山、死火山及高山所環繞，而在狹長的大西洋和印度洋兩側，焚燒過的痕跡相對較少，這傾向於證實有關地球的深層斷裂和導致山脈隆起的原因的觀點。」[55]達納在此推翻了德國著名地質學家里奧波德・馮・布赫（Leopold von Buch，洪堡德的親密助手）的論述，也就是一條連接蘇門答臘、爪哇和菲律賓的U形火山帶的存在。里奧波德・馮・布赫從未親自勘察過這條火山帶，因為他從來未曾離開過歐洲。[56]相較之下，達納更能以一種從經驗中締造的權威來反駁這位德國貴族——馮・布赫所描述的火山帶，只不過是整個環太平洋火山帶中的一小段而已。

夏威夷火山島鏈就坐落在這片有如火圈的火山帶的正中央。達納相信，這條火山島鏈隱藏著「玻里尼西亞地質的秘密」，因為它展現了島嶼如何從海洋中出現、島鏈的排列、火山爆發和沉降對島嶼的破壞，以及太平洋海底和周圍大陸之間的地質差異。[57]儘管達納非常重視夏威夷島鏈，但他只在群島間停留了三個月，而且大部分時間都待在孔雀號上。他在火山活動活躍的夏威夷島上只待了五天，當時威爾克斯船長命令孔雀號前往完成南太平洋的島嶼調查。然而，五天的時間足以讓達納從基勞厄亞火山步行到希洛，並在沿途停下來，從遠處觀察茂納羅亞火山，然後再從火山口邊緣觀看基勞厄亞火山。達納本來想趁機從兩座火山上蒐集更多數據（並與威爾克斯一起攀登至四千一百六十九公尺高的茂納羅亞火山頂，為該火山設立第一座觀測站），不過後來他使用了查爾斯．皮克林、約瑟夫．德雷頓（Joseph Drayton）⑥、查爾斯．威爾克斯蒐集的觀察與測量數據。此外，達納此時在科學研究上更注重理論的構思，而非數據的蒐集，在接下來的幾個月裡，他將在海上、返國途中，以及隨後的瘋狂寫作過程中，為他的思考勾勒出明確架構。

達納對火山的想法與他對太平洋珊瑚礁和島嶼的觀察相互交織。就像珊瑚島的緩慢發展進程（島嶼慢慢地沉入海洋，接著珊瑚礁逐漸長大、浮出水面），火山島揭示了火山從年輕活躍到休眠下沉的歲月歷程。按達納的說法，侵蝕是使珊瑚礁發生變化的活性因素，而太平洋海盆的火山島也是經由侵蝕塑造而成。對達納來說，這種相似之處並不驚奇，畢竟珊瑚礁是火山島出現之後留下的產物（這一切當然發生於地質時期）。在某種程度上，達納提出的這些理論還

⑥ 譯注：約瑟夫．德雷頓（一七九五至一八五六年），美國自然歷史畫家，曾加入美國遠征探險隊，並在航行中繪製了大量的魚類畫作。

是來自西方科學界，但其實太平洋島民早已掌握了其中的一些要義。兩位首屈一指的火山學家曾說明：「早期的夏威夷人已曉得夏威夷群島獨特的西北—東南走向。他們的傳說清楚表明，他們早已意識到東南部的島嶼比起西北部的島嶼還要來得年輕。」[58]譬如說，女神貝利最初降落在可艾島的一個坑洞內，但水之女神（*Na-maka-o-kaha'i*）持續讓貝利的坑洞鬧水災，使得貝利寸步難行並遭到嚴重侵蝕。於是，貝利巡行了整個夏威夷群島，直到她發現一座最年輕、火山最活躍的島嶼，並在茂納羅亞火山和基勞厄亞火山定居下來。[59]遠古夏威夷人對火山和島嶼的年齡進程了解得如此之深，以至於這些概念已在他們的宇宙學中根深柢固。

達納推斷，侵蝕程度與其他因素可以共同證明夏威夷島鏈中火山的年齡進程。茂納羅亞火山極少出現嚴重侵蝕的跡象，因此代表它是火山鏈中最年輕的活火山。[60]達納估計其陸上地貌需要四十萬年才能形成；現代放射性定年法研究發現，他的推測非常準確。次年輕的是基勞厄亞火山，因為其持續的噴發狀態和火山口邊緣向內塌陷的現象，使得達納從而建立了「噴發塌陷」導致「盾狀火山」形成的新理論。[61]（無獨有偶，現代研究基本上也認同達納的「噴發塌陷」理論。）從基勞厄亞火山開始，火山的年齡沿著西北—東南走向，穿越島嶼繼續向近代演進：哈里亞卡拉火山（Haleakala）、茂納開亞火山、庫勞山脈（Koolau）、茂宜島、懷厄奈（Waianae，位於歐胡島），一直到可艾島。[62]

只要觀察者靠得夠近，就絕不會錯過能夠在大洋上看見的火山島。探測水面下、被海洋淹沒的火山峰則需要更多的想像力，以達納為例來說，這也需要對整個太平洋海盆的地質過程有某種覺察。達納猜測，太平洋島嶼基本上是海洋山脈，而他也推測，唯有那些最高的山峰才能衝破海洋表面。那麼，這條夏威夷島鏈究竟有多長呢？「我們可以說，」達納寫道，「這些（現有的島嶼）全都出自若干（未知的）山峰，整條山脈一路綿延兩千四百多公里長。這應該是對夏威夷群島的正確看法。」[63]

達納對夏威夷島鏈的猜測性假說（沒有仰賴現代聲納設備）準確得令人驚訝。夏威夷島鏈從基勞厄亞火山向西北方延伸了近三千公里，然後突然轉向北方，併入帝王海山群（Emperor Seamounts），中斷於阿留申群島的西南方。[64]夏威夷—帝王海山群與偏南的萊恩群島（Line Islands）和土亞莫土群島（中斷於皮特凱恩島〔Pitcairn Island〕附近）共同形成一條大致將太平洋的廣闊海底一分為二的線條。這於是形塑了太平洋海底的重要特徵：海底山脈、海溝，以及在該線以西的海床上布滿島嶼，而平行的斷裂帶則一路向東延伸至美洲海岸。沿著這條火山鏈蔓延的各個山峰，依然是高度活躍的火山，特別是阿拉斯加的阿留申群島，太平洋板塊就是從那裡下滑至北美板塊下方。夏威夷群島位於這片複雜海床的正中央。這便是達納提出的「玻里尼西亞地質的秘密」，這些島嶼讓他意識到主宰三分之一地球表面的地貌特徵與力量。

夏威夷是另一個謎團的關鍵，達納充其量只能對之提出理論來解釋。太平洋有著地球上八個（大約占所有熱點的三分之一）顯著熱點——也就是位於地球板塊下方、產生岩漿的極熱區域。岩漿以「熱羽流」（thermal plumes）的形式穿透板塊上湧，並透過形成的火山釋放熔岩。加拿大地球物理學家約翰．圖佐．威爾遜（John Tuzo Wilson）在一九六三年發表的論文〈夏威夷群島的可能起源〉（A Possible Origin of the Hawaiian Islands）中，首度提出熱點理論，最後發表於《加拿大物理學期刊》（*Canadian Journal of Physics*），然而在此之前，許多國際期刊都拒絕刊登這篇文章。[65]威爾遜並未在最初發表的文章裡使用「熱點」一詞；倒是像達納一樣，他用了相當模稜兩可的術語，來推斷夏威夷島鏈的線性形狀是太平洋板塊在「地球對流系統」上移動的結果。他認為，這些對流可能會破壞地殼並將之撕裂，使其從太平洋中脊下方隆起，使得地幔新生成的表面暴露於水化和蝕變作用之中，從而持續散發熱能，而且每一座火山都曾經歷相同的生命週期。威爾遜相信，太平洋板塊下方的熱源永遠固定不變（後續研究將證實該處熱點已經存在了四千萬年之久），不過他更關心當時正在進行的一場科學辯論——究竟地球板塊與大陸（岩石圈〔lithosphere〕）是否在地球內層的軟流圈（asthenosphere）之上漂移。威爾遜認為大陸是會移動的。「地球確實動個不停。」他如此說道。[66]

達納並不知道熱點的存在，但威爾遜在理論中引用了許多讓達納將夏威夷視為解開玻里尼西亞和太平洋地質秘密的因素。威爾遜與達納對太平洋火山的年齡進程的觀點可說是如出一轍（貝利的傳說也是如此），雖然威爾遜已經可以透過放射性碳定年法來確定火山島的年齡，但他也採用了達納最珍視的侵蝕作用為概念，來解釋島嶼的年齡差異。[67]威爾遜（套用近似達納的說法）寫道：「一座座火山島，依次經歷了類似的火山作用與侵蝕週期。」[68]然而，與威爾遜不同的是，達納只從最廣義的角度來推測有一股穿過地球內部上升並引發火山活動的能量來源（他稱之為「地球內部之火」）。[69]然而，達納卻能正確判斷出那是來自整個地球的熱源，而非僅屬於當地——他認為，火山的「熔岩管道」最終會與地幔深處的「共同熱源」或「中央管道」相連通（這就是威爾遜的「上升對流」理論）。[70]

達納的種種思考無法讓他直接推演出威爾遜的熱點理論。不過，達納對火山的某些看法的確有著先見之明，而那都是出自他對太平洋的長期研究，畢竟太平洋地區已足以彰顯出地球上的許多地質形成過程。但是這種釐清全球演變梗概的嘗試，卻將達納排除於地質學界的主流之外，也就是歐洲科學家在研究歐洲岩石形成和火山（如埃特納火山和維蘇威火山）時所形成的主流。太平洋海盆給了達納一個完全不同的地質環境——太平洋在地質學上是「一個巨大的異端」，這迫使他放棄教科書上的刻板知識，轉而自己提出關於地球的問題。[71]此外，四年的長途航行，讓達納彷彿在船上度過了無數個日日夜夜，除了思考這些問題，他什麼也做不了。

就這樣，他在航程中全心全意地（包括身體和智力方面）效法從前那些在新環境中獲得啟發的科學探險家，譬如參與庫克第二次太平洋航行的約翰及喬治．福斯特、一八五〇年代勘察印度尼西亞的阿爾弗雷德．羅素．華萊士（Alfred Russel Wallace，一八二三至一九一三年）、乘坐小獵犬號航行至南美洲和太平洋的達爾文，乃至探勘大峽谷和大盆地（Great Basin）⑦的約翰．衛斯理．鮑威爾（John Wesley Powell，一八三四至一九〇二年）。[72]這些探險中的每一場，或多或少都為完善整體科學做出了貢獻。科學學科之間的界限變得越發模糊，也越有互通之處，而且與異國他鄉的邂逅往往激發出新穎的理論。至於大自然本身則彷彿擺出陸地形貌、物種或顯性表型（phenotype）⑧的千姿百態來向科學家提問。事實上，從進行這些探險的地理位置似乎便可找到答案：新的大陸出現（南極洲）、新奇的動物地理分區出現（華萊士線

⑦　譯注：大盆地是位於美國加州內華達山脈和猶他州瓦薩屈山脈（Wasatch Range）之間的沙漠地區。

⑧　譯注：顯性表型又譯為表現型、外顯型，指的是生物體實際的外觀特徵與行為等。

〔Wallace's Line〕），海盆則彰顯出更大的空間連貫性（太平洋）。達納的太平洋航行——就跟前述所提的其他探險一樣——是他一生當中最重要的時刻，他滿腦子都是令人困惑的問題。

太平洋環境下的大陸地質學

達納既把珊瑚礁、環礁島、火山和所謂的「對流」當成獨立個體來研究，同時也把它們視為範圍更廣的太平洋的組成要素。一八四一年以前，他主要都在太平洋實地研究這些地質特徵，卻未曾沿著周邊大陸海岸考察。一八四一年，當達納乘坐的孔雀號在哥倫比亞河口沉沒，他發現自己身處的北美大陸無比陌生，以前在東岸邊緣時只聞其名不見其形。在接下來的數十年，美國地質學家（包括約西亞．惠特尼〔Josiah Whitney，一八一九至一八九六年〕、威廉．布魯爾〔William Brewer，一八二八至一九一〇年〕和達納的學生克雷倫斯．金恩〔Clarence King，一八四二至一九〇一年〕）將絡繹不絕地考察這片位於北美大陸極西的地理界域。一八四三至四四年，約莫與達納的航海之旅同一時期，約翰．查理斯．弗雷蒙特在第二次西部長征探險中遊歷了奧勒岡領地（Oregon Territory）與加利福尼亞中部，而他的報告裡有一些地質紀要是由達納提供。弗雷蒙特可能與威爾克斯同樣有著征服遠西、實現繁榮商業的願景；具體而言，美國領土很快就要延伸至太平洋，與亞洲通商將使美國變得更加富強。[73]不過，達納在一八四一年短暫探索奧勒岡和加利福尼亞期間，似乎對這種擴張主義事務不感興趣。他透過地質學來解讀地形地貌，而不是使用地緣政治話語——因此，他在看待奧勒岡和加利福尼亞的

「太平洋海岸邊坡」時，所著眼的是與海洋的聯繫，而不是與大陸的聯繫。

事實上，達納可能是美國展開征服行動前、唯一一位仔細考察過奧勒岡領地和上加利福尼亞的地質學家，而他是為了研究太平洋地質學才這麼做的。孔雀號沉沒之後，查爾斯·威爾克斯船長命令他的科學人士小組從哥倫比亞河向南經陸路跋涉至舊金山灣。[74]這趟被達納稱之為一千兩百多公里長的「陸上旅行」，帶著他們穿過威拉米特河谷（Willamette Valley），經過沙斯塔山（Mount Shasta）到達沙加緬度河上游，然後順流而下抵達舊金山灣。向東眺望巍峨的謝拉山脈之際，達納可能看見了高達近四千公尺的優勝美地峰頂；二十年後，這座山峰將以他的名字來命名。據地質學家丹尼爾·艾普曼（Daniel Appleman，一九三二至九八年）的說法，這趟跋涉讓達納置身於「世界上最複雜的地質環境」之中。[75]這群科學人士穿越了環太平洋火山帶的北美部分（包括火山活動頻繁的喀斯開山脈〔Cascade Range〕），由太平洋板塊和北美板塊經過兩億年來的碰撞後形成。達納還找到一座已經休眠的加利福尼亞火山，如今被稱為薩特山丘（Sutter Buttes），這使他再度沉思默想起火山年齡的進程，以及他最傾心的地質力量——侵蝕。

儘管這趟陸上旅行發生在北美大陸，但達納事後於長達六十七頁的報告中，依然以太平洋海盆作為參考框架。由於他此前三年是在太平洋上度過，所以這並不奇怪。但從他的陸上旅行（一八四一年）、他的《地質學》首篇草稿（一八四五至四六年）到該書的出版（一八四九年），許多事情都發生了變化——包括美國對加利福尼亞和奧勒岡領地的倉促整合。達納在報告中僅一次提到這些情況，稱加利福尼亞和奧勒岡屬於「美國領土的一部分」。[76]他很可能是在出版前才插入了這句話，但就地質學家而言實屬不幸的，也在於這是在加利福尼亞宣布發現大量金礦之前的事（達納不知怎地似乎不為所動）。

達納在報告中把這個複雜的地質區域完全納入太平洋海盆架構之中。謝拉山脈和洛磯山脈突顯出一座與東太平洋毗連的「巨大地棚」，而同樣的地形也出現在墨西哥（達納引用洪堡德論述）和南美洲的安地斯山脈（達納引用自法國博物學家阿爾西德·奧比尼〔Alcide d'Orbigny，一八〇二至五七年〕）。這些山峰在喀斯開山脈和海岸山脈之上若隱若現，構成巨大的「平行海拔線」，或許和太平洋的「窪地」有所關聯。達納寫道，通往海洋的河流平原上有著明顯的侵蝕跡象，就如同在「太平洋島嶼和澳洲的山谷」所發現的那樣。此外，北美洲西北海岸上的狹長航道像「人工運河」一樣深入海岸腹地，讓達納想起在下巴塔哥尼亞地區（Lower Patagonia）、火地島，以及白令海峽的類似航道。至於這些深水海灣與航道形成的原因，達納要讀者們參考他之前關於大溪地和甘比亞群島（Gambier Islands）的文章。[77]

達納在地質上將北美海岸視為太平洋的一部分，可說是理所當然，因為達納比達爾文或之前任何博物學家都更致力於分析地球上最大海盆的地質結構。北美海岸線是這幅拼圖中至關重要的一部分。因此，他認為北美沿海的山脈、火山、河流和被侵蝕的山谷，都與太平洋海盆密不可分——並非只是遠在邊緣的枝微末節，而是構成整個太平洋海盆的重要部分。達納並不否認他展開陸上旅行的北美大陸其實擁有自己的地質歷史；事實上，他希望有朝一日對整塊大陸進行一次全面的勘察。他在一八四九年時就寫道，這樣的勘察一定會對全球正在發生的「巨大地質變化」帶來新的認知。[78]掃興的是，七年後，當他最終撰寫了一份關於北美大陸的調查報告時，卻似乎忘了先前以全球為範圍勘察時所發下的豪語。

愛國地質學

達納於一八四二年六月返回康乃狄克州紐黑文市（New Haven），在接下來的十年中，他以飛快的速度寫作和出版。[79]他為美國遠征探險隊撰寫的三份科學報告（《植蟲類生物》、《地質學》和《甲殼類動物》〔*Crustacea*〕）總計為超過三千頁精心編撰的文稿，另外還加上數十篇期刊文章作為額外補充，接著又兩次增修了《礦物學系統》（*A System of Mineralogy*），以及出版大為成功的《地質學手冊》（*Manual of Geology*）。[80]這些學術成果大部分來自他在太平洋航行時的開創性研究，秉持著一位成功博物學家暨探險家的熱情撰寫而成，並且融合了洪堡德式的尺度和愛默生式的敬畏精神來研究地質學（作為自然世界的面向之一）；他觀察微小的植蟲生物和巨大山脈，讚嘆火山的災難性爆發，同時語帶訝異地描述幽靜河谷中平靜的侵蝕過程。他在著作中提出了整體性理論（他返航後的第一批文章中有一篇題為〈地球大輪廓特徵的起源〉），以及新穎的、甚至異想天開的比較研究（如〈月球上的火山〉〔The Volcanoes of the Moon〕）。總之，達納在一八四〇年代末和一八五〇年代初的研究成果，顯示出其科學發現的靈感來自於在太平洋上漂流多年的曲折經歷。

後來發生了一件事，標誌他真正背離了他在太平洋上的研究關懷。達納成了「美國」地質學家。一八五四年，達納當選「美國科學進步協會」（American Association for the

Advancement of Science）主席，並在隔年於就任儀式上發表了一篇標題為〈美國地質史〉（On American Geological History）的論文。十九世紀美國人的生活與文學中彌漫著民族主義和上帝授意的鼓搗之聲，而達納與之呼應，聲稱北美地質學——從地質學家、其思想，甚至到小至一塊岩石，都完全獨立於歐洲科學之外。根據達納的說法，上帝賦予美洲大陸一種單純而圓融的形態，完美表達了地球的地質原理。北美洲，始於阿帕拉契山脈，一路向西延展至太平洋海岸線，憑藉其地質基礎，形塑出自由之土。達納用以神聖化美國岩石的思想，可追溯到美國優越主義（American exceptionalism，亦譯為「美國例外主義」）的起源，沿襲十九世紀民族主義潮流，自湯瑪斯・傑佛遜（美國第三任總統）以降，傳承至愛默生，再到菲德里克・傑克遜・特納（Frederick Jackson Turner）⑨。達納並非唯一一個在自己的學科領域或體系中宣稱美國的自然環境乃獨一無二的人。但達納的演說確實表明他已從對太平洋世界的知識探索與整體科學研究，走上了國家地質學意識形態的歧途。

達納的演說是基於他的美國同事們近期的研究。達納認為，每一塊大陸都有自己的「時期」和「時代」，況且美國地質學家已明智地意識到此一事實，而不考慮歐洲的所謂「階段」或「分支」。[81]首先，達納就如此主張：「我們對北美大陸的形態與結構的相對簡單性感到震驚。在外型上，它是一個三角形，是最簡單的數學圖形；在平地上來看，它是位於兩道山脈之間的遼闊平原……在輪廓上，這裡有水，朝著東、西、北、南各個方向流淌。」相較之下，他寫道歐洲是一個「複雜」的世界，位於東方大陸（包括歐洲、亞洲和非洲）一隅，海洋包夾其北面與西面，大陸則環繞其南面與東面。換句話說，歐洲的地質太過混亂，而美國的地質則整潔無瑕；

歐洲相當棘手地與黑暗大陸相連，而北美則像一座地質燈塔，超然矗立著照亮世界。[82]

達納的目的為何？大陸地質學可以鼓舞一種政治、社會和宗教性質的意識形態嗎？當然可以。地質「革命」和「破壞」，標誌著世代交替。隨著美國領土在北美大陸上由東向西漸次擴展，「宛如花朵在其進化系統中綻放」，達納表示在此過程中存在「無上造物主所開啟的計畫或發展體系」。[83]對達納來說，「宇宙之神」不僅讓一切自然和諧發展，也創造了「人類有序的進化」（這種神學式科學導致許多科學家質疑他的觀點）。[84]這種放諸四海的論點可說是完美反映了十九世紀中期的民族主義和擴張主義意識形態：「革命」締造了一塊向西延伸的和諧土地，是上帝賦予人類社會最適切的進化。這個國家透過征服戰爭終於到達了它的西部終點。儘管一些美國人（最著名的是擴張主義參議員湯瑪士．哈特．班頓）認為太平洋海岸並非最後終點，而是北美通往印度的漫長路途上的關鍵一步，不過達納對此不以為然。[85]達納漫步在統合大陸帝國整體的榮光之下，已感知足。

如此解讀達納的美國地質報告，是否扭曲了他的真正意圖？根據他的演說結論，似乎並非如此：

> 舊世界的多樣化特徵與產物共同造就了「人種」的童年和發展；而且，當他結束了學習生涯，完成了從自己和周圍箝制中解脫出來的救贖，打破了環境的種種限制，他需要從學校的束

⑨譯注：菲德里克．傑克遜．特納（一八六一至一九三二年），美國知名歷史學家，美國例外主義的倡導者。

> 縛中走出來，以享受思想和行動的完全自由，以及社會調和。紀歐教授（Arnold Guyot）進一步指出，永遠自由的美國，是這種自由與調和的應許之地——其開闊的平原和一致的地理結構是一種合宜的象徵。哪怕這片土地長期以來缺乏進步的跡象、也看不見未來，但對世界而言，它仍將成為希望與光明的中心。[86]

達納的結論並未令人耳目一新。反倒像是濃縮了美國優越主義教條：舊世界創造了「人種」（指白人），而新世界則滋育了與生俱來的自由，從而給全世界帶來光明。達納完全以北美洲的地質構造來合理化這種意識形態。他的大陸史結合了地質決定論與愛國激情，整個體系在文稿最後一句話中一氣呵成：「他的意志」。當時，達納剛與阿諾德·紀歐結盟以鞏固這套思維體系；紀歐教授是一位瑞士科學家，也是普林斯頓大學地質與地理學系的創辦人。[87]紀歐的《地球與人》（*The Earth and Man*，一八五三年）描述北美地質結構的「單純」與「圓融」，而「富饒的平原」和「雄踞大洋的位置」乃其注定成為「壯觀舞台」的地理標誌。「北美的建立，」紀歐主張，「並非為了孕育和發展一種新文明，而是為了借鑒歐洲的既有文明，（以提供）賦予生命的現代法則：自由合眾的原則。」[88]達納在演說中，幾乎一字不漏地引用紀歐的言論。

達納的愛國地質學可說是完全受限於十九世紀中葉的自然科學準則。歷史學家亞倫·薩克斯（Aaron Sachs）指出：「所有十九世紀的科學，包括洪堡德的學說，全都帶有帝國主義色彩。」[89]但美國人具備思考與行動的特殊條件，根據美國學者威廉·戈茨曼（William Goetzmann）的說法，就是「對新（大陸）領域的天然資源和人力資源，展開大規模科學盤查的必要性」。[90]這兩種脈動——帝國主義和資源查核，同時影響了美國遠征探險隊的地緣政治思維，而到了一八五〇年代中期，又驅策約西亞·惠特尼、克雷倫斯·金恩、斐迪南·海頓（Ferdinand Hayden）⑩、約翰·衛斯理·鮑威爾等人對美國西部發起著名的地質探勘行動。[91]這些地質學探險家當中，沒有一個對美國遠西與太平洋之間的地質和空間關係感興趣。[92]

結語：海洋的視野

美國地質學家將重心轉移到地方與國土探勘，反映出此一領域發生了更廣泛的變化。一八七〇年代和一八八〇年代，隨著綜論與理論逐漸被更本土化背景的研究所主導，國家內部的勘察在歐洲和北美蓬勃發展。瑞士地質學家愛德華·蘇伊斯（Eduard Suess，一八三一至一九一四年）的教科書《地球的面貌》（*The Face of the Earth*，一八八三年出版）是一部傑出的綜合性著作，借鑒了數十年的區域地質研究（包括達納的著作），但儘管書名寓意整個地球，其真正的關注卻從未跳脫出歐洲地質學。當《地球的面貌》提到太平洋時，蘇伊斯便以達納的著作為依歸。十九世紀末、二十世紀初的重要理論家，包括蘇伊斯、馬塞爾·伯特蘭（Marcel Bertrand）⑪和錢伯林（T. C. Chamberlin）⑫等人，借鑒了達納在太平洋期間最早思考的一些理

---

⑩ 譯注：斐迪南·海頓（一八二九至八七年），美國地質學家，以勘察洛磯山脈聞名於世。

⑪ 譯注：馬塞爾·伯特蘭（一八四七至一九〇七年），法國地質學家，主要研究阿爾卑斯山脈的形成。

⑫ 譯注：錢伯林（一八四三至一九二八年），美國地質學家與宇宙學家，以提出太陽系起源自小行星體的假設而聞名。

論。但是一直到二十世紀中葉，才有地質學家能跟達納一樣，考慮在全球格局下研究太平洋。第二次世界大戰過後，以勞倫斯・丘布（Lawrence Chubb，一八七三至一九四八年）和梅納德（H. W. Menard，一九二〇至八六年）為首的科學家，在一九五〇年代率先使用聲納儀器測繪海底地圖，徹底改變了太平洋地質學。[93]

十九世紀後期，美國地質學家幾乎一窩蜂地只關注國家的地形地貌，這無疑有得有失。就地質研究而言，太平洋——毗鄰美洲西部邊緣、其火山與地殼構造之相互聯繫、其島嶼和海床，實際上已從地圖上消失。地質學仍然是美國人「可以」（也「應該」）從大陸以外的視野來理解自己國家的研究領域，但這需要拘持拋棄該領域的實用性和實質收益的雄心壯志。鑒於科學家和工程師迅速集中於美國西部（尤其是加利福尼亞），西部地質學家特別必須環繞太平洋展開比較研究。各種領域的許多人紛紛開始思考這些可能性，其中包括海洋生物學（威廉・里特〔William Ritter，一八五六至一九四四年〕幫助建立了「斯克里普斯海洋研究所」〔Scripps Institution of Oceanography〕）、歷史學（赫伯・尤金・波頓〔Herbert Eugene Bolton，一八七〇至一九五三年〕對於西班牙殖民地邊境地區的研究，也將太平洋考慮了進去），以及生態學（喬治・柏金斯・馬許〔George Perkins Marsh，一八〇一至八二年〕關注太平洋的叢林）。但對大多數美國人及其地質學家來說，位於美國大陸西部地區以西的浩瀚海洋與美國大陸之間，幾乎不存在直接聯繫。

很少有人真正讀過達納寫的太平洋海盆的地質研究報告。美國政府的印刷數量實在有限，除了寄給外國國家元首和知名圖書館之外，已所剩無幾，而且在一八四九年（《地質學》出版那一年），全世界對太平洋的關注全都集中在一種被達納完全忽略的地質元素之上：黃金。對於那些確實讀過這本書的人（主要都是美國和歐洲科學家）來說，達納的《地質學》的影響力遠遠超出該書探討的、地理學上的主題。他在提出創新的地質理論時能夠明察秋毫，探究太平洋海盆、乃至整個地球的特定地質結構，並且演繹出有關珊瑚島的形成、火山性質、太平洋島嶼的年齡進程、海盆山脈的所在，以及可能存在靜止熱點的新結論。對於一位幾乎從沒受過正統地質學訓練的年輕科學家來說，達納對於太平洋的組構分析絕對稱得上非凡成就。洪堡德這位十九世紀最偉大的博物學家就認為，達納的著作是「對當今科學最傑出的貢獻」。[94]

儘管達納的《地質學》具有繼往開來之功，但這份報告，美國政府可能只印了一百本，況且這數字還包括送給外國國家元首和知名圖書館的部分。[95]「真的很丟臉，」達納寫道，「這是我自己的書，而政府卻連一本都沒送給我。」[96]美國政府倒是寄了一本至遠在太平洋彼岸的中國皇帝御書房。廣東總督收到此書時，正逢太平天國之亂，因而無法將它呈交給皇帝。後來，達納的一位朋友威爾斯．威廉斯博士（Wells Williams）⑬於一八五〇年代中期在廣東的一家店鋪裡發現了這本書。威廉斯將書買下，然後又寄回了太平洋彼岸。達納在一八五八年收到了這本風塵僕僕才來到他手中的《地質學》；他或許認為，這本書已兩度穿越書籍本身所嘗試解說的太平洋地質學，顯得彌足珍貴，因此將它收藏在自己的私人圖書館內。[97]

⑬ 譯注：威廉斯（一八一二至八四年）的漢名為「衛三畏」，在一八三三年受美國公里會派遣至中國廣東，擔任《中國叢報》編輯。中美談判簽訂《天津條約》時，衛三畏是美方副代表；一八六〇年更擔任美國駐華公使館的臨時代辦。一八七六年退休後，衛三畏以美國首位漢學教授，於耶魯大學任教。

結論

當西風東漸

Conclusion: When East Became West

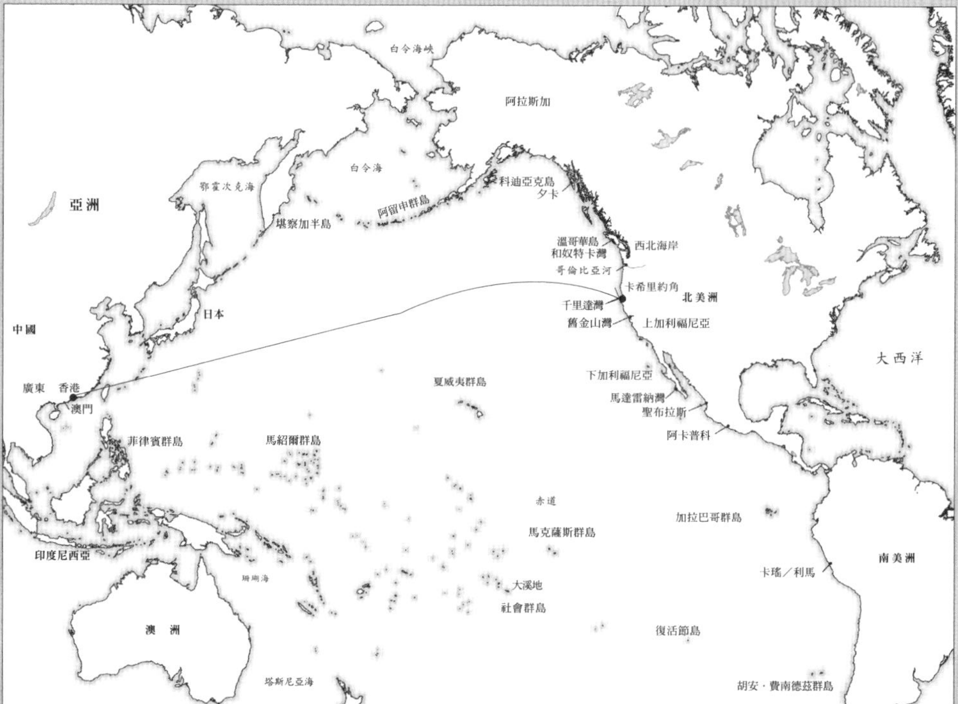

歡樂號 1850 年航行路線

1850 年 6 月 香港 → 1850 年 7 月 卡布里約角

一八四八年初，在沙加緬度山谷，黃金蘊藏量空前豐富的消息迅速傳遍了整個太平洋。不到幾個月，馬達雷納灣的捕鯨者從一艘近日剛從檀香山來訪的船隻聽到了此一傳聞。在檀香山，隨著一艘艘來自加利福尼亞的船隻抵達，發現黃金的消息宛如星火般燎原。到了一八四八年夏天，身強體壯的工人們紛紛從阿卡普科港流竄至卡瑤，「淘金熱」也從北美洲西北海岸一路蔓延至澳洲。[1]一八四八年下半年，廣東的商人從第一艘來自加利福尼亞的入境船隻獲悉同樣消息。隨著這些謠言越趨可信，諸如奧古斯丁赫德洋行的約翰．赫德（John Heard）這種常駐廣東的生意人也不敢掉以輕心，開始盤算對策。赫德是個既謹慎又保守的貿易商，他為「伊芙琳」號（Eveline）精心挑選了一批貨物，於一八四九年初派遣該船東渡大洋。數月過後，伊芙琳號返回，回報說全船所有貨物全部在加利福尼亞以高價銷售一空。赫德很快便為第二艘船「歡樂」號（Frolic）裝滿貨物，並祝福船長愛德華．荷瑞修．福森（Edward Horatio Faucon）一路平安。

福森在太平洋的貿易經驗非常豐富。[2]過去四年，他一直駕著歡樂號從印度載運鴉片至廣東，對於這條重達兩百零九噸的船，他瞭若指掌，就彷彿打從船一開始建造起就住在船上似的。福森對加利福尼亞也十分熟悉——至少他對從前的上加利福尼亞並不陌生，畢竟在一八三〇年代時，他曾在那裡為萊恩特與斯圖吉斯商行擔任過船長，那家商行可是牛皮與牛脂貿易中的翹楚。[3]福森這位太平洋上的老船長確實經歷過大風大浪，只除了一件事：他從沒開過船從中國出發向東橫渡太平洋到海象險惡、時常大霧籠罩的加利福尼亞北海岸。約翰．赫德買了唯一能在廣東找到的一張北美海岸地圖作為替歡樂號餞行的禮物，但這張海圖上只有北加利福尼亞海岸的基本輪廓，是喬治．溫哥華於一七九二至九三年於北太平洋航行時粗略標示的。這張海圖欠缺所有的細節，因此只能算是一張草圖，根本無法充當航海導引。

一八五〇年六月十日，歡樂號從香港啟航，船上裝載了大量絲綢和價值一萬五千美元的「雜碎」（Chowchow）——這是中國貿易行話，意指百貨商品。這些「雜碎」包括瓷器、啤酒、傢俱、繪畫、刀劍和組合屋。這次航行，由兩名美國出生的高級船員擔任福森的左右手，而船上的二十三名水手中，有拉斯卡人（Lascar）①、馬來人，以及從歡樂號最近一次鴉片走私中帶過來的中國水手。歡樂號平安無事地橫渡了太平洋，福森船長在航程第四十六天快結束時，看到遠方「隆起陸地的模糊輪廓」。當時，他推算歡樂號位於舊金山灣北方一百六十公里處。不幸的是，他看到的「隆起陸地」是內陸深處的一座山峰，而岩石錯綜的海岸在昏暗白晝無法看見，事實上早已近在咫尺。就在午夜前，近旁的洶湧海浪聲發出了大難臨頭的唯一警告。

歡樂號幾分鐘後便撞毀在北美洲。船在卡布里約角（Point Cabrillo）正北方撞上了一塊高聳的岩石。大部分船員爬上歡樂號的兩艘小艇，在船遇難位置以南幾公里處平安靠岸，但有六名船員不知何故仍然留在沉船上。翌日清晨，福森船長命令船員回到事發地點，自己則帶著兩名高級船員踏上了前往舊金山灣的長途跋涉。十天後，福森抵達舊金山灣，隨即致信奧古斯丁赫德洋行，報告了這起事故的所有細節。[4]他不會曉得留在船上的船員後來的遭遇，那些人最後幸運地漂進了淺水灣。他也不會知道那些涉水前往歡樂號沉船處的船員們的命運，那些人

① 譯注：拉斯卡人指的是舊時歐洲船舶上的印度水手。

盡可能地打撈船上物資，然後前往黃金國度並消失地無影無蹤。他也不清楚米托波莫（Mitom Pomo）印第安人在岸上目睹了整個事件經過，並耐心等待在船沉入海底前、從船上撈取貨物的機會。米托波莫人和鄰近族人在打撈這些沉船物資上大有斬獲，當時這群原住民都還住在早期淘金熱盛行地區以北的地方過著太平日子。

福森船長在一八五〇年回到加利福尼亞，但這裡卻與他的印象差距甚遠，儘管他曾於一八三〇年代在此地度過好幾年。舊金山灣的水岸景觀看上去就像一片生機盎然的叢林，海灣裡有許多船隻靠泊在一塊兒，成群的裸露桅杆向上伸入天際。嘈雜的喧鬧聲在商業區迴蕩不絕，福森聽到了來自世界各地的淘金熱移民說著五花八門的語言。儘管如此國際化，福森還是不由地注意到，如今的加利福尼亞已是美國的領土了。商業建築和住宅懸掛著美國國旗。加利福尼亞在一八五〇年被匆匆併入聯邦，這也成為所有酒館和當地辦公室談論的話題。儘管福森船長生來便是美國公民，但在他記憶之中，這個美國港口曾是一個大大不同的海洋世界的一部分，此刻卻怪異地讓他感到不安。

淘金潮不僅徹底改變了加利福尼亞，也向太平洋地區掀起一股驚濤駭浪。加利福尼亞人口、市場和新投資資本的迅速增長，改變了海上貿易的模式與規模。[5]這同時也激發了來自亞洲、拉丁美洲、美國本土、太平洋島嶼和歐洲的新移民潮。美國透過戰勝墨西哥而霸占了加利福尼亞，並且藉著淘金熱帶來的爆炸性助力，為帝國確立了一條更長的海岸線，一直向北延伸至阿拉斯加，並在接下來數十年吞併夏威夷。這條廣袤的東太平洋海岸線，原本圍繞著大洋的海上貿易而開始發展，現下成了美國的遠西，更成了早在美國商人萊利亞伯德號的威廉・謝勒時代就曾預言的、一個「以此為界」的大陸帝國的一部分。[6] 與此同時，在一八五〇年代，沿海僅存的幾個擁有自治權的原住民社群正面臨著令人震驚的變化。一八五七年，曾經打撈歡樂號沉船貨物的米托波莫族村民被「打散」並強行遷移到兩處印第安人保留區，這項政府裁定的遷徙行動反映了美國人在領土和歷史上對整個北美洲原住民的征服手段。[7]

這許多變化，並非與過去的完全決裂。這些經濟、人口和文化的轉變也是自十八世紀後期以來太平洋地區所發生事件累積而成的結果。在此前數十年中，海上貿易逐日增長，給若干人帶來了物質財富，也給另一些人帶來毀滅，並順道給許多原住民社群帶來致命的病原體。在這數十年間，一個國際化和多元化的海洋世界也於焉誕生——在船上和海岸地帶，出現了許多外國人與本地人混居雜處而形成的多語言社區。然而，沒有任何單一帝國、民族或群體能夠完全控制東太平洋。從這層意義上看，權力基本上是偶發與片面的——殺戮的權力、利用他人勞力的權力，或是安全航行於大洋上並帶著有利可圖的貨物回家的權力。東太平洋的海洋世界大致由商品、貿易模式、社會糾葛和往來港口所定義。對外來者而言，對東太平洋空間的理解，取決於他們自己積累的知識，以及帶領他們穿越遼闊大洋的航道的熟悉與否——他們必須深入了解這片大洋，方能在長途航行中存活。

在與墨西哥開戰之前，幾乎沒人預料到美國在太平洋的最終崛起。實際上，美國人是在投機貿易的航程中，化零為整地逐漸體現出一個國家的存在。就在一八〇〇年以前，北美洲西北海岸的原住民群體首先在毛皮貿易中意識到美國人的頑強，而高度警戒的英國東印度公司官員也注意到美國人在中國貿易中日益坐大。美國商人於一八二〇年代在夏威夷群島設立商行，而接下來的十年裡，他們從上加利福尼亞到秘魯，一路從事著零星的沿海貿易，買賣牛皮、牛脂和製成品。一八三〇年代和一八四〇年代，為了滿足新興產業經濟日益暢旺的需求，美國人在整個太平洋地區捕殺鯨魚，這支捕鯨船隊是截至當時、太平洋上聲勢最浩大的美國人群體。美國人在海上活動中並非得天獨厚，也不是永遠一帆風順。每一次冒險都伴隨著潛在的悲劇和失敗——從約翰．帕蒂船長把天花帶給大溪地人民，到年輕的約翰．柏金斯被鯨魚尾擊斃，歷歷可數。

儘管美國商人、捕鯨者和探險航行來勢洶洶（尤其以美國遠征探險隊為代表），此時期的太平洋還不該被視為美國的邊境。美國人當時已在太平洋航行了數十年，從中累積了大量的知識與財富，但這些冒險並非在特意配合航海者們各自的經濟野心的前提下，進而推進美國領土擴張政策。在一八四〇年代以前，這個毗鄰大西洋的年輕共和國的領導人或公民，很少會想像大西洋以外的「另一個」大洋，也就是太平洋將如何與他們國家的領土產生某種地理上的聯繫。他們把太平洋視為一個與已知世界截然不同的地方。詹姆士．德維特．達納認為，太平洋海盆本身是一個獨立的地質空間，而不是位於美洲西部的潮濕後院。這種頗具差異性的科學認知，也暗示了太平洋並非僅僅連接北美，而是與周遭所有大陸都有著緊密聯繫。像是阿德爾貝特．馮．夏米索這種敏銳的觀察者，很快就意識到這片海洋空間極其巨大的多樣性——文化和親密關係的多面向交會，讓太平洋完全不同於世界上其他地方。從各個方面來看，美國商人只不過是奔波於太平洋地區的眾多群體之一。

那些在東太平洋上爭奪優勢的競爭者（包含原住民族群、歐洲人和美國人），他們的行動一再遇上意想不到的變化與後果。他們在測繪航線的過程中，遇見了意料之外的海上風光與沿岸邊境。[8]約翰．肯德里克在一七八七年的太平洋航行開啟了這本書的寫作，然而在接下來的六年裡，肯德里克很可能迷失了方向，因為他的船在太平洋上迂迴繞行。二十年後，俄羅斯農奴出身的探險隊長蒂莫菲．塔拉卡諾夫在一八〇七年闖入了西北海岸一處複雜得令人困惑的原住民世界，那裡既有競爭、也有臨時結盟，而這片海岸邊界的多樣性，也反映出太平洋周圍其他地區的多元化。在塔拉卡諾夫那次不幸的航行之後，不到一代人的時間，愛德華．荷瑞修．福森開著歡樂號從中國出發。他從亞洲海岸航向北美，沿襲數個世紀前由西班牙加雷翁大帆船確立的航線前行，而在他之前，已有無數船隻循此航線駛向東太平洋。一八五〇年，歡樂號在一塊原住民屬地的海岸邊沉沒，一直到若干年後為止，那塊土地仍然是過去數世紀以來的原住民的家園。從約翰．肯德里克的年代到歡樂號航行時的淘金熱，這數十年中，東太平洋始終是有多條邊界重疊其上的地區，並且和許多凶險的海域相連。

當歡樂號於一八五〇年在北美岩石錯綜的海岸走向其生命終點時，太平洋周邊發生了重大轉折、標示著新時代已然來臨。一八五三年，美國海軍准將馬修．佩里（Matthew Perry）正忙著閱讀有關日本德川幕府的資料，準備對該島國進行首次不請自來的造訪。這次造訪開啟了砲艦外交時代，終結了日本長期以來與世隔絕的局面。在北太平洋，由於帝國政府進行大規模改革，加上俄美公司本身的腐敗，阿拉斯加正迅速淪為俄羅斯帝國一塊「失落的殖民地」。與此同時，美國在一八四八年於夏威夷強行推動「馬哈雷土地改革」（Māhale），掠奪了夏威夷原住民向來共有的土地，並將之私有化。這場「寧靜革命」大體上完全圖利外國利益集團，讓他們憑藉土地所有權獲取巨大利潤。太平洋其他地區的獨立國家則從對外貿易中獲取財富。到了一八五〇年代初，秘魯靠著向英國商人出售鳥糞從而擺脫沉重債務；時值英國商人日益趨於使用革命性的蒸汽機技術，船隻再也不依賴風力和風帆來提供動力。當歡樂號擱淺在卡布里約角附近的海灣時，第一艘蒸汽動力的美國郵輪正沿著加利福尼亞北部海岸線航行，標誌著美國西岸的航海技術邁入了新的里程。[9]

在一八五〇年代中期，於日本、阿拉斯加、夏威夷、秘魯、加利福尼亞，以及太平洋周圍的許多地方發生的這些引人注目的變化，預示著未來數十年，進一步的轉折還將再次發生。然而，在此前七十年裡，全球趨勢和當地突發事件的相互作用，也促使種種變化走向高潮：自由貿易者對開放市場的需索、原住民社群的崩潰與人口凋零、特定自然物種近乎滅絕、各方帝國勢力的衰落和崛起，以及與太平洋相關的知識在全球廣泛傳播。由於大洋航行及外來者與原住民群體你死我活的競奪常態，使得太平洋上不同區域之間的關係日趨緊密。到了一八五〇年代，太平洋上的人口、市場、自然資源已深入周遭世界，成為密不可分的一部分。赫爾曼・梅爾維爾的《白鯨記》中的全知敘事者伊什梅爾（Ishmael）見證了此一現象；接著，他進一步附和太平洋原住民的永恆信念：「這奧秘神聖的太平洋就這樣環繞著整個世界的身軀，使所有海岸都成了它的海灣。它似乎就是地球那浪潮起伏的心臟。它被那些永遠洶湧激蕩的浪頭托舉著，你不得不承認這富有魅力的牧神，且向潘神（Pan）②低下你的頭。」[10]

②譯注：潘神為希臘神話中的牧神。

致謝
Acknowledgments

這本書的寫作緣起，就像歷史學科中的許多書籍一樣，可以追溯到與一位樂於助人的檔案管理者的對話。二〇〇一年，我對太平洋歷史的知識還完全來自教科書，卻斗膽找上了班克羅福特圖書館（Bancroft Library）館長沃爾特．布雷姆（Walter Brem），請他推薦一些檔案收藏品，供我從中了解美洲西部和太平洋其他地區之間的貿易模式。在沃爾特漫長的職業生涯中，對於和像我這樣提出天真問題的研究人員打交道，早已培養出非凡的幽默感和禮節。他本可以簡單地告訴我多花點時間找一找班克羅福特圖書館的線上目錄，然而，他不但沒那樣做，反而親切地讓我翻閱柏克萊大學歷史學家阿黛勒．奧格登（Adele Ogden）在五十年前蒐集的航海紀錄。然後，沃爾特只稍稍休息片刻，便又滔滔不絕地說出了一長串由世界各地檔案館蒐藏的史料，告知我還需要查閱這些文檔。如今，這本書已經寫完了，我得請求沃爾特原諒我只讀了他所列出書單的一部分而已。

許多朋友和同事慷慨地同意幫我校閱這本書的大部分草稿。對於這項繁重的任務，我非常感謝史蒂芬・哈克爾（Steven Hackel）、馬特・松田（Matt Matsuda）、安・法比安（Ann Fabian）、比爾・德弗雷爾（Bill Deverell）、珍妮弗・格雷姆・史塔夫（Jennifer Graham Staver）、安妮・薩蒙德（Anne Salmond）、萊恩・鍾斯（Ryan Jones）、塞思・阿切爾（Seth Archer）、卡里安・阿克米・橫田（Kariann Akemi Yokota）、丹・路易斯（Dan Lewis）和雷納・巴斯曼（Rainer Buschmann）。我萬分感謝他們的批評與指教，我非常期待有機會能回報他們。

許多同業惠賜我廣泛的知識與特殊技能。艾略特・韋斯特（Elliot West）在午餐時間耐心聽我閒聊鯨脂的瑣碎事（老實話，我對此十分著迷）；約希・雷德（Josh Reid）讓我優先閱讀他尚未發表、有關馬克哈（Makah）海洋社群的文章；蘿芮・迪克梅耶（Laurie Dickmeyer）勞心勞力地審閱我雜亂無章的注釋並整理出一份參考書目；肯尼士・歐文斯（Kenneth Owens）向我分享他對遙遠北方原住民族的豐富知識；《美國歷史評論》（*American Historical Review*）編輯邁可・格羅斯伯格（Michael Grossberg）給了我提交的那篇不成熟的半成品一個機會；《太平洋歷史評論》（*Pacific Historical Review*）寶貴的編輯群（卡爾・艾波特〔Carl Abbot〕、大衛・強森〔David Johnson〕、蘇珊・弗拉達維—摩根〔Susan Wladaver-Morgan〕）再次教會我修正手稿的嚴謹性；鮑勃・默勒（Bob Moeller）曾多次為我挺身而出；史蒂芬・艾倫（Stephen Aron）持續在專業和其他方面提供他的明智建議。

多年來讓我賓至如歸的杭廷頓圖書館（The Huntington Library），除了給予各種形式的支援外，還提供了無與倫比的學術社群。我要特別感謝 Roy Ritchie、Alan Jutzi、Peter Mancall、

Janet Fireman、Doug Smith、Philip Goff、Susi Krasnoo，以及Steve Hindle。美國西部手稿文獻館（Western American Manuscripts）館長彼德．布羅吉特（Peter Blodget）提供了無窮無盡的檔案來源；他不斷提出的建議既是一種祝福、也是一種提醒，提醒我們還有許多研究有待完成。

我的另一個學術社群，加州大學爾灣分校歷史系的教職員，他們在不同領域的專業知識與合作對本書的研究計畫產生了深遠的影響。我特別感謝一同專注於美國研究和世界歷史的兩大群人，包括Alice Fahs、Emily Rosenberg、Sharon Block、Yong Chen、Jon Wiener、Vicki Ruiz、Sharon Salinger、Sarah Farmer、Laura Mitchell、Jeff Wasserstrom、彭慕蘭（Ken Pomeranz）、Doug Haynes、Rachel O'Toole、Marc Baer，以及Steve Topik。在加州大學爾灣分校，我擁有莫大榮幸為一些最優秀的博士生提供建議。他們都是最有創意和嚴謹的年輕學者，不但烤得一手好餡餅，也知道什麼時候不該聽從我的指導。在這個讓所有博士生感到就業大不易的年代，我向他們致上最高敬意：Jana Remy、Karen Jenks、Angela Hawk、Eric Steiger、Robert Chase、Aubrey Adams、Erik Altenbernd、Jennifer Graham Staver、Laurie Dickmeyer，以及Alex Jacoby。

許多機構和基金會大力支持本次研究計畫的完成，包括國家人文基金會（National Endowment for the Humanities）、安德魯．梅隆基金會（Andrew W. Mellon Foundation）、美國學術學會菲德里．伯克哈特研究學者計畫（Frederick Burkhardt Residential Fellows Program of the American Council of Learned Societies）、杭廷頓圖書館，以及加州大學爾灣分校人文學

院。全國許多大學邀請我在他們的研討會和座談會上介紹這項研究的部分內容。對此，我特別感謝耶魯大學霍華德・拉瑪研究中心（Howard R. Lamar Center）、哈佛大學國際與全球歷史研討會（International and Global History Seminar）、史丹福大學比爾・萊恩中心（Bill Lane Center）、德州大學奧斯汀分校歷史研究所、加州州立大學洛杉磯分校歷史系開辦的美國研討會、加州大學北嶺分校開辦的惠賽特年度講座（W. P. Whitsett Annual Lecture），以及杭廷頓圖書館與南加大合辦的加利福尼亞及西部講座。我在前述大多數場合都感覺自己十分渺小，也收到大量的建設性批評。感謝我在牛津大學出版社的編輯蘇珊・費爾博（Susan Ferber），以及三位匿名評論者提供的有益回饋。

最後幾句話，必須跟我的家人們說。我想說（正如許多作者都會說的），我的孩子們在很多方面成就了這本書，哪怕這只是父母親又一個善意的謊言。實話實說，我感謝諾亞（Noah）和山姆（Sam）給我忙裡偷閒的一切消遣和娛樂，他們每天都讓我的生活更加豐富多采。辛蒂（Cindy），應得讚揚也令我慶幸，打從大學三年級開始，她就一直陪伴著我。在進行此計畫的這許多年裡，她給予我無價的支持和最敏銳的建言。我非常愛她，我把這本書獻給她。

6 Jeremy Adelman and Stephen Aron, "From Borderlands to Borders: Empires, Nation-States, and the Peoples in between in North American History," *American Historical Review* 104 (June 1999): 814–841.

7 Layton, *Voyage of the "Frolic,"* 6.

8 Pekka Hämäläinen and Samuel Truet, "On Borderlands," *Journal of American History* 98 (September 2011): 338–361.

9 有關各種轉變，見 Marius B. Jansen, *The Making of Modern Japan* (Cambridge, MA: Harvard University Press, 2002); Ilya Vinkovetsky, *Russian America: An Overseas Colony of a Continental Empire, 1804–1867* (New York: Oxford University Press, 2011); Lilikalā Kame eleihiwa, *Native Land and Foreign Desires: Pehea Lā E Pono Ai?How Shall We Live in Harmony?* (Honolulu: Bishop Museum Press, 1992); J. K haulani Kauanui, *Hawaiian Blood: Colonialism and the Politics of Sovereignty and Indigeneity* (Durham, NC: Duke University Press, 2008), 74–80; W. M. Mathew, "Peru and the British Guano Market, 1840–1870," *Economic History Review* 23 (April 1970): 112–128; and Karen Jenks, "The Pacific Mail Steamship Company, 1830–1860," PhD dissertation, University of California, Irvine, 2012。

10 Herman Melville, *Moby-Dick; or The Whale* (New York: Charles Scribner's Sons, 1902 [1851]), 416.

Guyot Dana）。關於達納和紀歐的通信，見 Gilman, *Life of James Dwight Dana*, 325–332。

88 Arnold Guyot, *The Earth and Man: Lectures on Comparative Physical Geography* (London: R. Bentley, 1850), 297–298.

89 Sachs, *Humboldt Current*, 20.

90 William Goetzmann, *Exploration and Empire: The Explorer and the Scientist in the Winning of the American West* (New York: Knopf, 1966), 232.

91 Smith,*Pacific Visions*, 14.

92 達納再也未能以研究人員身分回到太平洋。〈美國地質史〉（On American Geological History）出版後不久，他便力不從心了，這可能是由於他在此前十年裡的狂熱學術步伐。後來，他持續教書和寫作長達三十年，儘管他的學術研究速度放緩，但其框架變得更為本土化和大陸化，其間還穿插了一些關於宗教和科學的文章。

93 Natland, "At Vulcan's Shoulder," 336–337.

94 S.F.B. Morse to James Dwight Dana, August 25, 1856; Dana Family Papers。薩繆爾・摩斯（Samuel Morse，摩爾斯密碼的發明者）曾與洪堡德見面，而他與達納的談畫中顯然包括來自這位德國博物學家的讚揚。

95 達納又花錢印刷了二十多本，其中許多送給了朋友和同事。

96 Gilman, *Life of James Dwight Dana*, 145.

97 包含此資訊的銘文，見 ibid., 143.

結論　當西風東漸

1 Thomas N. Layton, *The Voyage of the "Frolic": New England Merchants and the Opium Trade* (Stanford: Stanford University Press, 1997), 116。我深深地感謝 Thomas Layton 關於歡樂號的卓越歷史研究，因為這是最早激發我對海洋史和人類學新方法興趣的研究之一。下面的大部分敘述都是基於他的工作成果。有關淘金熱新聞在太平洋上的傳播，見 James P. Delgado, *To California by Sea: A Maritime History of the California Gold Rush* (Columbia, SC: University of South Carolina Press, 1990)。有關淘金熱一詞，見 Angela Hawk, "Madness, Mining, and Migration in the Pacific World, 1848-1900," PhD dissertation, University of California, Irvine, 2011。

2 Layton, *Voyage of the "Frolic,"* 59–90.

3 Louise Pubols, *The Father of All: The de la Guerra Family, Power, and Patriarchy in Mexican California* (Berkeley: University of California Press, 2009).

4 Layton,*Voyage of the "Frolic,"* 141.

5 Richard Walker, "California's Golden Road to Riches: Natural Resources and Regional Capitalism, 1848–1940," *Annals of the Association of American Geographers* 91 (March 2001): 167–199.

Worlds before Adam，很好地說明了十八世紀末、十九世紀初地質學的主流研究。

72 See George Forster, *A Voyage round the World*, ed. Nicholas Thomas and Oliver Berghof (Honolulu: University of Hawai'i Press, 2000); Martin Fichman, *An Elusive Victorian: The Evolution of Alfred Russel Wallace* (Chicago: University of Chicago Press, 2004); Donald Worster, *A River Running West: The Life of John Wesley Powell* (New York: Oxford University Press, 2001); and Stephen J. Pyne, *How the Canyon Became Grand: A Short History* (New York: Viking, 1998).

73 Tom Chaffin, *Pathfinder: John Charles Frémont and the Course of American Empire* (New York: Hill and Wang, 2002), 246–247.

74 在喬治・艾蒙斯（George Emmons）中尉的領導下，這個團隊包括了達納、威廉・里奇、威廉・布拉肯里奇（William Brackenridge）、帝西安・皮爾（Titian Peale）、阿爾弗瑞德・阿蓋特、亨利・艾爾德（Henry Eld）和哈洛德・考沃基里斯（Harold Colvocoresses）。

75 Appleman, "James Dwight Dana and Pacific Geology," 114.

76 Dana, *Geology*, 613.

77 Ibid., 613, 612–613, 669, 673, 675, 676, 678.

78 Ibid., 674.

79 回國後不到四週，達納就和他在耶魯大學的指導教授班傑明・西利曼的女兒海莉耶塔（Henrietta Silliman）訂婚了。

80 他還在一八四六年擔任《美國科學與藝術期刊》的編輯職務，並於一八五〇年成為耶魯大學自然歷史與地質學的西利曼講座教授。

81 Dana, "On American Geological History," 307.

82 Ibid., 311.

83 Ibid., 320, 329–330.

84 Ibid., 330。在達納的著作中，宗教在其的地位引起了世界頂尖科學家的不同反應。達爾文最堅定的支持者之一赫胥黎（T.H. Huxley）說，達納寫作時一隻眼睛盯著事實，另一隻眼睛盯著創世記。洪堡德說自己很難理解宗教在美國科學中日益重要的角色。洪堡德認為，達納在太平洋上的研究是「對當今科學最傑出的貢獻」，但他也擔心美國出現以神權為基礎的地質學。據報導，洪堡德表示：「在美國從事地質學研究是不安全的，因為很可能受制於教會的禁令。」就達納而言，他從不擔心受到教會、州政府或科學機構的撻伐；許多年來，他一直與大西洋彼岸許多公認的批評者保持密切通信，其中包括達爾文。見 Robert H. Dott, "James Dwight Dana's Old Tectonics: Global Contraction under Divine Direction," *American Journal of Science* 297 (March 1997): 307; S.F.B. Morse to James Dwight Dana, August 25, 1856, Dana Family Papers; and Gilman, *Life of James Dwight Dana*, 185.

85 Smith, *Virgin Land*, 23.

86 Dana, "On American Geological History," 334.

87 為了表示對紀歐的尊敬，達納將他的第三個兒子命名為阿諾德・紀歐・達納（Arnold

Scientific Publications, 1990); and http://vulcan.wr.usgs.gov/Glossary/PlateTectonics/。

55 Dana, "Origin of the Grand Outline Features of the Earth," 398.

56 *Dictionary of Scientific Biography*, ed. Charles Coulston Gillispie (New York: Charles Scribner's Sons, 1973), vol. 2: 552–557.

57 Dana, *Geology*, 156.

58 G. R. Foulger and Don L. Anderson, "The Emperor and Hawaiian Volcanic Chains: How Well Do They Fit the Plume Hypothesis?" See www.MantlePlumes.org.

59 Beckwith, *Hawaiian Mythology*, 167–180.

60 如果從海底測量的話，茂納羅亞火山有八點八五公里高，比聖母峰還高。它位於海底下的底部又讓它的總高度增加了八公里。見 Philbrick, *Sea of Glory*, 243。

61 盾狀火山通常以非爆發方式噴發。此外，它們在緩慢的噴發過程中噴出大量液態熔岩。「盾狀」一詞來源於山體形狀，類似於武士圓盾的造型。達納描述了夏威夷火山的獨特外觀，他寫道：「火山的概念通常與一個圓錐體的形狀聯繫在一起，以至於人們立刻想到一個高聳的糖漿麵包噴出火焰、熾熱的石塊和流動的熔岩。但是，夏威夷火山的頂峰幾乎是一個平面，而不是圍繞著深火山口的細長岩壁（火山爆發的震動可能會使其崩塌），此平面的圓周足有幾公里長，就像一個小型採石場坑洞。」見 Dana, *Geology*, 168。

62 Daniel E. Appleman, "James D. Dana and the Origins of Hawaiian Volcanology: The U.S. Exploring Expedition in Hawai'i, 1840–41," in *Volcanism in Hawai'i* , ed. Robert W. Decker, Thomas L. Wright, and Peter H. Stauffer (Washington, DC: USGPO, 1987), vol. 2: 1615–1617.

63 Dana, *Geology*, 280.

64 David A. Clague and G. Brent Dalrymple, "The Hawaiian-Emperor Volcanic Chain," in Decker et al., *Volcanism in Hawai'i*, 5–13.

65 J. Tuzo Wilson, "A Possible Origin of the Hawaiian Islands," *Canadian Journal of Physics* 41 (1963): 863–870.

66 Wilson, "Possible Origin of the Hawaiian Islands," 867, 869, 863; and Clague and Dalrymple, "Hawaiian-Emperor Volcanic Chain," 5。達納和所有十九世紀的地質學家一樣，認為最早期的大陸地殼條件和性質大致上是「固定」的。見 Dana, *Geology*, 436。

67 Wilson, "Possible Origin of the Hawaiian Islands," 866, 867。達納沒有意識到火山滅絕的年齡也與島嶼形成的年齡有關。事實上，他拒絕他的同事約瑟夫・柯圖伊提出的這個想法。見 Appleman, " James Dwight Dana and Pacific Geology," 112.

68 Wilson, "Possible Origin of the Hawaiian Islands," 867.

69 Dana, "On the Volcanoes of the Moon," *American Journal of Science and Arts* 2 (May 1846): 343.

70 Ibid., 349 ; Appleman, "James D. Dana and the Origins of Hawaiian Volcanology," 1611.

71 Natland, "At Vulcan's Shoulder," 324。Rudwick, *Bursting the Limits of Time*, and Rudwick,

41 Aaron Sachs, *The Humboldt Current: Nineteenth-Century Exploration and the Roots of American Environmentalism* (New York: Viking, 2006), 12.

42 毛利語版本回顧了紐西蘭兩個主要島嶼的起源：它們是透過超自然力量從海洋中出現，而毛利人的祖先從而發現了這些島嶼。在一些報導中，毛伊的大魚鉤並非來自其祖母的骨頭，而是被稱為「Manai-a-ka-lani」（來自天堂）。一七七九年一月，詹姆士・庫克船長和他的船員們在亞拉克庫亞灣停靠後，可能聽到了一首古老而冗長的夏威夷聖歌 Kumulipo，其中就提到了毛伊。見 *The Kumulipo: A Hawaiian Creation Chant*, ed. and trans. Martha Beckwith (Honolulu: University of Hawai'i Press, 1951), 128–136; and *Voyages and Beaches: Pacific Encounters, 1769–1840*, ed. Alex Calder, Jonathan Lamb, and Bridget Orr (Honolulu: University of Hawai'i Press, 1999), 46。

43 根據一些消息來源，分散的島嶼也解釋了十九世紀以前島嶼社群之間的政治分歧和衝突。關於毛伊的故事，見 Martha Beckwith, *Hawaiian Mythology* (Honolulu: University of Hawai'i Press, 1970), 226–237; and Katherine Luomala, *Voices on the Wind: Polynesian Myths and Chants* (Honolulu: Bishop Museum Press, 1986), 85–98。關於「神話」和「傳說」在原住民歷史和思想中的地位，見 Jocelyn Linnekin, "Contending Approaches," in *The Cambridge History of Pacific Islanders*, ed. Donald Denoon (Cambridge: Cambridge University Press, 1997), 3–36.

44 關於達納對太平洋島民的宗教和傳教士皈依工作的描寫，見 Dana to Harriet Dana, December 1, 1839, and May 27, 1841; Dana Family Papers; Dana, "The Ways of the Feejees Half a Century Ago," in Gilman, *Life of James Dwight Dana*, 131–139。

45 Dana, *Geology*, 10.

46 Dana, "On American Geological History," *American Journal of Science and Arts* 22 (November 1856): 329–330.

47 Beckwith, *Hawaiian Mythology*, 168–179.

48 Dana, *Geology*, 172–173.

49 William Ellis, *Polynesian Researches: During a Residence of Nearly Six Years in the South Sea Islands* (London: Fisher, Son, and Jackson, 1829).

50 Dana, *Geology*, 175–176.

51 Ibid., 176.

52 根據定義，「莊嚴」（Sublime）對地質學家達納還有另一層含義：使（一種物質）在容器中受到熱的作用，從而將其轉化為蒸汽，隨蒸發而騰起，冷卻後以固體形式沉積下來。達納在觀察火山時目睹了這個化學過程。見 *The Oxford English Dictionary*。

53 Dana, "Origin of the Grand Outline Features of the Earth," 398。達納在航行中寫下的書信裡，具體提到了整個太平洋的火山和構造作用。見 Dana to Benjamin Silliman, September 12, 1839; and Dana to Edward C. Herrick, November 30, 1840; Dana Family Papers。

54 關於「火山帶」，見 Philip Kearey and Frederck J. Vine, *Global Tectonics* (Oxford: Blackwell

Reconstruction of Geohistory in the Age of Reform (Chicago: University of Chicago Press, 2008), 563–565。

25 James Dwight Dana, "Origin of the Grand Outline Features of the Earth," *American Journal of Science and Arts* 3 (May 1847): 381–398.

26 Ibid., 382–388.

27 James Dwight Dana to John Dana, September 16, 1839; Dana Family Papers.

28 David Quammen, *The Song of the Dodo: Island Biogeography in an Age of Extinctions* (New York: Simon and Schuster, 1996), 53.

29 David R. Stoddart, "'This Coral Episode': Darwin, Dana, and the Coral Reefs of the Pacific," in *Darwin's Laboratory: Evolutionary Theory and Natural History in the Pacific*, ed. Roy MacLeod and Philip F. Rehbock (Honolulu: University of Hawai'i Press, 1994), 24.。查爾斯・威爾克斯不相信微小的植蟲類動物可以建造珊瑚礁和環礁。他寫道：「認為這些巨大的珊瑚礁是由一種微小動物的努力造成的，這似乎相當荒謬。」見 Charles Wilkes, *Narrative of the United States Exploring Expedition during the Years 1838, 1839, 1840, 1841* (Philadelphia: Lea and Blanchard, 1845), vol. 4: 270。

30 關於這一連串的事件，見 Stoddart, "'This Coral Episode,'" 22–26; and Prendergast, "James Dwight Dana," 165。

31 James Dwight Dana,*Corals and Coral Islands* (New York: Dodd and Mead, 1872), 7。Stoddart 曾說：「達納的這一聲明被所有後來評論他的珊瑚礁研究的人所引用，儘管奇怪的是，無論是達納本人在澳洲時、還是在他到達之前的十二個月，雪梨的任何報紙似乎都沒有提及達爾文的理論。」見 Stoddart, "'This Coral Episode,'" 26。

32 Appleman, "James Dwight Dana and Pacific Geology," 91.

33 Stoddart, "'This Coral Episode,'" 22.

34 Charles Darwin, *Charles Darwin's "Beagle" Diary*, ed. Richard Darwin Keynes (Cambridge: Cambridge University Press, 1988), 418.

35 關於田野地質學家的工作，達納寫道：「地質學顯然是一門戶外科學，因為地層、河流、海洋、山脈、山谷、火山都不能被帶進朗誦室。草圖和剖面圖在說明科學所研究的物體方面起到了很好的作用，但它們並未排除觀察物件本身的必要性。」見 James Dwight Dana, *The Geological Story Briefly Told: An Introduction to Geology for the General Reader and for Beginners in the Science* (New York: Ivison, Blakeman, 1875), iii.

36 James Dwight Dana to Edward C. Herrick, November 22, 1838; Dana Family Papers.

37 達納並沒有完全忽視海洋力量對島嶼海岸線的重要性，見 *Geology*, 379–393。

38 Ibid., 388–389.

39 Charles Darwin, *The Correspondence of Charles Darwin*, ed. Frederick Burkhardt and Sydney Smith (Cambridge: Cambridge University Press, 1985–1994), vol. 4: 290.

40 Gilman, *Life of James Dwight Dana*, 93.

五百五十九噸）、鼠海豚號（雙桅帆船；兩百二十四噸）、「救濟」號（Relief，貨船；四百六十八噸）、海鷗號（招商號；一百一十噸）和「飛魚」號（Flying Fish，招商號；九十六噸）。威爾克斯船長在阿斯托里亞買下了「奧勒岡」號（Oregon，二百五十噸的雙桅帆船），以替代遇難的孔雀號。

14 關於威爾克斯，見 Philbrick, *Sea of Glory*; and Joye Leonhart, "Charles Wilkes: A Biography" and E. Jeffrey Stann, "Charles Wilkes as Diplomat," in Herman and Margolis, *Magnificent Voyagers*, 189–204, 205–226。

15 Reynolds, *Private Journal of William Reynolds*, 237.

16 關於軍法判決，見 Philbrick, *Sea of Glory*, 303–330。

17 對這些事件的最佳描述，見 Reynolds, *Private Journal of William Reynolds*, 182–199.

18 羅・韋多維（美國媒體稱其為「范多維」〔Vendovi〕）所涉罪行與這些事件無關。他被指控在一八三四年組織了一次對美國「查爾斯・達格特」號（Charles Dagget）船員的致命襲擊。襲擊發生時，這些水手正在斐濟的海灘上處理海參。感謝 Ann Fabian 對這此事件的指引和她出色的文章："One Man's Skull: A Tale from the Sea-Slug Trade," *Common-place* 8 (January 2008)。更多也見 *New York Herald*, June 11 and 26, 1842; and T. D. Stewart, "The Skull of Vendovi: A Contribution of the Wilkes Expedition to the Physical Anthropology of Fiji," *Archaeology and Physical Anthropology in Oceania* 13 (1978): 204–214。

19 關於達納的出生地區，見 Mary Ryan, *Cradle of the Middle Class: The Family in Oneida County, New York, 1790–1865* (Cambridge: Cambridge University Press, 1981)。關於達納的個人資料，見 Daniel C. Gilman, *The Life of James Dwight Dana: Scientific Explorer, Mineralogist, Geologist, Zoologist, Professor in Yale University* (New York: Harper and Brothers, 1899), 3–20; M. L. Prendergast, "James Dwight Dana: Problems in American Geology," PhD dissertation, University of California, Los Angeles, 1978; Daniel E. Appleman, "James Dwight Dana and Pacific Geology," in Herman and Margolis, *Magnificent Voyagers*, 89–90; and James H. Natland, "James Dwight Dana and the Beginnings of Planetary Volcanology," *American Journal of Science* 297 (March 1997): 317–319。

20 James Dwight Dana, "On the Conditions of Vesuvius in July, 1834," *American Journal of Science and Arts* 27 (1835): 281–288.

21 James Dwight Dana to James Dana, April 13, 1835; Dana Family Papers, Yale University Library, New Haven, Connecticut.

22 James Dwight Dana to Harriet Dana, May 17, 1838; Dana Family Papers.

23 Dana, "Dedication," April 29, 1838; and Prendergast, "James Dwight Dana," 147–148。達納於一八三八年七月加入紐黑文的第一教堂（First Church）。

24 關於「地質學」與「創世紀」的衝突，見 Martin J. S. Rudwick 的諸多著作，尤其是 *Bursting the Limits of Time: The Reconstruction of Geohistory in the Age of Revolution* (Chicago: University of Chicago Press, 2005), 115–118; and Rudwick, *Worlds before Adam: The*

83 Harvey, "Chief Concomly's Skull," 166–167。在蓋德納之前擔任醫師的 John Scoulerh 曾在墓地被欽諾克人逮到偷竊三個頭骨後僥倖逃脫。蓋德納事件發生後，美國人 John Townsend 被哈德遜灣公司官員發現挾帶一具欽諾克人屍體，他們逼他還給死者悲傷的哥哥。更多見 Fabian, *Skull Collectors*, 67–68.

84 Fabian, *Skull Collectors*, 46.

85 Gairdner to John Richardson, November 21, 1835; cited in Harvey, "Meredith Gairdner," 166.

86 Gairdner, "Observations during a Voyage," 302.

第六章　組構太平洋

1 William Reynolds, *The Private Journal of William Reynolds: United States Exploring Expedition, 1838–1842,* ed. Nathaniel Philbrick and Thomas Philbrick (New York: Penguin Books, 2004), 11.

2 Ibid., 259.

3 Ibid., 309.

4 Ibid., 316.

5 James D. Dana, *Geology* (New York: Geo. P. Putnam, 1849), 10。達納的《地質學》的數位版，以及美國遠征探險隊的全部收藏，可查看 http://www.sil.si.edu/digitalcollections/usexex/。

6 Ibid., 13。達納的這一聲明具體提到了線性島群，基本上亦適用於他的地質理論。

7 關於國家擴張和太平洋及亞洲地位主題，見 Henry Nash Smith, *Virgin Land: The American West as Symbol and Myth* (Cambridge, MA: Harvard University Press, 1950), 19–34。

8 關於美國遠征探險隊歷史，見 Nathaniel Philbrick, *Sea of Glory: America's Voyage of Discovery, The U.S. Exploring Expedition, 1838–1842* (New York: Viking, 2003); William Stanton, *The Great United States Exploring Expedition* (Berkeley: University of California Press, 1975); Herman J. Viola and Carolyn Margolis, eds., *Magnificent Voyagers: The U.S. Exploring Expedition, 1838–1842* (Washington, DC: Smithsonian Institution Press, 1985); and Barry Alan Joyce, *The Shaping of American Ethnography: The Wilkes Exploring Expedition, 1838–1842* (Lincoln: University of Nebraska Press, 2001)。

9 科學人士中還包括藝術家阿爾弗瑞德·阿蓋特（Alfred T. Agate）和約瑟夫·德雷頓（Joseph Drayton）。

10 關於美國十九世紀中期雇用的科學人士及其航行，見 Helen M. Rozwadowski, *Fathoming the Ocean: The Discovery and Exploration of the Deep Sea* (Cambridge, MA: Harvard University Press, 2005), 46–62; and Michael L. Smith, *Pacific Visions: California Scientists and the Environment, 1850–1915* (New Haven, CT: Yale University Press, 1990), 12–16。

11 Philbrick, *Sea of Glory*, 331–333.

12 這些資料皆可見於 http://www.sil.si.edu/digitalcollections/usexex/index.htm。

13 這些船隻包括旗艦「文森尼斯」號（Vincennes，戰船；七百噸）、孔雀號（戰船；

66 Duhaut-Cilly, *Voyage*, 153.

67 See George Forster, *A Voyage round the World*, ed. Nicholas Thomas and Oliver Berghof, 2 vols. (Honolulu: University of Hawaiʻi Press, 2000); and Ryan Jones, "Sea Otters and Savages in the Enlightened Empire: The Billings Expedition, 1785–1793," *Journal for Maritime Research* (November 2006) at http://www.jmr.nmm.ac.uk/.

68 William Fraser Tolmie, *Diary*, March 28, 1833; William Fraser Tolmie Records, 1830–1883, British Columbia Archives, Victoria, Canada.

69 A. G. Harvey, "Meredith Gairdner: Doctor of Medicine," *British Columbia Historical Quarterly* 9 (April 1945): 91–92.

70 Meredith Gairdner, "Observations during a Voyage from England to Fort Vancouver, on the North-West Coast of America," *Edinburgh New Philosophical Journal* 16 (April 1834): 290, 299。次年，蓋德納又發表了一篇關於夏威夷的文章，見 "Physico- Geognostic Sketch of the Island of Oahu, One of the Sandwich Group," *Edinburgh New Philosophical Journal* 19 (1835): 1–14。

71 Tolmie, *Diary*, May 1, 1833; and Gairdner, "Observations," 302.

72 Gairdner to William Hooker, November 7, 1834; cited in Harvey, "Meredith Gairdner," 100.

73 Robert Boyd, *The Coming of the Spirit of Pestilence: Introduced Infectious Diseases and Population Decline among Northwest Coast Indians, 1774–1874* (Seattle: University of Washington Press, 1999), 84–115.

74 Gairdner, "Notes on the Geography of the Columbia River,"*Journal of the Royal Geographical Society of London* 11 (1841): 250–257。這本日記是蓋德納在一八三七年去世後遺留給他母親的，可能是由一位同事編輯後出版。

75 Ibid., 252–253.

76 Ibid., 253.

77 Ibid., 256.

78 但大多數學者認為他出生於一七六〇年代。一些觀察家把他的名字寫成「Comcomly」。

79 關於 William Clark 對康科姆利的簡短描述，見 *Original Journals of the Lewis and Clark Expedition, 1804–1806*, ed. Reuben Gold Thwaites (New York: Dodd, Mead, 1905), vol. 3: 238。瑞文在一八一二年前後嫁給了 Duncan McDougall，後者於一八一七年離開西北海岸。一八二三年，她又嫁給了 Archibald McDonald，兩年後死於難產。

80 Gairdner to John Richardson, November 21, 1835; cited in A. G. Harvey, "Chief Concomly's Skull," *Oregon Historical Quarterly* 40 (June 1939): 166。關於頭部扁平化與顱相學，見 Ann Fabian 極傑出的研究專作 *The Skull Collectors: Race, Science, and America's Unburied Dead* (Chicago: University of Chicago Press, 2010), 47–76。

81 Gairdner to Hooker, November 19, 1835; cited in Harvey, "Meredith Gairdner," 102.

82 Gairdner to John Richardson, November 21, 1835; cited in Harvey, "Meredith Gairdner," 166.

43 "Orders for the *Héros* expedition," quoted in Beidleman, *California's Frontier Naturalists*, 83.

44 一八二八年，李維斯在杜豪特—西里的命令下離開航程，用租來的雙桅帆船「威佛利」號（Waverly）將一船貨物運到西北海岸和夕卡。李維斯卻將雙桅帆船向南開到了馬薩特蘭，貨物在那裡被墨西哥官方扣押。李維斯似乎流浪進了內陸，不久便死於霍亂。李維斯幾乎在航行之初便和其他軍官交惡，當時李維斯的僕人害怕因過失受到懲罰，試圖在船上自殺。見 Duhaut-Cilly, *Voyage*, 14–15.

45 Ibid., 49.

46 Ibid., 51, 61.

47 Botta, *Observations*, 16–17.

48 Duhaut-Cilly, *Voyage*, 65.

49 Le Netrel, *Voyage*, 24, 38.

50 Duhaut-Cilly, *Voyage*, 101.

51 Ibid., 101–102。這肯定是對美洲原住民「大舉獵兔」的最早描述之一。關於十九世紀末美國西部普遍存在的大舉獵兔行為，見 William Deverell and David Igler, "The Abat oir of the Prairie," *Rethinking History* 4 (Fall 1999): 321–323.

52 Duhaut-Cilly, *Voyage*, 133; and Le Netrel, *Voyage*, 26.

53 Duhaut-Cilly, *Voyage*, 186, 128.

54 關於對比殖民地環境中，眾人一直注意到大自然的「富饒」，見 William Cronon, *Changes in the Land: Indians, Colonists, and the Ecology of New England* (New York: Hill and Wang, 1983), 19–33.

55 Le Netrel, *Voyage*, 26。

56 歷史學家和人類學家近期著作發展了此一論點，反駁以前對加州印第安人的描述，認為他們是無知的土地管理者。見 Kent Lightfoot and Otis Parrish, *California Indians and Their Environments: An Introduction* (Berkeley: University of California Press, 2009); and M. Kat Anderson, *Tending the Wild: Native American Knowledge and the Management of California's Natural Resources* (Berkeley: University of California Press, 2006)。

57 Duhaut-Cilly, *Voyage*, 85, 153; and Le Netrel, *Voyage*, 46–47.

58 Le Netrel, *Voyage*, 36, 24, 44.

59 Duhaut-Cilly, *Voyage*, 153, 31.

60 Ibid., 153, 85, 80–82, 55.

61 Ibid., 168, 167.

62 Ibid., 168, 161, 137, 93–95, 79.

63 Frederick Stenn, "Paul Emile Bot a—Assyriologist, Physician," *Journal of the American Medical Association* 174 (November 1969): 1651.

64 Botta, *Observations*, 3–7.

65 Ibid., 3.

28 Chamisso, *A Voyage around the World*, 198.

29 Ibid., 79。此時，科澤布的病情也非常嚴重，感到寒冷，吐血，呼吸不正常。

30 Kotzebue, *Voyage of Discovery*, 7–11。關於西北、東北通道的探索，見 Williams, *Voyages of Delusion*, 241–242, 276–278; and William J. Mills, *Exploring Polar Frontiers: A Historical Encyclopedia* (Santa Barbara, CA: ABC-CLIO, 2003), vol. 1: 366–368.

31 Brosse, *Great Voyages of Discovery*, 124–167.

32 根據夏米索所述，科澤布的官方說法「並不符合他的預期」。見 Chamisso, *Voyage around the World*, 7。

33 Walsh, "Imagining the Marshalls," 129–130.

34 Chamisso, *Voyage around the World*, 136, 139, 129.

35 夏米索繼續評論，他認為卡杜理解這種「無限的求知欲」，與「我們的優越感所依賴的知識」，以及「此二者」之間的關聯。見 Ibid., 161。

36 Ibid., 80–81, 161。夏米索把頭骨捐給了柏林解剖博物館（Berlin Anatomical Museum）。關於卡杜擔心自己可能誤上了一條食人族的船，見 p. 160。

37 Ibid., 119–120.

38 Ibid., 168, 352, 268.

39 Ibid., 102 ; Chamisso, "Remarks and Opinions," v. 3, 45; 47.

40 法國出版的英雄號航行包含以下文獻：Auguste Bernard Duhaut-Cilly, *Voyage autour du monde, principalement à la Californie et aux Iles Sandwich, pendant les années 1826, 1827, 1828, et 1829, 2* vols. (Paris, 1834–1835); Paul-Emile Botta, "Observations sur les habitants des Iles Sandwich. Observations sur les habitans de la Californie. Observations diverses faites en mer," *Nouvelles annales des voyages* 22 (1831): 129-176; and Edmond Le Netrel, "Voyage autour du monde pendant les années 1826, 1827, 1828, 1829 par M. Duhautcilly commandant le navire *Le Héros*. Extraits du journal de M. Edmond Le Netrel, lieutenant à bord ce vaisseau," *Nouvelles annales des voyages* 15 (1830): 129-182。我主要仰賴以下三份近期英譯本：Auguste Duhaut-Cilly, *A Voyage to California, the Sandwich Islands, and around the World in the Years 1826-1829,* trans. August Frugé and Neal Harlow (Berkeley: University of California Press, 1999); Paulo Emilio Botta, *Observations on the Inhabitants of California, 1827–1828* trans. John Francis Bricca (Los Angeles: Glen Dawson, 1952); and Lt. Edmond Le Netrel, *Voyage of the Héros: Around the World with Duhaut-Cilly in the Years 1826, 1827, 1828, and 1829*, trans. Blanche Collet Wagner (Los Angeles: Glen Dawson, 1951).

41 關於李維斯和航行狀況，見 Alfons L. Korn, "Shadows of Destiny: A French Navigator's View of the Hawaiian Kingdom and Its Government in 1828,"*Hawaiian Journal of History* 17 (1983): 1–39; and Edgar C. Knowlton Jr. "Paul-Emile Botta, *Visitor to Hawai'i in 1828*," Hawaiian *Journal of History* 18 (1984): 13–38.

42 Duhaut-Cilly, *Voyage*, 3; 79.

離，促成了這些科學家幾乎是本能地設想的帝國經濟統一。」見 Mackay, *In the Wake of Cook*, 194。

12 Ryan Jones, "A 'Havoc Made among Them': Animals, Empire, and Extinction in the Russian North Pacific, 1741–1810." *Environmental History* 16 (September 2011): 587.

13 Anonymous [William Ellis], *An Authentic Narrative of a Voyage Performed by Captain Cook and Captain Clerke, in His Majesty's Ships Resolution and Discovery, during the Years 1776, 1777, 1778, 1779, and 1780* (Altenburg: Got lob Emanuel Richter, 1788): 138–167.

14 Mackay, *In the Wake of Cook*, 41.

15 關於尋找西北航道，見 Glyn Williams, *Voyages of Delusion: The Quest for the Northwest Passage* (New Haven, CT: Yale University Press, 2002); and Peter Mancall, *Fatal Journey: The Final Expedition of Henry Hudson—A Tale of Mutiny and Murder in the Arctic* (New York: Basic Books, 2009)。

16 魯米安采夫伯爵經常被稱為「羅曼佐夫」（Romanzov）。科澤布上尉是德國著名劇作家奧古斯特・馮・科澤布（August von Kotzebue）的兒子。關於此二人，見 Kratz "Introduction" in Chamisso, *A Voyage Around the World*, xi–xii。關於在前俄羅斯海上探險背景下進行的這次遠征，見 Glynn Barratt, *Russia in Pacific Waters, 1715–1825* (Vancouver: University of British Columbia Press, 1981), 176–185。

17 Kotzebue, *Voyage of Discovery*, 10–11. 關於科澤布對拿破崙戰爭後政治環境的評估，見 pp. 7–9。

18 關於反映了歐洲文明的太平洋藝術表現，見 Harriet Guest, *Empire, Barbarism, and Civilisation: Captain Cook, William Hodges, and the Return to the Pacific* (Cambridge: Cambridge University Press, 2007)。

19 關於埃斯喬爾茲的蒐藏，見 Richard G. Beidleman, *California's Frontier Naturalists* (Berkeley: University of California Press, 2006), 48–55。

20 關於夏米索，見 Kratz, "Introduction," in Chamisso, *Voyage around the World,* xi–xxiv.

21 Chamisso, "Remarks and Opinions," in Kotzebue, *Voyage of Discovery , vol. 2*: 353, 354, 384, 398.

22 Ibid., vol. 3: 265.

23 Ibid., vol. 2: 404–405.

24 Ibid., vol. 3: 21, 24, 22。夏米索繼續說：「歷史已經決定了美利堅合眾國的存在、繁榮、迅速增長的人口和權力所依賴的革命。」（頁二十二）。

25 Ibid., vol. 3: 42, 47, 43.

26 Ibid., vol. 3: 314–315。關於早期博物學家的主張，見 Ryan Tucker Jones, "Sea Otters and Savages in the Russian Empire: The Billings Expedition, 1785–1793," *Journal of Maritime Research* (December 2006): 106–121.

27 Barrat, *Russia in Pacific Waters*, 176–186.

Exploring a North-East Passage, Undertaken in the Years 1815–1818 (London, 1821), vol. 3: 168.

5 Anne Salmond, *Two Worlds: First Meetings between Maori and Europeans, 1642–1772* (Honolulu: University of Hawai'i Press, 1991), 87.

6 就像歐洲探險航行的軍官和船員，博物學家絕大多數都是男性。關於參與科學探索的女性事蹟（通常喬裝成男性），見 Honore Forster, *"Voyaging through Strange Seas: Four Women Travellers in the Pacific,"* National Library of Australia News (January 2000): 3–6; and Londa Schiebinger, *Plants and Empire: Colonial Bioprospecting in the Atlantic World* (Cambridge, MA: Harvard University Press, 2004), 46–51。

7 William Reynolds, *The Private Journal of William Reynolds, United States Exploring Expedition, 1838–1842*, ed. Nathaniel Philbrick and Thomas Philbrick (New York: Penguin Books, 2004), 13, 8; italics in the original。美國遠征探險隊指揮官 Charles Wilkes 使用了「科學人士」（Scientifics）一詞。

8 對歐洲和美國在太平洋的自然學家的一般介紹，見 Jacques Brosse, *Great Voyages of Discovery: Circumnavigators and Scientists, 1764–1843*, trans. Stanley Hochman (New York: Facts on File Publications, 1983)。有關科學贊助人的角色，見 Harry Liebersohn, *The Travelers' World: Europe to the Pacific* (Cambridge, MA: Harvard University Press, 2006); and David Mackay, *In the Wake of Cook: Exploration, Science and Empire* (London: Croom Helm, 1985)。兩卷重要的科學探索論文集分別為 Darwin's *Laboratory: Evolutionary Theory and Natural History in the Pacific*, ed. Roy MacLeod and Philip F. Rehbock (Honolulu: University of Hawai'i Press, 1994); and *Visions of Empire: Voyages, Botany, and Representations of Nature*, ed. David P. Miller and Peter H. Reill (Cambridge: Cambridge University Press, 1996)。關於帝國冒險與環境問題發展之間的關係，見 Richard Grove, *Green Imperialism: Colonial Expansion, Tropical Island Edens, and the Origins oftenvironmentalism, 1600–1860* (Cambridge: Cambridge University Press, 1995); John F. Richards, *The Unending Frontier: An Environmental History of the Early Modern World* (Berkeley: University of California Press, 2003); and Aaron Sachs, *The Humboldt Current: Nineteenth-Century Exploration and the Roots of American Environmentalism* (New York: Viking, 2006)。關於自然史和生態學的出現，見 Donald Worster, *Nature's Economy: A History of Ecological Ideas* (New York: Cambridge University Press, 1994)。

9 關於七年戰爭和全球權力爭奪，見 Paul W. Mapp's superb study, *The Elusive West and the Contest for Empire, 1713–1763* (Chapel Hill: University of North Carolina Press, 2011); and Fred Anderson, *Crucible of War: The Seven Years' War and the Fate of Empire in British North America* (New York: Vintage, 2001)。

10 欣賞 Helen Rozwadowski 的精彩作品，了解海洋科學與海洋文化接觸之分野尤其是 Rozwadowski, *Fathoming the Ocean: The Discovery and Exploration of the Deep Sea* (Cambridge, MA: Harvard University Press, 2005)。

11 Mackay 認為，庫克的航行加快了經濟動機的發展：「庫克拉近了世界上遙遠各地的距

105 Ibid., 270.

106 Bruce Cumings, *Dominion from Sea to Sea: Pacific Ascendency and American Power* (New Haven, CT: Yale University Press, 2009), 74–78.

107 關於韋伯斯特反擴張主義政治和對經濟帝國主義的支持，見演講 "The Mexican War, March 1, 1847" and "Objects of the Mexican War, March 23, 1848," in *The Papers of Daniel Webster: Speeches and Formal Writings*, ed. Charles M. Wiltse (Hanover, NH: Published for Dartmouth College by the University Press of New England, 1988), 2: 435–476; and Robert V. Remini, *Daniel Webster: The Man and His Time* (New York: W. W. Norton, 1997), 574–580。

108 Daniel Webster to James K. Polk, May 14, 1846; Papers of John A. Rockwell, Huntington Library, San Marino。還有另外四名新英格蘭的國會議員聯名簽署了這封信文。

109 George McDuffie, quoted in John W. Foster, *A Century of American Diplomacy* (Boston: Houghton, Mifflin, 1901), 312.

110 關於捕鯨作為整體經濟的觸媒，見 Howard Kushner, "Hellships: Yankee Whaling along the Coast of Russian-America, 1835–1852," *New England Quarterly* 45 (March 1972): 81–95。

111 Herman Melville, *Moby-Dick; or, The Whale* (New York: Harper and Brotters, 1851), 306.

112 Davis et al., *In Pursuit of Leviathan*, 359.

113 Brewster, *Journals*, 337.

114 Davis et al., *In Pursuit of Leviathan*, 357–362; Scammon, *Marine Mammals*, 242–243; and Creighton, *Rites and Passages*, 35–37.

115 Jones et al., *Gray Whale*, 166–175; Henderson, *Men & Whales*, 175–179; and Wilcove, *No Way Home*, 145–147.

116 Scammon, *Marine Mammals*, 33.

117 Henderson, *Men & Whales*, 230。關於二十世紀的捕鯨活動，見 J. N. Tonnessen and A. O. Johnsen, *A History of Modern Whaling*, trans. R. I. Christophersen (Berkeley: University of California Press, 1982).

第五章　博物學家在大洋

1 關於馬紹爾群島以及卡杜的背景，見 Julianne M. Walsh, "Imagining the Marshalls: Chiefs, Tradition, and the State on the Fringes of United States Empire," PhD dissertation, University of Hawai'i, 2003, 128–146.

2 Adelbert von Chamisso, *A Voyage around the World with the Romanzov Exploring Expedition in the Years 1815–1818 in the Brig Rurik*, Captain Otto von Kotzebue , trans. and ed. Henry Kratz (Honolulu: University of Hawai'i Press, 1986 [1836]), 159.

3 Ibid., 186.

4 Ibid., 69 ; Adelbert von Chamisso, *"Remarks and Opinions, of the Naturalist of the Expedition,"* in Otto von Kotzebue, *A Voyage of Discovery: into the South Sea and Beering's Straits for the Purpose of*

84 L. H. Vermilyea, "Whaling Adventure in the Pacific," *California Nautical Magazine* 1 (1862–1863): 229.

85 Scammon, *Marine Mammals*, 29.

86 Ibid., 26–27, 268.

87 Dennis Wood, "Abstracts of Whaling Voyages" (5-volume manuscript, 1831–73), New Bedford Free Public Library, New Bedford, MA, vol. 2: 280, 652; *Whalemen's Shipping List*, June 16, 1846; and Brewster, *Journals*, 189.

88 Joan Druett 說，瑪麗・布魯斯特此後就避開「J・E・唐尼爾」號（J. E. Donnell）的 Hussey 船長，暗指他可能將那名女子送到了另一艘船上。

89 Ibid., 181. Emphasis added.

90 Ibid., 179.

91 塞雷諾・愛德華茲・畢夏普是美國著名傳教士阿瑪德斯・畢夏普的兒子，當時他乘坐威廉・李號從夏威夷前往羅德島的寄宿學校。參見 Sereno Edwards Bishop, "Journal Kept in Passage from Sandwich Islands to Newport in ship William Lee, 1839–1840," Papers of Sereno Edwards Bishop, Huntington Library, San Marino。

92 Bishop, "Journal," February 1, 1840.

93 Mulford, *Prentice Mulford's Story*, 77.

94 Bishop, "Journal," February 6, 1840.

95 Brewster, *Journals*, 93–94.

96 Thomas Atkinson, "Journal and Memoirs of Thomas Atkinson, 1845–1882," unpublished manuscript, Huntington Library, San Marino, 28.

97 Couper, *Sailors and Traders*, 121; reported in the *Mercury* (Hobart, Tasmania), December 2, 1880.

98 水手的薪水稱為「分成」，乃收穫鯨油價值的固定百分比。見 Davis et al., *In Pursuit of Leviathan*, 364。

99 Brewster, *Journals*, 188, 195.

100 Scammon, *Marine Mammals*, 266。*Friend* (March 1, 1848) 列出了一八四八年初在馬達雷納灣的二十多艘船（其中許多未被計算在內）。

101 *Friend* (March 1, 1848)。在這個季節，捕鯨船希望號觸礁沉沒。沒有人員傷亡，船東收回了三千美元的保險金。見 *Whalemen's Shipping List*, May 2, 1848.

102 根據 *Whalemen's Shipping List* (June 27, 1848)，這七名棄船者僅離開海岸線不到六十四里便遭到攻擊，其中兩人死亡。WSL 未提供更多細節。

103 見 *Whalemen's Shipping List*, March 12, 1850。關於太平洋地區棄船前往淘金潮事件，見 Davis et al., *In Pursuit of Leviathan*, 192–194; and Brewster, *Journals*, 169。

104 Brewster, *Journals*, 165。這則戰爭新聞是由捕鯨船「布魯克萊恩」號（Brookline⊠的船長山謬・傑佛利（Samuel Jeffrey）送來的，這艘船剛從拉巴斯（La Paz）駛來。

67 Davis et al., *In Pursuit of Leviathan*, 364.

68 關於這些工業發展的潮流，最好的資料見 ibid., 344–358。

69 Ibid., 18–19 ; Scammon, *Marine Mammals*, 212–215; and Starbuck, *History of the American Whale Fishery*, 700–702.

70 Davis et al., *In Pursuit of Leviathan*, 323.

71 捕鯨船一般載有四條小艇（通常還有兩條備用艇），根據它們下水的位置來命名。這四條小艇分別稱為右舷艇（SB）、左舷艇（LB）、腰艇（WB）和船首艇（BB）。有關所有捕鯨術語、船型和設備的絕佳資料來源參考，見 http://www.whalecraf.net/, accessed July 8, 2010。

72 Brewster, *Journals*, 179.

73 Ibid., 185–186。Druett 對布魯斯特日記的精采編錄，包括了各種事件，比如這次死亡，是當時許多雜誌相互參照的內容。一八四七年四月一日的《朋友》雜誌（於夏威夷檀香山發行）報導了威爾金森的死訊。

74 Brewster, *Journals*, 189.

75 *Friend* (Honolulu, HI), April 1, 1847.

76 Brewster, *Journals*, 187.

77 *Friend*, April 2, 1849.

78 Henderson, *Men & Whales*, 88; Mulford, *Prentice Mulford's Story*, 70; and J. Ross Browne, "Explorations in Lower California," *Harper's New Monthly Magazine* 37 (October 1868): 10。法國戰艦「維納斯」號（La Venus）和英國皇家海軍「硫磺」號（HMS Sulphur）都在一八三九年巡航過馬達雷納灣。一八三九年代後期，一些捕鯨船還將馬達雷納灣作為維修船隻的安全港。見 Henderson, *Whales & Men , 82*。

79 David S. Wilcove, *No Way Home: The Decline of the World's Great Animal Migrations* (Washington, DC: Island Press, 2008): 144; see also *The Gray Whale: Eschrichtius robustus*, ed. Mary Lou Jones, Steven L. Swartz, and Stephen Leatherwood (Orlando, FL: Academic Press, 1984).

80 灰鯨也被戲稱為「scrag whale」，因為它們背上的凸起物取代了脊鰭。灰鯨是一種在海底覓食的動物，會挖掘「貽貝」為食；當它出現在海面時，身上披滿海底的黑色淤泥，同時還帶有藤壺狀的橙色寄生物—總而言之，這種鯨魚看上去模樣相當邋遢。它們身上的脂肪很容易就會流出來（因此有了另一個可怕綽號「破麻袋」）。除了這些不太迷人的特徵外，灰鯨的鯨鬚（whalebone）沒法用在女性束身胸衣上當襯條（鯨鬚因其彈性和柔韌而被當作雨傘、鞭子和女性緊身胸衣的襯條等材料）。一位敘事者說，鯨鬚是「用於製造致命、壓迫肋骨、擠壓肝臟的緊身衣的骨架」，見 Mulford, *Prentice Mulford's Story*, 76。

81 Ibid., 75.

82 *Polynesian* (Honolulu), March 21, 1846; and *Whalemen's Shipping List*, June 16, 1846.

83 "Diary of Benjamin Boodry, Arnolda ," cited in Creighton, *Rites and Passages*, 75.

49 除了 Más Afuera 和 Más a Tierra（即今日的 Alejandro Selkirk 和 Robinson Crusoe），另外兩個島嶼分別是 San Felix 和 San Ambrosio。

50 Busch, *War against the Seals*, 10–11.

51 Edmund Fanning, *Voyages and Discoveries in the South Seas, 1792–1832* (Salem, MA: Marine Research Society, 1924 [1833]), 79.

52 "Log of theMinerva ," cited in Busch, *War against the Seals*, 16.

53 Busch, *War against the Seals*, 16.

54 Lewis Coolidge, "Journal of a Voyage Perform'd on the ShipAmethyst ," in *Lewis Coolidge and the Voyage of the Amethyst,* ed. Evabeth Miller Kienast and John Phillip Felt (Columbia, SC: University of South Carolina Press, 2009), 7; hereafter cited as Coolidge, "Journal"。更多有關紫水晶號的資料，見 "Typescript log of ship *Amethyst*, 1806–1811," Phillips Library, Peabody Museum, Salem。

55 Coolidge, "Journal," 1–2.

56 路易斯．柯立芝列出了四十名船員的名字，他記得他們是從波士頓出海的；這四十人中有十七人在四年的航行中「死亡」。見 ibid., 62–63。在廣東出售的三萬五千張生皮中，還包括來自紐黑文市的姐妹船「凱旋」號（Triumph）運載的皮貨。

57 Ibid., 3.

58 柯立芝在日記中充滿詩歌吟誦和對風景畫家的引述，反映了他家鄉波士頓的高教育水準。他的編輯 Evabeth Miller Kienast 和 John Phillip Felt 仔細地追蹤了他的許多參考文獻和錯誤引述。舉例來說，對這一句詩，柯立芝聲稱引用自湯瑪斯．查特頓（Thomas Chatterton），事實是蘇格蘭詩人詹姆斯．比第（James Beattie，一七三五至一八〇三年）於一七七四年發表的詩作 "The Minstrel; Or, The Progress of Genius—Book II"。

59 可能的原因之一，是營養不良導致壞血病，這對那些本就染有性病的人影響最大。水手 Tim Connor 便是一個例子。

60 Coolidge, "Journal," 21.

61 Ibid., 18。船東連船帶貨一併在廣東賣掉，後來柯立芝乘坐「布魯姆」號（Brum）返回紐約。

62 Foster Rhea Dulles, *The Old China Trade* (Boston: Houghton Mifflin, 1930), 106, 210.

63 關於恢復和瀕危狀況，見http://www.nmfs.noaa.gov/pr/species/mammals/pinnipeds/guadalupefurseal.htm , accessed June 9, 2010。

64 Coolidge, "Journal," 11。這一行詩句出自 Ann Ward Radcliffe's *The Mysteries of Udolpho* (London: G. G. and J. Robinson, 1794).

65 Reuben Delano, *Wanderings and Adventures of Reuben Delano: Being a Narrative of Twelve Years Life in a Whale Ship!* (Boston: Redding, 1846) ; quoted in Brewster, *Journals*, 177, fn. 26.

66 John Adams to Secretary [John] Jay, August 25, 1785, *Works of John Adams, Second President of the United States*, ed. Charles Francis Adams (Boston: Little, Brown, 1853), vol. 8, 308–309.

34 Georg Heinrich von Langsdorf, *Voyages and Travels in Various Parts of the World, during the Years, 1803, 1804, 1805, 1806, and 1807* (London: H. Colburn, 1813–1814), vol. 2: 180.

35 這些數據來自阿黛勒・奧格登對眾多俄羅斯和美國消息來源的周詳調查。見 Ogden, *California Sea Otter Trade*, 50。

36 威廉・希思・戴維斯（William Heath Davis）船長是小威廉・希思・戴維斯（William Heath Davis Jr.）的父親，*Sixty Years in California* (1889) 一書的作者。關於戴維斯船長在海岸上的活動，只有零星的參考資料，見 "Miscellaneous Papers" in the William Heath Davis Papers, 1840–1905, Bancroft Library, University of California, Berkeley.

37 Phelps, "Solid Men of Boston in the Northwest," 50–51.

38 George Nidever, *The Life and Adventures of George Nidever*, ed. William Henry Ellison (Berkeley: University of California Press, 1937), 45。這個故事最初是由喬治・尼德維爾在一八七八年口述給 Edward F. Murray，他是 Hubert Howe Bancrofts 的一名助理。原始紀錄保存於班克羅福特圖書館。

39 Kenyon, *Sea Otter in the Eastern Pacific Ocean*, 41.

40 Ilya Vinkovetsky, "The Russian-American Company as a Colonial Contractor for the Russian Empire," in *Imperial Rule*, ed. Alexei Miller and Alfred J. Rieber (Budapest: Central European University Press, 2004), 171.

41 Vasili Nikolaevich Berkh, *A Chronological History of the Discovery of the Aleutian Islands, or, The Exploits of Russian Merchants: With A Supplement of Historical Data on the Fur Trade*, ed. Richard A. Pierce, trans. Dmitri Krenov (Kingston, ON: Limestone Press, 1974 [1823]), 93.

42 更多見 Jones, "Sea Otters and Savages in the Russian Empire"; Kenyon, *Sea Otter in the Eastern Pacific Ocean, 136*; and Busch, *War against the Seals*, 6–7。

43 Amasa Delano, *A Narrative of Voyages and Travels, in the Northern and Southern Hemispheres: Comprising Three Voyages round the World* (Boston: E. G. House, 1817), 306.

44 此數字為粗估值。Busch 估計，太平洋南部約有五百二十萬隻海豹被殺，其中近六成被獵殺於胡安・費南德茲群島。在北太平洋，也有幾乎同等數量的毛皮海豹被捕殺，其中以普利比羅夫群島最多。見 Busch, *War against the Seals, 36, 111*; and Berkh, *Chronological History of the Discovery of the Aleutian Islands*, 93。

45 John Meares, *Voyages Made in the Years 1788 and 1789, from China to the North West Coast of America* (London: Logographic Press, 1790): 203 ; and Scammon, *Marine Mammals, 119*。關於印第安人對於海豹副產物的許多用途，見 Reid, "'The Sea Is My Country,'" 220。

46 Aleksandr F. Kashevarov, "A Description of Hunting and Conservation in the Russian American Colonies," March 9, 1862, in Dmytryshyn, *Russian American Colonies*, 519.

47 Jones, "A 'Havoc Made among Them,'" 594.

48 William Dampier, *A New Voyage round the World: The Journal of an English Buccaneer* (London: Hummingbird Press, 1998 [1697]), 54.

23 La Pérouse, *Voyage round the World, vol. 1:* 190。關於文森・瓦薩德雷和維加，以及菲律賓皇家公司，見 Adele Ogden, *The California Sea Otter Trade, 1784–1848* (Berkeley: University of California Press, 1941), 15–21。

24 Odgen, *California Sea Otter Trade*, 18–31。William S. Laughlin 估計，到一七九〇年代，阿留申人的數量減少了百分之八十，見 Laughlin, *Aleuts: Survivors of the Bering Land Bridge* (New York: Holt, Rinehart, and Winston, 1980), 21。

25 一七九〇年代，美國貿易商約占了前往西北海岸平均航次的一半。一八〇〇年及以後，美國人占了毛皮貿易航次的百分之九十以上。見 F. W. Howay, *A List of Trading Vessels in the Maritime Fur Trade, 1785–1825* (Kingston, ON: Limestone Press, 1973)。

26 "A Report by Imperial Russian Navy Lieutenant Nikolai A. Khvostov concerning the Condition of the Ships of the Russian American Company," June 1804, in *The Russian American Colonies: To Siberia and Russian America, Three Centuries of Russian Eastward Expansion. 1798–1867*, ed. Basil Dmytryshyn, E.A.P. Crownhart-Vaughan, and Thomas Vaughan (Portland: Oregon Historical Society, 1989), vol. 3: 47.

27 "Secret Instructions from the Main Administration of the Russian American Company in Irkutsk to Chief Administrator in America," April 18, 1802, in *Russian American Colonies*, vol. 3: 27.

28 Lydia T. Black, "The Nature of Evil: Of Whales and Sea Otters," in *Indians, Animals, and the Fur Trade: A Critique of Keepers of the Game*, ed. Shepard Krech III (Athens: University of Georgia Press, 1981), 109–147; Jones, "A 'Havoc Made among Them.'"

29 Black, "The Nature of Evil," 120。關於俄美公司對阿留申勞工的需求，也見 Lydia T. Black, *Russians in Alaska*, 1732–1867 (Fairbanks: University of Alaska Press, 2004), 127–132。Kenneth Owens 認為，阿留申群島和科迪亞克群島居民自己擁有一套僕傭、戰俘和契約勞工體系。這些契約或奴役的人被不同地稱為「kalgas」或「kaiurs」。見 Personal correspondence with Kenneth Owens, July 1, 2010。關於西伯利亞和北美獵人的類似情況，見 Yuri Slezkine, *Arctic Mirrors: Russia and the Small Peoples of the North* (Ithaca, NY: Cornell University Press, 1994); and Arthur Ray, *Indians and the Fur Trade: Their Role as Trappers, Hunters, and Middlemen in the Lands Southwest of Hudson Bay* (Toronto: University of Toronto Press, 1974), 117–136。

30 Ivan Veniaminov, *Notes on the Islands of the Unalaska District*, trans. L. T. Black and R. H. Geoghegan, ed. R. A. Pierce (Kingston, ON: Limestone Press, 1984), 192.

31 Jonathan Winship, quoted in Thomas Vaughan, *Soft Gold: The Fur Trade & Cultural Exchange on the Northwest Coast of America* (Portland: Oregon Historical Society, 1982), 22.

32 José Joaquín Arrillaga to José de Iturrigaray, March 2, 1804, Arrillaga Correspondence, 1794–1814, Bancroft Library, University of California, Berkeley.

33 William Dane Phelps, "Solid Men of Boston in the Northwest," in Busch and Gough, *Fur Traders from New England*, 45, 46, 47.

13 Lewis Coolidge, *Lewis Coolidge and the Voyage of the Amethyst, 1806–1811*, ed. Evabeth Miller Kienast and John Phillip Felt (Columbia: University of South Carolina Press, 2009), 19.

14 Georg Steller, "Journal of His Sea Voyage," in F. A. Golder,Bering's *Voyages: An Account of the Efforts of the Russians to Determine the Relations of Asia and America* (New York: American Geographical Society, 1925), vol. 2: 220.

15 英國人對恰克圖和買賣城貿易的第一次描述，見 William Coxe, *Account of the Russian Discoveries between Asia and America* (London: J. Nichols, 1780), 211–243；也見 Bockstoce, *Furs and Frontiers*, 104–110。更多關於一八〇〇年前的海獺捕獲估量，見 Ryan Jones, "Sea Otters and Savages in the Russian Empire: The Billings Expedition, 1785–1793," *Journal of Maritime Research* (December 2006), www.jmr.nmm.ac.uk/server/show/ConJmrArticle.217, accessed April 28, 2010; Karl W. Kenyon, *The Sea Otter in the Eastern Pacific Ocean* (Washington, DC: US Bureau of Sport Fisheries and Wildlife, 1969), 136 ; and Busch, *War against the Seals*, 6–7。關於西太平洋海獺貿易的起源，則見 Richard Ravalli, "Soft Gold and the Pacific Frontier: Geopolitics and Environment in the Sea Otter Trade," PhD dissertation, University of California, Merced, 2009。

16 P. A. Tikhmenev, *A History of the Russian American Company, trans.* Richard A. Pierce and Alton S. Donnelly (Seattle: University of Washington Press, 1978 [1861–1863]), 201–204.

17 Ryan Tucker Jones, "A 'Havoc Made among Them': Animals, Empire, and Extinction in the Russian North Pacific, 1741–1810," *Environmental History* 16 (September 2011): 585–609; and Martin Sauer, *An Account of a Geographical and Astronomical Expedition to the Northern Parts of Russia* (London: T. Cadell, 1802), 161, 166.

18 關於海獺的生態和行為，見 Kenyon, *Sea Otter in the Eastern Pacific Ocean*; M. L. Reidman and J. A. Estes, *The Sea Otter (Enhydra lutris): Behavior, Ecology, and Natural History* (Washington, DC: Fish and Wildlife Service, 1990); and Scammon, *Marine Mammals*, 168–175.

19 Kenyon, *Sea Otter in the Eastern Pacific Ocean*, 216.

20 William Sturgis, "The Northwest Fur Trade," *Hunt's Merchants' Magazine* 14 (1846): 534; reprinted in *Fur Traders from New England: The Boston Men in the North Pacific, 1787–1800*, ed. Briton C. Busch and Barry Gough (Spokane, WA: Arthur C. Clark, 1996).

21 Sauer, *Account*, 267; cited in Jones, "A 'Havoc Made among Them,'" 596。俄裔美國人俄語文學的有用回顧，見 Andrei V. Grinëv, "A Brief Survey of the Russian Historiography of Russian America of Recent Years," trans. Richard L. Bland, *Pacific Historical Review* 79 (May 2010): 265–278。

22 J[ean]. F[rançois]. G[alaup]. La Pérouse, *A Voyage round the World in the Years 1785, 1786, 1787, and 1788* (London: J. Johnson, 1798), vol. 1: 189–190; and G. T. Emmons, "Native Account of the Meeting between La Perouse and the Tlingit," *American Anthropologist* 13 (April–June 1911): 294–298.

Journals, 163.

8 Barnard L. Colby, *Whaling Captains of New London County, Connecticut: For Oil and Buggy Whips* (Mystic, CT: Mystic Seaport Museum, 1990), 45, 47; see also Brewster, *Journals*, 177.

9 Brewster, *Journals*, 177.

10 關於海洋哺乳動物捕獵的不同組成部分的次要文獻相當豐富。從全球視角來看，毛皮貿易是現代早期資源開發的一部分，見 John F. Richards, *The Unending Frontier: An Environmental History of the Early Modern World* (Berkeley: University of California Press, 2003), 463–616。關於阿拉斯加和北極的原住民和俄羅斯獵人，見 John R. Bockstoce, *Furs and Frontiers in the Far North: The Contest among Native and Foreign Nations for the Bering Strait Fur Trade* (New Haven, CT: Yale University Press, 2009); and Ryan Jones, "Empire of Extinction: Nature and Natural History in the Russian North Pacific, 1739–1799," PhD dissertation, Columbia University, 2008。關於海獺與海豹，見 Briton Cooper Busch, *The War against the Seals: A History of the North American Seal Industry* (Kingston, ON: McGill-Queen's University Press, 1985); and Jim Hardee, "Soft Gold: Animal Skins and the Early Economy of California," in *Studies in Pacific History: Economics, Politics, and Migration*, ed. Dennis O. Flynn, Arturo Giráldez, and James Sobredo (Aldershop, UK: Ashgate, 2002), 23–39。關於捕鯨和灰鯨，見 Margaret S. Creighton, *Rites and Passages: The Experience of American Whaling, 1830–1870* (Cambridge: Cambridge University Press, 1995); David A. Henderson, *Men & Whales at Scammon's Lagoon* (Los Angeles: Dawson's Book Shop, 1972); and Lance E. Davis, Robert E. Gallman, and Karin Gleiter, *In Pursuit of Leviathan: Technology, Institutions, Productivity, and Prof ts in American Whaling, 1816–1906* (Chicago: University of Chicago Press, 1997)。關於捕鯨的最有用的已出版的原始資料仍然是 Charles R. Scammon, *The Marine Mammals of the Northwest Coast of North America* (San Francisco: John H. Carmany, 1874); and Alexander Starbuck, *History of the American Whale Fishery from its Earliest Inception to 1876* (Waltham, MA: n.p., 1878)。

11 在捕鯨方面，西北海岸的馬卡族可能是最出色的獵人，儘管其他群體也獵捕鯨魚。馬卡人主要從他們的長獨木舟上獵取「灰鯨」（sewhow）。根據歷史學家 Josh Reid 的說法：「馬卡捕鯨者連番用魚叉叉入他的獵物，使用長矛使其巨大身軀噴出深紅色血柱而死。在極端情況下，捕鯨者會跳到被魚叉叉住時間過長的鯨魚身上。他們抓住連接鯨魚和獨木舟的繩索，同時刺向大海獸要害將它殺掉。」西北海岸原住民捕鯨群體可能每一年可捕獲多達十多頭鯨魚，足以維持其生存和貿易經濟，但此數量對太平洋鯨魚種群並沒有造成明顯影響。見 Joshua Leonard Reid, "'The Sea Is My Country': The Maritime World of the Makah: An Indigenous Borderlands People," PhD dissertation, University of California, Davis, 2009, 219。

12 William Cronon, *Nature's Metropolis: Chicago and the Great West* (New York: W. W. Norton, 1991), 340.

Anthropologist 30 (October 1928): 632–650。關於西北海岸奴役，見 Ruby and Brown, *Indian Slavery on the Northwest Coast* ; and Donald, *Aboriginal Slavery on the Northwest Coast*。

78 David Samwell, in Cook, *Journals of Captain James Cook*, vol. 4, 1094–1095.

79 Robert Boyd 審視以下著作中的不同說法：*The Coming of the Spirit of Pestilence: Introduced Infectious Diseases and Population Decline among Northwest Coast Indians, 1774–1874* (Seattle: University of Washington Press, 1999), 65.

80. Alejandro Malaspina, *The Malaspina Expedition, 1789–1794: Journal of the Voyage by Alejandro Malaspina*, ed. Andrew David et al. (London: Hakluyt Society, 2001–2004), vol. 2: 110.

81 Ibid.

82 Alejandro Malaspina, *Viaje político-científico alrededor del mundo por las Corbetas Descubierta y Atrevida, al mando de los capitanes de navio D. Alejandro Malaspina y D. José Bustamante y Guerra desde 1789 a 1794*, ed. Pedro Novo y Colson (Madrid: Impr. de la viuda é hijos de Abienzo, 1885), 347.

83 Malaspina, *Malaspina Expedition*, vol. 2: 114.

84 Ibid., 105–106.

第四章　大獵殺

1 Mary Brewster, *"She Was a Sister Sailor": The Whaling Journals of Mary Brewster, 1845–1851*, ed. Joan Druet (Mystic, CT: Mystic Seaport Museum, 1992), 317; hereafter cited as Brewster, Journals。我要感謝 Joan Druett 對瑪麗・布魯斯特日記的深入研究和豐富注釋，加上 Druett 的其他作品，遠遠超出了僅關注十九世紀太平洋航行中姐妹水手的範圍。更多也見 Druet, *Hen Frigates: The Wives of Merchant Captains under Sail* (New York: Simon and Schuster, 1998); Druet, *Petticoat Whalers: Whaling Wives at Sea, 1820–1920* (Auckland: Collins, 1991); and Druet, *Rough Medicine: Surgeons at Sea in the Age of Sail* (New York: Routledge, 2001)。瑪麗・布魯斯特日記的原版保存在 G. W. Blunt White Library, Mystic Seaport Museum, Connecticut。

2 John T. Perkins, *John T. Perkins' Journal at Sea, 1845* (Mystic, CT: Marine Historical Association, 1943), 142。另一個船員迷信船長妻子在捕鯨船上帶來惡運的例子，見 Charles Goodall, "Log of a Whaler's Voyage from New Bedford into the Pacific and Back, 1843–1846," December 27, 1844, unpublished journal, Huntington Library, San Marino。

3 October 6, 1846, *Whalemen's Shipping List* (New Bedford, MA).

4 Perkins, *Journal at Sea*, 145, 146, 149.

5 Brewster, *Journals*, 90–91. Emphasis in original.

6 Ibid., 116; Prentice Mulford, *Prentice Mulford's Story: Life by Land and Sea* (New York: F. J. Needham, 1889), 73.

7 Mark Twain, *Roughing It* (Hartford, CT: American Publishing, 1872): 448; and Brewster,

61 "Narrative of Ben Hobucket," 73.

62 Namias, *White Captives*, especially 84–115.

63 Owens, *Wreck of the Sv. Nikolai*, 53.

64 Ibid., 59.

65 Ibid.

66 關於在太平洋背景下的這種表達方式，見I. C. Campbell, *Gone Native in Polynesia: Captivity Narratives and Experiences from the South Pacific* (Westport, CT: Greenwood Press, 1998)。

67 Richard Pierce, *Russian America: A Biographical Dictionary* (Kingston, ON: Limestone Press, 1990), 24; and Owens, *Wreck of the Sv. Nikolai*, v.

68 更多關於麥凱，見Warren L. Cook, *Flood Tide of Empire: Spain and the Pacific Northwest, 1543–1819* (New Haven, CT: Yale University Press, 1973), 102–103 ; and Owens, *Wreck of the Sv. Nikolai*, 24。

69 Jewitt, *Narrative*, 124.

70 Owens, *Wreck of the Sv. Nikolai*, 64.

71 Owens, "Frontiersman for the Tsar," 4.

72 Richard A. Pierce, *Russia's Hawaiian Adventure, 1815–1818* (Berkeley: University of California Press, 1965).

73 Owens, "Frontiersman for the Tsar," 17–20.

74 Hobucket, "Narrative of Ben Hobucket," 69.

75 荷布克特的敘述也指出了流浪者的邪惡意圖。他說：「幾年後，一艘大船停泊在拉尤特灣，公開宣稱要引誘印第安人上船，把他們抓起來當奴隸。」但幸運的是，船上的一位原住民婦女警告了他們。據荷布克特說，那個女人原來是他們從聖尼古拉號抓走的阿留申族俘虜。見 ibid., 73。

76 譬如，在上加利福尼亞，西班牙人與教區和非教區印第安婦女的社會關係中存有一定程度的性暴力。一七七二年，Luís Jayme 神父記錄了西班牙士兵對聖地牙哥教區 Kumeyaay 婦女的「持續暴行」，包括至少兩起不同的輪姦事件。此事件在上加利福尼亞並不罕見，也從更廣泛背景中反映出西班牙美洲原住民的不自由。見 Albert L. Hurtado, *Intimate Frontiers: Sex, Gender, and Culture in Old California* (Albuquerque: University of New Mexico Press, 1999), 13。關於上加利福尼亞的性暴力，見 Miroslava Chavez-Garcia, *Negotiating Conquest: Gender and Power in California, 1770–1880* (Tucson: University of Arizona Press, 2004); and James A. Sandos, *Converting California: Indians and Franciscans in the Missions* (New Haven, CT: Yale University Press, 2004)。

77 歷史學家 Robin Fisher 曾說：「為了經濟利益而賣淫，是印第安人從歐洲人那裡學到的東西。」見 Robin Fisher, *Contact and Conflict: Indian European Relations in British Columbia, 1774–1890* (Vancouver: University of British Columbia Press, 1977), 19。關於原住民奴役，見 William Christie MacLeod, "Economic Aspects of Indigenous American Slavery," *American*

44 Ibid., 23.

45 Ibid., 30–31。對此婚姻，有一位見證人，後來將故事告訴了一位早期白人定居者，說朱厄特「追求」並「最終綁架了阿浩薩特族酋長迷人的女兒」，儘管朱厄特堅稱他是被馬奎納強迫結婚的。見 Gilbert Malcolm Sproat, *Scenes and Studies of Savage Life* (London: Smith, Elder, 1868), 6。

46 朱厄特說：「（馬奎納」給了我自由，讓我擺脫那個他強迫我作為伴侶的女孩，我非常滿意地這麼做了。」見 Jewit, *Journal*, 40。

47 Jewit, *Narrative*, 120–124.

48 Jewit, *Journal*, 29; and Jewit, *Narrative*, 124.

49 Jewit, *Journal*, 47–48.

50. Cole Harris, "Social Power and Cultural Change in Pre-Colonial British Columbia," *BC Studies* 115/116 (Autumn/Winter 1997/1998): 73. Also see Zilberstein, "Objects of Distant Exchange."

51 Clayton, *Islands of Truth*, 154–155.

52 Jewit, *Journal*, 20. The best Evaluation of these tensions as an ecological crisis is Zilberstein, "Objects of Distant Exchange," 606–608.

53 Jewitt, *Narrative*, 24–25。朱厄特的 *Journal* 證實了這個故事的輪廓，但 *Narrative* 提供了更多細節，尤其是當它涉及到馬奎納的反應時。

54 Clayton, *Island of Truth*, 23.

55 Owens, "Frontiersman for the Tsar," 3–8.

56 Owens, *Wreck of the Sv. Nikolai*, 45.

57 見 Ben Hobucket, "The Narrative of Ben Hobucket," in ibid., 69。一九〇五年至一九〇九年間的某個時候，班・荷布克特（Ben Hobucket）讓印第安代表兼民族學家 Albert Reagan 抄錄了這個故事。Hobucket 當時患有嚴重的肺結核，這種疾病已經奪去了他祖先至少三代人的生命。見 Owens, *Wreck of the Sv. Nikolai*, 15–17。

58. "Narrative of Ben Hobucket," 70. On the Quileute, see George A. Pettitt, *The Quileute of La Push, 1775–1945* (Berkeley: University of California Press, 1950).

59 "Narrative of Ben Hobucket," 72–73.

60 譬如，一些毛利人將歐洲航海家稱為「shallow-rooting shellfish」，而自己族人則稱為「the shellfish of deep waters」。shallow-rooting shellfish 隨波逐流，缺乏地方感。毛利酋長也可能僅僅意指著膚淺或不真實。外國人的出現和突然到來所產生的一些外來者的術語，引發了不同程度的恐慌。根據消息來源稱，薩摩亞人和東加人將新到來者稱為 papālagi 或「sky bursters」，以解釋出現在海平線上的船隻似乎衝破了天空。關於這些術語，見 Anne Salmond, "Kidnapped: Tuki and Huri's Involuntary Visit to Norfolk Island in 1793," in *From Maps to Metaphors: The Pacific World of George Vancouver*, ed. Robin Fisher and Hugh Johnston (Vancouver: University of British Columbia Press, 1993), 192; and Meleisea and Schoeffel, "Discovering Outsiders," 119。

31 “The Voyage of Juan Rodriquez Cabrillo up the Pacific Coast,” in *New American World: A Documentary History of North America to 1612*, ed. David B. Quinn (New York: Arno Press, 1979), vol. 1: 453, 455, 460。關於其他西班牙探險隊在加利福尼亞劫持人質，見 Kent Lightfoot and William Simmons, “Culture Contact in Protohistoric California: Social Contexts of Native and European Encounters,” *Journal of California and Great Basin Anthropology* 20 (1998): 138–169。

32 Joyce Chaplin 認為，俘虜最常被用來當領航員，是因為他們對歐洲人所不知道的港口或海岸線有一定的了解。見 Chaplin, “Atlantic Antislavery and Pacific Navigation,” paper presented at The New Maritime History: A Conference in Honor of Robert C. Ritchie, Huntington Library, San Marino, November 11, 2011。

33 下面的例子摘自庫克的日記以及有關他兩次航行的近期研究：Anne Salmond, *The Trial of the Cannibal Dog: The Remarkable Story of Captain Cook's Encounters in the South Seas* (New Haven, CT: Yale University Press, 2003); and Nicholas Thomas, *Cook: The Extraordinary Voyages of Captain James Cook* (New York: Walker, 2003)。

34 Greg Dening, “The Hegemony of Laughter: Purea's Theatre,” in *Pacific Empires: Essays in Honour of Glyndwr Williams*, ed. Alan Frost and Jane Samson (Vancouver: University of British Columbia Press, 1999), 143.

35 James Cook, *The Journals of Captain James Cook on His Voyages of Discovery*, ed. J. C. Beaglehole (London: Hakluyt Society, 1955–1974), vol. 3, pt 1: 530. Emphasis added.

36 Anne Salmond, *Two Worlds: First Meetings Between Maori and Europeans, 1642–1772* (Honolulu: University of Hawai‘i Press, 1996), 87.

37 Ibid., 88.

38 Ibid.

39 Charles Ryskamp, *Boswell: The Ominous Years* (New York: McGraw-Hill, 1963), 341.

40 Anya Zilberstein, “Objects of DistanThexchange: The Northwest Coast, Early America, and the Global Imagination,” *William and Mary Quarterly*, 3rd series, 64 (July 2007): 589–618.

41 關於朱厄特被俘故事的最忠於原文的版本：John Jewit , *A Journal, Kept at Nootka Sound by John Rodgers Jewit, One of the Surviving Crew of the Ship Boston, John Salter, Commander, Who Was Massacred on the 22d of March, 1803; Interspersed with Some Account of the Natives, Their Manners and Customs* (Boston: n.p., 1807)。隨後的兩篇「敘述」都被編輯高度修飾過，應謹慎使用，見 *John Jewit, A Narrative of the Adventures and Sufferings of John R. Jewit, ed. Richard Alsop* (Middletown, CT: S. Richards, 1815); and *John Jewit, The Captive of Nootka: Or the Adventures of John R. Jewit*, ed. Samuel Griswold Goodrich (New York: J. P. Peaslee, 1835)。感謝 Anya Zilberstein 就這許多版本給我的忠告。

42 Jewit, *Journal*, 3.

43 Ibid. , 4.

9 *Voyages of the "Columbia" to the Northwest Coast*, 1787–1790 *and 1790–1793* , ed. Frederic W. Howay (New York: Da Capo Press, 1969).

10 John Hoskins, "The Narrative of a Voyage, etc.," in ibid., 186.

11 Ibid., 185.

12 有關維卡尼什酋長以及在努查努阿特眾酋長間的關係，見 Daniel W. Clayton, *Islands of Truth: The Imperial Fashioning of Vancouver Island* (Vancouver: University of British Columbia Press, 2000), 154–156; and Yvonne Marshall, *"A Political History of the Nuu-chah-nulth: A Case Study of the Mowachaht and Muchalaht tribes,"* PhD dissertation, Department of Archaeology, Simon Fraser University, 1993。

13 Hoskins, "Narrative of a Voyage, etc.," 186–187.

14 Clayton, *Islands of Truth,* 129.

15 Hoskins, "Narrative of a Voyage, etc.," 188.

16 John Boit, "Remarks on the Ship Columbia's Voyage from Boston," in Howay, *Voyages of the "Columbia" to the Northwest Coast,* 370.

17 Hoskins, "Narrative of a Voyage, etc.," 186.

18 David A. Chappell, *Double Ghosts: Oceanian Voyagers on Euroamerican Ships* (Armonk, NY: M. E. Sharpe, 1997), 101.

19 Howay, *Voyages of the "Columbia,"* x–xiii。關於阿杜，見 Howay, "Early Relations with the Pacific Northwest," in *The Hawaiian Islands,* ed. Albert P. Taylor (Ann Arbor: University of Michigan Press, 2005), 14–17。

20 Howay, "Early Relations with the Pacific Northwest," 14.

21 "Officers and Crew of the Columbia," in Howay, *Voyages of the "Columbia,"* 447.

22 Hoskins, "Narrative of a Voyage, etc.," 185.

23 Joseph Ingraham's *Journal of the Brigantine Hope on a Voyage to the Northwest Coast of North America,* 1790–92, ed. Mark D. Kaplanof (Barre, MA: Imprint Society, 1971), 76.

24 Kaplanof, *Joseph Ingraham's Journal,* 233.

25 Howay, "Early Relations with the Pacific Northwest," 16.

26 F. W. Howay, *A List of Trading Vessels in the Maritime Fur Trade, 1785–1825* (Kingston, ON: Limestone Press, 1973), 13–18.

27 *A New Vancouver Journal on the Discovery of Puget Sound,* ed. Edmond S. Meany (Seattle: n.p., 1915), 33. On this journal's provenance and likelihood of James Bell as author, see ii–iii.

28 George Vancouver, *A Voyage of Discovery to the North Pacific Ocean and around the World, 1791–1795,* ed. W. Kaye Lamb (London: Hakluyt Society, 1984 [1798]), vol. 3: 894–895, 893.

29 喬治・溫哥華船長關於將這些年輕女子送回夏威夷的長篇大論，似乎是為了應付對美國報導英國人在西北海岸販賣夏威夷俘虜。見 ibid., vol. 3: 839。

30 Kaplanof, *Joseph Ingraham's Journal,* 109–110, 207.

4 Ibid., 44, 45.

5 I.C. Campbell 曾說：「不同文化首次接觸的時刻是充滿戲劇性潛力的驚奇和不確定的時刻。」事實上，他認為這種時刻引發的行為形式，可能被合理地描述為不屬於相關方之正常文化表達的一部分。見 I. C. Campbell, "The Culture of Culture Contact: Refractions from Polynesia," *Journal of World History* 14 (March 2003): 63, 64, 66。這些「接觸」時刻之後仍持續發展，Greg Dening 在下文中寫道：「不同群體的相遇，從我們既有歷史中對其之偏見來看，是短暫、突然且充滿暴力的。但實際上，這些相遇既緩慢又曠日持久的，是一種長時段（*longue durée*）的發展。」見 Greg Dening, "Deep Times, Deep Spaces: Civilizing the Sea," in *Sea Changes: Historicizing the Ocean* , ed. Bernhard Klein and Gesa Mackenthus (New York: Routledge, 2004), 27。更多也見 Malama Meleisea and Penelope Schoeffel, "Discovering Outsiders," in *The Cambridge History of the Pacific Islanders*, ed. Donald Denoon (Cambridge: Cambridge University Press, 1997), 120。

6 有關俘虜的各種待遇，見 Linda Colley, *Captives: Britain, Empire, and the World, 1600–1850* (New York: Anchor Books, 2002); June Namias, *White Captives: Gender and Ethnicity on the American Frontier* (Chapel Hill: University of North Carolina Press, 1995); Leland Donald, *Aboriginal Slavery on the Northwest Coast of North America* (Berkeley: University of California Press, 1997); Robert H. Ruby and John A. Brown, *Indian Slavery in the Pacific Northwest* (Spokane, WA: Arthur H. Clark, 1993); and John Demos, *The Unredeemed Captive: A Family Story f om Early America* (New York: Vintage, 1995)。有關西南邊界原住民捕捉俘虜的習俗，見 James F. Brooks, *Captives and Cousins: Slavery, Kinship, and Community in the Southwest Borderlands* (Chapel Hill: University of North Carolina Press, 2002); and Ned Blackhawk, *Violence over the Land: Indians and Empires in the Early American West* (Cambridge, MA: Harvard University Press, 2006)。

7 有關俄羅斯的俘虜習俗，見 Ilya Vinkovetsky, *Russian America: An Overseas Colony of a Continental Empire, 1804–1867* (New York: Oxford University Press, 2011), 121–126; and Gwenn A. Miller, *Kodiak Kreol: Communities of Empire in Early Russian America* (Ithaca, NY: Cornell University Press, 2010), 39–48。第一個訪問歐洲的日本人名叫 Dembei，他在一六〇〇年代末被堪察加半島的當地漁民俘虜，隨後在一七〇一年被哥薩克探險家維拉第米爾．阿特拉索夫（Vladimir Atlasov）帶去見彼得大帝。見 Walter A. McDougall, *Let the Sea Make a Noise: A History of the North Pacific from Magellan to MacArthur* (New York: Basic Books, 1993), 57。

8 在此，「帝國」（imperial）可能指的是歐洲帝國的正式代表，或者僅僅是那些打著特定旗幟的航行者，但正如 Ann Laura Stoler 所主張的，他們可能已經拒絕用「帝國」或「殖民」（colonial）來修飾他們打算從事的行當。見 Stoler, *Carnal Knowledge and Imperial Power: Race and the Intimate in Colonial Rule*, 2nd ed. (Berkeley: University of California Press, 2010), xx。

138 Douglas, "Second Journey to the Northwestern Parts," 303, 306–307, 308.

139 Boyd, *Coming of the Spirit of Pestilence*, 84.

140 事實證明，一些傳統行為尤其危險。Boyd 描述了印第安婦女如何在下哥倫比亞沼澤地區，特別是在最初的熱區 Sauvie 島附近，採集 wapato 鱗莖（一種根莖蔬菜）。印第安人也在夏天的月分在河流或湖泊旁的露天而宿，而那裡正是蚊子滋生的所在。見 Boyd, *Coming of the Spirit of Pestilence*, 108–109。

141 Ibid., 90.

142 "Big-Tail," in John R. Swanton, *Haida Texts and Myths* (Washington, DC: Smithsonian Institution, Bureau of American Ethnology, 1905), 299 ; cited in Boyd, *Coming of the Spirit of Pestilence*, 54.

143 威廉・查里冗長的口述歷史被 Boyd 引用在 *Coming of the Spirit of Pestilence*, 114–115。

144 William Tolmie, *The Journals of William Fraser Tolmie: Physician and Fur Trader* (Vancouver, BC: Mitchell Press, 1963), 238.

145 Jason Lee, quoted in Boyd, *Coming of the Spirit of Pestilence*, 113.

146 Boyd, *Coming of the Spirit of Pestilence*, 46, 112–113.

147 Le Roy Ladurie, *Mind and Method of the Historian*, 13.

148 Epeli Hau'ofa, "Our Sea of Islands," *Contemporary Pacific* (Spring 1994): 155.

第三章　人質與俘虜

1 蒂莫菲・塔拉卡諾夫對事件的敘述，見 *The Wreck of the Sv. Nikolai*, ed. Kenneth Owens (Lincoln: University of Nebraska Press, 2001), 41, 42–43。對於塔拉卡諾夫的更完整詳述， 見 Kenneth Owens, "Frontiersman for the Tsar: Timofei Tarakanov and the Expansion of Russian America," *Montana* 56 (Autumn 2006): 3–21。俄美公司的亞歷山德・安德列維奇・巴拉諾夫派遣聖尼古拉號去尋找狩獵場，並研究在今日奧勒岡州建立俄羅斯貿易堡壘的可能性。有關巴拉諾夫的企圖，見 "Instructions from Aleksandr A. Baranov to his Assistant, Ivan A. Kuskov, Regarding the Dispatch of a Hunting Party to the Coast of Spanish California," October 14, 1808, in *The Russian American Colonies: To Siberia and Russian America, Three Centuries of Russian Eastward Expansion, 1798–1867*, ed. Basil Dmytryshyn, E.A.P. Crownhart-Vaughan, and Thomas Vaughan (Portland: Oregon Historical Society, 1989), vol. 3: 165–174. 關於塔馬納號，見 "Journal and Logbook of John T. Hudson, 1805–1807," Huntington Library, San Marino。

2 Owens, *Wreck of the Sv. Nikolai*, 44.

3\. Ibid。塔拉卡諾夫的敘述來源於兩個方面：他在長達兩年的磨難中寫下的一本粗略日記，以及著名的俄羅斯海軍船長瓦西里・戈洛夫寧後來對這些事件的重述。從這些來源衍生出一八二二年的「聖尼古拉號的殘骸」（Krushenie sudna Sv. Nikolai）系列。這些紀述的出版歷史，見 Owens, *Wreck of the Sv. Nikolai*, 13–14。

124 Paty, "Journal of Captain John Paty," 323.

125 Charles Wilson to George Bennet, November 9, 1841; *in South Sea Letters*, London Missionary Society, Mitchell Library, Sydney, Australia.

126 Cliff et al., *Island Epidemics*, 140–141.

127 特別是在一八〇〇年代早期，船長要全權負責為水手尋找疫苗。譬如，美國船長阿瑪薩·德拉諾於一八〇一年從夏威夷航行到廣東，他的決心號上有五名夏威夷人。他寫道：「當我到達廣東時，我的第一件事就是給這些人接種天花疫苗。在以前的航行中，我見過許多這種可憐的生物就這樣死於那種令人討厭的致命疾病。」見 Amasa Delano, *A Narrative of Voyages and Travels in the Northern and Southern Hemispheres: Comprising Three Voyages round the World; Together with a Voyage of Survey and Discovery, in the Pacific Ocean an Oriental Islands* (Boston: E. G. House, 1818), 393。

128 David A. Chappell, *Double Ghosts: Oceanian Voyagers on Euroamerican Ships* (Armonk, NY: M. E. Sharpe, 1997), 161。Chappell 的樣本組包括兩百五十名「紀錄完好」的原住民船工。譬如，死於天花的夏威夷船員，見 Mary Brewster, *"She Was a Sister Sailor": The Whaling Journals of Mary Brewster, 1845–1851*, ed. Joan Druet. (Mystic, CT: Mystic Seaport Museum, 1992), 350 ; and "Edward Vischer's First Visit to California," edited and translated by Erwin Gustav Gudde, *California Historical Society Quarterly* 19 (September 1940): 195。

129 Robert Boyd 在他的書中討論了雅庫塔特林吉特這個詞的用法，見 *The Coming of the Spirit of Pestilence*, 54.

130 Ibid., 93.

131 這段敘述來自克里奇塔族敘事者威廉·查里（William Charley），"The First White Man among the Klickitats," Lucullus McWhorter Collection, Holland Library, Washington State University, Pullman; cited in Boyd, *Coming of the Spirit of Pestilence*, 114.

132 波士頓合夥商行馬歇爾與王爾德擁有的夏威夷號在一八二〇年代經常航行於太平洋上。它於一八二二年首次出現在加利福尼亞，在這次航行之前至少在西北海岸交易過一次。後來在一八二六年載運海獺毛皮到廣東。見 Adele Ogden, "California Trading Vessels, 1786–1847," Bancroft Library, University of California, Berkeley。

133 關於約翰·多米尼斯（John Dominis）船長和從航海日誌中摘取的夏威夷號的活動，見 F. W. Howay, "The Brig Owhyhee in the Columbia, 1829–30," *Oregon Historical Society Quarterly* 35 (March 1934): 12。

134 Boyd, *Coming of the Spirit of Pestilence*, appendix 2, 289–293.

135 Ibid., 86.

136 David Douglas, "Second Journey to the Northwestern Parts of the Continent of North America during the Years 1829–'30–'31–'32–'33," *Oregon Historical Society Quarterly* 6 (September 1905): 292. Italics in original.

137 Ogden 和 McKay 的說法同時被 Boyd 引用，見 *Coming of the Spirit of Pestilence*, 86–87。

不斷受到病毒的入侵，這些病毒的爆發幾乎摧毀了整個沿海地區和安地斯山脈的人口。關於天花的歷史及其在美洲的特殊影響，見 Donald R. Hopkins, *The Greatest Killer: Smallpox in History* (Chicago: University of Chicago Press, 2002); Watts, *Epidemics an History*, 84–93; and Fenn, *Pox Americana*.

118 在 Edward Jenner 於一七九六年發現疫苗接種後的十年內，西班牙和俄羅斯醫生在一些原住民群體中展開了疫苗接種。關於這種新醫療介入措施的知識傳播得很快。譬如，由 Francisco Xavier de Balmis 率領的西班牙醫學考察隊在一八〇三年至一八〇六年間環遊全球，為整個西班牙帝國的十多萬臣民接種疫苗。Balmis 在三年的旅程中接連使用小男孩作為疫苗載體，才使得疫苗得以一路存活。關於 Balmis 的全球醫學考，見 J. Antonio Aldrete, "Smallpox Vaccination in the Early 19th Century Using Live Carriers: The Travels of Francisco Xavier de Balmis," *Southern Medical Journal* 97 (April 2004): 375–378; and Rosemary Keupper Valle, "Prevention of Smallpox in Alta California during the Franciscan Mission Period (1769–1833)," *California Medicine* 119 (July 1973): 73–77。

119 對這次疫情的全面研究表明，有三種可能的傳播途徑：經由堪察加半島的俄羅斯起源（一七六〇年代末那裡正流行天花）；源於一七七四年至一七七六年間的西班牙商船；以及一七七〇年代末的大平原至哥倫比亞河路線。Elizabeth Fenn 對於一七七〇年代和一七八〇年代的天花研究更傾向支持大平原至哥倫比亞河路線。見 Boyd, *Coming of the Spirit of Pestilence*, 21–45; and Fenn, *Pox Americana*, 226–232。

120 英國商人 Nathaniel Portlock 描述一七八〇年沿海一個特林吉特村落的遭遇：「海灘上有一艘大舟，還有三條小一點的；這艘大舟能載三十人，其他每條能載十人左右。在這種情況下，我本以為會看到很多部落，但當我發現只有三個男人、三個女人、同樣數量的女孩、兩個大約十二歲的男孩和兩個嬰兒，我非常驚訝……我觀察到其中年齡最大的男人身上有很多天花的痕跡，還有一名大約十四歲的女孩也是。老人……告訴我，犬瘟熱帶走了大量的居民，他自己也因此失去了十個孩子；他一隻胳膊紋有十條刺青，我曉得，這記錄了他失去的孩子。沒有任何十歲或十二歲以下的兒童身上有疤痕；因此，我有充分的理由推測，混亂的程度比幾年前還要嚴重一點。」在 Portlock 的敘述中，特別有趣的是他對患病軀體、時間流逝，以及哀悼的聯繫。他把身體的疤痕當作瘟疫爆發的曆法，還在自己的手臂紋上了紀念和悼念十個喪命孩子的紋身。見 Nathaniel Portlock, *A Voyage round the World But More Particularly to the North-West Coast of America: Performed in the Years 1785, 1786, 1787, and 1788* (London: John Stockdale, 1789), 270–271。

121 有關 Paty 刪除的日誌，見 John Paty, "Journal of Captain John Paty, 1807–1868, "*California Historical Society Quarterly 14* (December 1935): 291–346.

122 Ibid. , 322.

123 William Heath Davis, *Sixty Years in California: A History of Events and Life in California* (San Francisco: A. J. Leary, 1889), 373.

Gaspar de Portolá 遠征探險時就被引入，見 Cook 的經典著作，*The Conflict between the California Indians and White Civilization* (Berkeley: University of California Press, 1943)。

103 關於方濟會教士為性病帶原者的可能性，見 Sandos, *Converting California*, 122–124。

104 José Longinos Martínez, *Journal of José Longinos Martínez: Notes and Observations of the Naturalist of the Botanical Expedition in Old and New California and the South Coast, 1791–1792,* ed. Lesley Byrd Simpson (San Francisco: John Howell Books, 1961), 44.

105 關於雙重變局，見 Hackel, *Children of Coyote, Missionaries of Saint Francis*, 65–123。

106 Ibid., 123.

107 Hackel 認為，這些嬰兒死亡率大體上與「十七和十八世紀歐洲最不健康的社區」相當。然而，這裡的兒童死亡率幾乎是該時期英國的四倍。Ibid., 103–107。

108 George Peard, *To the Pacific and Arctic with Beechey: The Journal of Lieutenant George Peard of H.M.S. "Blossom" 1825–1828*, ed. Barry M. Gough (Cambridge, UK: Hakluyt Society, 1973), 178。Peard 對西班牙傳教士持悲觀態度，認為他們愚昧而偏執（見頁一七九）。

109 見 Steven Hackel, "Beyond Virgin Soil: Impaired Fertility in the Indian Population of Spanish California"。此論文在二〇〇九年 Long Beach 舉行的社會科學史協會會議上發表。Hackel 小心地指出，這些數字說明了成人不育以及父母一方婚後死亡的原因。

110 Nataly Zappia, "The Interior World: Trading and Raiding in Native California," PhD dissertation, University of California, Santa Cruz, 2008.

111 Shaler, *Journal of a Voyage*, 42; and Richard A. Gould, "Tolowa," in *Handbook of North American Indians*, ed. Robert F. Heizer (Washington, DC: Smithsonian Institution, 1978), vol. 8: 128–135.

112 Kent G. Lightfoot, *Indians, Missionaries, and Merchants: The Legacy of Colonial Encounters on the California Frontiers* (Berkeley: University of California Press, 2005), 158.

113 William Bauer Jr., "Native Californians in the Nineteenth Century," *in* A Companion to California History, ed. William Deverell and David Igler (Oxford, UK: Wiley-Blackwell, 2008), 196.

114 Charles Wilkes, *Narrative of the United States Exploring Expedition during the Years 1838, 1839, 1840, 1841, 1842* (Philadelphia: Lea and Blanchard, 1845), vol. 1: 325. Also see Reynolds, *Private Journal of William Reynolds*, 85–86.

115 Andrew Cheyne, *The Trading Voyages of Andrew Cheyne, 1841–1844*, ed. Dorothy Shineberg (Honolulu: University of Hawai'i Press, 1971), 257, 271–272.

116 Cliff et al., *Island Epidemics*, 176; and Robert C. Schmit and Eleanor C. Nordyke, "Death in Hawai'i: The Epidemics of 1848–49," *Hawaiian Journal of History* 35 (Winter 2001): 2.

117 在太平洋西環地區，中國醫學文獻記載了三千多年前的天花爆發，而美洲和東太平洋地區則是等到十六世紀才由歐洲人帶來病毒媒介。一五二〇年代，天花肆虐阿茲特克和印加帝國。沿著太平洋海岸線綿延三千兩百多公里的秘魯，自一五二〇年代開始

91 Lynn Gamble 認為這有其可能性。他指出，Juan Crespí 在一七六九年觀察到的楚馬仕社會混亂和暴力可能是疾病傳播的結果。見 Gamble, *The Chumash World a Theuropean Contact: Power, Trade, and Feasting Among Complex Hunter-Gatherers* (Berkeley: University of California Press, 2008), 272–273。

92 Ibid., 267–269.

93 關於西班牙殖民前的探險者接觸，見 Kent G. Lightfoot and William S. Simmons, "Culture Contact in Protohistoric California: Social Contexts of Native and European Encounters," *Journal of California and Great Basin Anthropology* 20 (1998): 138–169。關於西班牙殖民前可能的疾病傳入，見 Preston, "Portents of Plague from California's Protohistoric Period," *Ethnohistory* 49 (Winter 2002): 69–121; and Jon M. Erlandson et al., "Dates, Demography, and Disease: Cultural Contacts and Possible Evidence for Old World Epidemics among the Protohistoric Island Chumash," *Pacific Coast Archaeological Society Quarterly* 37 (Summer 2001): 11–26。

94 Jean-Baptiste Chappe D'Auterouche, *A Voyage to California (London: Edward and Charles Dilly, 1778),* 70 ; and Iris Engstrand, *Royal Officer in Baja California, 1768–1770, Joaquín Velázquez de Léon* (Los Angeles: Dawson's Book Shop, 1976), 81。關於人口估計，見 Sherburne Cook, "Extent and Significance of Disease among the Indians of Baja California from 1697 to 1773," *Ibero-Americana* 2 (1937): 25–30 ; Steven W. Hackel, *Children of Coyote, Missionaries of Saint Francis: Indian-Spanish Relations in Colonial California, 1769–1850* (Chapel Hill: University of North Carolina Press, 2005), 40; and Jackson, "Epidemic Disease and Population Decline," 330–336。

95 關於一七九〇年代的一份受洗者與安葬者數目統計，見 Jackson, "Epidemic Disease and Population Decline," 332。

96 除上述疾病介紹來源外，見Homer Aschmann, *The Central Desert of Baja California: Demography and Ecology* (Berkeley: University of California Press, 1959), 181–268。

97 Cook, "Extent and Significance of Disease among the Indians of Baja California," 23.

98 Ibid., 29。從錫那羅亞（Sinaloa）調來鎮壓叛亂的士兵可能是梅毒傳播的原因之一。

99 Engstrand, *Royal Officer in Baja California*, 51–52.

100 Pedro Fages, "Informe del Estado de las Misiones," (1786), quoted in Fr. Zephyrin Engelhardt, O.F.M., *The Missions and Missionaries of California* (San Francisco: James H. Barry, 1908), vol. 1: 530。Fages 似乎不大同情印第安人的苦難。他寫道：「所有下加利福尼亞的印第安人都一樣懶惰、無能和愚蠢。他們唯一的願望就是在全國漫遊。」（頁五二九）。

101 Moziño, *Noticias de Nutka*, 44.

102 一份出色的西班牙人觀察，以及對於性病梅毒和淋病影響的敘述，見 James Sandos, *Converting California: Indians and Franciscans in the Missions* (New Haven, CT: Yale University Press, 2004), 111–127。Sandos 認同 Sherburne F. Cook 所說，性病早在一七六九年的

and Mary Kawena Pukui, "News from Molokai: The LeThers of Peter Young Kaeo (Kekuakalani) to Queen Emma, 1873–1876," *Pacific Historical Review* 32 (February 1963): 20–23。

78 David Malo, "On the Decrease of Population on the Hawaiian Islands," *Hawaiian Spectator* 2 (April 1839): 128, 130.

79 關於夏威夷教士醫生，見 Seth Archer, "Remedial Agents: Missionary Physicians and the Depopulation of Hawai'i," *Pacific Historical Review 79* (November 2010): 513–544。關於接觸前的低嬰兒死亡率，見 Stannard, *Before the Horror,* 64。

80 Artemas Bishop, "An Inquiry into the Causes of Decrease of the Population of the Sandwich Islands," *Hawaiian Spectator* 1 (1838): 61.

81 關於教士人口普查紀錄，見 Stannard, "Disease and Infertility," 331–333。也見 Robert C. Schmit, *The Missionary Censuses of Hawai'i* (Honolulu: Bishop Museum, 1973)。

82 Linnekin, *Sacred Queens and Women of Consequence*, 210.

83 Patrick Kirch 對茂宜島 Kahikinui 區的人口統計研究顯示，到一八〇〇年代早期，人口急劇下降，兒童與成人的人口比率非常低。該地區位於庫克第二次來到茂宜島時登陸之地的南方。Kirch 估計，到一八三〇年代，仍有六分之一到八分之一的接觸人口仍然存在，儘管他又指出，外遷、乾旱和其他狀況也導致人口下降。他寫道：「這確實是一場名副其實的人口崩潰，即使在字面意義上還不及真正的大規模屠殺。」見 Patrick V. Kirch, "Paleodemography in Kahikinui, Maui: An Archaeological Approach," in Kirch and Rallu, *Growth and Collapse of Pacific Island Societies*, 105。

84 Jean-Louis Rallu, "Pre- and Post-Contact Population in Island Polynesia," in Kirch and Rallu, *Growth and Collapse of Pacific Island Societies*, 15–34.

85 Greg Dening, *Islands and Beaches: Discourse on a Silent Land: Marquesas 1774–1880* (Honolulu: University of Hawaii Press, 1980), 184; and Rallu, "Pre- and Post-Contact Population in Island Polynesia," 30–31.

86 Linda A. Newson, "Conquest, Pestilence, and Demographic Collapse in the Early Spanish Philippines," *Journal of Historical Geography* 32 (January 2006): 3–20.

87 Veniaminov, "Notes on the Islands of the Unalaska District," 258.

88 可能的疾病是非性病性梅毒、熱帶莓疹和斑紋病。最有可能的疾病是非性病性梅毒（或在世界其他地方發現的類似疾病）。見 J. El Molto, Bruce M. Rothschild, Robert Woods, and Christine Rothschild, "Unique Aspects of West Coast Treponematosis,"Chungara 32 (July 2000), http://www.scielo.cl/scielo.php?pid=S0717-73562000000200004&;script=sci_arttext accessed November 10, 2009。

89 Phillip L. Walker, Patricia M. Lambert, Michael Schultz, and Jon M. Erlandson, "The Evolution of Treponemal Disease in the Santa Barbara Channel Area of Southern California," in Powell and Cook, *Myth of Syphilis*, 281–305.

90 Ibid., 296.

被歐洲商人帶至非洲其他地方，見 Frank B. Livingstone, "On the Origins of Syphilis: An Alternative Approach," *Current Anthropology* 32 (December 1991): 587–590。

61 Desiderius Erasmus, quoted in Alfred Crosby, "The Early History of Syphilis: A Reappraisal," *American Anthropologist* 71 (April 1969): 218。關於其全球擴散的評估，見 Watts, *Epidemics and History*, 122–165。

62 Crosby, "Early History of Syphilis," 218.

63 M. Rollin, MD, "Dissertation on the Inhabitants of Easter Island and the Island of Mowee," quoted in David E. Stannard, "Disease and Infertility: A New Look at the Demographic Collapse of Native Populations in the Wake of Western Contact," *Journal of American Studies* 24 (December 1990): 329–330.

64 *A Voyage to the North West Side of America: The Journals of James Colnett*, 1786–89, ed. Robert Galois (Vancouver: UBC Press, 2004), 186.

65 Ibid., 200.

66 Clerke to Banks, November 23, 1776; in Beaglehole, *Journals*, vol. 3, pt. 2: 1518.

67 關於十八世紀療法，見 Hayden, *Pox*, 43–50; and Quétel, *History of Syphilis*, 90 –93.

68 William Bayly, in Beaglehole, *Journals*, vol. 3, pt. 1: 233.

69 Stannard, *Before the Horror*, 70; and Norma McArthur, *Island Populations of the Pacific* (Canberra: Australian National University Press, 1967), 244。庫克將其水手染上性病一事歸咎於大溪地婦女，並推測這些婦女是被一年前路易士・安東尼・布干維爾帶來的法國水手傳染了性病。最終，法國人認為罪魁禍首不是庫克的船員，就是英國海豚號的水手—該船在布干維爾來訪之前抵達大溪地。

70 Beaglehole, *Journals*, vol. 3, pt. 1: 265, 276。關於事件的詳細討論，見 O. Bushnell, *Gifts of Civilization*, 135–141。庫克鞭撻患有梅毒的 William Bradeley，懲罰他與夏威夷婦女睡覺。

71 Beaglehole, *Journals*, vol. 3, pt. 1: 474。發現號外科醫生的第二助手 William Ellis 也證實了此症狀在島嶼上蔓延，見 William Ellis, *An Authentic Narrative of a Voyage* (London, 1783), 73–74。

72 Beaglehole, *Journals*, vol. 3, pt. 1: 474.

73 "Log of Edward Riou," quoted in Beaglehole, *Journals*, vol. 3, pt. 1: 474–475.

74 Beaglehole, *Journals*, vol. 3, pt. 1: 474, 576.

75 Stannard, "Disease and Infertility," 330。Stannard 引用了 George Vancouver、Ivan Krusenstern 和 Isaac Iselin 在一七八八年到一八〇六年期間的具體描述。

76 David M.K.I. Liu, "Eao luau a hualima: Writing and Rewriting the Body and the Nation," *Californian Journal of Health Promotion* (December 2005): 73–75 ; and Kame'eleihiwa, *Native Land and Foreign Desires*, 25–33.

77 關於一八七〇年代一位夏威夷菁英拜訪了一位傳統治療師的例子，見 Alfons L. Korn

North America (Berkeley: University of California Press, 1997); and Boyd, *Coming of the Spirit of Pestilence*, 65–66。

52 José Mariano Moziño, Noticias de Nutka, *An Account of Nootka Sound in 1792*, ed. Iris Higbie Wilson (Seattle: University of Washington Press, 1970), 43.

53 Daniel W. Clayton, Islands of Truth: *The Imperial Fashioning of Vancouver Island* (Vancouver: University of British Columbia Press, 2000), 111.

54 Shaler, *Journal of a Voyage*, 42.

55 Caroline Ralston, "*Polyandry, 'Pollution', 'Prostitution': The Problems of Eurocentrism and Androcentrism in Polynesian Studies,*" in *Crossing Boundaries: Feminisms and the Critique of Knowledges*, ed. Barbara Caine, E. A. Grosz, and Marie de Lepervanche (Sydney: Allen and Unwin, 1988), 79.

56 這些疾病的相似性使一些歐洲旅行者最初相信梅毒已存在於該地區，至少在他們目睹梅毒對當地人的真正影響之前，確實抱持如此看法。關於夏威夷群島熱帶莓疹的嚴重性，見 Seth Archer, "A Hawaiian Shatter Zone," presented at the 18th Annual Conference of the Omohundro Institute of Early American History and Culture, June 16, 2012。

57 上述討論來自流行病學和醫學史資料，包括 *The Myth of Syphilis: The Natural History of Treponematosis in North America*, ed. Mary Lucas Powell and Della Collins Cook (Gainesville: University of Florida Press, 2005), 9–53; Miles, *Infectious Diseases*, 53–62; Deborah Hayden, *Pox: Genius, Madness, and the Mysteries of Syphilis* (New York: Basic Books, 2003), 28–42 ; Claude Quétel, *The History of Syphilis* , trans. Judith Braddock and Brian Pike (Baltimore: Johns Hopkins University Press, 1992) ; Boyd, *Coming of the Spirit of Pestilence*, 61–83; Stannard, *Before the Horror*, 69–77; and Alfred Crosby, "The Early History of Syphilis: A Reappraisal," *American Anthropologist* 71 (April 1969): 218–227。

58 關於治療方式，見 Hayden, *Pox*, 43–50，以及 Quetel, *History of Syphilis*, 90–93。

59 關於接觸前與接觸後的玻里尼西亞草藥，見 Paul Alan Cox, "Polynesian Herbal Medicine," in *Islands, Plants, and Polynesians: An Introduction to Polynesian Ethnobotany*, ed. Paul Alan Cox and Sandra A. Banack (Portland, OR: Dioscorides Press, 1991), 147–168。關於加利福尼亞的原住民醫療，見 S. F. Cook, "Disease of the Indians of Lower California in the Eighteenth Century," *California and Western Medicine* 43 (December 1935): 432–434。

60 關於梅毒起源的三個主要理論和對哥倫比亞理論的質疑，見 Powell and Cook, *Myth of Syphilis*, 31–39; C. Meyer et al., "Syphilis 2001: A Palaeopathological Reappraisal," *HOMO* 53 (2002): 41–42; and Brenda J. Baker and George J. Armelagos, "The Origin and Antiquity of Syphilis," *Current Anthropology* 29 (December 1988): 703–720。對於統合理論（Unitarian theory）以及非性病熱帶莓疹如何轉變為性病梅毒的評論，見 S. J. Wats, *Epidemics and History: Disease, Power, and Imperialism* (New Haven, CT: Yale University Press, 1997), 126–127。根據最近一項研究指出，亦有第四種理論認為梅毒可能起源於熱帶非洲，然後

37 Edmond Le Netrel, *Voyage of the Héros: Around the World with Duhaut-Cilly in the Years 1826, 1827, 1828 & 1829*, trans. Blanche Collet Wagner (Los Angeles: Glen Dawson, 1951), 172.

38 *News from New Cythera: A Report of Bougainville's Voyage 1766–1769* , ed. L. Davis Hammond (Minneapolis: University of Minnesota Press, 1970), 44.

39 J[ean]. F[rançois]. G[alaup]. La Pérouse, *A Voyage round the World in the Years 1785, 1786, 1787, and 1788* (London: J. Johnson, 1798), vol. 2: 18, emphasis added.

40 Nicholas Thomas, *Cook: The Extraordinary Voyages of Captain James Cook* (New York: Walker, 2003), 159.

41 Bougainville, quoted in Salmond, *Trial of the Cannibal Dog*, 52.

42 Marshall Sahlins, *Islands of History* (Chicago: University of Chicago Press, 1985), 26.

43 Caroline Ralston, "Changes in the Lives of Ordinary Women in Early Post-Contact Hawai'i," in *Family and Gender in the Pacific: Domestic Contradictions and the Colonial Impact*, ed. Margaret Jolly and Martha Macintyre (Cambridge: Cambridge University Press, 1989), 64.

44 Ibid., 64。Jocelyn Linnekin 在此文獻中有類似分析：「在夏威夷婦女與外國人的早期接觸中，她們積極利用自己的性優勢，希望為孩子們爭取更高地位，也為自己取得一個安全的未來。」見 Linnekin, *Sacred Queens and Women of Consequence: Rank, Gender, and Colonialism in the Hawaiian Islands* (Ann Arbor: University of Michigan Press, 1990), 55。

45 Reynolds, *Private Journal of William Reynolds*, 110.

46 關於夏威夷的娼妓，見Jennifer Fish Kashay, "Competing Imperialisms and Hawaiian Authority: The Cannonading of Lāhainā in 1827," *Pacific Historical Review* 77 (August 2008): 369–390。

47 Kirsten Fischer 在對殖民時期北卡羅萊納州的研究中也提出了類似的跨種族性觀點，見 Fischer, Suspect Relations: Sex, Race, and Resistance in Colonial North Carolina (Ithaca, NY: Cornell University Press, 2002), 56–57。關於殖民時期的性關係，見 Ann Laura Stoler, *Race and the Education of Desire: Foucault's History of Sexuality and the Colonial Order of T ings* (Durham: University of North Carolina Press, 1995)。

48 Hammond,News from New Cythera, 43–44.

49 George Forster, *Observations Made during a Voyage round the World* , ed. Nicholas Thomas, Harriet Guest, and Michael DeThelbach (Honolulu: University of Hawai'i Press, 1996), 260。William Wales 駁斥 Forster 對這些關係的說法，見 Wales, *Remarks on Mr. Forster's Account of Captain Cook's Last Voyage round the World* (London: J. Nourse, 1778).

50 Winston L. Sarafan, "Smallpox Strikes the Aleuts," *Alaska Journal* 7 (Winter 1977): 46–49; Jackson, "Epidemic Disease and Population Decline in the Baja California Missions," 308–346; and Warren L. Cook, *Flood Tide of Empire: Spain and the Pacific Northwest, 1543– 1819* (New Haven, CT: Yale University Press, 1973), 309–310.

51 有關西北海岸的奴役情況，見 Leland Donald, *Aboriginal Slavery on the Northwest Coast of*

and the 'Dying Maori' in Early Colonial New Zealand," Health and History 3 (2001): 13–40。

22 Elizabeth A. Fenn, *Pox Americana: The Great Smallpox Epidemic of 1775–82* (New York: Hill and Wang, 2001) ; and Boyd, *Coming of the Spirit of Pestilence.*

23 關於天花及西北海岸，見 Cole Harris, "Voices of Disaster: Smallpox around the Strait of Georgia in 1782," *Ethnohistory* 41 (Fall 1994): 591–626; Christon I. Archer, "Whose Scourge? Smallpox Epidemics on the Northwest Coast," in *Pacific Empires: Essays in Honour of Glyndwr Williams, ed. Alan Frost and Jane Samson* (Vancouver: University of British Columbia Press, 1999), 165–191 ; and Boyd, *Coming of the Spirit of Pestilence,* 21–60。

24 William Charley, "The First White Man among the Klikitats," cited in Boyd, *Coming of the Spirit of Pestilence*, 115.

25 William Shaler, *Journal of a Voyage between China and the North-Western Coast of America, Made in 1804* (Philadelphia, 1808), 152。關於俄屬阿拉斯加疾病與飢荒的對照說法，見 Ivan Veniaminov, *Notes on the Islands of the Unalashka District* , trans. Lydia T. Black and R. H. Geoghegan, ed. Richard A. Pierce (Kingston, ON: Limestone Press, 1984 [1840]), 257–258。

26 Clerke to Banks, August 1, 1776, *Journals*, vol. 3, pt. 2: 1514。有關他離開監獄一事，見 Richard Hough, Captain James Cook (New York: W. W. Norton, 1994), 286。

27 Hough,Captain James Cook , 275.

28 Anonymous, August 26, 1805, "Supercargo's Log of the Brig Lydia, 1804–1807," Western Americana Collection, Beinecke Rare Book and Manuscript Library, Yale University。感謝 Jennifer Staver 告知此資料來源。

29 William Reynolds, *The Private Journal of William Reynolds, United States Exploring Expedition, 1838–1842,* ed. Nathaniel Philbrick and Thomas Philbrick (New York: Penguin Books, 2004), 119.

30 關於陶波體系，以及針對薩摩亞性習俗的廣泛人類學爭論，見 Paul Shankman, "The History of Samoan Sexual Conduct and the Mead-Freeman Controversy," *American Anthropologist* 98 (September 1996): 555–567 ; and Jeane *The Marie Mageo,Theorizing Self in Samoa: Emotions, Genders, and Sexualities* (Ann Arbor: University of Michigan Press, 1998)。

31 Reynolds, *Private Journal*, 119. Emphasis in original.

32 Ibid.

33 David A. Chappell, "Shipboard Relations between Pacific Island Women and Euroamerican Men, 1767–1887," *Journal of Pacific History* 27 (December 1992): 131–149.

34 Shaler, *Journal of a Voyage*, 171.

35 David Samwell, *Some Account of a Voyage to South Seas in 1776–1778* ; in Beaglehole, *Journals*, vol. 3, pt. 2: 1083.

36 William Ellis, *Authentic Narrative of a Voyage Performed by Captain Cook and Captain Clerke, 1776–1780* (London: G. Robinson, 1783), 152.

Perspective on Epidemic Disease," in *Advances in Historical Ecology*, ed. William Balee (New York: Columbia University Press, 1998), 42。

13 關於「接觸前」健康狀態，參考 Ramenofsky, *Vectors of Death*；O. A. Bushnell, "Hygiene and Sanitation Among the Ancient Hawaiians," *Hawai'i Historical Review* 2 (1966): 316–336；and Patrick Kirch, *On the Road of the Winds: An Archaeological History of the Pacific Islands* (Berkeley: University of California Press, 2000), 56–57。關於不同疾病之分類，見 Leslie B. Marshall, "Disease Ecologies of Australia and Oceania"; and Stannard, "Disease, Human Migration, and History," 482–496, 35–43。

14 Mary Kawena Pukui, ed. *'Ōlelo No'eau: Hawaiian Proverbs and Poetical Sayings* (Honolulu: Bishop Museum Press, 1983), 211；and Joseph Keawe'aimoku Kaholokula, "Colonialism, Acculturation, and Depression among Kānaka Maoli of Hawai'i," in *Penina uliuli: Contemporary Challenges in Mental Health for Pacific Peoples*, ed. Philip Culbertson and Margaret Nelson Agee (Honolulu: University of Hawai'i Press, 2007), 181.

15 英國傳教士 John Williams 描述一八二〇年代末傳入拉洛東加島的一種疾病，留給人思考空間的最好例子之一：「原住民說，疫病是由一艘船隻帶到他們的島嶼的，該船在疫病開始肆虐前造訪了他們。無可爭議的事實是，我在那的居住期間，島上肆虐的大多數疾病都是由船隻引起的—這一事實的顯著之處在於，帶來破壞性疾病的船舶上的船員可能看不出病癥，這種感染也並非船員任何犯罪行為而傳播，而是透過普通性交的共同接觸所傳播。」見 John Williams, *A Narrative of Missionary Enterprises in the South Sea Islands* (London: J. Snow, 1837), 281–282。

16 傳教士 William Wyat Gill 進一步將這句話翻譯為「我正遭受某艘船帶來的疾病之苦」。見 Gill, Life in the Southern Isles: or, Scenes and Incidents in the South Pacific and New Guinea (London: Religious Tract Society, 1876), 106。

17 Boyd, *Coming of the Spirit of Pestilence,* 54.

18 Samuel M. Kamakau,Ka Po'e Kahiko: The People of Old (Honolulu: University of Hawai'I Press, 1964), 109.

19 August Hirsch, *Handbook of Historical and Geographical Pathology*, 3 vols. (London: New Sydenham Society, 1883 [1864])。關於十九世紀醫療歷史發展，見 Linda Nash, *Inescapable Ecologies: A History oftenvironment, Disease, and Knowledge* (Berkeley: University of California Press, 2006), 28–30；and Nicolaas A. Rupke, *"Humboldtian Medicine," Medical History 40* (July 1996): 293–310。

20 Hirsch, *Handbook of Historical and Geographical Pathology,* vol. 2: 74.

21 這些「禮物」不僅限於疾病，還包括動植物的轉移以及物質經濟。見 Bushnell, *Gifts of Civilization* , 1–23; and Alfred W. Crosby, *Ecological Imperialism: The Biological Expansion of Europe, 900–1900* (New York: Cambridge University Press, 1986), 217–268。探討紐西蘭殖民醫學的微妙方法，見 Toeolesulusulu Damon Salesa, "'The Power of the Physician': Doctors

1979), 149.

7 Ibid., 134–149.

8 關於美洲疾病的文獻相當之多，包括 Alfred W. Crosby, *The Columbian Exchange: Biological and Cultural Consequences of 1492* (Westport, CT: Greenwood Publishers, 1972)；Henry Dobyns, *Their Numbers Become Thinned: Native American Population Dynamics in Eastern North America* (Knoxville: University of Tennessee Press, 1983)；Ann F. Ramenofsky, *Vectors of Death: The Archaeology of European Contact* (Albuquerque: University of New Mexico Press, 1987)；Suzanne Alchon, *A Pest in the Land: New World Epidemics in a Global Perspective* (Albuquerque: University of New Mexico Press, 2003)；and Robert Boyd, *The Coming of the Spirit of Pestilence: Introduced Infectious Diseases and Population Decline among Northwest Coast Indians, 1774–1874* (Seattle: University of Washington Press, 1999)。

9 Emmanuel Le Roy Ladurie, *The Mind and Method of the Historian*, trans. Siân Reynolds and Ben Reynolds (Chicago: University of Chicago Press, 1981), 12.

10 關於太平洋島嶼疾病和人口凋零的文獻，參考以下：The Growth and Collapse of Pacific Island Societies: Archaeological and Demographic Perspectives , ed. Patrick V. Kirch and JeanLouis Rallu (Honolulu: University of Hawai'i Press, 2007)；A. D. Clif , P. Hagget , and M. R. Smallman-Raynor,Island Epidemics (New York: Oxford University Press, 1998)；David E. Stannard, "*Disease, Human Migration, and History," in The Cambridge World History of Human Disease* , ed. K. F. Kiple (Cambridge: Cambridge University Press, 1993), 35–43；John Miles, *Infectious Diseases: Colonising the Pacific?* (Dunedin, NZ: University of Otago Press, 1997)；David E. Stannard, *Before the Horror: The Population of Hawai'i on the Eve of Western Contact* (Honolulu: University of Hawai'i Press, 1989)；O. A. Bushnell, *The Gifts of Civilization: Germs and Genocide in Hawai'i* (Honolulu: University of Hawai'i Press, 1983)；and Alan Moorehead, *The Fatal Impact: An Account of the Invasion of the South Pacific* (New York: Harper and Row, 1966). Pacific "islander-oriented" scholars who comment on the effects of population decline include K. R. Howe, *The Loyalty Islands: A History of Culture Contact, 1840–1900* (Honolulu: University of Hawai'i Press, 1977)；Howe, *"The Fate of the 'Savage' in Pacific Historiography," New Zealand Journal of History 11* (1977): 137–154；David Hanlon, *Upon a Stone Altar: A History of the Island of Pohnpei to 1890* (Honolulu: University of Hawai'i Press, 1988)；and Lilikalā Kame'eleihiwa, *Native Land and Foreign Desires: Pehea Lā E Pono Ai? How Shall We Live in Harmony?* (Honolulu: Bishop Museum Press, 1992)。

11 David S. Jones, "Virgin Soils Revisited," *William and Mary Quarterly 60* (October 2003): 703–742.

12 地理學家 Linda Newson 認為，環境是「疾病生態學」的三個組成部分之一。她寫道：「人類疾病源於寄生蟲、宿主及其環境之間的相互作用一三個因素缺少任何一個，就無法了解它們的起源、傳播和影響。」參考 Linda A. Newson, "A Historical-Ecological

島嶼，在這條路上沒有任何障礙。」見 Ibid. , 224。

88 John Turnbull, *A Voyage round the World, in the Years 1800, 1801, 1802, 1803, and 1804* (Richard Phillips: London 1805), vol. 2: 13–14.

89 Captain [Alexander] M'Konochie, *A Summary View of the Statistics and Existing Commerce of the Principal Shores of the Pacific Ocean* (London: J. M. Richardson, 1818), ix, 98.

90 Ibid., 98.

91 Ibid., ix.

92 Ibid., 100.

93 Ibid., 225. Emphasis added.

94 Ibid. , 98.

95 Shaler, *Journal of a Voyage,* 166, 168.

96 Robert C. Schmitt, "The Okuu—Hawai'i's Greates Epidemic," *Hawai'i Medical Journal* 29 (May–June 1970): 359–364.

97 最直接的說法出自俄國船長 Urey Lisiansky，一八〇四年他人在可艾島和夏威夷。見 Urey Lisiansky, *A Voyage round the World in the Years 1803, 1804, 1805, and 1806* (London: John Booth, 1814), 111–113。

98 Lorrin Andrews, *A Dictionary of the Hawaiian Language* (Honolulu: Henry M. Whitney, 1865), 97.

99 Golway, "The Cruise of the Lelia Byrd," 399.

第二章　疾病、性與原住民

1 *The Journals of Captain James Cook on His Voyages of Discovery* , J. C. Beaglehole, ed. (Cambridge: Hakluyt Society, 1955–1974), vol. 3, pt. 1: 540, 699, 700.

2 Clerke to Banks, August 10, 1779; in Beaglehole, *Journals*, vol. 3, pt. 2: 1542–1543。大多數歷史學家注意到克萊克被關在另一個債務人（艦隊）的監獄。不論哪種情況，克萊克都是為了躲避弟弟的債主而航向印度。

3 Anne Salmond, *The Trial of the Cannibal Dog: The Remarkable Story of Captain Cook's Encounters in the South Seas* (New Haven, CT: Yale University Press, 2003), 309 ; Clerke to Admiralty Secretary, August 1, 1776; Clerke to Banks, August 1, 1776; Clerke to Banks, November 23, 1776; in Beaglehole, *Journals*, vol. 3, pt. 2: 1513, 1514, 1518.

4 Beaglehole, *Journals*, vol. 3, pt. 1: 259。據 James Burney 中尉說，克萊克和安德森因健康因素，打算離開在胡阿希內島的船隻。見 Burney, *A Chronological History of North-Eastern Voyages of Discovery* (London: Paine and Foss, 1819), 233–234。

5 Beaglehole, *Journals,* vol. 3, pt. 1: 406.

6 Sir James Watt, "Medical Aspects and Consequences of Cook's Voyages," in *Captain James Cook and His Times, ed. Robin Fisher and Hugh Johnston* (Seattle: University of Washington Press,

只有部分事件涉及圖謀奪取船隻。更多見 Robin Fisher, "Arms and Men on the Northwest Coast, 1774–1825," *BC Studies 29* (1976): 3–18。

76 Dorothy Burne Goebel, "British Trade to the Spanish Colonies, 1796–1823," *American Historical Review 43* (January 1938): 318.

77 Ibid., 319.

78 Charles Darwin, *The Voyage of the Beagle* , ed. Leonard Engel (New York: Natural History Library, 1962), 365–368 ; W. M. Mathew, "The Imperialism of Free Trade: Peru, 1820–70," *Economic History Review 21* (December 1968): 562–579 ; and Mathew, "Peru and the British Guano Market, 1840–1870," *Economic History Review 23* (April 1970): 112–128.

79 Edward Inskeep, "San Blas, Nayarit: An Historical and Geographic Study," Journal of the West 2 (1963): 133–144 ; and Warren L. Cook, *Flood Tide of Empire: Spain and the Pacific Northwest, 1543–1819* (New Haven, CT: Yale University Press, 1973), 48–51.

80 Ogden, *California Sea Otter Trade* , 45–65; Ivan Veniaminov, *Notes on the Islands of the Unalaska District*, ed. Lydia T. Black and R. H. Geoghegan (Fairbanks, AK: Limestone Press, 1984 [1804]), 248–258 ; and Miller, *Kodiak Kreo*l , 44, 71–72。關於俄美公司，見 Ilya Vinkovetsky, *Russian America: An Overseas Colony of a Continental Empire, 1804–1867* (New York: Oxford University Press, 2011) ; and Ryan Tucker Jones, "A 'Havoc Made among Them': Animals, Empire, and Extinction in the Russian North Pacific, 1741–1810," Environmental History 16 (September 2011): 585–609。

81 莫雷爾不僅把故事獻給了她的「姐妹同胞」，也獻給了那些「自願單身」和「自願結婚」的人。見 Abby Jane Morrell, *Narrative of a Voyage to the Ethiopic and South Atlantic Ocean, Indian Ocean, Chinese Sea, North and South Pacific Ocean, in the years 1829, 1830, 1831* (New York: J. and J. Harper, 1833), 2；Benjamin Morrell, *A Narrative of Four Voyages: To the South Sea, North and South Pacific Ocean, Ethiopic and Southern Atlantic Ocean, Indian and Antarctic Ocean, f om the year 1822 to 1831* (New York: J. and J. Harper, 1832)。以上兩篇敘事被被出版商的寫手深度翻修過，見 Eugene Exman, *The Brotters Harper: A Unique Publishing Partnership and Its Impact upon the Cultural Life of America from 1817 to 1853* (New York: Harper and Row, 1965), 29–30。我感謝 Michael Block 告訴我這項事實。

82 關於海參交易，見 R. Gerald Ward, "The PacificBêche-de-mer Trade with Special Reference to Fiji," in *Man in the Pacific Islands: Essays on Geographical Change in the Pacific Islands* (Oxford: Clarendon Press, 1972), 91–123。

83 Morrell, *Narrative of a Voyage,* 57.

84 Ibid. , 59, 67 ; and Morrell, *Narrative of Four Voyages,* 450.

85 Morrell, *Narrative of a Voyage,* 68.

86 Ibid., 70, 143.

87 艾比．莫雷爾寫道：「我希望活著看到我的同胞在我國的保護下居住在這片海洋中的

Collection, British Library.

61 "List of American Vessels at the Port of Canton, Season 1821, 1822" and "Estimate of the Import Trade on American Vessels at the Port of Canton, Season 1821, 1822," in "Canton Diary for Season 1821/1822," East India Company Collection, British Library.

62 Plowden to Dart, June 27, 1821.

63 這一時期廣東和廣東省的市場活動，見 Robert Marks, *Tigers, Rice, Silk, and Silt: Environment and Economy in Late Imperial South China* (Cambridge: Cambridge University Press, 1998), 163–194。

64 Jacques M. Downs, *The Golden Ghetto: The American Commercial Community in Canton and the Shaping of American China Policy, 1784–1844* (Bethlehem, PA: Lehigh University Press, 1997), 44.

65 Keay, *Honourable Company* , 454–456; and Downs, *Golden Ghetto*, 46.

66 參考與以下機構的往來信件：the Select Committee and Secret Committee, March 19 and April 18, 1822, box G/12/284; "Statement of Opium imported into China Season 1821, 1822," box G/12/225, East India Company Collection, British Library。

67 Howay, *Trading Vessels in the Maritime Fur Trade*。此數字代表每年的訪問數量，有些船隻在同一航程中停靠不止一次。我很感謝 Marion Gee 將 Howay 的資訊輸入資料庫。

68 Howay 的紀錄顯示，英國船隻占總運輸量的百分之十四，而美國船隻占總貿易量的百分之七十五。Howay, *Trading Vessels in the Maritime Fur Trade*, 2.

69 Camille de Roquefeuil, *Journal d'un voyage autour du monde: Pendant les années 1816, 1817, 1818, et 1819* (Paris: Ponthieu, 1823) , vol. 1: 191。阿德爾貝特・馮・夏米索，在俄羅斯船留里克號上記錄另一艘船「奇里克」號（Chirik）及其船長 Binzemann 右腿是木製義肢。見 Chamisso, *A Voyage around the World with the Romanzov Expedition in the Years 1815–1818* (Honolulu: University of Hawai'i Press, 1986), 95。

70 James R. Gibson, *Otter Skins, Boston Ships, and China Goods: The Maritime Fur Trade of the Pacific Northwest, 1785–1841* (Seattle: University of Washington Press, 1992), 38.

71 Howay, *Trading Vessels in the Maritime Fur Trade.*

72 Robin Fisher, *Contact and Conflict: Indian-European Relations in British Columbia, 1774–1890* (Vancouver: University of British Columbia Press, 1977), 1–48 ; and Daniel W. Clayton, *Islands of Truth: The Imperial Fashioning of Vancouver Island* (Vancouver: University of British Columbia Press, 2000), 78.

73 John Meares, *Voyages Made in the Years 1788 and 1789, From China to the North West Coast of America* (London: Logographic Press, 1790), 141–142.

74 James Cook, *The Journals of Captain Cook , ed. Philip Edwards* (London: Penguin Books, 1999), 545–546.

75 Howay's 的「商船清單」記載包括印第安人和商人之間發生的許多暴力事件，儘管其中

45 Charles Pierre Claret Fleurieu, *Voyage autour du monde: pendant les annees 1790, 1791 et 1792* (Paris: De l'Imprimerie de la République, 1798–1800), vol. 1: 410.

46 Peter Corney, *Early Voyages in the North Pacific* (Fairf eld, WA: Ye Galleon Press, 1965 [1836]).

47 Ibid., 127。關於太平洋西北海岸的夏威夷勞工，參考 Jean Barman and Bruce McIntyre Watson, *Leaving Paradise: Indigenous Hawaiians in the Pacific Northwest, 1787–1898* (Honolulu: University of Hawai'i Press, 2006)。

48 Robert Crichton Wyllie, "Analytic view of the goods imported for consumption at... Honolulu... and of the goods transshipped... during the year 1843," *The Friend, of Temperance and Seamen* (June 1, 1844): 56–59.

49 阿黛勒・奧格登從班克羅福特圖書館圖書館、哈佛商學院和哈佛霍頓圖書館的各種商業收藏中整理了數千封這樣的信件，參考 Ogden, "Mexican California: Topics Found in Maritime MS Materials," Bancroft Library, University of California, Berkeley。

50 O. A. Bushnell, *The Gifts of Civilization: Germs and Genocide in Hawai'i* (Honolulu: University of Hawai'i Press, 1983), 215–264.

51 Marks, "Maritime Trade and the Agro-Ecology of South China, 1685–1850," 97, 100。Marks 進一步指出，在一八三〇年代英美貿易商大量進口鴉片之前，中國在與外國人的總體貿易平衡中獲勝。

52 Howay, *List of Trading Vessels in the Maritime Fur Trade.*

53 Paul A. Van Dyke, *The Canton Trade: Life and Enterprise on the China Coast, 1700–1845* (Hong Kong: Hong Kong University Press, 2005), 5–18.

54 Lord George Macartney to Erasmus Gower, July 27, 1793, "China Embassy Letters Received," box G/12/92, East India Company Collection, British Library.

55 C. H. Philips, *The East India Company, 1784–1834* (Manchester, UK: Manchester University Press, 1940), 302 ; and John Keay, *The Honourable Company: A History of the English East India Company* (New York: Macmillan, 1994), 430.

56 Van Dyke, Canton Trade , 117–142。關於海賊，見 Robert J. Antony, "Sea Bandits of the Canton Delta, 1780–1839," *International Journal of Maritime History 17* (December 2005): 1–29。

57 William Dane Phelps to Joseph B. Eaton, November 17, 1868, William Dane Phelps Collection, Widener Memorial Library, Harvard University.

58 這項對老鷹號的貿易評估來自加利福尼亞商人 John Meeks。見 William Heath Davis, *Sixty Years in California* (San Francisco: A. J. Leary, 1889), 299。

59 "List of American Vessels at the Port of Canton, Season 1820, 1821," in "Canton Diary for Season 1820/1821," East India Company Collection, British Library.

60 N.H.C. Plowden to Joseph Dart, Secret Committee/Department, June 27, 1821, "Secret LeThers Received from China, June 27, 1821 to February 6, 1823," box G/12/284, East India Company

孟加拉邦、廣東、哥倫比亞、哈德遜灣公司、德國、漢堡、薩丁尼亞、毛里求斯、厄瓜多爾、智利、瑞典、加拿大、中美洲，和丹麥。

37 Karen Ordahl Kupperman, "International at the Creation: Early Modern American History," in *Rethinking American History in a Global Age*, ed. Thomas Bender (Berkeley: University of California Press, 2002), 105.

38 Igler, "Database of California Shipping."

39 Jennifer Newell, T*rading Nature: Tahitians, Europeans, and Ecological Exchange* (Honolulu: University of Hawai'i Press, 2010).

40 Gary Okihiro, Island World: *A History of Hawai'i and the United States* (Berkeley: University of California Press, 2008).

41 Judd, *Voyages to Hawai'i before 1860*, 1–17。Judd 的資料包括一些在同一年內兩度抵達的船隻，這意味這艘船在紀錄中會被算上兩筆紀錄，而非一筆。這就解釋了她的資料和第二個來源之間的一些差異，第二個來源列出了一八一九年之前只有九十四艘抵達夏威夷的船隻。參考 "Ships to Hawai'i before 1819," http://www.hawaiian-roots.com/shipsB1880.htm , accessed July 2002。相較之下，一七八六年至一八一九年間，一百八十八艘船隻進入加利福尼亞水域，但其中一百零二艘是西班牙船隻，而且只在聖布拉斯、加利福尼亞，和西北海岸之間航行。因此，加利福尼亞和夏威夷的越洋航行次數大致相同（絕大多數是英國和美國船隻）。

42 這些資料來自歷史學家兼經濟學家 Theodore Morgan，他承認資料的準確性存在不同程度的疑慮。Morgan 寫道：「有必要對所有這些資料進行一定的刪除，以便從所有往返不止一次的船隻中得出正確船隻數。就捕鯨船而言，估計要刪除三分之一。」見 Morgan, *Hawai'i*, 225–226。有關捕鯨船的比較資料來自 Rhys Richards，他統計了一八二〇年至一八四〇年間在檀香山停靠的一千五百六十五艘捕鯨船。他的數字不包括港口拉海納，也不反映一八四〇年代增加的船隻數量；Richards 的總計數大約比 Morgan 的少了三分之一。見 Richards, *Honolulu,* 12。

43 Patrick Kirch, *Feathered Gods and Fishhooks: An Introduction to Hawaiian Archaeology and Prehistory* (Honolulu: University of Hawai'i Press, 1985), 27–30, 65–67, 215–231.

44 馬歇爾・薩林斯（Marshall Sahlins）認為，夏威夷酋長「將西方商品用於他們自己的爭霸計畫，也就是說，用於提高自身地位的傳統意圖……全球物質力量的具體影響根據在當地文化中的各種運用方式而有所不同。」見 Marshall Sahlins, "Cosmologies of Capitalism: The Trans-Pacific Sector of 'The World System,'" in *Culture/Power/History: A Reader in Contemporary Social Theory* , ed. Nicholas B. Dirks, Geoff Eley, and Sherry B. Ortner (Princeton, NJ: Princeton University Press, 1994), 414。關於夏威夷這個古老民族，以及新興的政治經濟，參考 Patrick Vinton Kirch, *How Chiefs Became Kings: Divine Kingship and the Rise of Archaic States in Ancient Hawai'i* (Berkeley: University of California Press, 2010), especially 114–123。

29 Fray José Seńán to José de la Guerra, July 24, 1822, Bancroft Library; Hackel, "Land, Labor, and Production," 128–130; and David J. Weber, *The Mexican Frontier, 1821–1846: The American Southwest under Mexico* (Albuquerque: University of New Mexico Press, 1982), 151–153.

30 Steven W. Hackel 在下文中引用阿爾奎羅：*Children of Coyote, Missionaries of Saint Francis: Indian-Spanish Relations in Colonial California, 1769–1850* (Chapel Hill: University of North Carolina Press, 2005), 371。

31 F. W. Howay, *A List of Trading Vessels in the Maritime Fur Trade, 1785–1825* (Kingston, ON: Limestone Press, 1973)；J. S. Cumpston, *Shipping Arrivals and Departures: Sydney, 1788–1825*, 3 vols. (Canberra: A.C.T.: Roebuck Society, 1963)；Bernice Judd, *Voyages to Hawai'i before 1860* (Honolulu: University of Hawai'i Press, 1974)；Rhys Richards, *Honolulu: Centre of Trans-Pacific Trade: Shipping Arrivals and Departures, 1820–1840* (Honolulu: Hawaiian Historical Society, 2000)；and Rhys Richards, "United States Trade with China, 1784–1814," *American Neptune 54* (1994): 5–76.

32 David Igler, "Database of California Shipping" (unpublished)。此資料庫根據阿黛勒·奧格登（Adele Ogden）的紀錄建檔，"Trading Vessels on the California Coast, 1786–1847," Bancroft Library。奧格登對每艘船隻的資料來源包括原始船隻日誌、航行紀錄、墨西哥和西班牙檔案收藏，以及對二手文獻的廣泛調查。我將每條紀錄輸入一張試算表，上面共有四十四個可輸入欄位（包括所有權、旗幟、貨物類型和目的地），並使用 Stata 軟體來分析資料。雖然奧格登的紀錄可能並不完整，但它們提供了淘金熱之前加利福尼亞船隻往來最全面（未經審查）的彙整。

33 雖然該資料庫中的所有船隻都進入了加利福尼亞沿海水域，但並非全部船隻都進入了加利福尼亞的港口。這一重要區別揭示了一八二一年以前西班牙在加利福尼亞統治的性質。參與海獺貿易的船隻經常避開位於加利福尼亞和墨西哥的西班牙港口，因為擔心貨物（有時則是船隻）被扣押。因此，許多船隻僅在沿海島嶼附近拋錨並停泊於離岸邊，而這些島嶼也是獵取海獺的主要地點。參考 Ogden, California Sea Otter Trade, 32–45。

34 貿易激增的同時，還伴隨著越洋船隻海事技術的改進、太平洋島嶼和中國之間的檀香木和海參乾貨貿易，以及美國捕鯨船隊於一八二〇年代進入太平洋水域。一八二〇年代，捕鯨船占了加利福尼亞船隻總數的百分之二十六，而停靠在檀香山的捕鯨船數量還要更多。

35 這一點對整個太平洋貿易來說意義重大，更對加利福尼亞有著特殊意義—此地大致經歷了從印度到西班牙到墨西哥再到美國統治的階段，很少有其他群體參與其中。實際上，加利福尼亞的濱海地帶代表一個不同的故事，並指出一系列具有鮮明國際特色的角色。

36 按國家／地區列出的船舶所有權完整清單包括西班牙、英國、秘魯、俄羅斯、墨西哥、美國（波士頓、紐約、哈特福德、巴爾的摩、費城）、法國、夏威夷、加利福尼亞、

Pacific: An Account of Native Enterprise and Adventure in the Archipelagoes of Melanesian New Guinea (New York: Dutton, 1922); Jerry W. Leach and Edmund Ronald Leach, *The Kula: New Perspectives on Massim Exchange* (Cambridge: Cambridge University Press, 1983)。

15 Marshall I. Weisler and Patrick V. Kirch, "Interisland and Interarchipelago Transfer of Stone Tools in Prehistoric Polynesia," *Proceedings of the National Academy of Science* 93 (February 1996): 1381–1385.

16 Robert Marks, "Maritime Trade and the Agro-Ecology of South China,1685–1850," in *Pacific Centuries: Pacific Rim Economic History Since the Sixteenth Century* , ed. Dennis O. Flynn, A.J.H. Latham, and Lionel Frost (London: Routledge, 1998), 87.

17 Ibid. , 91.

18 Dennis O. Flynn, Arturo Giraldez, and James Sobredo, *European Entry into the Pacific*: Spain and the Acapulco-Manila Galleons (Aldershot, UK: Ashgate, 2001) ; see especially "Introduction," xiii–xxxviii; C. R. Boxer, *" Plata es Sangre: Sidelights on the Drain of Spanish American Silver in the Far East, 1550–1700,"* 165–186; and Maria Lourdes Diaz-Trechuelo, *"Eighteenth Century Philippine Economy: Commerce,"* 281–308。近代有關「西班牙內湖」概念的評論，參考 Ryan Crewe, *"Sailing for the 'Chinese Indies': Charting the Asian-Latin American Rim, Conduits, and Barriers of the Early Modern Pacific World,"* 此論文發表於第十八屆的 Annual Conference of the Omohundro Institute of Early American History and Culture, June 16, 2012。

19 Hugh Golway, *"The Cruise of the Lelia Byrd," Journal of the West 8* (July 1969): 396–398 ; and Richard F. Pourade, *Time of the Bells* (San Diego: Union-Tribune Publishing, 1961), 96–101.

20 Richard Henry Dana, quoted in Richard Jeffery Cleveland, *Voyages of a Merchant Navigator of the Days T at Are Past* (New York: Harper, 1886), 95.

21 Steven W. Hackel, "Land, Labor, and Production: The Colonial Economy of Spanish and Mexican California," in *Contested Eden: California Before the Gold Rush,* ed. Ramón A. Gutiérrez and Richard Orsi (Berkeley: University of California Press, 1998), 118–129.

22 謝勒與克里夫蘭在廣東用生皮及毛皮交換了大量絲綢和茶葉；克里夫蘭帶著絲綢乘坐美國船「警戒」號〔Alert〕前往紐約，謝勒則運載茶葉帶到加利福尼亞和夏威夷。克里夫蘭顯然從這些交易中攢到了七萬美元。見 Cleveland, *Voyages of a Merchant Navigator,* 100。

23 Shaler, *Journal of a Voyage,* 144.

24 Ogden, *California Sea Otter Trade,* 42–43.

25 Shaler, *Journal of a Voyage,* 148; and Ogden, *California Sea Otter Trade,* 43.

26 Shaler, *Journal of a Voyage,* 153. Emphasis added.

27 William Shaler to R. J. Cleveland, n.d. in Cleveland, *Voyages and Commercial Enterprises* , 406.

28 參考手稿集 "Trading Vessels on the California Coast, 1786–1847," Adele Ogden Collection, Bancroft Library, University of California, Berkeley。

第一章　貿易之洋

1 T. T. Waterman, *Yurok Geography* (Berkeley: University of California Press, 1920)；and Alfred L. Kroeber, *Yurok Myths* (Berkeley: University of California Press, 1976).

2 見 William Shaler, *Journal of a Voyage between China and the North-Western Coast of America, Made in 1804* (Philadelphia, 1808), 140。同時參考謝勒商業夥伴 Richard Jeffrey Cleveland 的說法，見 *Voyages and Commercial Enterprises, of the Sons of New England* (New York: Burt Franklin, 1857), 404–407。

3 Shaler, *Journal of a Voyage,* 145.

4 Ibid.，160.

5 Ibid.，161.

6 Ibid.，171.

7 John T. Hudson, "Journal and Logbook of John T. Hudson, 1805–1807," Huntington Library; and Adele Ogden, *The California Sea Otter Trade, 1784–1848* (Berkeley: University of California Press, 1941), 42–43.

8 有關近期對於「邊境」（特別是涉及海洋空間）歷史的研究，參考 Pekka Hämäläinen and Samuel Truet，"On Borderlands," *Journal of American History 98* (September 2011): 338–361。同時參考 Jeremy Adelman and Stephen Aron, "From Borderlands to Borders: Empires, Nation-States, and the Peoples in Between in North American History," *American Historical Review 104* (June 1999): 816。

9 Waterman, *Yurok Geography*, 220–221.

10 Jeanne E. Arnold, "The Chumash in World and Regional Perspectives," in *The Origins of a Pacific Coast Chiefdom: The Chumash of the Channel Islands*, ed. Jeanne E. Arnold (Salt Lake City: University of Utah Press, 2001), 1–19.

11 Jeanne E. Arnold, Aimee M. Preziosi, and Paul Shattuck, "Flaked Stone Craft Production and Exchange in Island Chumash Territory," in Arnold, *Origins of a Pacific Coast Chiefdom*, 113–131.

12 Gwenn A. Miller, *Kodiak Kreol: Communities of Empire in Early Russian America* (Ithaca, NY: Cornell University Press, 2010) 1–48；*Looking Both Ways: Heritage and Identity of the Alutiiq People*, ed. Aron L. Crowell, Amy F. Stef in, and Gordon L. Pullar (Fairbanks: University of Alaska Press, 2001)；John R. Bockstoce, *The Opening of the Maritime Fur Trade at Bering Strait* (Philadelphia: American Antiquarian Society, 2005), 18–21；and Ogden, *California Sea Otter Trade*, 11–14.

13 Theodore Morgan, *Hawai'i: A Century of Economic Change, 1778–1876* (Cambridge, MA: Harvard University Press, 1948), 47–49；and William Ellis, *A Journal of a Tour around Hawai'i* (Boston: Crocker and Brewster, 1825), 30–31.

14 有關「庫拉交易圈」的經典研究，參考 Bronislaw Malinowski, *Argonauts of the Western*

K. Matsuda, *Pacific Worlds: A History of Seas, Peoples, and Cultures* (Cambridge: Cambridge University Press, 2012)。

20 *The Cambridge History of the Pacific Islanders*, ed. Donald Denoon (Cambridge: Cambridge University Press, 1997)；Greg Dening, *Islands and Beaches: Discourse on a Silent Land: Marquesas 1774–1880* (Honolulu: University of Hawai'i Press, 1980)；and David A. Chappell, "Active Agents versus Passive Victims: Decolonized Historiography or Problematic Paradigm?" *Contemporary Pacific 7* (Spring 1995): 303–326.

21 關於地中海世界的一致性，費爾南．布勞岱爾表示：「地中海並未統一，而是由人們的行動、他們所暗示的關係，以及他們所遵循的路線所造就的融合。」我們可能在許多層面上不同意布勞岱爾的觀點（首先或許是他省略了地中海世界的女性），但他對人們行動的感覺以及由此產生不同陸地之間的聯繫或「路線」是討論大洋世界的一個明確起點。見 Braudel, *The Mediterranean and the Mediterranean World in the Age of Philip II* , vol. 1: 267。有關以海洋為住軸的近代地中海歷史，參考 David Abulafa, *The Great Sea: A Human History of the Mediterranean* (New York: Oxford University Press, 2011)。

22 有關歷史「尺度」的討論，參考 Richard White, "The Nationalization of Nature," *Journal of American History 86* (December 1999): 976–986；and Tonio Andrade, "A Chinese Farmer, Two African Boys, and a Warlord: Toward a Global Microhistory," *Journal of World History 21* (December 2010): 573–591。我對歷史尺度的想法深受 Anne Salmond 啟迪，參考 Salmond, *The Trial of the Cannibal Dog: The Remarkable Story of Captain Cook's Encounters in the South Seas* (New Haven, CT: Yale University Press, 2003)。

23 Ann Laura Stoler, "Preface to the 2010 Edition: Zones of the Intimate in Imperial Formation," *Carnal Knowledge and Imperial Power: Race and the Intimate in Colonial Rule* (Berkeley: University of California Press, 2010), xx.

24 Patrick Vinton Kirch, *How Chiefs Became Kings: Divine Kingship and the Rise of Archaic States in Ancient Hawai'i* (Berkeley: University of California Press, 2010).

25 有關馬奎納酋長，參考 Anya Zilberstein, "Objects of DistanThexchange: The Northwest Coast, Early America, and the Global Imagination," *William and Mary Quarterly 64* (July 2007): 589–618。有關連結更廣大周邊的地方動力，參考 Coll Thrush, *Native Seattle: Histories from the Crossing-Over Place* (Seattle: University of Washington Press, 2007)。

26 Alejandro Malaspina, *The Malaspina Expedition, 1789–1794: Journal of the Voyage by Alejandro Malaspina*, ed. Andrew David et al. (London: Hakluyt Society, 2001–2004).

27 請彭慕蘭原諒我沒採用他這篇超棒的研究，*The Great Divergence: China, Europe, and the Making of the Modern World Economy* (Princeton, NJ: Princeton University Press, 2000)。關於更近代的見解，見*China in Oceania: Reshaping the Future?* ed. Terence Wesley Smith and Edgar A. Porter (New York: Berghahn Books, 2010)。

28 John Kendrick to Joseph Barrell, March 28, 1792, in Howay, *Voyages of the "Columbia,"* 473.

可參考 Vicente Diaz, *Repositioning the Missionary: Rewriting the Histories of Colonialism, Native Catholicism, and Indigeneity in Guam* (Honolulu: University of Hawai'i Press, 2010)。關於宗教及科學使命，可參考 Sujit Sivasundaram, *Nature and the Godly Empire: Science and Evangelical Mission in the Pacific, 1795–1850* (Cambridge: Cambridge University Press, 2005)。

14 此一論點呼應了 Jeremy Adelman 和 Stephen Aron 制定的邊疆／邊境框架：「隨著殖民地邊境讓位給國家邊界，流動且『包容性』的跨文化邊疆也讓位給了更加『排他』的等級組織。」可參考 Jeremy Adelman and Stephen Aron, "From Borderlands to Borders: Empires, Nation-States, and the Peoples in between in North American History," *American Historical Review 104* (June 1999): 816。想了解近代有關邊境的學術評論，可參考 Pekka Hämäläinen and Samuel Truett, "On Borderlands," *Journal of American History 98* (September 2011): 338–361。

15 近期對於太平洋世界概念的贊同論點，可參考 Katrina Gulliver, "Finding the Pacific World," *Journal of World History 22* (March 2011): 83–100。若要更細緻入微地研究太平洋地區的不同歷史，可參考 Matt K. Matsuda, "AHR Forum: The Pacific," *American Historical Review 111* (June 2006): 758–780 ; Greg Dening, "History 'in' the Pacific," in *Voyaging through the Contemporary Pacific* , ed. David Hanlon and Geoffrey M. White (Lanham, MD: Rowman and Littlefield, 2000), 135–140 ; and Ryan Tucker Jones, "A 'Havoc Made among Them': Animals, Empire, and Extinction in the Russian North Pacific, 1741–1810," *Environmental History 16* (September 2011): 585–609。

16 有關大西洋世界的學術研究，參考以下：Joyce E. Chaplin, "Expansion and Exceptionalism in Early American History," *Journal of American History 89* (March 2003): 1431–1455 ; Nicholas Canny, "Writing Atlantic History; or, Reconfiguring the History of Colonial British America," *Journal of American History 86* (December 1999): 1093–1114 ; Peter A. Coclanis, "Drang Nach Osten : Bernard Bailyn, the World-Island, and the Idea of Atlantic History," *Journal of World History 13* (Spring 2002), 169–182 ; Robin D. G. Kelley, "How the West Was One: The African Diaspora and the Re-Mapping of U.S. History," in *Rethinking American History in a Global Age* , ed. Thomas Bender (Berkeley: University of California Press, 2002), 123–147 ; *The Atlantic World and Virginia* , ed. Peter Mancall (Chapel Hill: University of North Carolina Press, 2007) ; and Alison Games, "Atlantic History: Definitions, Challenges, and Opportunities," *American Historical Review 111* (June 2006): 741–757。

17 以下文獻為大洋海盆之關聯性提供了絕佳論點，參考： Rainer F. Buschmann, "Oceans of World History: Delineating Aquacentric Notions in the Global Past, " *History Compass 2* (January 2004): 1–5。

18 Fernand Braudel, *The Mediterranean and the Mediterranean World in the Age of Philip II*, trans. Siân Reynolds (New York: Harper and Row, 1972–1973 [1949]), vol. 1: 224.

19 見 Matsuda, "AHR Forum: The Pacific," 758, 759。此概念的更詳細解釋，參考 Mat

Maritime Cultures of the Pacific Coast of North America," *Quaternary Science Reviews 27* (2008): 2232–2245.

9 見 *Seascapes: Maritime Histories, Littoral Cultures, and Transoceanic Exchanges* , ed. Jerry H. Bentley, Renate Bridenthal, and Kären Wigen (Honolulu: University of Hawai'i Press, 2007), 1。近代史中涉及海洋史的參考資料，見 Rainer F. Buschmann, *Oceans in World History* (New York: McGraw-Hill, 2007)；Helen M. Rozwadowski, "Ocean's Depths," *Environmental History 15* (July 2010): 520–525；Jerry H. Bentley, "Sea and Ocean Basins as Frameworks of Historical Analysis," *Geographical Review 89* (April 1999): 215–224；W. Jef rey Bolster, "Putting the Ocean in Atlantic History: Maritime Communities and Marine Ecology in the Northwest Atlantic, 1500-1800," *American Historical Review 113* (February 2008): 19–47；and Michael N. Pearson, "Littoral Society: The Concept and the Problems," *Journal of World History 17* (December 2006): 353–373。

10 Lilikalā Kame'eleihiwa, *Native Land and Foreign Desires: Pehea Lā E Pono Ai? How Shall We Live in Harmony? (*Honolulu: Bishop Museum Press, 1992), 1；Greg Dening, "Encompassing the Sea of Islands," Common-place 5 (January 2005)；Patrick Kirch and Roger Green, *Hawaiki, Ancestral Polynesia: An Essay in Historical Anthropology* (Cambridge: Cambridge University Press, 2001)；Patrick Vinton Kirch, *A Shark Going Inland Is My Chief: The Island Civilization of Ancient Hawai'i* (Berkeley: University of California Press, 2012)；and Geoffrey Irwin, *The Prehistoric Exploration and Colonisation of the Pacific* (Cambridge: Cambridge University Press, 1992).

11 Dennis O. Flynn and Arturo Giraldez, "Spanish Profitability in the Pacific: The Philippines in the Sixteenth and Seventeenth Centuries," in *Pacific Centuries: Pacific and Pacific Rim History since the Sixteenth Century* , ed. Dennis O. Flynn, Lionel Frost, and A.J.H. Latham (London: Routledge, 1999), 23–37；Flynn and Giraldez, "Cycles of Silver: Global Economic Unity through the Mid-Eighteenth Century," *Journal of World History 13* (Fall 2002), 391–427；O.H.K. Spate, *Monopolists and Freebooters* (Minneapolis: University of Minnesota Press, 1983); K. N. Chaudhuri, *The Trading World of Asia and the English East India Company* (Cambridge: Cambridge University Press, 1985)；Yen-p'ing Hao, *The Commercial Revolution in Nineteenth-Century China: The Rise of Sino-Western Mercantile Capitalism* (Berkeley: University of California Press, 1986)；Kenneth Pomeranz and Steven Topik, *The World That Trade Created: Society, Culture, and the World Economy, 1400 to the Present* (Armonk, NY: M. E. Sharpe, 1999)；and Tonio Andrade, *How Taiwan Became Chinese: Dutch, Spanish, and Han Colonization in the Seventeenth Century* (New York: Columbia University Press, 2007).

12 關於這一點，見Kornel Chang, *Pacific Connections: The Making of the U.S.-Canadian Borderlands* (Berkeley: University of California Press, 2012), 6–11。

13 雖然本書的研究借鑒了太平洋沿岸傳教士留下的大量紀錄，但他們的活動和更廣泛的宗教主題並未涵蓋在書中。若要更深入體會太平洋某地區傳教士與原住民的關係，

注釋
Notes

緒論 海洋世界

1 Scott Ridley 提出了一個可信的理由，指稱肯德里克並非死於意外，而是與英國、尤其是傑卡爾號的威廉・布朗船長交惡導致的結果。關於華盛頓女士號是否首先向傑卡爾號鳴砲致敬，說法各異。有關描述並讚揚肯德里克航行的傳記，參考 Scott Ridley, *Morning of Fire: John Kendrick's Daring American Odyssey in the Pacific* (New York: William Morrow, 2010)。關於肯德里克帶領兩艘船以及在西北海岸的毛皮交易 , 參考 *Voyages of the "Columbia" to the Northwest Coast, 1787–1790 and 1790–1793*, ed. Frederic W. Howay (Boston: Massachusets Historical Society, 1941) ; and *Fur Traders from New England: The Boston Men in the North Pacific, 1787–1800*, ed. Briton C. Busch and Barry M. Gough (Spokane, WA: Arthur H. Clark, 1997)。

2 John Kendrick to Joseph Barrell, March 28, 1792; in Howay, *Voyages of the "Columbia,"* 473.

3 有關太平洋、特別是西北海岸的地理複雜性，參考 Paul W. Mapp, *The Elusive West and the Contest for Empire*, 1713–1763 (Chapel Hill: University of North Carolina Press, 2011)。

4 Pedro Fagés to Lt. José Darío Argüello, May 13, 1789, C-A I: 53, Bancroft Library, Univer sity of California, Berkeley.

5 Ridley 對於肯德里克和海獺商人的緊張關係的解說，見 *Morning of Fire*。關於阿瑪薩・德拉諾（Amasa Delano）對肯德里克的看法，則見 Amasa Delano, *A Narrative of Voyages and Travels, in the Northern and Southern Hemispheres: Comprising Three Voyages round the World* (Boston: E. G. House, 1817), 400。

6 兩個原住民世界觀的造物故事案例，參考 T*he Kumulipo: A Hawaiian Creation Chant* ed. Martha Beckwith (Honolulu: University of Hawai'i Press, 1951) ; and *California's Chumash Indians: A Project of the Santa Barbara Museum of Natural History Education Center* , ed. Lynne McCall and Rosalind Perry (Santa Barbara: John Daniel, 1986)。

7 見 Epeli Hau'ofa, "Our Sea of Islands," *Contemporary Pacific 6* (Spring 1994): 153。關於太平洋原住民研究的一個絕佳簡介，可參考 Vicente M. Diaz and J. Kehaulani Kauanui, "Native Pacific Cultural Studies on the Edge," *Contemporary Pacific 13* (Fall 2001): 315–341。

8 Jon M. Erlandson, Madonna L. Moss, and Mat hew Des Lauriers, "Life on the Edge: Early

Treponemal Disease in the Santa Barbara Channel Area of Southern California." In *The Myth of Syphilis: The Natural History of Treponematosis in North America.* Edited by Mary Lucas Powell and Della Collins Cook. Gainesville: University of Florida Press, 2005.

Walker, Richard. "California's Golden Road to Riches: Natural Resources and Regional Capitalism, 1848-1940." *Annals of the Association of American Geographers* 91 (March 2001): 167–199.

Walsh, Julianne M. "Imagining the Marshalls: Chiefs, Tradition, and the State on the Fringes of United States Empire." PhD dissertation, University of Hawai'i, 2003.

Ward, R. Gerald. "The Pacific *Beche-de-mer* Trade with Special Reference to Fiji." In *Man in the Pacific Islands: Essays on Geographical Change in the Pacific Islands.* Oxford: Clarendon Press, 1972.

Waterman, T. T. *Yurok Geography.* Berkeley: University of California Press, 1920.

Watt, Sir James. "Medical Aspects and Consequences of Cook's Voyages." In *Captain James Cook and His Times.* Edited by Robin Fisher and Hugh Johnston. Seattle: University of Washington Press, 1979.

Watts, S. J. *Epidemics and History: Disease, Power, and Imperialism.* New Haven, CT: Yale University Press, 1997.

Weber, David. *The Mexican Frontier, 1821-1846: The American Southwest Under Mexico.* Albuquerque: University of New Mexico Press, 1982.

Weisler, Marshall I., and Patrick V. Kirch. "Interisland and Interarchipelago Transfer of Stone Tools in Prehistoric Polynesia." *Proceedings of the National Academy of Science* 93 (February 1996): 1381-1385.

Whaley, Gray H. *Oregon and the Collapse of the Illahee: U.S. Empire and the Transformation of an Indigenous World, 1792-1859.* Chapel Hill: University of North Carolina Press, 2010.

White, Richard. "The Nationalization of Nature." *Journal of American History* 86 (December 1999): 976-986.

Wilcove, David S. *No Way Home: The Decline of the World's Great Animal Migrations.* Washington, DC: Island Press, 2008.

Williams, Glyn. *Voyages of Delusion: The Quest for the Northwest Passage.* New Haven, CT: Yale University Press, 2002.

Wilson, J. Tuzo. "A Possible Origin of the Hawaiian Islands." *Canadian Journal of Physics* 41 (1963): 863-870.

Worster, Donald. *Nature's Economy: A History of Ecological Ideas.* New York: Cambridge University Press, 1994.

——. *A River Running West: The Life of John Wesley Powell.* New York: Oxford University Press, 2001.

Zappia, Nataly. "The Interior World: Trading and Raiding in Native California." PhD dissertation, University of California, Santa Cruz, 2008.

Zilberstein, Anya. "Objects of Distant Exchange: The Northwest Coast, Early America, and the Global Imagination." *William and Mary Quarterly* 64 (July 2007): 589-618.

Stenn, Frederick. “Paul Emile Bott a—Assyriologist, Physician.” *Journal of the American Medical Association* 174 (November 1969): 1651-1652.

Stewart, T. D. “The Skull of Vendovi: A Contribution of the Wilkes Expedition to the Physical Anthropology of Fiji.” *Archaeology and Physical Anthropology in Oceania* 13 (1978): 204-214.

Stoddart, David R. “‘This Coral Episode’: Darwin, Dana, and the Coral Reefs of the Pacific.” In *Darwin's Laboratory: Evolutionary Theory and Natural History in the Pacific.* Edited by Roy MacLeod and Philip F. Rehbock. Honolulu: University of Hawai‘i Press, 1994.

Stoler, Ann Laura. *Race and the Education of Desire: Foucault's History of Sexuality and the Colonial Order of Things.* Durham: University of North Carolina Press, 1995.

——. “Preface to the 2010 Edition: Zones of the Intimate in Imperial Formation.” In *Carnal Knowledge and Imperial Power: Race and the Intimate in Colonial Rule.* Berkeley: University of California Press, 2010.

Sturgis, William. “The Northwest Fur Trade.” *Hunt's Merchants' Magazine* 14 (1846): 534. Reprinted in *Fur Traders from New England: The Boston Men in the North Pacific, 1787-1800.* Edited by Briton C. Busch and Barry Gough. Spokane, WA: Arthur C. Clark Company, 1996.

Swanton, John R. “Big-Tail.” In *Haida Texts and Myths.* Washington, DC: Smithsonian Institution, Bureau of American Ethnology, 1905.

Thomas, Nicholas. *Cook: The Extraordinary Voyages of Captain James Cook.* New York: Walker, 2003.

Thrush, Coll. *Native Seattle: Histories from the Crossing-Over Place.* Seattle: University of Washington Press, 2007.

Tonnessen, J. N., and A. O. Johnsen. *A History of Modern Whaling.* Translated by R. I. Christophersen. Berkeley: University of California Press, 1982.

Valle, Rosemary Keupper. “Prevention of Smallpox in Alta California during the Franciscan Mission Period (1769-1833).” *California Medicine* 119 (July 1973): 73-77.

Van Dyke, Paul A. *The Canton Trade: Life and Enterprise on the China Coast, 1700–1845.* Hong Kong: Hong Kong University Press, 2005.

Vaughan, Thomas. *Soft Gold: The Fur Trade & Cultural Exchange on the Northwest Coast of America.* Portland: Oregon Historical Society, 1982.

Vinkovetsky, Ilya. “The Russian-American Company as a Colonial Contractor for the Russian Empire.” In *Imperial Rule.* Edited by Alexei Miller and Alfred J. Rieber. Budapest: Central European University Press, 2004.

——. *Russian America: An Overseas Colony of a Continental Empire, 1804-1867.* New York: Oxford University Press, 2011.

Viola, Herman J., and Carolyn Margolis, eds., *Magnificent Voyagers: The U.S. Exploring Expedition, 1838-1842.* Washington, DC: Smithsonian Institution Press, 1985.

Walker, Phillip L., Patricia M. Lambert, Michael Schultz, and Jon M. Erlandson. “The Evolution of

——. *The Trial of the Cannibal Dog: The Remarkable Story of Captain Cook's Encounters in the South Seas.* New Haven, CT: Yale University Press, 2003.

Sandos, James. *Converting California: Indians and Franciscans in the Missions.* New Haven, CT: Yale University Press, 2004.

Sarafian, Winston L. "Smallpox Strikes the Aleuts." *Alaska Journal* 7 (Winter 1977): 46–49.

Schiebinger, Londa. *Plants and Empire: Colonial Bioprospecting in the Atlantic World.* Cambridge, MA: Harvard University Press, 2004.

Schmitt , Robert C. "The Okuu—Hawai'i's Greatest Epidemic." *Hawai'i Medical Journal* 29 (May-June 1970): 359-364.

——. *The Missionary Censuses of Hawai'i.* Honolulu: Bishop Museum, 1973.

Schmitt , Robert C., and Nordyke, Eleanor C. "Death in Hawai'i: The Epidemics of 1848-49." *Hawaiian Journal of History* 35 (Winter 2001): 1-13.

Shankman, Paul. "The History of Samoan Sexual Conduct and the Mead-Freeman Controversy." *American Anthropologist* 98 (September 1996): 555-567.

Sivasundaram, Sujit. *Nature and the Godly Empire: Science and Evangelical Mission in the Pacific, 1795–1850.* Cambridge: Cambridge University Press, 2005.

Slezkine, Yuri. *Arctic Mirrors: Russia and the Small Peoples of the North.* Ithaca, NY: Cornell University Press, 1994.

Smith, Henry Nash. *Virgin Land: The American West as Symbol and Myth.* Cambridge, MA: Harvard University Press, 1950.

Smith, Michael L. *Pacific Visions: California Scientists and the Environment, 1850–1915.* New Haven, CT: Yale University Press, 1990.

Smith, Terrence Wesley, and Edgar A. Porter, eds. *China in Oceania: Reshaping the Future?* New York: Berghahn Books, 2010.

Spate, O.H.K. *Monopolists and Freebooters.* Minneapolis: University of Minnesota Press, 1983.

Stann, E. Jeffrey. "Charles Whiles as Diplomat." In *Magnificent Voyagers: The U.S. Exploring Expedition, 1838-1842.* Edited by Herman J. Viola and Carolyn Margolis. Washington, DC: Smithsonian Institution Press, 1985.

Stannard, David E. *Before the Horror: The Population of Hawai'i on the Eve of Western Contact.* Honolulu: University of Hawai'i Press, 1989.

——. "Disease and Infertility: A New Look at the Demographic Collapse of Native Populations in the Wake of Western Contact." *Journal of American Studies* 24 (December 1990): 325-350.

——. "Disease, Human Migration, and History." In *The Cambridge World History of Human Disease.* Edited by K. F. Kiple. Cambridge: Cambridge University Press, 1993.

Stanton, William. *The Great United States Exploring Expedition.* Berkeley: University of California Press, 1975.

Remini, Robert V. *Daniel Webster: The Man and His Time.* New York: W. W. Norton, 1997.

Richards, John F. *The Unending Frontier: An Environmental History of the Early Modern World.* Berkeley: University of California Press, 2003.

Richards, Rhys. "United States Trade with China, 1784-1814." *American Neptune* 54 (1994): 5-76.

——. *Honolulu: Centre of Trans-Pacific Trade: Shipping Arrivals and Departures, 1820-1840.* Honolulu: Hawaiian Historical Society, 2000.

Ridley, Scott. *Morning of Fire: John Kendrick's Daring American Odyssey in the Pacific.* New York: William Morrow, 2010.

Rozwadowski, Helen M. *Fathoming the Ocean: The Discovery and Exploration of the Deep Sea.* Cambridge, MA: Harvard University Press, 2005.

——. "Ocean's Depths." *Environmental History* 15 (July 2010): 520-525.

Ruby, Robert H., and John A. Brown. *Indian Slavery in the Pacific Northwest.* Spokane, WA: Arthur H. Clark Company, 1993.

Rudwick, Martin J. S. *Bursting the Limits of Time: The Reconstruction of Geohistory in the Age of Revolution.* Chicago: University of Chicago Press, 2005.

——. *Worlds Before Adam: The Reconstruction of Geohistory in the Age of Reform.* Chicago: University of Chicago Press, 2008.

Rupke, Nicolaas A. "Humboldtian Medicine." *Medical History* 40 (July 1996): 293-310.

Ryan, Mary. *Cradle of the Middle Class: The Family in Oneida County, New York, 1790–1865.* Cambridge: Cambridge University Press, 1981.

Ryskamp, Charles. *Boswell: The Ominous Years.* New York: McGraw-Hill, 1963.

Sachs, Aaron. *The Humboldt Current: Nineteenth-Century Exploration and the Roots of American Environmentalism.* New York: Viking, 2006.

Sahlins, Marshall. *Islands of History.* Chicago, University of Chicago Press, 1985.

——. "Cosmologies of Capitalism: The Trans-Pacific Sector of 'The World System.'" In *Culture/Power/History: A Reader in Contemporary Social Theory.* Edited by Nicholas B. Dirks, Geoff Eley, and Sherry B. Ortner. Princeton, NJ: Princeton University Press, 1994.

Salesa, Toelesulusulu Damon. "'The Power of the Physician': Doctors and the 'Dying Maori' in Early Colonial New Zealand." *Health and History* 3 (2001): 13-40.

——. *Racial Crossings: Race, Intermarriage, and the Victorian British Empire.* New York: Oxford University Press, 2011.

Salmond, Anne. *Two Worlds: First Meetings Between Maori and Europeans, 1642-1772.* Honolulu: University of Hawai'i Press, 1991.

——. "Kidnapped: Tuki and Huri's Involuntary Visit to Norfolk Island in 1793." In *From Maps to Metaphors: The Pacific World of George Vancouver.* Edited by Robin Fisher and Hugh Johnston. Vancouver: University of British Columbia Press, 1993.

Prendergast, M. L. "James Dwight Dana: Problems in American Geology." PhD dissertation, University of California, Los Angeles, 1978.

Preston, William. "Portents of Plague from California's Protohistoric Period." *Ethnohistory* 49 (Winter 2002): 69-121.

Pubols, Louise. *The Father of All: The de la Guerra Family, Power, and Patriarchy in Mexican California.* Berkeley: University of California Press, 2009.

Pukui, Mary Kawena, ed. *'Ōlelo No'eau: Hawaiian Proverbs and Poetical Sayings.* Honolulu: Bishop Museum Press, 1983.

Pyne, Stephen J. *How the Canyon Became Grand: A Short History.* New York: Viking, 1998.

Quammen, David. *The Song of the Dodo: Island Biogeography in an Age of Extinctions.* New York: Simon and Schuster, 1996.

Quetel, Claude. *The History of Syphilis.* Translated by Judith Braddock and Brian Pike. Baltimore: Johns Hopkins University Press, 1992.

Quinn, David B., ed. "The Voyage of Juan Rodriquez Cabrillo up the Pacific Coast." In *New American World: A Documentary History of North America to 1612.* New York: Arno Press, 1979.

Radcliffe, Ann Ward. *The Mysteries of Udolpho.* London: G. G. and J. Robinson, 1794.

Rallu, Jean-Louis. "Pre- and Post-Contact Population in Island Polynesia." In *Growth and Collapseof Pacific Island Societies: Archaeological and Demographic Perspectives.* Edited by Patrick V. Kirch and Jean-Louis Rallu. Honolulu: University of Hawai'i Press, 2007.

Ralston, Caroline. "Polyandry, 'Pollution', 'Prostitution': The Problems of Eurocentrism and Androcentrism in Polynesian Studies." In *Crossing Boundaries: Feminisms and the Critique of Knowledges.* Edited by Barbara Caine, E. A. Grosz, and Marie de Lepervanche. Sydney: Allen and Unwin, 1988.

——. "Changes in the Lives of Ordinary Women in Early Post-Contact Hawai'i." In *Family and Gender in the Pacific: Domestic Contradictions and the Colonial Impact.* Edited by Margaret Jolly and Martha Macintyre. Cambridge: Cambridge University Press, 1989.

Ramenofsky, Ann F. *Vectors of Death: The Archaeology of European Contact.* Albuquerque: University of New Mexico Press, 1987.

Ravalli, Richard. "Soft Gold and the Pacific Frontier: Geopolitics and Environment in the Sea Otter Trade." PhD dissertation, University of California, Merced, 2009.

Ray, Arthur. *Indians and the Fur Trade: Their Role as Trappers, Hunters, and Middlemen in the Lands Southwest of Hudson Bay.* Toronto: University of Toronto Press, 1974.

Reid, Joshua Leonard. "'The Sea Is My Country': The Maritime World of the Makah: An Indigenous Borderlands People." PhD dissertation, University of California, Davis, 2009.

Reidman, M. L., and J. A. Estes. *The Sea Otter* (Enhydra lutris): *Behavior, Ecology, and Natural History.* Washington, DC: Fish and Wildlife Service, 1990.

Natland, James H. "James Dwight Dana and the Beginnings of Planetary Volcanology." *American Journal of Science* 297 (March 1997): 317-319.

Newell, Jennifer. *Trading Nature: Tahitians, Europeans, and Ecological Exchange.* Honolulu: University of Hawai'i Press, 2010.

Newson, Linda A. "A Historical-Ecological Perspective on Epidemic Disease." In *Advances in Historical Ecology.* Edited by William Balee. New York: Columbia University Press, 1998.

——. "Conquest, Pestilence, and Demographic Collapse in the Early Spanish Philippines." *Journal of Historical Geography* 32 (January 2006): 3-20.

Ogden, Adele. *The California Sea Otter Trade, 1784–1848.* Berkeley: University of California Press, 1941.

Okihiro, Gary. *Island World: A History of Hawai'i and the United States.* Berkeley: University of California Press, 2008.

Owens, Kenneth. *The Wreck of the* Sv. Nikolai. Lincoln: University of Nebraska Press, 2001.

——. "Frontiersman for the Tsar: Timofei Tarakanov and the Expansion of Russian America." *Montana* 56 (Autumn 2006): 3-21.

Pearson, Michael N. "Littoral Society: The Concept and the Problems." *Journal of World History* 17 (December 2006): 353-373.

Pettitt , George A. *The Q uileute of La Push, 1775-1945.* Berkeley: University of California Press, 1950.

Pierce, Richard A. *Russia's Hawaiian Adventure, 1815-1818.* Berkeley: University of California Press, 1965.

——. *Russian America: A Biographical Dictionary.* Kingston, ON: Limestone Press, 1990.

Phelps, William Dane. "Solid Men of Boston in the Northwest." In *Fur Traders from New England: The Boston Men in the North Pacific, 1787-1800.* Edited by Briton C. Busch and Barry M. Gough. Spokane, WA: Arthur H. Clark, 1997.

Philbrick, Nathaniel. *Sea of Glory: America's Voyage of Discovery, The U.S. Exploring Expedition, 1838-1842.* New York: Viking, 2003.

Philips, C. H. *The East India Company, 1784-1834.* Manchester, UK: Manchester University Press, 1940.

Pomeranz, Kenneth. *The Great Divergence: China, Europe, and the Making of the Modern World Economy.* Princeton, NJ: Princeton University Press, 2000.

Pomeranz, Kenneth, and Steven Topik. *The World That Trade Created: Society, Culture, and the World Economy, 1400 to the Present.* Armonk, NY: M. E. Sharpe, 1999.

Pourade, Richard F. *Time of the Bells.* San Diego: Union-Tribune Publishing, 1961.

Powell, Mary Lucas, and Della Collins Cook, eds. *The MyThof Syphilis: The Natural History of Treponematosis in North America.* Gainesville: University of Florida Press, 2005.

and Lionel Frost. London: Routledge, 1999.

Marshall, Leslie B. "Disease Ecologies of Australia and Oceania." In *The Cambridge World History of Human Disease.* Edited by K. F. Kiple. Cambridge: Cambridge University Press, 1993.

Marshall, Yvonne. "A Political History of the Nuu-chah-nulth: A Case Study of the Mowachaht and Muchalaht Tribes." PhD dissertation, Simon Fraser University, 1993.

Mathew, W. M. "The Imperialism of Free Trade: Peru, 1820–70." *Economic History Review* 21 (December 1968): 562–579.

——. "Peru and the British Guano Market, 1840–1870." *Economic History Review* 23 (April 1970): 112–128.

Matsuda, Matt K. "AHR Forum: The Pacific." *American Historical Review* 111 (June 2006): 758-780.

——. *Pacific Worlds: A History of Seas, Peoples, and Cultures.* Cambridge: Cambridge University Press, 2012.

McArthur, Norma. *Island Populations of the Pacific.* Canberra: Australian National University Press, 1967.

McCall, Lynne, and Rosalind Perry, eds. *California's Chumash Indians: A Project of the Santa Barbara Museum of Natural History Education Center.* Santa Barbara: John Daniel, 1986.

McDougall, Walter A. *Let the Sea Make a Noise: A History of the North Pacific from Magellan to MacArthur.* New York: Basic Books, 1993.

Meleisea, Malama, and Penelope Schoeff el. "Discovering Outsiders." In *The Cambridge History of the Pacific Islanders.* Edited by Donald Denoon. Cambridge: Cambridge University Press, 1997.

Meyer, C., et al. "Syphilis 2001: A Palaeopathological Reappraisal." *HOMO* 53 (2002): 39-58.

Miles, John. *Infectious Diseases: Colonising the Pacific?* Dunedin, NZ: University of Otago Press, 1997.

Miller, David P., and Peter H. Reill, eds. *Visions of Empire: Voyages, Botany, and Representations of Nature.* Cambridge: Cambridge University Press, 1996.

Miller, Gwenn A. *Kodiak Kreol: Communities of Empire in Early Russian America.* Ithaca, NY: Cornell University Press, 2010.

Mills, William J. *Exploring Polar Frontiers: A Historical Encyclopedia.* Vol. 1. Santa Barbara, CA: ABC-CLIO, 2003.

Moorehead, Alan. *The Fatal Impact: An Account of the Invasion of the South Pacific.* New York: Harper and Row, 1966.

Morgan, Theodore. *Hawai'i: A Century of Economic Change, 1778-1876.* Cambridge, MA: Harvard University Press, 1948.

Namias, June. *White Captives: Gender and Ethnicity on the American Frontier.* Chapel Hill: University of North Carolina Press, 1995.

Nash, Linda. *Inescapable Ecologies: A History of Environment, Disease, and Knowledge.* Berkeley: University of California Press, 2006.

Lightfoot, Kent, and Otis Parrish. *California Indians and Their Environments: An Introduction.* Berkeley: University of California Press, 2009.

Lightfoot, Kent G., and William S. Simmons. "Culture Contact in Protohistoric California: Social Contexts of Native and European Encounters." *Journal of California and Great Basin Anthropology* 20 (1998): 138-169.

Linnekin, Jocelyn. *Sacred Queens and Women of Consequence: Rank, Gender, and Colonialism in the Hawaiian Islands.* Ann Arbor: University of Michigan Press, 1990.

——. "Contending Approaches." In *The Cambridge History of Pacific Islanders.* Edited by Donald Denoon. Cambridge: Cambridge University Press, 1997.

Liu, David M.K.I. "Eao luau a hualima: Writing and Rewriting the Body and the Nation." *Californian Journal of Health Promotion* (December 2005): 73–75.

Livingstone, Frank B. "On the Origins of Syphilis: An Alternative Approach." *Current Anthropology* 32 (December 1991): 587–590.

Luomala, Katherine. *Voices on the Wind: Polynesian Myths and Chants.* Honolulu: Bishop Museum Press, 1986.

Mackay, David. *In the Wake of Cook: Exploration, Science and Empire.* London: Croom Helm, 1985.

MacLeod, William Christie. "Economic Aspects of Indigenous American Slavery." *American Anthropologist* 30 (October 1928): 632-650.

MacLeod, Roy, and Philip F. Rehbock, eds. *Darwin's Laboratory: Evolutionary Theory and Natural History in the Pacific.* Honolulu: University of Hawai'i Press, 1994.

Mageo, Jeanette Marie. *Theorizing Self in Samoa: Emotions, Genders, and Sexualities.* Ann Arbor: University of Michigan Press, 1998.

Malinowski, Bronislaw. *Argonauts of the Western Pacific: An Account of Native Enterprise and Adventure in the Archipelagoes of Melanesian New Guinea.* New York: Dutt on, 1922.

Malo, David. "On the Decrease of Population on the Hawaiian Islands." *Hawaiian Spectator* 2 (April 1839): 127–131.

Mancall, Peter, ed. *The Atlantic World and Virginia.* Chapel Hill: University of North Carolina Press, 2007.

——. *Fatal Journey: The Final Expedition of Henry Hudson—A Tale of Mutiny and Murder in the Arctic.* New York: Basic Books, 2009.

Mapp, Paul W. *The Elusive West and the Contest for Empire, 1713-1763.* Chapel Hill: University of North Carolina Press, 2011.

Marks, Robert. *Tigers, Rice, Silk, and Silt: Environment and Economy in Late Imperial South China.* Cambridge: Cambridge University Press, 1998.

——. "Maritime Trade and the Agro-Ecology of South China, 1685-1850." In *Pacific Centuries: Pacific Rim Economic History since the Sixteenth Century.* Edited by Dennis O. Flynn, A.J.H. Latham,

Kirch, Patrick, and Roger Green. *Hawaiki, Ancestral Polynesia: An Essay in Historical Anthropology.* Cambridge: Cambridge University Press, 2001.

Kirch, Patrick V., and Jean-Louis Rallu, eds. *The Growth and Collapse of Pacific Island Societies: Archaeological and Demographic Perspectives.* Honolulu: University of Hawai'i Press, 2007.

Knowlton, Edgar C. Jr. "Paul-Emile Bott a, Visitor to Hawai'i in 1828." *Hawaiian Journal of History* 18 (1984): 13-38.

Korn, Alfons L. "Shadows of Destiny: A French Navigator's View of the Hawaiian Kingdom and Its Government in 1828." *Hawaiian Journal of History* 17 (1983): 1-39.

Korn, Alfons L., and Mary Kawena Pukui. "News from Molokai: The Lett ers of Peter Young Kaeo (Kekuakalani) to Queen Emma, 1873-1876." *Pacific Historical Review* 32 (February 1963): 20-23.

Kratz, Henry. "Introduction." In *A Voyage Around the World with the Romanzov Expedition in The Years 1815-1818.* By Adelbert von Chamisso. Honolulu: University of Hawai'i Press, 1986.

Kroeber, Alfred L. *Yurok Myths.* Berkeley: University of California Press, 1976.

Kupperman, Karen Ordahl. "International at the Creation: Early Modern American History." In *Rethinking American History in a Global Age.* Edited by Thomas Bender. Berkeley: University of California Press, 2002.

Kushner, Howard. "Hellships: Yankee Whaling along the Coast of Russian-America, 1835–1852." *New England Quarterly* 45 (March 1972): 81-95.

Ladurie, Emmanuel Le Roy. *The Mind and Method of the Historian.* Translated by Sian Reynolds and Ben Reynolds. Chicago: University of Chicago Press, 1981.

Laughlin, William S. *Aleuts: Survivors of the Bering Land Bridge.* New York: Holt, Rinehart, and Winston, 1980.

Layton, Thomas N. *The Voyage of the "Frolic": New England Merchants and the Opium Trade.* Stanford, CA: Stanford University Press, 1997.

Leach, Jerry W., and Edmund Ronald Leach. *The Kula: New Perspectives on Massim Exchange.* Cambridge: Cambridge University Press, 1983.

Leland, Donald. *Aboriginal Slavery on the Northwest Coast of North America.* Berkeley: University of California Press, 1997.

Liebersohn, Harry. *The Travelers' World: Europe to the Pacific.* Cambridge, MA: Harvard University Press, 2006.

Leonhart, Joye. "Charles Wilkes: A Biography." In *Magnificent Voyagers: The U.S. Exploring Expedition, 1838–1842.* Edited by Herman J. Viola and Carolyn Margolis. Washington, DC: Smithsonian Institution Press, 1985.

Lightfoot, Kent G. *Indians, Missionaries, and Merchants: The Legacy of Colonial Encounters on the California Frontiers.* Berkeley: University of California Press, 2006.

PhD dissertation, Columbia University, 2008.

——. "A 'Havoc Made among Them': Animals, Empire, and Extinction in the Russian North Pacific, 1741–1810." *Environmental History* 16 (September 2011): 585-609.

Joyce, Barry Alan. *The Shaping of American Ethnography: The Wilkes Exploring Expedition, 1838-1842.* Lincoln: University of Nebraska Press, 2001.

Judd, Bernice. *Voyages to Hawai'i before 1860.* Honolulu: University of Hawai'i Press, 1974.

Kaholokula, Joseph Keawe'aimoku. "Colonialism, Acculturation, and Depression among Kānaka Maoli of Hawai'i." In *Penina uliuli: Contemporary Challenges in Mental Health for Pacific Peoples.* Edited by Philip Culbertson and Margaret Nelson Agee. Honolulu: University of Hawai'i Press, 2007.

Kamakau, Samuel M. *Ka Po'e Kahiko: The People of Old.* Honolulu: University of Hawai'i Press, 1964.

Kame'eleihiwa, Lilikalā. *Native Land and Foreign Desires: Pehea Lā E Pono Ai? How Shall We Live in Harmony?* Honolulu: Bishop Museum Press, 1992.

Kashay, Jennifer Fish. "Competing Imperialisms and Hawaiian Authority: The Cannonading of Lāhainā in 1827." *Pacific Historical Review* 77 (August 2008): 369-390.

Kauanui, J. K e - haulani. *Hawaiian Blood: Colonialism and the Politics of Sovereignty and Indigeneity.* Durham, NC: Duke University Press, 2008.

Kearey, Philip, and Frederck J. Vine. *Global Tectonics.* Oxford: Blackwell Scientific Publications, 1990.

Keay, John. *The Honourable Company: A History of the English East India Company.* New York: Macmillan, 1994.

Kelley, Robin D. G. "How the West Was One: The African Diaspora and the Re-Mapping of U.S. History." In *Rethinking American History in a Global Age.* Edited by Thomas Bender. Berkeley: University of California Press, 2002.

Kenyon, Karl W. *The Sea Otter in the Eastern Pacific Ocean.* Washington, DC: US Bureau of Sport Fisheries and Wildlife, 1969.

Kirch, Patrick. *Feathered Gods and Fishhooks: An Introduction to Hawaiian Archaeology and Prehistory.* Honolulu: University of Hawai'i Press, 1985.

——. *On the Road of the Winds: An Archaeological History of the Pacific Islands.* Berkeley: University of California Press, 2000.

——. "Paleodemography in Kahikinui, Maui: An Archaeological Approach." In *Growth and Collapse of Pacific Island Societies: Archaeological and Demographic Perspectives.* Edited by Patrick V. Kirch and Jean-Louis Rallu. Honolulu: University of Hawai'i Press, 2007.

——. *How Chiefs Became Kings: Divine Kingship and the Rise of Archaic States in Ancient Hawai'i.* Berkeley: University of California Press, 2010.

——. A *Shark Going Inland Is My Chief: The Island Civilization of Ancient Hawai'i.* Berkeley: University of California Press, 2012.

Sydenham Society, 1883 [1864].

Hopkins, Donald R. *The Greatest Killer: Smallpox in History.* Chicago: University of Chicago Press, 2002.

Hough, Richard. *Captain James Cook.* New York: W. W. Norton, 1994.

Howay, F. W. "Early Relations with the Pacific Northwest." In *The Hawaiian Islands.* Edited by Albert P. Taylor. Ann Arbor: University of Michigan Press, 2005 [1930].

——. "The Brig Owyhee in the Columbia, 1829-30." *Oregon Historical Society Quarterly* 35 (March 1934): 10-21.

——. *Voyages of the "Columbia" to the Northwest Coast, 1787-1790 and 1790-1793.* New York: Da Capo Press, 1969.

——. *A List of Trading Vessels in the Maritime Fur Trade, 1785-1825.* Kingston, ON: Limestone Press, 1973.

Howe, K. R. "The Fate of the 'Savage' in Pacific Historiography." *New Zealand Journal of History* 11 (1977): 137-154.

——. *The Loyalty Islands: A History of Culture Contact, 1840-1900.* Honolulu: University of Hawai'i Press, 1977.

Hurtado, Albert L. *Intimate Frontiers: Sex, Gender, and Culture in Old California.* Albuquerque: University of New Mexico Press, 1999.

Igler, David. "Diseased Goods: Global Exchanges in the Eastern Pacific Basin, 1770-1850." *American Historical Review* 109 (June 2004): 692-719.

Inskeep, Edward. "San Blas, Nayarit: An Historical and Geographic Study." *Journal of the West* 2 (1963): 133-144.

Irwin, Geoffrey. *The Prehistoric Exploration and Colonisation of the Pacific.* Cambridge: Cambridge University Press, 1992.

Jackson, Robert H. "Epidemic Disease and Population Decline in the Baja California Missions." *Southern California Quarterly* 63 (Winter 1982): 308-346.

Jansen, Marius B. *The Making of Modern Japan.* Cambridge, MA: Harvard University Press, 2002.

Jenks, Karen. "The Pacific Mail Steamship Company, 1830–1860." PhD dissertation, University of California, Irvine, 2012.

Jones, David S. "Virgin Soils Revisited." *William and Mary Quarterly* 60 (October 2003): 703-742.

Jones, Mary Lou, Steven L. Swartz, and Stephen Leatherwood, eds. *The Gray Whale: Eschrichtius robustus.* Orlando, FL: Academic Press, 1984.

Jones, Ryan Tucker. "Sea Otters and Savages in the Russian Empire: The Billings Expedition, 1785-1793." *Journal of Maritime Research* (December 2006): 106-121. www.jmr.nmm.ac.uk/server/show/ConJmrArticle.217. Accessed April 28, 2010.

——. "Empire of Extinction: Nature and Natural History in the Russian North Pacific, 1739-1799."

Guest, Harriet. *Empire, Barbarism, and Civilisation: Captain Cook, William Hodges, and the Return to the Pacific.* Cambridge: Cambridge University Press, 2007.

Gulliver, Katrina. "Finding the Pacific World." *Journal of World History* 22 (March 2011): 83-100.

Guyot, Arnold. *The Earth and Man: Lectures on Comparative Physical Geography.* London: R. Bentley, 1850.

Hackel, Steven W. "Land, Labor, and Production: The Colonial Economy of Spanish and Mexican California." In *Contested Eden: California Before the Gold Rush.* Edited by Ramon A. Gutierrez and Richard Orsi. Berkeley: University of California Press, 1998.

——. *Children of Coyote, Missionaries of Saint Francis: Indian-Spanish Relations in Colonial California, 1769-1850.* Chapel Hill: University of North Carolina Press, 2005.

——. "Beyond Virgin Soil: Impaired Fertility in the Indian Population of Spanish California." Paper presented at Social Science History Association meeting, Long Beach, 2009.

Hamalainen, Pekka, and Samuel Truett. "On Borderlands." *Journal of American History* 98 (September 2011): 338–361.

Hanlon, David. *Upon a Stone Altar: A History of the Island of Pohnpei to 1890.* Honolulu: University of Hawai'i Press, 1988.

Hao, Yen-p'ing. *The Commercial Revolution in Nineteenth-Century China: The Rise of Sino-Western Mercantile Capitalism.* Berkeley: University of California Press, 1986.

Hardee, Jim. "Soft Gold: Animal Skins and the Early Economy of California." In *Studies in Pacific History: Economics, Politics, and Migration.* Edited by Dennis O. Flynn, Arturo Giraldez, and James Sobredo. Aldershop, UK: Ashgate, 2002.

Harris, Cole. "Voices of Disaster: Smallpox around the Strait of Georgia in 1782." *Ethnohistory* 41 (Fall 1994): 591–626.

——. "Social Power and Cultural Change in Pre-Colonial British Columbia." *BC Studies* 115/116 (Autumn/Winter 1997/1998): 73.

Harvey, A. G. "Chief Concomly's Skull." *Oregon Historical Quarterly* 40 (June 1939): 161-167.

——. "Meredith Gairdner: Doctor of Medicine." *British Columbia Historical Quarterly* 9 (April 1945): 89–111.

Hau'ofa, Epeli. "Our Sea of Islands." *Contemporary Pacific* 6 (Spring 1994): 153.

Hawaiian Roots: Genealogy for Hawaiians. "Ships to Hawai'i before 1819." July 2002. http://www.hawaiian-roots.com/shipsB1880.htm.

Hawk, Angela. "Madness, Mining, and Migration in the Pacific World, 1848-1900." PhD dissertation, University of California, Irvine, 2011.

Hayden, Deborah. *Pox: Genius, Madness, and the Mysteries of Syphilis.* New York: Basic Books, 2003.

Henderson, David A. *Men & Whales at Scammon's Lagoon.* Los Angeles: Dawson's Book Shop, 1972.

Hirsch, August. *Handbook of Historical and Geographical Pathology.* 3 vols. London: The New

Flynn, Dennis O., and Arturo Giraldez. "Spanish Profi tability in the Pacific: The Philippines in the Sixteenth and Seventeenth Centuries." In *Pacific Centuries: Pacific and Pacific Rim History since the Sixteenth Century.* Edited by Dennis O. Flynn, Lionel Frost, and A.J.H. Latham. London: Routledge, 1999.

——. "Cycles of Silver: Global Economic Unity through the Mid-Eighteenth Century." *Journal of World History* 13 (Fall 2002): 391–427.

Flynn, Dennis O., Arturo Giraldez, and James Sobredo, eds. *European Entry into the Pacific: Spain and the Acapulco-Manila Galleons.* Aldershot, UK: Ashgate, 2001.

Forster, Honore. "Voyaging through Strange Seas: Four Women Travellers in the Pacific." *National Library of Australia News* (January 2000): 3-6.

Foster, John W. *A Century of American Diplomacy.* Boston: Houghton Miffl in, 1901.

Foulger, G. R., and Don L. Anderson. "The Emperor and Hawaiian Volcanic Chains: How Well Do They Fit the Plume Hypothesis?" www.MantlePlumes.org.

Gamble, Lynn. *The Chumash World at European Contact: Power, Trade, and Feasting Among Complex Hunter-Gatherers.* Berkeley: University of California Press, 2008.

Games, Alison. *Migration and the Origins of the English Atlantic World.* Cambridge, MA: Harvard University Press, 1999.

——. "Atlantic History: Definitions, Challenges, and Opportunities." *American Historical Review* 111 (June 2006): 741-757.

Gibson, James R. *Otter Skins, Boston Ships, and China Goods: The Maritime Fur Trade of the Pacific Northwest, 1785–1841.* Seattle: University of Washington Press, 1992.

Gillispie, Charles Coulston, ed. *Dictionary of Scientific Biography.* Vol. 2. New York: Charles Scribner's Sons, 1973.

Gilman, Daniel C. *The Life of James Dwight Dana: Scientific Explorer, Mineralogist, Geologist, Zoologist, Professor in Yale University.* New York: Harper and Brothers, 1899.

Goebel, Dorothy Burne. "British Trade to the Spanish Colonies, 1796–1823." *American Historical Review* 43 (January 1938): 288–320.

Goetzmann, William. *Exploration and Empire: The Explorer and the Scientist in the Winning of the American West.* New York: Knopf, 1966.

Golway, Hugh. "The Cruise of the Lelia Byrd." *Journal of the West* 8 (July 1969): 396–398.

Gould, Richard A. "Tolowa." In *Handbook of North American Indians.* Vol. 8. Edited by Robert F. Heizer. Washington, DC: Smithsonian Institution, 1978.

Grinev, Andrei V. "A Brief Survey of the Russian Historiography of Russian America of Recent Years." Translated by Richard L. Bland. *Pacific Historical Review* 79 (May 2010): 265-278.

Grove, Richard. *Green Imperialism: Colonial Expansion, Tropical Island Edens, and the Origins of Environmentalism, 1600–1860.* Cambridge: Cambridge University Press, 1995.

Shaping of American China Policy, 1784-1844. Bethlehem, PA: Lehigh University Press, 1997.

Druett , Joan. *Pett icoat Whalers: Whaling Wives at Sea, 1820-1920.* Auckland: Collins, 1991.

——. *"She Was a Sister Sailor": The Whaling Journals of Mary Brewster, 1845-1851.* Mystic, CT: Mystic Seaport Museum, 1992.

——. *Hen Frigates: The Wives of Merchant Captains under Sail.* New York: Simon and Schuster, 1998.

——. *Rough Medicine: Surgeons at Sea in the Age of Sail.* New York: Routledge, 2001.

Dulles, Foster Rhea. *The Old China Trade.* Boston: Houghton Miffl in, 1930.

El Molto, J., Bruce M. Rothschild, Robert Woods, and Christine Rothschild. "Unique Aspects of West Coast Treponematosis." *Chungara* 32 (July 2000).

Emmons, G. T. "Native Account of the Meeting Between La Perouse and the Tlingit." *American Anthropologist* 13 (April–June 1911): 294–298.

Engelhardt, Fr. Zephyrin O.F.M. *The Missions and Missionaries of California.* Vol. 1. San Francisco: James H. Barry, 1908.

Engstrand, Iris. *Royal Officer in Baja California, 1768-1770, Joaquin Velazquez de Leon.* Los Angeles: Dawson's Book Shop, 1976.

Erlandson, Jon M., Madonna L. Moss, and Matt hew Des Lauriers. "Life on the Edge: Early Maritime Cultures of the Pacific Coast of North America." *Quaternary Science Reviews* 27 (2008): 2232-2245.

Erlandson, Jon M., Torben C. Rick, Douglas J. Kennett , and Philip L. Walker. "Dates, Demography, and Disease: Cultural Contacts and Possible Evidence for Old World Epidemics among the Protohistoric Island Chumash." *Pacific Coast Archaeological Society Quarterly* 37 (Summer 2001): 11-26.

Exman, Eugene. *The Brothers Harper: A Unique Publishing Partnership and Its Impact upon the Cultural Life of America from 1817 to 1853.* New York: Harper and Row, 1965.

Fabian, Ann. "One Man's Skull: A Tale from the Sea-Slug Trade." *Common-place* 8 (January 2008).

——. *The Skull Collectors: Race, Science, and America's Unburied Dead.* Chicago: University of Chicago Press, 2010.

Fenn, Elizabeth A. *Pox Americana: The Great Smallpox Epidemic of 1775-82.* New York: Hill and Wang, 2001.

Fichman, Martin. *An Elusive Victorian: The Evolution of Alfred Russel Wallace.* Chicago: University of Chicago Press, 2004.

Fischer, Kirsten. *Suspect Relations: Sex, Race, and Resistance in Colonial North Carolina.* Ithaca, NY: Cornell University Press, 2002.

Fisher, Robin. "Arms and Men on the Northwest Coast, 1774-1825." *BC Studies* 29 (1976): 3-18.

——. *Contact and Confl ict: Indian-European Relations in British Columbia, 1774-1890.* Vancouver: University of British Columbia Press, 1977.

Dening, Greg. *Islands and Beaches: Discourse on the Silent Land: Marquesas, 1774–1880.* Honolulu: University of Hawai'i Press, 1980.

——. "The Hegemony of Laughter: Purea's Theatre." In *Pacific Empires: Essays in Honour of Glyndwr Williams.* Edited by Alan Frost and Jane Samson. Vancouver: University of British Columbia Press, 1999.

——. "History 'in' the Pacific." In *Voyaging through the Contemporary Pacific.* Edited by David Hanlon and Geoff rey M. White. Lanham, MD: Rowman and Litt lefi eld, 2000.

——. "Deep Times, Deep Spaces: Civilizing the Sea." In *Sea Changes: Historicizing the Ocean.* Edited by Bernhard Klein and Gesa Mackenthus. New York: Routledge, 2004.

——. "Encompassing the Sea of Islands." *Common-place* 5 (January 2005).

Denoon, Donald, ed. *The Cambridge History of the Pacific Islanders.* Cambridge: Cambridge University Press, 1997.

Deverell, William, and David Igler. "The Abatt oir of the Prairie." *Rethinking History* 4 (Fall 1999): 321-323.

Diaz, Vicente. *Repositioning the Missionary: Rewriting the Histories of Colonialism, Native Catholicism, and Indigeneity in Guam.* Honolulu: University of Hawai'i Press, 2010.

Diaz, Vicente, and J. Kehaulani Kauanui, "Native Pacific Cultural Studies on the Edge." *Contemporary Pacific* 13 (Fall 2001): 315-341.

Diaz-Trechuelo, Maria Lourdes. "Eighteenth Century Philippine Economy: Commerce." In *European Entry into the Pacific: Spain and the Acapulco-Manila Galleons.* Edited by Dennis O. Flynn, Arturo Giraldez, and James Sobredo. Aldershot, UK: Ashgate, 2001.

Dmytryshyn, Basil, E.A.P. Crownhart-Vaughan, and Thomas Vaughan, eds. "Instructions from Aleksandr A. Baranov to His Assistant, Ivan A. Kuskov, Regarding the Dispatch of a Hunting Party to the Coast of Spanish California," October 14, 1808. In *The Russian American Colonies: To Siberia and Russian America, Three Centuries of Russian Eastward Expansion, 1798-1867.* Portland: Oregon Historical Society, 1989.

Dobyns, Henry. *Their Numbers Become Th inned: Native American Population Dynamics in Eastern North America.* Knoxville: University of Tennessee Press, 1983.

Donald, Leland. *Aboriginal Slavery on the Northwest Coast of North America.* Berkeley: University of California Press, 1997.

Dott , Robert H. "James Dwight Dana's Old Tectonics: Global Contraction under Divine Direction." *American Journal of Science* 297 (March 1997): 283-311.

Douglas, David. "Second Journey to the Northwestern Parts of the Continent of North America during the Years 1829-'30-'31-'32-'33." *Oregon Historical Society Quarterly* 6 (September 1905): 292.

Downs, Jacques M. *The Golden Ghetto: The American Commercial Community in Canton and the*

Colley, Linda. *Captives: Britain, Empire, and the World, 1600–1850.* New York: Anchor Books, 2002.

Cook, Sherburne F. "Disease of the Indians of Lower California in the Eighteenth Century." *California and Western Medicine* 43 (December 1935): 432-434.

——. "Extent and Significance of Disease among the Indians of Baja California from 1697 to 1773." *Ibero-Americana* 2 (1937): 2-48.

——. *The Confl ict between the California Indians and White Civilization.* Berkeley: University of California Press, 1943.

Cook, Warren L. *Flood Tide of Empire: Spain and the Pacific Northwest, 1543-1819.* New Haven, CT: Yale University Press, 1973.

Cox, Paul Alan. "Polynesian Herbal Medicine." In *Islands, Plants, and Polynesians: An Introduction to Polynesian Ethnobotany.* Edited by Paul Alan Cox and Sandra A. Banack. Portland, OR: Dioscorides Press, 1991.

Creighton, Margaret S. *Rites and Passages: The Experience of American Whaling , 1830-1870.* Cambridge: Cambridge University Press, 1995.

Crewe, Ryan. "Sailing for the 'Chinese Indies': Charting the Asian-Latin American Rim, Conduits, and Barriers of the Early Modern Pacific World." Paper presented at the 18th Annual Conference of the Omohundro Institute of Early American History and Culture, June 16, 2012.

Cronon, William. *Changes in the Land: Indians, Settlers, and the Ecology of New England.* New York: Hill and Wang, 1983.

——. *Nature's Metropolis: Chicago and the Great West.* New York: W. W. Norton, 1991. Crosby, Alfred W. "The Early History of Syphilis: A Reappraisal." *American Anthropologist* 71 (April 1969): 218–227.

——. *The Columbian Exchange: Biological and Cultural Consequences of 1492.* Westport, CT: Greenwood Publishers, 1972.

Crowell, Aron L., Amy F. Steffian, and Gordon L. Pullar, eds. *Looking Both Ways: Heritage and Identity of the Alutiiq People.* Fairbanks: University of Alaska Press, 2001.

Cumings, Bruce. *Dominion from Sea to Sea: Pacific Ascendency and American Power.* New Haven, CT: Yale University Press, 2009.

Davis, Lance E., Robert E. Gallman, and Karin Gleiter. *In Pursuit of Leviathan: Technology, Institutions, Productivity, and Profi ts in American Whaling, 1816-1906.* Chicago: University of Chicago Press, 1997.

Davis, William Heath. *Sixty Years in California: A History of Events and Life in California.* San Francisco: A. J. Leary, 1889.

Delgado, James P. *To California by Sea: A Maritime History of the California Gold Rush.* Columbia: University of South Carolina Press, 1990.

Demos, John. *The Unredeemed Captive: A Family Story from Early America.* New York: Vintage, 1995.

——. "The Culture of Culture Contact: Refractions from Polynesia." *Journal of World History* 14 (March 2003): 63, 64, 66.

Canny, Nicholas. "Writing Atlantic History; or, Reconfi guring the History of Colonial British America." *Journal of American History* 86 (December 1999): 1093-1114.

Chaffin, Tom. *Pathfi nder: John Charles Fremont and the Course of American Empire.* New York: Hill and Wang, 2002.

Chang, David A. "Borderlands in a World at Sea: Concow Indians, Native Hawaiians, and South Chinese in Indigenous, Global, and National Spaces." *Journal of American History* 98 (September 2001): 384-403.

Chang, Kornel. *Pacific Connections: The Making of the U.S.-Canadian Borderlands.* Berkeley: University of California Press, 2012.

Chaplin, Joyce E. "Expansion and Exceptionalism in Early American History." *Journal of American History* 89 (March 2003): 1431–1455.

——. "Atlantic Antislavery and Pacific Navigation." Paper presented at "The New Maritime History: A Conference in Honor of Robert C. Ritchie," Huntington Library, San Marino, November 11, 2011.

Chappell, David A. "Shipboard Relations between Pacific Island Women and Euroamerican Men, 1767-1887." *Journal of Pacific History* 27 (December 1992): 131-149.

——. "Active Agents versus Passive Victims: Decolonized Historiography or Problematic Paradigm?" *Contemporary Pacific* 7 (Spring 1995): 303–326.

——. *Double Ghosts: Oceanian Voyagers on Euroamerican Ships.* Armonk, NY: M. E. Sharpe, 1997.

Chaudhuri, K. N. *The Trading World of Asia and the English East India Company.* Cambridge: Cambridge University Press, 1985.

Chavez-Garcia, Miroslava. *Negotiating Conquest: Gender and Power in California, 1770–1880.* Tucson: University of Arizona Press, 2004.

Clague, David A., and G. Brent Dalrymple. "The Hawaiian-Emperor Volcanic Chain." In *Volcanism in Hawai'i.* Edited by Robert W. Decker, Thomas L. Wright, and Peter H. Stauff er. Washington, DC: USGPO, 1987.

Clayton, Daniel W. *Islands of Truth: The Imperial Fashioning of Vancouver Island.* Vancouver: University of British Columbia Press, 2000.

Cliff , A. D., P. Haggett , and M. R. Smallman-Raynor. *Island Epidemics.* New York: Oxford University Press, 1998.

Coclanis, Peter A. " *Drang Nach Osten* : Bernard Bailyn, the World-Island, and the Idea of Atlantic History." *Journal of World History* 13 (Spring 2002): 169-182.

Colby, Barnard L. *Whaling Captains of New London County, Connecticut: For Oil and Buggy Whips.* Mystic, CT: Mystic Seaport Museum, 1990.

MA: Harvard University Press, 2006.

Bockstoce, John R. *The Opening of the Maritime Fur Trade at Bering Strait.* Philadelphia: American Antiquarian Society, 2005.

——. *Furs and Frontiers in the Far North: The Contest among Native and Foreign Nations for the Bering Strait Fur Trade.* New Haven, CT: Yale University Press, 2009.

Bolster, W. Jeffrey. "Putt ing the Ocean in Atlantic History: Maritime Communities and Marine Ecology in the Northwest Atlantic, 1500–1800." *American Historical Review* 113 (February 2008): 19-47.

Boxer, C.R. " *Plata es Sangre*: Sidelights on the Drain of Spanish-American Silver in the Far East, 1550–1700." In *European Entry into the Pacific: Spain and the Acapulco-Manila Galleons.* Edited by Dennis O. Flynn, Arturo Giraldez, and James Sobredo. Aldershot, UK: Ashgate, 2001.

Boyd, Robert. *The Coming of the Spirit of Pestilence: Introduced Infectious Diseases and Population Decline among Northwest Coast Indians, 1774–1874.* Seattle: University of Washington Press, 1999.

Braudel, Fernand. *The Mediterranean and the Mediterranean World in the Age of Philip II.* Translated by Sian Reynolds. 2 vols. New York: Harper and Row, 1972-73 [1949].

Brooks, James F. *Captives and Cousins: Slavery, Kinship, and Community in the Southwest Borderlands.* Chapel Hill: University of North Carolina Press, 2002.

Brosse, Jacques. *Great Voyages of Discovery: Circumnavigators and Scientists, 1764-1843.* Translated by Stanley Hochman. New York: Facts on File Publications, 1983.

Burney, James. *A Chronological History of North-Eastern Voyages of Discovery.* London: Paine and Foss, 1819.

Busch, Briton C. *The War against the Seals: A History of the North American Seal Industry.* Kingston, ON: McGill-Q ueen's University Press, 1985.

Busch, Briton C., and Barry M. Gough, eds. *Fur Traders from New England: The Boston Men in the North Pacific, 1787–1800.* Spokane, WA: Arthur H. Clark Company, 1997.

Buschmann, Rainer F. "Oceans of World History: Delineating Aquacentric Notions in the Global Past." *History Compass* 2 (January 2004): 1-9.

——. *Oceans in World History.* New York: McGraw-Hill, 2007.

Bushnell, O. A. "Hygiene and Sanitation Among the Ancient Hawaiians." *Hawai'i Historical Review* 2 (1966): 316–336.

——. *The Gifts of Civilization: Germs and Genocide in Hawai'i.* Honolulu: University of Hawai'I Press, 1983.

Calder, Alex, Jonathan Lamb, and Bridget Orr, eds. *Voyages and Beaches: Pacific Encounters, 1769-1840.* Honolulu: University of Hawai'i Press, 1999.

Campbell, I. C. *Gone Native in Polynesia: Captivity Narratives and Experiences from the South Pacific.* Westport, CT: Greenwood Press, 1998.

and Peter H. Stauffer, vol. 2. Washington, DC: USGPO, 1987.

Archer, Christon I. "Whose Scourge? Smallpox Epidemics on the Northwest Coast." In *Pacific Empires: Essays in Honour of Glyndwr Williams*. Edited by Alan Frost and Jane Samson. Vancouver: University of British Columbia Press, 1999.

Archer, Seth. "Remedial Agents: Missionary Physicians and the Depopulation of Hawai'i." *Pacific Historical Review* 79 (November 2010): 513-544.

——. "A Hawaiian Shatter Zone." Paper presented at the 18th Annual Conference of the Omohundro Institute of Early American History and Culture, June 16, 2012.

Arnold, Jeanne E., ed. "The Chumash in World and Regional Perspectives." In *The Origins of a Pacific Coast Chiefdom: The Chumash of the Channel Islands*. Edited by Jeanne E. Arnold. Salt Lake City: University of Utah Press, 2001.

Arnold, Jeanne E., Aimee M. Preziosi, and Paul Shatt uck. "Flaked Stone Craft Production and Exchange in Island Chumash Territory." In *The Origins of a Pacific Coast Chiefdom: The Chumash and the Channel Islands*. Edited by Jeanne E. Arnold. Salt Lake City: University of Utah Press, 2001.

Aschmann, Homer. *The Central Desert of Baja California: Demography and Ecology*. Berkeley: University of California Press, 1959.

Baker, Brenda J., and George J. Armelagos. "The Origin and Antiquity of Syphilis." *Current Anthropology* 29 (December 1988): 703-720.

Barman, Jean, and Bruce McIntyre Watson. *Leaving Paradise: Indigenous Hawaiians in the Pacific Northwest, 1787–1898*. Honolulu: University of Hawai'i Press, 2006.

Barratt , Glynn. *Russia in Pacific Waters, 1715-1825*. Vancouver: University of British Columbia Press, 1981.

Bauer, William Jr. "Native Californians in the Nineteenth Century." In *A Companion to California History*. Edited by William Deverell and David Igler. Oxford, UK: Wiley-Blackwell, 2008.

Beckwith, Martha. *Hawaiian Mythology*. Honolulu: University of Hawai'i Press, 1970.

Beidleman, Richard G. *California's Frontier Naturalists*. Berkeley: University of California Press, 2006.

Bentley, Jerry H. "Sea and Ocean Basins as Frameworks of Historical Analysis." *Geographical Review* 89 (April 1999): 215-224.

Bentley, Jerry H., Renate Bridenthal, and Karen Wigen, eds. *Seascapes: Maritime Histories, Littoral Cultures, and Transoceanic Exchanges*. Honolulu: University of Hawai'i Press, 2007.

Black, Lydia T. "The Nature of Evil: Of Whales and Sea Otters." In *Indians, Animals, and the Fur Trade: A Critique of Keepers of the Game*. Edited by Shepard Krech III. Athens: University of Georgia Press, 1981.

——. *Russians in Alaska, 1732-1867*. Fairbanks: University of Alaska Press, 2004.

Blackhawk, Ned. *Violence over the Land: Indians and Empires in the Early American West*. Cambridge,

Wales, William. *Remarks on Mr. Forster's Account of Captain Cook's Last Voyage round the World.* London: J. Nourse, 1778.

Wallis, Mary. *Life in Feejee: Or, Five Years among the Cannibals.* Boston: W. Heath, 1851.

Webster, Daniel. *The Papers of Daniel Webster: Speeches and Formal Writings.* Edited by Charles M. Wiltse, vol. 2: 435-476. Hanover, NH: Published for Dartmouth College by the University Press of New England, 1988.

Wilkes, Charles. *Narrative of the United States Exploring Expedition during the Years 1838, 1839, 1840, 1841, 1842.* Philadelphia: Lea and Blanchard, 1845.

Williams, John. *A Narrative of Missionary Enterprises in the South Sea Islands.* London: J. Snow, 1837.

二次引用文獻來源

Abulafia, David. *The Great Sea: A Human History of the Mediterranean.* New York: Oxford University Press, 2011.

Adelman, Jeremy, and Stephen Aron. "From Borderlands to Borders: Empires, Nation-States, and the Peoples in between in North American History." *American Historical Review* 104 (June 1999): 814–841.

Alchon, Suzanne. *A Pest in the Land: New World Epidemics in a Global Perspective.* Albuquerque: University of New Mexico Press, 2003.

Aldrete, J. Antonio. "Smallpox Vaccination in the Early 19th Century Using Live Carriers: The Travels of Francisco Xavier de Balmis." *Southern Medical Journal* 97 (April 2004): 375–378.

Anderson, Fred. *Crucible of War: The Seven Years' War and the Fate of Empire in British North America.* New York: Vintage, 2001.

Anderson, M. Kat. *Tending the Wild: Native American Knowledge and the Management of California's Natural Resources.* Berkeley: University of California Press, 2006.

Andrade, Tonio. *How Taiwan Became Chinese: Dutch, Spanish, and Han Colonization in the Seventeenth Century.* New York: Columbia University Press, 2007.

——. "A Chinese Farmer, Two African Boys, and a Warlord: Toward a Global Microhistory." *Journal of World History* 21 (December 2010): 573-591.

Andrews, Lorrin. *A Dictionary of the Hawaiian Language.* Honolulu: Henry M. Whitney, 1865.

Antony, Robert J. "Sea Bandits of the Canton Delta, 1780-1839." *International Journal of Maritime History* 17 (December 2005): 1-29.

Appleman, Daniel E. "James Dwight Dana and Pacific Geology." In *Magnificent Voyagers: The U.S. Exploring Expedition, 1838-1842.* Edited by Herman J. Viola and Carolyn Margolis. Washington, DC: Smithsonian Institution Press, 1985.

——. "James D. Dana and the Origins of Hawaiian Volcanology: The U.S. Exploring Expedition in Hawai'i, 1840-41." In *Volcanism in Hawai'i.* Edited by Robert W. Decker, Thomas L. Wright,

Reynolds, William. *The Private Journal of William Reynolds, United States Exploring Expedition, 1838-1842*. Edited by Nathaniel Philbrick and Thomas Philbrick. New York: Penguin Books, 2004.

Roquefeuil, Camille de. *Journal d'un voyage autour du monde: Pendant les annees 1816, 1817, 1818, et 1819*. Vol. 1. Paris: Ponthieu, 1823.

Samwell, David. "Some Account of a Voyage to South Sea's in 1776–1778." In *The Journals of Captain James Cook on His Voyages of Discovery*. Edited by J. C. Beaglehole. Cambridge: Hakluyt Society, 1955-1974.

Sauer, Martin. *An Account of a Geographical and Astronomical Expedition to the Northern Parts of Russia*. London: T. Cadell, 1802.

Scammon, Charles R. *The Marine Mammals of the Northwest Coast of North America*. San Francisco: John H. Carmany, 1874.

Shaler, William. *Journal of a Voyage between China and the North-Western Coast of America, Made in 1804*. Philadelphia, 1808.

Smithsonian Institution Libraries. "The United States Exploring Expedition, 1838–1842." http://www.sil.si.edu/digitalcollections/usexex/index.htm.

Sproat, Gilbert Malcolm. *Scenes and Studies of Savage Life*. London: Smith, Elder, 1868.

Starbuck, Alexander. *History of the American Whale Fishery from its Earliest Inception to 1876*. Waltham, MA: n.p., 1878.

Steller, Georg. "Journal of His Sea Voyage." In *Bering's Voyages: An Account of the Efforts of the Russians to Determine the Relations of Asia and America*. By F. A. Golder. New York: American Geographical Society, 1925.

Tarakanov, Timofei. *The Wreck of the Sv. Nikolai*. Edited by KenneThowens. Lincoln: University of Nebraska Press, 2001.

Tikhmenev, P. A. *A History of the Russian American Company*. Translated by Richard A. Pierce and Alton S. Donnelly. Seattle: University of Washington Press, 1978 [1861-1863].

Tolmie, William. *The Journals of William Fraser Tolmie: Physician and Fur Trader*. Vancouver, BC: Mitchell Press, 1963.

Turnbull, John. *A Voyage round the World, in the Years 1800, 1801, 1802, 1803, and 1804*. Vol. 2. London: Richard Phillips, 1805.

Twain, Mark. *Roughing It*. Hartford, CT: American Publishing, 1872.

Vancouver, George. *A Voyage of Discovery to the North Pacific Ocean and around the World, 1791-1795*. Edited by W. Kaye Lamb. London: Hakluyt Society, 1984 [1798].

Veniaminov, Ivan. *Notes on the Islands of the Unalaska District*. Edited by Lydia T. Black and R. H. Geoghegan. Fairbanks, AK: Limestone Press, 1984 [1804].

Vermilyea, L. H. "Whaling Adventure in the Pacific." *California Nautical Magazine* 1 (1862-1863): 229.

Lisiansky, Urey. *A Voyage round the World in the Years 1803, 1804, 1805, and 1806.* London: John Booth, 1814.

Malaspina, Alejandro. *Viaje politico-cientifico alrededor del mundo por las Corbetas Descubierta y Atrevida, al mando de los capitanes de navio D. Alejandro Malaspina y D. José Bustamante y Guerra desde 1789 a 1794.* Edited by Pedro Novo y Colson. Madrid: Impr. de la viuda *é* hijos de Abienzo, 1885.

——. *The Malaspina Expedition, 1789-1794: Journal of the Voyage by Alejandro Malaspina.* 3 vols. Edited by Andrew David et al. London: Hakluyt Society, 2001-2004.

Martinez, Jose Longinos. *Journal of Jose Longinos Martinez: Notes and Observations of the Naturalist of the Botanical Expedition in Old and New California and the South Coast, 1791–1792.* Edited by Lesley Byrd Simpson. San Francisco: John Howell Books, 1961.

Meany, Edmond S., ed. *A New Vancouver Journal on the Discovery of Puget Sound.* Seattle: n.p., 1915.

Meares, John. *Voyages Made in the Years 1788 and 1789, From China to the North West Coast of America.* London: Logographic Press, 1790.

Melville, Herman. *Moby-Dick; or, The Whale.* New York: Charles Scribner's Sons, 1902 [1851]).

M'Konochie, Captain [Alexander]. *A Summary View of the Statistics and Existing Commerce of the Principal Shores of the Pacific Ocean.* London: J. M. Richardson, 1818.

Morrell, Abby Jane. *Narrative of a Voyage to the Ethiopic and South Atlantic Ocean, Indian Ocean, Chinese Sea, North and South Pacific Ocean, in the years 1829, 1830, 1831.* New York: J. and J. Harper, 1833.

Morrell, Benjamin. *A Narrative of Four Voyages: To the South Sea, North and South Pacific Ocean, Chinese Sea, Ethiopic and Southern Atlantic Ocean, Indian and Antarctic Ocean, from the year 1822 to 1831.* New York: J. and J. Harper, 1832.

Mozino, Jose Mariano. *Noticias de Nutka, An Account of Nootka Sound in 1792.* Edited by Iris Higbie Wilson. Seattle: University of Washington Press, 1970.

Mulford, Prentice. *Prentice Mulford's Story: Life by Land and Sea.* New York: F. J. Needham, 1889.

Nidever, George. *The Life and Adventures of George Nidever.* Edited by William Henry Ellison. Berkeley: University of California Press, 1937.

Paty, John. "Journal of Captain John Paty, 1807-1868." *California Historical Society Quarterly* 14 (December 1935): 291-346.

Peard, George. *To the Pacific and Arctic with Beechey: The Journal of Lieutenant George Peard of H.M.S. "Blossom" 1825-1828.* Edited by Barry M. Gough. Cambridge, UK: Hakluyt Society, 1973.

Perkins, John T. *John T. Perkins' Journal at Sea, 1845.* Mystic, CT: Marine Historical Association, 1943.

Portlock, Nathaniel. *A Voyage round the World; But More Particularly to the North-West Coast of America: Performed in the Years 1785, 1786, 1787, and 1788.* London: John Stockdale, 1789.

——."Physico-Geognostic Sketch of the Island of Oahu, One of the Sandwich Group." *Edinburgh New Philosophical Journal* 19 (1835): 1–14.

——. "Notes on the Geography of the Columbia River." *Journal of the Royal Geographical Society of London* 11 (1841): 250-257.

Gill, William Wyatt. *Life in the Southern Isles: or, Scenes and Incidents in the South Pacific and New Guinea.* London: Religious Tract Society, 1876.

Gudde, Erwin Gustav, ed., trans. "Edward Vischer's First Visit to California." *California Historical Society Quarterly* 19 (September 1940): 190–216.

Hammond, L. Davis, ed. *News from New Cythera: A Report of Bougainville's Voyage 1766–1769.* Minneapolis: University of Minnesota Press, 1970.

Hobucket, Ben. "The Narrative of Ben Hobucket." In *The Wreck of the Sv. Nikolai.* Edited by KenneThowens. Lincoln: University of Nebraska Press, 2001.

Howay, Frederic W., ed. *Voyages of the "Columbia" to the Northwest Coast, 1787-1790 and 1790-1793.* Boston: Massachusett s Historical Society, 1941.

——. *A List of Trading Vessels in the Maritime Fur Trade, 1785–1825.* Kingston, ON: Limestone Press, 1973.

Jewitt, John. *A Journal, Kept at Nootka Sound by John Rodgers Jewitt, One of the Surviving Crew of the Ship Boston, John Salter, Commander, Who Was Massacred on the 22d of March, 1803; Interspersed with Some Account of the Natives, Their Manners and Customs.* Boston: n.p., 1807.

——. *A Narrative of the Adventures and Sufferings of John R. Jewitt.* Edited by Richard Alsop. Middletown, CT: S. Richards, 1815.

——. *The Captive of Nootka: Or the Adventures of John R. Jewitt.* Edited by Samuel Griswold Goodrich. New York: J. P. Peaslee, 1835.

Kaplanoff, Mark D., ed. *Joseph Ingraham's Journal of the Brigantine Hope on a Voyage to the Northwest Coast of North America, 1790-92.* Barre, MA: Imprint Society, 1971.

Kotzebue, Otto von. *A Voyage of Discovery: Into the South Sea and Beering's Straits for the Purpose of Exploring a North-East Passage, Undertaken in the Years 1815-1818.* London, 1821.

Langsdorff, Georg Heinrich von. *Voyages and Travels in Various Parts of the World, during the Years, 1803, 1804, 1805, 1806, and 1807.* London: H. Colburn, 1813-1814.

La Perouse, J[ean]. F[rancois]. G[alaup]. *A Voyage round the World in the Years 1785, 1786, 1787, and 1788.* London: J. Johnson, 1798.

Le Netrel, Edmond. "Voyage autour du monde pendant les annees 1826, 1827, 1828, 1829, par M. Duhautcilly commandant le navire Le Heros. Extraits du journal de M. Edmond Le Netrel, lieutenant a bord ce vaisseau." *Nouvelles annales des voyages* 15 (1830): 129-182.

——. *Voyage of the Heros: Around the World with Duhaut-Cilly in the years 1826, 1827, 1828 & 1829.* Translated by Blanche Collet Wagner. Los Angeles: Glen Dawson, 1951.

——. *The Geological Story Briefly Told: An Introduction to Geology for the General Reader and for Beginners in the Science*. New York: Ivison, Blakeman, 1875.

Darwin, Charles. *The Voyage of the Beagle*. Edited by Leonard Engel. New York: Natural History Library, 1962.

——. *The Correspondence of Charles Darwin*. Edited by Frederick Burkhardt and Sydney Smith. Cambridge: Cambridge University Press, 1985-1994.

——. *Charles Darwin's "Beagle" Diary*. Edited by Richard Darwin Keynes. Cambridge: Cambridge University Press, 1988.

D'Auterouche, Jean-Baptiste Chappe. *A Voyage to California*. London: Edward and Charles Dilly, 1778.

Delano, Amasa. *A Narrative of Voyages and Travels in the Northern and Southern Hemispheres: Comprising Three Voyages round the World; Together with a Voyage of Survey and Discovery, in the Pacific Ocean and Oriental Islands*. Boston: E. G. House, 1817.

Delano, Reuben. *Wanderings and Adventures of Reuben Delano: Being a Narrative of Twelve Years Life in a Whale Ship!* Boston: Redding, 1846.

Duhaut-Cilly, Auguste Bernard. *Voyage autour du monde, principalement a la Californie et aux Iles Sandwich, pendant les annees 1826, 1827, 1828, et 1829*. 2 vols. Paris, 1834-1835.

——. *A Voyage to California, the Sandwich Islands, and around the World in the Years 1826-1829*. Translated by August Fruge and Neal Harlow. Berkeley: University of California Press, 1999.

Ellis, William. *An Authentic Narrative of a Voyage Performed by Captain Cook and Captain Clerke, 1776-1780*. London: G. Robinson, 1783.

——. *A Journal of a Tour around Hawai'i*. Boston: Crocker and Brewster, 1825.

——. *Polynesian Researches: During a Residence of Nearly Six Years in the South Sea Islands*. London: Fisher, Son, and Jackson, 1829.

Fanning, Edmund. *Voyages and Discoveries in the South Seas, 1792-1832*. Salem, MA: Marine Research Society, 1924 [1833].

Fleurieu, Charles Pierre Claret. *Voyage autour du monde: pendant les annees 1790, 1791 et 1792*. Vol. 1. Paris: De l'Imprimerie de la Republique, 1798-1800.

Forster, George. *Observations Made during a Voyage round the World*. Edited by Nicholas Thomas, Harriet Guest, and Michael Dettelbach. Honolulu: University of Hawai'i Press, 1996.

——. *A Voyage round the World*. Edited by Nicholas Thomas and Oliver Berghof, 2 vols. Honolulu: University of Hawai'i Press, 2000.

Galois, Robert, ed. *A Voyage to the North West Side of America: The Journals of James Colnett, 1786-89*. Vancouver: University of British Columbia Press, 2004.

Gairdner, Meredith. "Observations during a Voyage from England to Fort Vancouver, on the North-West Coast of America." *Edinburgh New Philosophical Journal* 16 (April 1834): 290-302.

Brewster, Mary. *"She Was a Sister Sailor": The Whaling Journals of Mary Brewster, 1845–1851.* Edited by Joan Druett. Mystic, CT: Mystic Seaport Museum, 1992.

Browne, J. Ross. "Explorations in Lower California." *Harper's New Monthly Magazine* 37 (October 1868): 10.

Chamisso, Adelbert von. "Remarks and Opinions, of the Naturalist of the Expedition." In *A Voyage of Discovery: Into the South Sea and Beering's Straits for the Purpose of Exploring a North-East Passage, Undertaken in the Years 1815-1818.* By Otto von Kotzebue, vol. 3: 168. London, 1821.

——. *A Voyage around the World with the Romanzov Expedition in the Years 1815–1818 in the Brig Rurik, Captain Otto von Kotzebue.* Translated and edited by Henry Kratz. Honolulu: University of Hawai'i Press, 1986 [1836].

Cheyne, Andrew. *The Trading Voyages of Andrew Cheyne, 1841-1844.* Edited by Dorothy Shineberg. Honolulu: University of Hawai'i Press, 1971.

Clark, William. *Original Journals of the Lewis and Clark Expedition, 1804-1806.* Edited by Reuben Gold Th waites. New York: Dodd, Mead, 1905.

Cleveland, Richard Jeffry. *Voyages and Commercial Enterprises, of the Sons of New England.* New York: Burt Franklin, 1857.

——. *Voyages of a Merchant Navigator of the Days That Are Past.* New York: Harper, 1886.

Cook, James. *The Journals of Captain Cook.* Edited by Philip Edwards. London: Penguin Books, 1999.

Coolidge, Lewis. "Journal of a Voyage Perform'd on the Ship Amethyst." In *Lewis Coolidge and the Voyage of the Amethyst.* Edited by Evabeth Miller Kienast and John Phillip Felt. Columbia, SC: University of South Carolina Press, 2009.

Corney, Peter. *Early Voyages in the North Pacific.* Fairfield, WA: Ye Galleon Press, 1965 [1836].

Coxe, William. *Account of the Russian Discoveries between Asia and America.* London: J. Nichols, 1780.

Cumpston, J. S. *Shipping Arrivals and Departures: Sydney, 1788-1825.* 3 vols. Canberra: A.C.T.: Roebuck Society, 1963.

Dampier, William. *A New Voyage round the World: The Journal of an English Buccaneer.* London: Hummingbird Press, 1998 [1697].

Dana, James Dwight. "On the Conditions of Vesuvius in July, 1834." *American Journal of Science and Arts* 27 (1835): 281-288.

——. "On the Volcanoes of the Moon." *American Journal of Science and Arts* 2 (May 1846): 335–355.

——. "Origin of the Grand Outline Features of the Earth." *American Journal of Science and Arts* 3 (May 1847): 381-398.

——. *Geology.* New York: Geo. P. Putnam, 1849.

——."On American Geological History." *American Journal of Science and Arts* 22 (November 1856): 305-334.

——. *Corals and Coral Islands.* New York: Dodd and Mead, 1872.

William Fraser Tolmie Records, 1830–1883

◎麻州新貝福德公共圖書館（New Bedford Free Public Library at New Bedfordm Massachusetts）

Dennis Wood, "Abstracts of Whaling Voyages"

◎耶魯大學圖書館（Yale University Library）

Anonymous, "Supercargo's Log of the Brig Lydia, 1804–1807." Western Americana Collection, Beinecke Rare Book and Manuscript Library.

Dana Family Papers

新聞報導

Friend (Honolulu, HI)

Hawaiian Spectator (Honolulu, HI)

The Mercury (Hobart, Tasmania)

New York Herald

The Polynesian (Honolulu, HI)

Whalemen's Shipping List (New Bedford, MA)

主要引用書目（已出版）

Adams, John. *The Works of John Adams.* 10 vols. Edited by Charles Francis Adams. Boston: Little, Brown, 1850–1856.

Anonymous [William Ellis]. *An Authentic Narrative of a Voyage Performed by Captain Cook and Captain Clerke, in His Majesty's Ships Resolution and Discovery, during the Years 1776, 1777, 1778, 1779, and 1780.* Altenburg: Gott lob Emanuel Richter, 1788.

Beaglehole, J. C., ed. *The Journals of Captain James Cook on His Voyages of Discovery.* 4 vols. Cambridge: Hakluyt Society, 1955–1974.

Beckwith, Martha, ed. *The Kumulipo: A Hawaiian Creation Chant.* Honolulu: University of Hawai'I Press, 1951.

Berkh, Vasili Nikolaevich. *A Chronological History of the Discovery of the Aleutian Islands, or, The Exploits of Russian Merchants: With a Supplement of Historical Data on the Fur Trade.* Edited by Richard A. Pierce. Translated by Dmitri Krenov. Kingston, ON: Limestone Press, 1974 [1823].

Bishop, Artemas. "An Inquiry into the Causes of Decrease of the Population of the Sandwich Islands." *Hawaiian Spectator* 1 (1838).

Botta, Paulo Emilio. "Observations sur les habitants des Iles Sandwich. Observations sur les habitans de la Californie. Observations diverses faites en mer." *Nouvelles annales des voyages* 22 (1831): 129–176.

——. *Observations on the Inhabitants of California, 1827-1828.* Translated by John Francis Bricca. Los Angeles: Glen Dawson, 1952.

參考書目
Bibliography

手稿資料

◎加州大學柏克萊分校班克羅夫特圖書館（Bancroft Library at University of California, Berkeley）

Adele Ogden Collection

De la Guerra Family Archives

Jose Joaquin de Arrillaga Correspondence

William Heath Davis Papers

◎杭廷頓圖書館（Huntington Library）

Atkinson, Thomas. "Journal and Memoirs of Thomas Atkinson, 1845–1882."

Goodall, Charles. "Log of a Whaler's Voyage from New Bedford into the Pacific and Back,1843–1846."

Hudson, John T. "Journal and Logbook of John T. Hudson, 1805–1807."

John A. Rockwell Papers

John Haskell Kemble Collection

Sereno Edwards Bishop Papers

◎大英圖書館（British Library）

East India Company Collection

◎哈佛大學懷德納圖書館（Harry Elins Widener Memorial Library at Harvard University）

William Dane Phelps Collection

◎米契爾圖書館（Mitchell Library in Sydney, Australia）

South Sea Letters, London Missionary Society

◎康乃狄克州密斯提克海港博物館的 G．W．布朗．懷特圖書館（G.W. Blunt White Library at Mystic Seaport Museum, Connecticut）

Logbook, 1845–1848, *Tiger* (ship)

◎麻州塞勒姆皮博迪博物館的菲利浦斯圖書館（Philips Library at Peabody Museum at Salem, Massachusetts）

Typescript log of ship *Amethyst* , 1806–1811

◎加拿大維多利亞市卑詩省檔案館（British Columbia Archives in Victoria, Canada）

打造太平洋

追求貿易自由、捕鯨與科學探索，改變人類未來的七段航程

打造太平洋：
追求貿易自由、捕鯨與科學探索，改變人類未來的七段航程
大衛・伊格勒（David Igler）著／丁超譯
初版／新北市／八旗文化出版／遠足文化發行／2022.03
譯自：The Great Ocean: Pacific Worlds from Captain Cook to the Gold Rush
ISBN 978-986-0763-82-9（平裝）

一、航海 二、歷史 三、區域研究 四、太平洋

712
111000514

作者 大衛・伊格勒（David Igler）
譯者 丁超

主編 洪源鴻
責任編輯 柯雅云
行銷企劃總監 蔡慧華
封面設計 張巖
內文排版 宸遠彩藝

社長 郭重興
發行人兼出版總監 曾大福
出版發行 八旗文化／遠足文化事業股份有限公司
地址 新北市新店區民權路 108-2 號 9 樓
電話 〇二～二二一八～一四一七
傳真 〇二～八六六七～一〇六五
客服專線 〇八〇〇～二二一～〇二九
信箱 gusa0601@gmail.com
臉書 facebook.com/gusapublishing
部落格 gusapublishing.blogspot.com
法律顧問 華洋法律事務所／蘇文生律師

印刷 前進彩藝有限公司
定價 五六〇元整
出版日期 二〇二二年三月（初版一刷）

ISBN 9789860763829（平裝）
9789860763812（ePub）
9789860763805（PDF）